Zukunftsfähigkeit gestalten

STUDIEN ZUR KULTURPOLITIK

Herausgegeben von Prof. Dr. Wolfgang Schneider

BAND 20

Zu Qualitätssicherung und Peer Review der vorliegenden Publikation:

Die Qualität der in dieser Reihe erscheinenden Arbeiten wird vor der Publikation durch den Herausgeber der Reihe geprüft.

Notes on the quality assurance and peer review of this publication:

Prior to publication, the quality of the works published in this series is reviewed by the editor of the series.

Christian Müller-Espey

Zukunftsfähigkeit gestalten

Untersuchung nachhaltiger Strukturen soziokultureller Zentren

PETER LANG

Bibliografische Information der Deutschen Nationalbibliothek
Die Deutsche Nationalbibliothek verzeichnet diese Publikation in der Deutschen Nationalbibliografie; detaillierte bibliografische Daten sind im Internet über http://dnb.d-nb.de abrufbar.

Zugl.: Hildesheim, Univ., Diss., 2018

Hil 2
ISSN 1611-700X
ISBN 978-3-631-78760-1 (Print)
E-ISBN 978-3-631-79134-9 (E-PDF)
E-ISBN 978-3-631-79135-6 (EPUB)
E-ISBN 978-3-631-79136-3 (MOBI)
DOI 10.3726/b15739

Peter Lang – Berlin · Bern · Bruxelles ·
New York · Oxford · Warszawa · Wien

Diese Publikation wurde begutachtet.

www.peterlang.com

Zum Geleit
von Professor Dr. Wolfgang Schneider

Die Kulturlandschaft in Deutschland ist geprägt durch eine ausdifferenzierte Infrastruktur. Die Theater bewerben sich bei der UNESCO um die Anerkennung als Immaterielles Kulturerbe, die Kulturelle Bildung setzt auf außerschulische Einrichtungen, wie Bibliotheken, Jugendkunst- und Musikschulen und die Soziokulturellen Zentren präsentieren Programme und Projekte geradezu programmatisch in alter Bausubstanz, nutzen Fabrikgebäude, Schlachthöfe und andere Leerstände. Die Kulturpolitik verweist in Kommunen, Ländern und im Bund auf ständige Zuwächse, bei allen finanziellen Verteilungskämpfen in den Haushaltsdebatten geht es um mehr Budgets, um vor allem mehr Immobilien für Kultur; ein Teil der Gelder wird für Umbaumaßnahmen, Renovierungsvorhaben und Neubauten verwendet.

Aber wer macht sich eigentlich Gedanken um die Zukunftsfähigkeit all dieser Entwicklungen? Wer sorgt sich um die Nachhaltigkeit in der Kulturlandschaft? Wer hat hierzu strategische Überlegungen, Visionen, vor allem Konzeptionen? Es bedarf offensichtlich einer Nachhaltigkeitskultur in Gesellschaft und Politik, es braucht Bildung für nachhaltige Entwicklung, branchenspezifische Prozessentwicklung und eine neue kulturmanageriale Praxis. Die Soziokultur könnte als Modell dienen, Soziokulturelle Zentren sind nah dran an gesellschaftlichen Transformationen, sie begleiten seit ihrer Erfindung Menschen zur Selbstermächtigung und gewähren Teilnahme und Teilhabe.

Christian Müller-Espey ist in seiner Dissertation nachhaltigen Strukturen auf der Spur, untersucht beispielhaft Nachhaltigkeit als Gegenstand und erörtert die Gestaltung von Zukunftsfähigkeit. Er fragt, ob Zukunftsfähigkeit gestaltbar ist, referiert globale Wegmarken für einen Kurswechsel, beobachtet das Handlungsfeld in Deutschland, beschäftigt sich mit der Steuerung von Betrieben, listet Veränderungsprozesse auf und fragt provokativ, aber auch zielführend „Wieviel Mensch braucht die Umwelt?“, um dies anhand von fünf Wirkungskreisen (Mensch, Zuhause, Stadt und Region, Gesellschaft, Welt) zu beantworten.

Er widmet sich dem Design einer eigenen Pilotstudie, führt kurz in das kulturpolitische Phänomen soziokulturelle Zentren, beschreibt den Forschungsstand und die Methodenwahl und gewährt Einblick in Instrumente der Feldforschung. Zudem geht es um die Praxis soziokultureller Zentren, gleichermaßen um kulturpolitische Rahmungen und um Modellprojekte, um neue Strukturen und soziale Verantwortung und schließlich um Perspektiven, um Bildungsformate, Prozessentwicklung und Vernetzung, letztlich um Empfehlungen für Politik, Partner und Verbände.

„Wie können zukunftsweisende Wege soziokultureller Zentren gestaltet werden?“, fragt Christian Müller-Espey gleich zu Beginn und fokussiert damit auf sein zentrales erkenntnisleitendes Interesse. Er identifiziert die Vielfalt der Aufgabenfelder als Markenkern von Soziokultur und „ob diskussionsintensive Selbstbestätigungsdebatten als Steuerungsmodell noch zeitgemäß sind oder ob nicht eine deutlichere Schwerpunktlegung der Leistungen zukunftsweisender wäre“. Seine Untersuchungsagenda umfasst die besondere Inaugenscheinnahme von Indikatoren, Prüfkriterien und Handlungsansätzen. Bildhaft spricht er vom Warndreieck Ökonomie, Ökologie und Gesellschaft und dem politischen Willen, „Wirtschaftswachstum, Klimaschutz und soziale Gerechtigkeit nach diesem Modell in Einklang miteinander zu bringen“.

Im Hintergrund fungieren die Ergebnisse des Rio-Erdgipfels von 1992 (Agenda 21), das Begriffsverständnis des Rates für Nachhaltige Entwicklung der Bundesregierung, vor allem aber die als Meilensteine propagierten 17 Handlungsfelder auf dem Weg zu einer Agenda 2030 der Vereinten Nationen (von 2017). Ausgehend von der 2002 im Bundestag beschlossenen nationalen Nachhaltigkeitsstrategie sei eine strategische Vorgehensweise möglich geworden, „bei der Formierung nachhaltiger Strukturen eine entscheidende Rolle spielt“. Es gehe um Umsteuerung, Feinjustierung und Stellschrauben.

Eine erste These wird formuliert: „Wenn soziokulturelle Zentren Beiträge leisten sollten, die eine Gesellschaft nachhaltig prägen, wäre es dann perspektivisch nicht folgerichtig, die dafür notwendigen Schritte einzuleiten, soziokulturelle Zentren in die Nachhaltigkeitsstrategie einer Stadt, eines Landes oder des Bundes zu implementieren?“ Beispiele, die hierzu Anregungen geben könnten, werden benannt: „Über Lebenskunst“ des Hauses der Kulturen der Welt, „Green Gide“ der Malzfabrik Berlin, „Klimaneutrales Veranstalten“ der Energie Agentur NRW.

Und immer wieder hält Christian Müller-Espey die Faktoren eines Change Managements fest, spricht vom Wandel erster Ordnung, den Kurskorrekturen und dem Wandel zweiter Ordnung, den Transformationen, den Don’ts und Dos sowie von Entschlusskraft und Leadership. Darüber hinaus beruft er sich auf Wilhelm Schmids Philosophie der Lebenskunst, auf die „Kraft einer unmittelbaren ästhetischen Erfahrung“ und auf „Kulturtechniken wie das Theaterspiel, Tanzen, Musik machen, kreatives Schreiben oder Gestalten“. An dieser Stelle kommen auch kulturpolitische Gegenentwürfe ins Spiel, Hilmar Hoffmanns „Kultur für alle“ und Hermann Glasers „Bürgerrecht Kultur“ sowie all die Positionsbeschreibungen aus mehreren Jahrzehnten. Diskurse insbesondere aus der Selbstorganisation wie dem Bundesverband Soziokultureller Zeiten.

Mit den Methoden qualitativer Sozialforschung (leitfadengestützte Interviews, teilnehmende Beobachtungen und qualitative Inhaltsanalysen) begibt sich Christian Müller-Espey in die Niederungen der Praxis und initiiert eine Pilotstudie, die über fast zwei Jahre 13 soziokulturelle Zentren (7 aus Hessen, 6 aus NRW) im Prozess nachhaltiger Entwicklungen begleitet, in Workshops und Konferenzen Analysen reflektiert und immer wieder mit den Akteuren diskutiert. Herausgekommen sind Ergebnisse, die deutlich machen, dass die Überprüfung von Zukunftsfähigkeit auch in diesem Bereich der Kulturlandschaft noch ganz am Anfang steht. „Als größte Lücken lasse sich zusammenfassend festhalten, dass soziokulturelle Zentren weder im Forschungsfeld noch auf Bundesebene Bezüge zu rahmengebenden Zielorientierungen der Vereinten Nationen (17 SDG), zur Deutschen Nachhaltigkeitsstrategie“ ausweisen. Kein untersuchter Betrieb verfasst aktuell einen Nachhaltigkeitsbericht, kein befragter Betrieb ist institutionell abgesichert und nur in wenigen Ausnahmen bringen die Zentren sich in der Selbstdarstellung mit den Themen Nachhaltigkeit oder Umwelt in Verbindung.

Immerhin gilt es auf der Stärkenseite zu verbuchen, dass in lokalen und regionalen Netzwerken Zusammenarbeit stattfindet und dass Nachwuchsförderung sowie Generationenwechsel auf der Tagesordnung stehen. „Vorbildliches Handeln ist beim Abfall- und Wassermanagement sowie beim Einsatz von LED-Beleuchtung hervorzuheben.“ Erhebliches Verbesserungspotential zeige sich bei der Mobilität und 50 % der untersuchten Zentren nutzen immerhin Kennzahlen für branchenspezifische Vergleichswerte, aktuell hätten aber nur 30 % ein Leitbild. Eine erste Conclusio: „Ohne die erforderliche Ressourcen Zeit, Geld und Personal aber werden kaum kraftvolle und wirksame Fortschritte möglich sein.“

Es kann als Ergebnis der Untersuchung gewertet werden, dass Schritte für eine zukunftsweisende Gestaltung soziokultureller Zentren möglich sind. Die von Christian Müller-Espey vorgestellten Elemente Initialberatung, Lücken-Analyse, Entwicklung von Leitsätzen, die Identifizierung relevanter Handlungsfelder, eine Auseinandersetzung mit Führung und Beteiligung in den Betrieben, Strategieerörterung und Bewertungsmethoden sind offensichtlich Baustellen, aber gleichzeitig auch Bausteine für eine Nachhaltigkeitsinitiative. Christian Müller-Espey skizziert daraus ein Grundgerüst der relevanten Wirkungsfelder und benennt Kriterien für Entwicklungsziele und Vergleichskennzahlen. Er markiert die generierten Erkenntnisse für Politik und Finanzen, Strategie, Umwelt, Gesellschaft und Prozesse, die er auch als „Arbeitshilfe“ bezeichnet und deshalb auch noch einmal in so genannten „Positionslichtern“ zusammenfasst. Als Ende vom Anfang postuliert er abschließend die „Mitgestaltung neuer Bildungsformate“, die Neuausrichtung der Berichtsform, „Prozessentwicklung in den Zentren anstoßen", zukunftsweisende Ziele zu formulieren und das „Knüpfen strategischer Netzwerke".

Christian Müller-Espey hat eine Forschungslücke geschlossen; denn Gesellschaftspolitik und Nachhaltigkeitsdiskurse sind in der Kulturlandschaft weder zusammen gedacht, noch zusammen praktiziert, geschweige denn wissenschaftlich untersucht worden. Christian Müller-Espey hat mit seiner Dissertation eine empirische Grundlage geschaffen, das Thema Nachhaltigkeit in der Kulturpolitik zu verankern und am Beispiel soziokultureller Zentren exemplarisch zu gestalten. Christian Müller-Espey belegt, dass eine nachhaltige Kulturarbeit ganz anders aussehen muss, als dies derzeit praktiziert wird, dass neue Ziele und Methoden zu etablieren wären und dass die Freiheit kultureller Ausdrucksformen mit dem ökologischen Fußabdruck im Sinne einer Zukunftsfähigkeit zu harmonieren ist.

Die Dissertation weiß kulturpolitisch relevante Fragen zu stellen und den Gegenstand für die Forschung klar zu definieren. Sie ist methodisch nachvollziehbar, auf dem Stand der Zeit was die einschlägige Literatur betrifft und transparent durch die Transkription der Interviews. Die Idee, sich entlang einer guten Praxis zu orientieren, diese mit gesellschaftlichen und politischen Entwicklungen zu konfrontieren und das vor dem Hintergrund der Referenzquellen und Diskursdokumenten, diese Idee ist verwirklicht und genügt kulturwissenschaftlichen Standards. Christian Müller-Espey kennt sich aus. Er ist mittendrin im Geschehen, äußert dies selbstkritisch und weiß sich doch mit gebührender Distanz dem Werk zu widmen. Er hat seinen Vorteil genutzt, selbst ein soziokulturelles Zentrum zu leiten, er weiß deshalb sehr genau, was sich wie entwickelt hat und wollte wissen, wie sich was weiter entwickeln muss. Dieses Vorgehen ist in der angewandten Kulturpolitikforschung durchaus üblich und auch in diesem Falle sehr hilfreich und erkenntnisreich.

Zusammenfassung

Für über 600 soziokulturelle Zentren und Kulturinitiativen in Deutschland liegen weder auf Landes- noch auf Bundesebene kaum fundierte Handlungsansätze für eine nachhaltige Ausrichtung vor. Die Untersuchung folgt der zentralen Fragestellung: Wie können zukunftsweisende Wege soziokultureller Zentren gestaltet werden?

Die kategoriengeleitete Studie beleuchtet zunächst das Umfeld des Untersuchungsgegenstands, eingegrenzt auf fünf ausgewählte Wirkungsfelder Strategie, Prozesse, Umwelt, Gesellschaft sowie Politik & Finanzen. 21 Indikatoren werden ausgemacht, die zur Gestaltung von Zukunftsfähigkeit beitragen können und der weiteren Untersuchung als Prüfkriterien zugrunde liegen.

Die Arbeit basiert auf der Konzeption und Durchführung einer qualitativen, nicht repräsentativen Studie «Zukunftsfähigkeit gestalten!». Untersuchungsgegenstand sind 13 soziokulturelle Zentren (NPO-Kulturbetriebe) aus den Bundesländern Hessen und Nordrhein-Westfalen. Die Feldforschung beinhaltet Erhebungen, Befragungen, Experteninterviews, teilnehmende Beobachtungen sowie eine zweitägige Gruppendiskussion, berücksichtigt werden zudem Sekundärdaten wie die statistische Erhebung der Bundesvereinigung Soziokultureller Zentren e.V.

Ausgehend von fünf Wirkungsfeldern, 21 Indikatoren und hergeleiteten Fragestellungen wird mit Methoden der qualitativen Inhaltsanalyse erörtert, wie sich der Forschungsgegenstand den Fragen und Kriterien gegenüber verhält. Es offenbaren sich sowohl deutliche Desiderate als auch nicht genutzte Entwicklungspotentiale.

Zentrale Ergebnisse der Forschungsarbeit sind: Weder im Forschungsfeld noch auf Bundesebene weisen soziokulturelle Zentren Bezüge zu den 17 SDG der Vereinten Nationen, zur Deutschen Nachhaltigkeitsstrategie, Agenda 2030 noch zu planetarischen Leitplanen aus. Kein untersuchter Betrieb verfasst aktuell einen Nachhaltigkeitsbericht oder nutzt die Übersichtlichkeit der Balanced Scorecard. Als nachhaltig unsicher zu bewerten ist der Befund, dass kein befragter Betrieb in den kommenden fünf Jahren substanziell gesichert scheint. Auch die Kommunikation nachhaltiger Themen ist aktuell kaum Thema für soziokulturelle Zentren. Nur in wenigen Ausnahmen bringen die Zentren sich in den Selbstdarstellungen mit den Themen Nachhaltigkeit oder Umwelt in Verbindung. Nur 30 % der befragten Zentren verfügen über ein Leitbild. Eine unscharf bleibende, betriebsübergreifende Positionierung der Zentren schmälert die Außendarstellung der ausgezeichneten Leistungen für das Gemeinwohl wie beispielsweise kulturelle Bildung, interkulturelle Angebote, ehrenamtliches Engagement sowie Beiträge zur Gewährleistung einer kulturellen Infrastruktur und Entwicklung von Stadt und Region.

Entwicklungspotential birgt die Aufgeschlossenheit der Betriebe gegenüber Veränderungsprozessen. Alle untersuchten Zentren streben innerhalb der kommenden fünf Jahre eine strategische Weiterentwicklung zum dynamischen Dienstleistungsunternehmen an, unter Wahrung der Betriebsethik

Bei der Betriebsführung zeigt sich noch deutlicher Entwicklungsbedarf, Kennzahlen nutzen nur die Hälfte der untersuchten Betriebe, immerhin 60 % der untersuchten Zentren haben Nachhaltigkeitsbeauftragte oder beziehen Strom aus erneuerbaren Energien. Schulungsbedarf zeigt sich bei der Gestaltung von Veränderungsprozessen, da nur 60 % der untersuchten Betriebe methodisch gestützt vorgehen. Ohne die erforderlichen Ressourcen Zeit, Geld und Leute aber werden kaum kraftvolle und wirksame Fortschritte möglich sein. Unzureichende Personalressourcen, insbesondere auch zur Gestaltung des Generationswandels, sind ein typischer Engpass der Szene.

Die gesellschaftliche Nähe, insbesondere zur jungen Generation, die regionale Vernetzung sowie langjährige Erfahrungen in der kulturellen Bildungsarbeit stellen gute Ausgangsbedingungen dar, sich bei der Entwicklung von Nachhaltigkeitskultur aktiv einzubringen.

Fünf politikfeldübergreifende Handlungsansätze mit bundesweiter Relevanz, die für eine strategische, zukunftsweisende Ausrichtung soziokultureller Zentren förderlich sein können, lassen sich als wesentliche Erkenntnisse zusammenfassen.

1) Mitgestaltung neuer Bildungsformate zur Nachhaltigkeitskultur.
2) Branchenspezifische Indikatoren und Berichtsform entwickeln.
3) Prozessentwicklung in den Zentren anstoßen.
4) Ausrichtung auf zukunftsweisende Positionslichter.
5) Knüpfen strategischer Netzwerke.

Die Arbeit formt erste Starthilfen, Wegweiser und Positionslichter für Bund, Länder, Kommunen, Zentren, Partner und Verbände, mit besonderem Augenmerk darauf, welche zukunftsweisenden Wege aus eigener Kraft heraus gestaltbar sind, denn eine konsequente Ausrichtung und Orientierung am Leitprinzip der Nachhaltigkeit kann dazu beitragen, Zukunftsfähigkeit im kulturpolitischen Feld zu entwickeln und zur derzeit noch nicht gegebenen Anschlussfähigkeit befähigen.

Shaping sustainability

Investigation of sustainable structures of socio-cultural centres

Abstract

For more than 600 socio-cultural centres and cultural initiatives in Germany, there are no well-founded approaches to sustainable action either at state or federal level. The study follows the central question: How can forward-looking paths of socio-cultural centres be designed?

The study, which is led by categories, first examines the environment of the object of investigation, limited to five selected fields of action: strategy, processes, environment, society and politics & finance. 21 indicators will be identified which can contribute to shaping sustainability and which will form the basis of the further investigation as test criteria.

The work is based on the conception and implementation of a qualitative, unrepresentative study « Shaping future viability!». The subjects of the study are 13 socio-cultural centres (NPO cultural enterprises) from the federal states of Hesse and North Rhine-Westphalia. The field research includes surveys, expert interviews, participating observations and a two-day group discussion. Secondary data such as the statistical survey of the Bundesvereinigung Soziokultureller Zentren e.V. are also taken into account.

Based on five fields of activity, 21 indicators and derived questions, methods of qualitative content analysis are used to discuss how the research object relates to the questions and criteria. Both clear gaps and development potentials are revealed.

The central results of the research work are: Neither in the field of research nor at the federal level do socio-cultural centres refer to the 17 SDG of the United Nations, to the German Sustainability Strategy, Agenda 2030 or to planetary master plans. No investigated company currently writes a sustainability report or uses the clarity of the Balanced Scorecard. The finding that no surveyed company appears to be substantially secured in the next five years can be regarded as sustainably uncertain. Even the communication of sustainable topics is currently hardly an issue for socio-cultural centres. Only in a few exceptions do the centres associate themselves with sustainability or the environment in their self-representations. Only 30 % of the centres surveyed have a mission statement. A blurred, cross-company positioning of the centres reduces the external presentation of the excellent services for the common good, such as cultural education, intercultural offers, voluntary commitment and contributions to the guarantee of a cultural infrastructure and the development of the city and region.

There is potential for development in the open-mindedness of companies to change processes. Within the next five years, all the centres examined aim to develop strategically into a dynamic service enterprise while maintaining business ethics.

Only half of the companies surveyed use key figures, and 60 % of the centres surveyed have sustainability officers or purchase electricity from renewable sources. The need for training is evident in the design of change processes, as only 60 % of the enterprises surveyed have a methodologically supported approach. But without the necessary resources – time, money and people – it will hardly be possible to make powerful and effective progress. Inadequate human resources, especially for shaping generational change, are a typical bottleneck in the scene.

Social proximity, especially to the younger generation, regional networking and many years of experience in cultural education are good starting conditions for actively participating in the development of a culture of sustainability.

Five cross-policy field action approaches with nationwide relevance, which can be conducive to a strategic, forward-looking orientation of socio-cultural centres, can be summarised as essential findings.

1) Co-designing new educational formats for sustainability culture.
2) Develop sector-specific indicators and reporting formats.
3) Initiate process development in the centres.
4) Focus on forward-looking position lights.
5) Establish strategic networks.

The work forms initial starting aids, signposts and position lights for the federal government, states, local authorities, centres, partners and associations, with particular attention to which future-oriented paths can be shaped by their own efforts, because a consistent orientation and orientation towards the guiding principle of sustainability can contribute to developing sustainability in the field of cultural policy and enabling it to be connected to what is currently not yet available.

Inhalt

Abkürzungsverzeichnis

BNE	Bildung für nachhaltige Entwicklung
BS	Balanced Storecard
CM	Change Management
DNK	Deutscher Nachhaltigkeitskodex
GRI	Global Reporting Initiative
KMU	Kleine und mittlere Unternehmen
LAG NW	Landesarbeitsgemeinschaft soziokultureller Zentren Nordrhein-Westfalen
LAKS Hessen	Landesarbeitsgemeinschaft der Kulturinitiativen und soziokulturellen Zentren Hessen
NE	Nachhaltige Entwicklung
NGO	Nicht-Regierungs-Organisationen
NPO	Non-Profit-Organisationen
OE	Organisationsentwicklung
RNE	Rat für Nachhaltige Entwicklung
SBS	Sustainable Balanced Scorecard
SBSC	Sustainability Balanced Scorecard
SDG	Sustainability Development Goals

Teil A) Ist Zukunftsfähigkeit gestaltbar?

1 Auf die Zukunft. Fertig. Los!

Für über 600 soziokulturelle Zentren, freie Theater und Kulturinitiativen in Deutschland liegen weder auf Landes- noch auf Bundesebene kaum fundierte Handlungsansätze für eine nachhaltige Ausrichtung vor. Die vorliegende Untersuchung folgt dabei der zentralen Fragestellung:

Wie können zukunftsweisende Wege soziokultureller Zentren gestaltet werden? Bevor die Forschungsreise beginnt, ist zunächst auszumachen, was sich hinter dem Begriff soziokulturelle Zentren verbirgt. Mit welchem Untersuchungsgegenstand befasst sich diese Arbeit? Welche Betrachtungsweise liegt der vorliegenden Studie zugrunde? Erste Antworten bietet das definierte Selbstverständnis der Zentren, publiziert von der Bundesvereinigung Soziokultureller Zentren e.V., dem Dachverband der Kulturbetriebe.

„Soziokulturelle Zentren sind grundsätzlich Kultureinrichtungen. Die Konstituente „Sozio-" verweist darauf, dass über diese Einrichtungen Kultur und Kunst eng mit der Gesellschaft (dem Sozium) verknüpft werden. Der kulturelle Wirkungsanspruch reicht folglich in viele Arbeitsbereiche hinein, die nicht im klassischen Sinn zum Kulturbereich gehören, wie Kinder- und Jugendarbeit, Bildung, Soziales, Siedlungsentwicklung und Umwelt" (Bundesvereinigung Soziokultureller Zentren 2016).

Deutlich werden die vielfältigen Bezugspunkte, die diese besondere Form der Kulturarbeit für sich proklamiert. Soziokulturelle Akteure beanspruchen eine Nähe zu gesellschaftsrelevanten Themen, wollen mit ihren Angeboten in die Gesellschaft hinein wirken, suchen den Zugang zur jungen Generation, entwickeln kulturelle Bildungsformen, bringen sich bei der Entwicklung von Lebensraum ein, bieten Freiraum zur persönlichen Entfaltung und möchten auch Umweltaspekte nicht außer Acht lassen.

Hinsichtlich der beabsichtigten Begriffsbestimmung von «Soziokultur» ist allerdings einzuräumen, dass eine Beantwortung dieser Frage nicht eindeutig möglich scheint. „Soziokultur wird beschrieben als «schillernder» und «sperriger» Begriff, der «definitorisch und kategorial schwer zu fassen ist»" (Blumenreich 2017). Neben der bereits zitierten Definition der Bundesvereinigung wird zur Erfassung des unscharfen Begriffs als weitere Referenz die Definition der Enquete-Kommission im Abschlussbericht «Kultur in Deutschland» des Deutschen Bundestages bemüht:

„Soziokulturelle Zentren sind Häuser und Begegnungsstätten, die generationenübergreifende und interkulturelle Kulturprogramme und Angebote im

Bereich Musik, Theater, Kunst, Kunsthandwerk, Film etc. anbieten. Sie dienen der Förderung kreativer Eigentätigkeit und kultureller Kompetenz, indem sie zwischen professioneller Kunstproduktion und dem künstlerischen Schaffen von Laien vermitteln“ (Deutscher Bundestag 2008, S. 133).

Die Enquete-Kommission bescheinigt den Akteuren „eine kulturelle Praxis mit starkem Gesellschaftsbezug und Offenheit für alle sozialen Schichten – besonders für Kinder und Jugendliche aus kulturfernen Milieus und mit Migrationshintergrund“ (ebenda).

Vor dem Hintergrund aktueller Zuwanderungen und gesellschaftlicher Herausforderungen, Diversität als Lebensform und Integration als Lebensbestandteil zu begreifen, dürften im soziokulturellen Forschungsfeld aufschlussreiche Handlungsoptionen zu entdecken sein. Die vorliegende Untersuchung wird der Frage nachgehen, welchen Herausforderungen sich soziokulturelle Zentren in den kommenden Jahren stellen werden. Die Vielfalt der Aufgabenfelder wird aktuell „als «Markenkern», als «Programmbegriff»“ (Blumenreich 2017) ausgegeben und findet Ausdruck in dem Leitmotiv der Bundesvereinigung: „Nirgends sonst findet sich solch eine programmatische Vielfalt der Angebote wie in den soziokulturellen Zentren. Das wiederum ist Prinzip der Arbeit eines soziokulturellen Zentrums. Also: Vielfalt aus Prinzip!“ (Bundesvereinigung Soziokultureller Zentren 2016).

Kritisch anzumerken ist, dass dem weiten Feld der Vielfalt auch eine Unschärfe der Aufgaben immanent ist. Um nicht Gefahr zu laufen, der Beliebigkeit anheimzufallen, stehen soziokulturelle Akteure demzufolge permanent vor der Aufgabe, den eigenen Kurs zu bestimmen. Es wird zu hinterfragen sein, ob die gewählte Vielfalt sich tatsächlich als Markenkern eignet, ob diskussionsintensive Selbstbestimmungsdebatten als Steuerungsmodell noch zeitgemäß sind oder ob nicht eine deutlichere Schwerpunktlegung der Leistungen zukunftsweisender wäre, um einerseits die begrenzten Ressourcen auf Wesentliches zu fokussieren und anderseits für Besucher, Teilnehmer und Förderpartner eindeutiger erkennbar zu sein.

Wenngleich die vorliegende Dissertation den Schwerpunkt auf eine Untersuchung soziokultureller Zentren legt, soll doch im Zuge der Begriffsannäherung das zu unterscheidende Verständnis von Wirkungsstätte und Methodik der Soziokultur kurz erläutert werden. Bedeutet „Soziokultur = Soziokulturelle Zentren“ (Schneider 2015, S. 21), fragt Wolfgang Schneider in diesem Zusammenhang.

Tobias J. Knoblich unterscheidet in seiner Untersuchung «Soziokultur. Kulturpolitik als kulturelle Demokratie. Programmformeln und Praxisformen» zwei wesentliche Bestandteile. Seiner Auffassung folgend können soziokulturelle

Zentren als eine verortete Ausprägung und Form des Prinzips, als Praxisform, verstanden werden, die einen Teil der Soziokultur repräsentieren. Soziokulturelle Zentren sind Orte der Gesellschaft und ein wichtiger Bestandteil der Soziokultur.

Theorie und Methodik der Soziokultur hingegen beschreiben „eine viel umfassendere Programmatik für Praxisformen, die gesellschaftliches Leben und kulturellen Ausdruck aufeinander beziehen" (ebenda) und schon lange nicht mehr nur soziokulturellen Zentren zur Anwendung vorbehalten sind.

Die Übernahme erfolgreicher Methoden der Soziokultur wie beispielsweise das Aufsuchen und Bespielen neuer Orte, Kunst und Kultur zum Selbermachen oder die Einbindung bürgerschaftlichen Engagements (Blumenreich 2017) werden von anderen Kultureinrichtungen wie Theatern oder Museen adaptiert, denn kunst- und kulturpädagogische Bildungsangebote eignen sich hervorragend für die eigene Nachwuchsförderung und Sicherung des Fortbestands.

Johannes Brackmann, Vorsitzender der LAG Soziokultur NW und Geschäftsführer des soziokulturellen Zentrums Grend in Essen, umschreibt die zunehmend ersichtliche Anwendung praxiserprobter Methoden wie Mitgestaltungmöglichkeiten, künstlerisches Erproben oder die Ansprache junger, bildungsferner Zielgruppen als «Soziokulturalisierung». In These drei zum Zukunftskongress Soziokultur der LAG Soziokultur NW, der im März 2015 im ZAKK in Düsseldorf stattgefunden hat, fordert Brackmann eine neue Aufgabendiskussion soziokultureller Zentren und eine Neudefinition der Rolle der Soziokultur in der Kultur, insbesondere im Zusammenhang mit einer förderpolitischen Legitimation (Hegemann, Lukas/Brackmann, J. 2015, S. 1). Die offensichtlich anstehende Neuorientierung im soziokulturellen Feld kann durchaus als Chance erachtet werden, auf der Grundlage bewährter Konzepte und Leistungen das eigene Profil zu schärfen und zukunftsweisender auszurichten. Diese birgt aber auch die Gefahr, mit lahmen Utopien und leeren Versprechungen, so die mahnenden Worte von Pius Knüsel in der Nachbetrachtung zur Präsentation des Handbuchs Soziokultur im Rahmen der Veranstaltung Update Soziokultur in der niedersächsischen Landesvertretung in Berlin, zukünftigen Anforderungen nicht mehr gerecht zu werden. Er fragt: „Brauchen die Themen der Zukunft, für die Soziokultur sich zuständig fühlt, die Strukturen von heute?" (Knüsel 2015, S. 3).

Im Sinne des Heidelberger Philosophen Hans-Georg Gadamer soll in der vorliegenden Studie der tieferen Wahrheit zukunftsweisender Strukturen mit wahrem Interesse und offenen Fragen auf den Grund gegangen werden und dies in Form einer praxisnahen, qualitativen Untersuchung. „Um fragen zu können, muss man wissen wollen, d.h. aber: wissen, daß man nicht weiß. (...) Fragen heißt ins Offene stellen. Die Offenheit des Gefragten besteht in dem Nichtfestgelegtsein der Antwort" (Gadamer 2010, S. 369).

Die gewählte Arbeitsweise orientiert sich an der Grundfrage, die seit Thales und der Geburtsstunde der Philosophie vor nunmehr zweieinhalbtausend Jahren bis heute das zentrale philosophische Anliegen prägt, „nach dem Wesen und nach dem Grunde zu fragen" (Weischedel 1975, S. 14). Diese Arbeit möchte Fragen ergebnisoffen ergründen. Erkundungen dieser Art erfordern Perspektivwechsel, die zuweilen zu Aussichtspunkten hinaufführen, wo es Überblick und Umsicht braucht, aber auch tiefer liegende Gründe in Augenschein nehmen. Punktuelle Wechsel der Betrachtungsweisen sollen zur Meinungsbildung und Wahrheitsfindung dienen, sofern dies in einer mitunter undurchsichtig wirkenden Welt überhaupt möglich scheint, denn komplexe Systeme haben eine Eigendynamik, dessen Wechselwirkungen schwer vorhersehbar sind. Auf die Zukunft ausgerichtete Handlungsansätze wie beispielsweise stabilisierende, politische Maßnahmen haben daher immer auch einen hypothetischen Charakter.

Die Arbeit nähert sich der Suche nach Antworten über die Fragestellungen:

1. Welche Indikatoren können zur Gestaltung von Zukunftsfähigkeit herangezogen werden?
2. Wie verhält sich der Untersuchungsgegenstand soziokulturelle Zentren zu den ermittelten Prüfkriterien?
3. Lassen sich Erkenntnisse und Handlungsansätze ableiten, die eine Zukunftsfähigkeit soziokultureller Zentren befördern können?
4. Welche zukunftsweisenden Wege können aus eigener Kraft heraus gestaltet werden?

Verwegen zu hoffen, es könnte gelingen, soziokulturellen Zentren und kulturpolitischen Entscheidungsträgern Anhaltspunkte für eine zukunftsorientierte Ausrichtung der Betriebe und Strukturen zur Verfügung zu stellen: wissenschaftlich fundiert und praxistauglich, an konkreten Kriterien messbar, an Beispielen bebildert und vielfach übertragbar.

Der Einleitungstitel fasst die beabsichtigte Vorgehensweise verkürzt zusammen:

Auf die Zukunft und die Gegenwart schauen. **Fertig**machen. **Los**gehen!

Nicht Bestandteil der Arbeit, aber ein mitgedachtes Element beim Forschungsdesign der Dissertation ist die theoretische Option einer Übertragung der generierten Prüfkriterien auf weitere Forschungsfelder, z.B.

Zukunftsfähigkeit – (k)ein Thema für Museen?
Zukunftsfähigkeit – (k)ein Thema für Theater?
Zukunftsfähigkeit – (k)ein Thema für NPO?

Teil A) der Studie beleuchtet zunächst das Umfeld des Untersuchungsgegenstands, eingegrenzt auf fünf ausgewählte Wirkungsfelder. Ziel ist, Anhaltspunkte in Form von Kriterien zu generieren, die für die Gestaltung von Zukunftsfähigkeit und für die Untersuchung des Forschungsgegenstandes soziokulturelle Zentren förderlich sein könnten. In Anbetracht zu berücksichtigender, globaler Herausforderungen ist der Rahmen zunächst sehr weit gesteckt, diskursiv-analytische Bezugnahmen erfolgen im Verlauf der Arbeit sowohl in Teil A) und Teil C) immer dann, wenn sich gegenstandsrelevante Anknüpfungspunkte zeigen.

Kapitel eins führt in das beginnende Zeitalter des Anthropozäns ein, erläutert den wissenschaftlichen Handlungsansatz der planetarischen Leitplanken und diskutiert Gründe, die für eine große Transformation sprechen würden. Das bisher bevorzugte Modell des Nachhaltigkeitsdreiecks wird kritisch hinterfragt und alternativen Modellen gegenübergestellt. Welche Wegmarken für einen Kurswechsel die Vereinten Nationen mit der Agenda 2030 setzen und welche Kritikpunkte an diesem Strategiepapier bestehen, ist ebenfalls Gegenstand des ersten Kapitels. Das Kapitel schließt mit der Feststellung, dass es messbare Indikatoren braucht, um Entwicklung nachvollziehbar zu machen.

Das zweite Kapitel befasst sich mit der politischen Haltung der Bundesrepublik zur Agenda 2030. Wie sollen die ambitionierten Ziele der Agenda 2030 in Deutschland erreicht und umgesetzt werden? Hinterfragt wird, ob Nachhaltigkeit zu einem Leitmotiv in Deutschland werden kann? Nachgezeichnet wird die Entwicklung der Deutschen Nachhaltigkeitsstrategie, deren Umsetzung der Rat für Nachhaltige Entwicklung (RNE) unter anderem mit mehrfach modifizierten Leitfäden nachhaltigen Wirtschaftens auch für kleine und mittlere Unternehmen (KMU) zu befördern versucht. Die dort ausgewiesenen und als besonders relevant erachteten Wirkungsfelder Strategie, Prozesse, Umwelt und Gesellschaft liegen der vorliegenden Arbeit als Kategorien zugrunde, erweitert um ein zu ergänzendes fünftes Wirkungsfeld «Politik & Finanzen», welches für gemeinwohlorientierte Non-Profit Organisationen (NPO) eine strukturbildende und rahmengebende Bedeutung hat. Inwiefern beratende und begleitende Expertise sowie Anreizsysteme nachhaltige Prozesse unterstützen, wird anhand von kurzen Beispielen illustriert. Dass die Deutsche Nachhaltigkeitsstrategie auch in den Bundesländern Berücksichtigung findet, wird anhand der Initiative Bildung für nachhaltige Entwicklung (BNE) in Nordrhein-Westfalen und der Nachhaltigkeitsstrategie in Hessen exemplarisch nachvollzogen. Zum Abschluss des zweiten Kapitels wird die Konstruktvalidität von vier Leitfäden mit dem Ziel untersucht, relevante Handlungsfelder für eine Ausgestaltung nachhaltiger Kulturangebote zu subsumieren.

Das dritte Kapitel beginnt mit der Darstellung klassischer Unternehmensstrategien und ermittelt anschließend Strategietypen mit zukunftsweisender Ausrichtung. Es befasst sich mit Prinzipien der Strategieformulierung und einer Darstellung des Managementführungssystems Balanced Scorecard sowie der Weiterentwicklung zur Sustainable Balanced Scorecard (SBS). Die vorgenommene Neuausrichtung der Balanced Scorecard wird anhand von zwei Modellen mit der Fragestellung untersucht, ob die Erweiterungen Anwendungsmöglichkeiten für eine systemgestützte Steuerung von nachhaltigen Zielen und zukunftsfähigen Strategien bieten. Inwiefern die SBS nachhaltiges Wirtschaften befördern kann und ob die Methode für KMU geeignet scheint, ist ebenfalls Bestandteil der vertiefenden Analyse des dritten Kapitels. Neben der Strategie, die sich bereits als ein wesentlicher Faktor für die Gestaltung von Zukunftsfähigkeit herauskristallisiert hat, wird auch der Prozessentwicklung ein separates Kapitel eingeräumt. Es folgt zunächst der verknüpfende Hinweis, dass eine Steuerung von Prozessen idealtypisch in ein strategisches Managementsystem (z.B. Balanced Scorecard) eingebunden erfolgen sollte.

Das vierte Kapitel differenziert zwischen einem Wandel erster und zweiter Ordnung. Es schließt sich ein Diskurs zu den methodischen Grenzen der Organisationsentwicklung (OE) und ein Aufzeigen der Vorteile des heute bevorzugten Change Managements (CM) an. Zwei Methoden zur optimierten Gestaltung von Prozessabläufen auf der Wandelebene erster Ordnung (Kontinuierlicher Verbesserungsprozess, PDCA-Zyklus) werden vorgestellt. Ausgehend von einem Acht-Schritte Plan von John Kotter zur Gestaltung von großen Transformationsprozessen in Betrieben (Wandel zweiter Ordnung) werden anschließend u.a. die Beherrschbarkeit von Prozessen, die Rolle von Leadership sowie typische Stolpersteine von Veränderungsprozessen kritisch diskutiert. Die Ergebnisse des Diskurses werden als Dos and Don'ts des CM zusammengefasst.

Das fünfte Kapitel geht der Frage nach, wieviel Mensch die Umwelt braucht. Gewiss ist, dass der Planet ohne den Menschen existieren kann, der Mensch aber bis auf Weiteres nicht ohne den Planeten. Hinterfragt wird die sinnlose Anhäufung von materiellen Dingen. Einer ungebremsten Übernutzung und einem Leben im Überfluss auf Kosten anderer wird die Sinnfrage eines guten Lebens gegenübergestellt, die ein jeder Mensch für sich selbst zu beantworten hat. Die Handlungsmöglichkeiten des Menschen sind vielfältig, Verantwortung zu übernehmen und eigene Beiträge zur Zukunftsfähigkeit einzubringen. Die Aufforderung an die Zivilgesellschaft mitzumachen, wird anhand von fünf Wirkungsfeldern exemplarisch veranschaulicht.

Zur Beantwortung der Ausgangsfrage, ob Zukunftsfähigkeit gestaltbar ist, werden in Teil A) 21 Indikatoren ausgemacht, die kapitelabschließend noch einmal zusammengefasst werden. Die Kriterien beanspruchen keine Vollständigkeit, der Ertrag ist geprägt von der Eingrenzung der Untersuchung auf fünf Wirkungsfelder und einer Ausrichtung des Hauptaugenmerks auf strukturelle Zusammenhänge und Hintergründe, insbesondere von NPO. Im Rahmen der vorliegenden Arbeit stellen die generierten Prüfkriterien eine Arbeitsgrundlage dar, auf die im weiteren Verlauf aufgebaut und Bezug genommen werden kann. Der Schwerpunktsetzung, Strukturen zu untersuchen, ist es geschuldet, dass eine Erörterung der Potentiale kultureller Bildung zur Ausgestaltung von Nachhaltigkeitskultur in dieser Arbeit nur als Exkurs erfolgen kann, verbunden mit dem Verweis darauf, dass die Ausarbeitung von Indikatoren und Kriterien für gute Bildung nachhaltiger Entwicklung unter anderem im BNE-Partnernetzwerk verhandelt werden. Die Zunahme der Diversität an Lebensentwürfen, kulturellen und sozialen Hintergründen sowie Herausforderungen im Zusammenhang mit Zuwanderungen werden in dieser Untersuchung als Bestandteil steten Wandels und somit als gegeben erachtet, ausgehend von dem kulturwissenschaftlichen Standpunkt, dass Kulturtechniken, Umgangsformen und Gebräuche der Menschen von Dynamik und Veränderung gekennzeichnet sind, der eine Gestaltungsmöglichkeit immanent ist. Anzunehmen, dass Selbiges auch für eine nachhaltige Lebensweise gelten dürfte, die im Alltag mitgeprägt wird, so wie es der Deutsche Kulturrat in These 2 (von 15 zur kulturellen Integration) zutreffend formuliert: Das alltägliche Zusammenleben basiert auf kulturellen Gepflogenheiten. Welche Bezugspunkte der Untersuchungsgegenstand zum Alltag der Menschen aufweist, wird Gegenstand der Feldforschung in Teil C) sein.

Teil B) beschreibt das gewählte Forschungsdesign, zugeschnitten auf fünf Wirkungsfelder liegt der Fokus auf 13 Zentren aus Nordrhein-Westfalen und Hessen. Mit den Methoden qualitativer Sozialforschung werden im Rahmen einer Feldstudie Erhebungen, Befragungen, Experteninterviews, teilnehmende Beobachtungen sowie eine zweitägige Gruppendiskussion durchgeführt. Unterteilt ist die Pilotstudie «Zukunftsfähigkeit gestalten!» in drei Phasen. Phase 1 konzentriert sich auf die Gebäude, den Ressourcenerbrauch und Energieeffizienzmaßnahmen, Phase 2 zielt auf die Untersuchung weiterer Wirkungsfelder nachhaltiger Entwicklung. In Phase 3 werden die ermittelten Befunde im Rahmen einer qualitativen Inhaltsanalyse ausgewertet und diskutiert.

Ausgehend von den herausgearbeiteten 21 Prüfkriterien ist es die wesentliche Aufgabe von Teil C) der Untersuchung, herauszuarbeiten, wie sich das Forschungsfeld in Bezug auf die ermittelten Indikatoren zukunftsfähiger Gestaltung darstellt. Wo lassen sich bereits bestehende Verbindungen zu soziokulturellen

Zentren aufzeigen, welche Lücken offenbaren sich, welche Entwicklungsansätze lassen sich erschließen? Teil D) greift die Ergebnisse der theoretischen Erörterung von Teil A) und der praxisbezogenen, qualitativen Feldforschung von Teil C) auf, bündelt die Erkenntnisse und formt erste Starthilfen, Wegweiser und Positionslichter, die für soziokulturelle Zentren im Hinblick auf eine strategische, zukunftsweisende Ausrichtung förderlich sein können.

Die Arbeit schließt mit einem Fazit und Ausblick.

1.1 Planetarische Grenzen im Zeitalter des Anthropozäns

„Der ökologische Fußabdruck der Menschheit ist bereits heute größer, als es der Planet langfristig aushalten kann" (Felber 2014, S. 77).

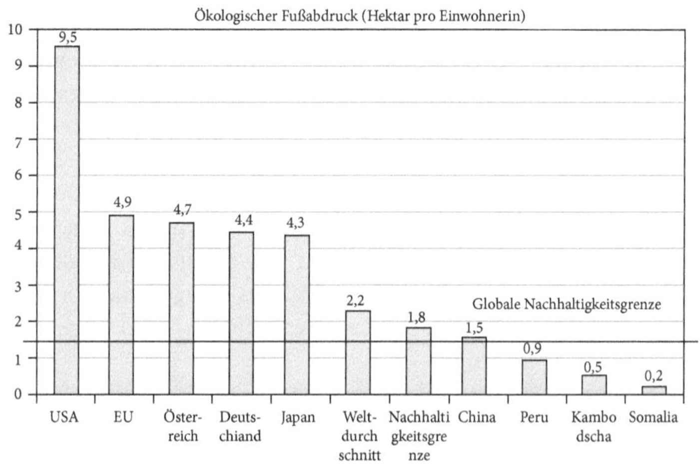

Abb. 1: Gleiche globale Rechte für alle? Darstellung von Christian Felber. (vgl. Befunde TW12 Vortrag Felber, Christian 21.05.2017, Folie 66).

Es stürmt. Die Pole schmelzen, der Meeresspiegel steigt, die Erderwärmung nimmt zu, Trinkwassermangel droht, Dürreperioden folgen, endliche Ressourcen werden schonungslos aufgebraucht, die Zahl der Naturkatastrophen häufen sich bedrohlich. Weltweit. Willkommen im 21. Jahrhundert. Willkommen im Zeitalter des Anthropozäns.

Das Ausmaß des menschlichen Fußabdruckes fasst der Wissenschaftler Reinhold Leinfelder in seinem Vortrag «Willkommen im Anthropozän!» in plakativen Schlagzeilen zusammen:

- 77 % der (eisfreien) Landoberfläche sind nicht mehr ursprünglich, das meiste Süßwasser wird durch Menschen verbraucht
- 60–80 % Überfischung
- enorm erhöhte Aussterberate bedroht Artenvielfalt
- Biomasse der Menschen und der domestizierten Tiere beträgt 90 % der Biomasse aller lebenden Säugetiere
- Plastikproduktion pro Jahr schon knapp wie Biomasse aller Menschen
- Globale Mitteltemperatur ca. + 0,9°C, v.a. seit 50 Jahren Meeresspiegelanstieg ca. 3,2 mm/Jahr, deutlich beschleunigt
- Höchste atmosphärische CO2 und CH4-Konzentration seit «800.000 Jahren» (Befund TW04 Expertenvortrag Leinfelder, Reinhold 2016, S. 3)

Ökologische Ignoranz ist ein wesentliches Merkmal des Anthropozäns. Ungleiche Verteilung gesellt sich als zweites Kennzeichen hinzu. Die Folgen einer modernen Weltordnung stellen sich als planetarische Fünftel-Gesellschaft dar. Zu Beginn des 21. Jahrhunderts lebt ein Fünftel der Menschheit in Wohlstand. Zugleich verursacht dieses eine Fünftel insgesamt vier Fünftel der ökologischen Probleme.

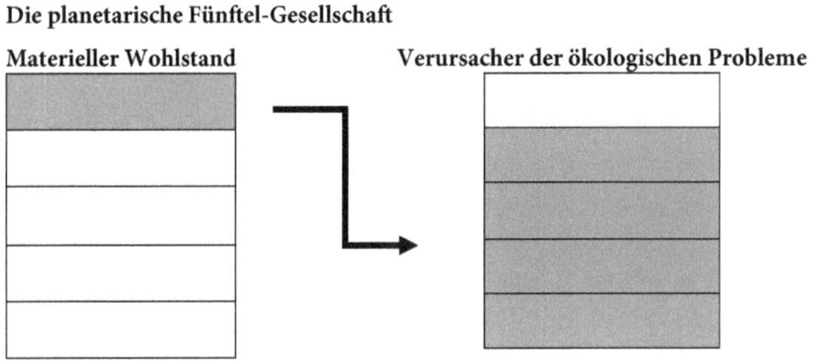

Abb. 2: Die planetarische Fünftel-Gesellschaft. Eigene Darstellung. (vgl. Schmid 2008: S. 112).

Ökonomische Unvernunft treibt die Übernutzung und Gefährdung unserer Lebensgrundlage rücksichtslos voran.

„Mit unserer Lebens- und Wirtschaftsweise haben wir schon längst die Belastungsgrenzen der Erde überschritten" (Der neue Zukunftsvertrag für die Welt 2015, S. 4).

Die planetaren Warnsignale und Befunde der Wissenschaft sprechen eine eindeutige Sprache: ökonomischer Raubbau, unsoziale Zustände und

Klimaveränderungen sind selbst gemacht. Verursacht vom Ánthropos.[1] So stammt auch der Begriff Anthropozän aus dem altgriechischen und bedeutet «Das menschlich [gemachte] Neue». Die neue Zeitepoche soll den Zeitabschnitt umfassen, in dem der Mensch zu einem der wichtigsten Einflussfaktoren auf der Erde geworden ist. „Der Mensch ist heute ein geologischer Faktor, er prägt das Erdsystem im Anthropozän" (Befund TW04 Expertenvortrag Leinfelder, Reinhold 2016, S. 8) derart, dass ein Zurück in das Holozän[2] nicht mehr möglich ist.

Dass der neue Zeitabschnitt nach dem Menschen benannt wird, ist nicht als Auszeichnung zu verstehen, sondern als deutlicher Hinweis darauf, dass es der Mensch selbst ist, der in seinem Zeitalter darüber bestimmen wird, ob er weiter über seine Verhältnisse lebt und folglich seine Lebensgrundlage und somit sich selbst gefährdet. Oder ob es gelingt, das ungebremste Treiben des Menschen in zukunftsfähige Bahnen zu lenken. Die skizzierten Belastungsgrenzen erhöhen den Handlungsdruck. Weltweit. Es scheint nur folgerichtig, die Belastungen begrenzen zu wollen. Wissenschaftler nennen dieses Vorhaben anschaulich **Planetarische Leitplanken**.

Der Begriff der Planetary Boundaries geht auf einen 2009 veröffentlichten Artikel des Wissenschaftlers und Nobelpreisträgers Paul Crutzen zurück. Das Konzept der planetarischen Leitplanken ist von einem 28-köpfigen Wissenschaftlerteam unter der Leitung des schwedischen Resilienzforschers Johan Rockström ausgearbeitet worden.

Inge Paulini, Mitglied des Wissenschaftlichen Beirates der Bundesregierung zu Globalen Umweltveränderungen (WBGU), erläutert auf der DBU-Tagung in Osnabrück im Januar 2016 das Konzept der planetarischen Leitplanken als Kompass für eine zukunftsfähige Entwicklung. Als Ausgangspunkt werden „vielfältige, schädliche globale Umweltveränderungen beobachtet" (Befund TW04 Expertenvortrag Paulini, Inge 2016, S. 6). Der WBGU definiert Leitplanken als „quantitativ definierbare Schadensgrenzen, deren Überschreitung heute oder in Zukunft intolerable Folgen mit sich brächte" (ebenda).

Sechs Leitplanken mit dringendem Handlungsbedarf formuliert der Beirat. Durch Klimaschutzmaßnahmen soll insbesondere die globale Erwärmung unter 2 Grad Celsius gehalten werden. Um diese Leitplanke nicht zu überschreiten, sind weltweit Auflagen erforderlich, die das Treiben der Verursacher

1 Altgriechisches Wort für «Mensch».

2 Bezeichnung für die geologische Gegenwart. Das Holozän wird auch als jüngster Zeitabschnitt der Erdgeschichte benannt, dessen Zeitrechnung vor etwa 11.000 Jahren begann (vgl. Deutsche Enzyklopädie).

entsprechend einschränken. Global müssten die CO_2-Emissionen aus fossilen Quellen bis etwa 2070 eingestellt werden.

Leitplanken werden empfohlen für den Verbrauch nicht erneuerbarer oder nicht substituierbarer Ressourcen sowie für den Verlust biologischer Vielfalt. Gefordert wird, die Freisetzung von Plastikabfall wie auch die Produktion von Kernbrennstoffen für Kernwaffen und Reaktoren bis 2050 bzw. 2070 weltweit zu stoppen. Auch die Land- und Bodendegradation, d.h. also die Verschlechterung bzw. Zerstörung der Ökosystemleistung durch eine ausbeutende Bewirtschaftung des Bodens ohne die Kompensation der Stoffentnahme sollte weltweit bis 2030 gestoppt werden (Befund TW04 Expertenvortrag Paulini, Inge 2016, S. 7–15).

Die Forderung der Wissenschaft zur Sicherung der natürlichen Lebensgrundlage lautet: „Wir brauchen eine große Transformation" (ebenda, S. 20).

Als «Große Transformation[3]» versteht der WBGU-Beirat den „nachhaltigen weltweiten Umbau von Wirtschaft und Gesellschaft" (Wissenschaftlicher Beitrat der Bundesregierung Globale Umweltveränderungen (WBGU) 2011).

«Wir brauchen Grenzen», fordern auch Joachim Spangenberg und Hubert Weiger, zwei führende Vertreter des BUND: „Obergrenzen für den Energie- und Ressourcenverbrauch (…), für den Flächenverbrauch (…) und vielleicht auch für Einkommen und Erbschaften" (oekom e.V. – Verein für ökologische Kommunikation 2017, S. 48).

Wie die Politik auf die Ratschläge und Forderungen der Wissenschaft und Zivilgesellschaft reagiert und welche politischen Wegmarken einen Kurswechsel befördern sollen, wird Bestandteil des Kapitels 1.4 sein und dort kritisch diskutiert. Auf die Chancen und Grenzen großer Transformationsprozesse in Unternehmen wird das 4. Kapitel vertiefend eingehen.

1.2 Gelassenheit trotz(t) Krisen

Erforderlich scheint angesichts des unabsehbaren Ausgangs menschlicher Einflussnahme auf unsere Lebensbedingungen wohl die Entwicklung einer gewissen

3 Der Beirat unterscheidet drei Transformationsfelder (Energie, Urbanisierung, Landnutzung) und formuliert im Jahr 2011 zunächst Handlungsempfehlungen, die Grundlage für die später formulierten Leitplanken sind, darunter z.B. den gestaltenden Staat mit erweiterten Partizipationsmöglichkeiten ausbauen, Investitionen in eine klimaverträgliche Zukunft unterstützen und beschleunigen, den Ausbau erneuerbarer Energien beschleunigen oder die rasante Urbanisierung nachhaltig gestalten (vgl. Wissenschaftlicher Beitrat der Bundesregierung Globale Umweltveränderungen (WBGU) 2011).

Gelassenheit, ein Aushalten all dessen, was nicht im eigenen Wirkungskreis beeinflussbar scheint. Schmid spricht in diesem Zusammenhang von einer Stärkung der „Hinnahmefähigkeit" (Schmid 2015, S. 166).

Von einer Wahlfreiheit der Menschen ist die Rede. Und doch bleibt zu hinterfragen: Werden die Menschen nicht zu sehr sich selbst überlassen? Lassen es die Menschen geschehen, Chancen auszulassen, Veränderungen zuzulassen, um übernutzte Wege zu verlassen? Oder lehnen sie sich gelassen zurück und verlassen sich auf andere? Es kommen zunehmend Zweifel auf, „dass sich nachhaltige Entwicklung von selbst einstellen wird" (Krainer 2010, S. 93). Gelassenheit gegenüber einer Vielzahl bedrohlich wirkender Krisen[4] zu wahren, selbst wenn die Existenz des Menschen durch sie bedroht sein sollte, ist ein philosophischer Elfenbeinturm, dessen Stufen mühsam zu erklimmen sind.

Gelassenheit spenden mag der Gedanke von Thomas Mergel, dass Krisen ein fester Bestandteil menschlichen Wirkens seien. Aus kulturvergleichender und historischer Perspektive betrachtet, können Krisen als soziale Konstrukte verstanden werden, deren einzige Konstante ist, nicht beständig zu sein. „Die Krise erweist die Kontingenz gesellschaftlicher Prozesse. Sie macht die Fragilität sozialer Konstruktionen offenbar" (Mergel 2012, S. 10). Das stete Hinterfragen und Aufbrechen des Bestehenden sorgt für Reibung, birgt aber auch die Chance, ausgetretene Pfade zu verlassen und neue Wege zu gehen. Veränderungen sind eine verlässliche Konstante der Evolution. „Der Krise haftet mithin eine gewisse Normalität an; Krise ist offenbar mehr oder weniger immer" (ebenda).

Der Ruf nach Transformation, der Wunsch nach planetarischen Leitplanken, die menschliches Wirken begrenzen, scheinen vor diesem Hintergrund ein durchaus berechtigtes Ansinnen zu sein, ergebnisoffen zwar, aber mit der Chance versehen, als Weckruf zu wirken, wie Mergel in seiner Untersuchung aufzeigt: „Krisen können die Vorstellungen und Strukturen von Gesellschaften rasch und unerwartet von Grund auf verändern" (Mergel 2012, Klappentext).

1.3 Vom Warndreieck zur Leitplanke: Wird Nachhaltigkeit zur Zukunftsfähigkeit?

„Ein einheitliches Verständnis von Nachhaltigkeit, ihrem Wesen und ihrem Nutzen, fehlt bis heute" (Pufé 2014, S. 16). Edda Rydzy und Monika Griefhahn

---

4 Z.B. Verteilungskrise: 8 Menschen besitzen mehr als 50 %, Armutskrise: 122 Millionen in der EU sind armutsgefährdet, Hungerkrise: 805 Millionen Menschen unterernährt, Machtkrise: 147 Konzerne beherrschen die Welt, Flüchtlingskrise, ökologische Krise, … (vgl. Befunde TW12 Vortrag Felber, Christian 21.05.2017, Folie 5).

verweisen bei der Begriffsannäherung auf die Auswertung des Wissenschaftlers J. Tremmel, der auf „60 unterschiedliche, erheblich variierende Definitionen und Auslegungen von Nachhaltigkeit" (Rydzy und Griefahn 2014, S. 24) kommt.

Im politischen Raum haben sich zunächst das Nachhaltigkeitsdreieck beziehungsweise das Drei-Säulen-Modell durchgesetzt. Nachhaltigkeit wird dort, ausgehend von der Brundtland-Definition, im Dreiklang der Dimensionen Ökologie, Ökonomie und Soziales/Gesellschaft betrachtet (Pufé 2014, S. 18).

Wirtschaftswachstum, Klimaschutz und soziale Gerechtigkeit sollen nach diesem Modell in Einklang miteinander zu bringen sein. Die Dissonanzen der nicht bestehenden Gleichrangigkeit führen allerdings zu zunehmender Kritik, insbesondere aus wissenschaftlichen Kreisen wird die mahnende Auffassung lauter, das Nachhaltigkeitsdreieck habe die Diskussion um nachhaltige Entwicklung in eine Sackgasse geführt (Baumast und Pape 2013, S. 27). „Das Konzept des Ausbalancierens ist gescheitert, da es immer zu Ungleichgewichten geführt hat" (Müller, Michael/Niebert, Kai 2017, S. 65), befinden auch politische Vertreter wie der umweltpolitische Sprecher der SPD Michael Müller sowie der Präsident des Deutschen Naturschutzrings Kai Niebert.

Wenn aber das Drei-Dimensionen Modell nicht mehr ausreichend erscheint, um das «naturgegebene Kapital der Ökologie intakt zu halten» (Schmid 2008, S. 106), braucht es neue Formen, um die Dominanz der Ökonomie in die Schranken zu weisen. Es braucht ein neues Verständnis, um der Forderung eines gleichberechtigten Miteinanders von Mensch, Wirtschaftsmacht und Natur gerecht werden zu können.

Nachhaltiges Engagement in Betrieben wird sehr unterschiedlich wahrgenommen. Es gibt durchaus Unternehmen, die umweltbewusst handeln und politische Zielvorgaben bereits heute erfüllen, beispielsweise hat die Firma Vissmann die energie- und klimapolitischen Ziele der Bundesregierung für 2050 am Stammsitz mit marktverfügbarer Technik schon heute (seit dem Jahr 2013: ergänzende Anmerkung des Protokollanten) mit der Umsetzung folgender Maßnahmen erreicht:

- Im Vergleich zum Jahr 1990 wurde der CO2 Ausstoß um 80 % reduziert.
- Der Anteil fossiler Brennstoffe wurde um 70 % reduziert.
- Der Anteil der erneuerbaren Energien wurde um 60 % gesteigert.
  (Befund TW05 Expertenvortrag 2016, S. 2).

Doch in vielen Betrieben wird weiterhin eine rücksichtslose, ausbeutende Unternehmenspolitik betrieben. „Heute kann ein Unternehmen «erfolgreich» sein, während es Arbeitsplätze vernichtet, die Umwelt zerstört, die Demokratie untergräbt und Sinnlosigkeit produziert, indem es zur Verschärfung sämtlicher sozialer und ökologischer Probleme beiträgt“ (Felber 2014, S. 36).

An alternativen Modellen mangelt es nicht, wie die drei folgenden Beispiele zeigen:

Anknüpfend an den Rio-Erdgipfel 1992 veröffentlicht der BUND im Jahr 2008 die vielbeachtete Studie «Zukunftsfähiges Deutschland in einer globalisierten Welt (ZD)». Der Journalist und Autor Joachim Wille schreibt rückblickend: „ZD übersetzte Rio in plastische, konkret-utopische Leitbilder für alle wichtigen Sektoren über Landwirtschaft bis Verkehr. Vieles davon gilt heute noch. Das heißt, man weiß seit zwei Jahrzehnten, was Politik, Wirtschaft und Bürger tun müssen“ (oekom e.V. – Verein für ökologische Kommunikation 2017, S. 14). Tatsächlich informiert über die «Grenzen des Wachstums» ist die Weltgemeinschaft allerdings schon seit vier Jahrzehnten, da der Club of Rome bereits 1972 in einer Studie zur Zukunft der Weltwirtschaft erstmals Entwicklungsschranken aufgezeigt hat. Das Wuppertaler Institut für Klima, Umwelt, Energie hat die wesentlichen Leitsätze der ZD-Studie in der Publikation «Wegmarken für einen Kurswechsel» zusammengefasst. Die vorgenommene Standortbestimmung führt zu der Erkenntnis, dass sich die Menschheit „auf falschem Kurs“ (Hoering 2009, S. 13) befindet. Als ein zentrales Leitprinzip wird eine **ökologisch-soziale Marktwirtschaft** formuliert. Eine solche Wirtschaftsweise würde den Kapitalismus so regulieren, dass er das Wohlergehen der Umwelt und des Menschen in den Mittelpunkt wirtschaftlichen Handelns stellt. In diesem System stehen Bürgerrechte und das Gemeinwesen über den Rechten von Unternehmen, doch auch die kritische Auseinandersetzung mit bestehenden Konsummustern und eine grundlegende Änderung des Verbraucherverhaltens kennzeichnen die skizzierte, zukunftsweisende Lebensform (ebenda, S. 18–23). Bisher vorherrschende Produktionsmittel und Entwicklungsmodelle wie fossile Energieträger, Wirtschaftswachstum und der Vorrang des Marktes sollten in einem zielgerichteten Strukturwandel zu nachhaltigen Herstellungsverfahren und Konsummustern transformiert werden. Das Modell schließt mit der regulativen Idee und Aufforderung an die Politik, „institutionelle Leitplanken und systemische Sperren für das Verhalten von Verbrauchern und Produzenten“ (ebenda, S. 37) zu schaffen.

Effizienzmaßnahmen, Suffizienz (weniger, langsamer, regionaler) und Konsistenz (dasselbe in grün) sind drei Perspektiven, die bereits in der ZD-Studie anklingen und auch von Annett Baumast und Jens Pape in ihrem 2014 veröffentlichten Lehrbuch «Betriebliches Nachhaltigkeitsmanagement», welches den Vorgänger «Betriebliches Umweltmanagement – Nachhaltiges Wirtschaften im Unternehmen» ablöst, als strategische Handlungsalternativen mit zukunftsfähigem Wirkungspotential angeführt werden.

Die Autoren führen diese Verhaltensoptionen an, um das Modell der **Ökologischen Ökonomie** (Baumast und Pape 2013, S. 28) zu veranschaulichen. Zentrales Merkmal dieses Ökosystem-Konzeptes ist, dass alle Handlungen der Gesellschaft und Ökonomie in das ökologische System eingebunden und damit als von ihm abhängig betrachtet werden (ebenda). Diese Sichtweise steht in einem eklatanten Gegensatz zu der an Hochschulen bisher vermittelten neoklassischen ökonomischen Lehre, die von der Vorstellung bestimmt wird, „das ökonomische System sei autonom" (ebenda, S. 29).

Nachhaltiges Wirtschaften innerhalb einer Ökologischen Ökonomie würde bedeuten, Produkte im Wesentlichen an ihrer Umweltfreundlichkeit zu bemessen. Produktionskreisläufe wären zu überprüfen und ressourcenschonend zu gestalten, Transportwege zu minimieren, Regionalität würde zunehmend in den Fokus rücken. Der Amerikaner Kotter, einer der führenden Berater im weltwirtschaftlichen Betriebssystem, zeichnet ein gänzlich anderes Bild von einem Unternehmen der Zukunft. Die Geschwindigkeit des Wandels in der Geschäftswelt wird sich, so Kotter, in absehbarer Zeit nicht verlangsamen. Der Wettbewerb wird sich noch verschärfen, getrieben von der Globalisierung und gepaart mit technologischen Trends werden sich Unternehmen mit noch größeren Risiken und «noch wundervolleren Chancen» konfrontiert sehen (Kotter 2015, S. 137).

Sollten die Verhaltensweisen schneller, globaler, technischer, risikoreicher wirklich die Treiber der Zukunft sein? Christian Felber vertritt eine gänzlich andere Auffassung, sein Wirtschaftsmodell der Zukunft zielt auf eine **Gemeinwohlökonomie** ab. Eine strategische Neuausrichtung der Wirtschaft sei möglich und auch notwendig, ist Felber überzeugt: „Die klassische Wirtschaftswissenschaft ist seelenlos und deshalb eine große Gefahr für eine menschliche und zukunftsfähige Gesellschaft" (Felber 2014, S. 12).

Die Anreizsysteme der Wirtschaft würden Egoismus, Gier und Verantwortungslosigkeit befördern. Vorherrschende Verhaltensweisen der freien Marktwirtschaft wie Eigennutz, Gewinnstreben und Konkurrenzdenken würden fatalen Folgen für das Wohl der Gemeinschaft haben. Er spricht von einer kulturellen Katastrophe (ebenda, S. 18). Sein System der Gemeinwohlökonomie stellt die fünf häufigsten Verfassungswerte demokratischer Staaten in den Mittelpunkt wirtschaftlichen Handelns: „Menschenwürde, Solidarität, Gerechtigkeit, ökologische Nachhaltigkeit und Demokratie" (ebenda, S. 37).

In seiner Gemeinwohl-Matrix verknüpft er diese Leitwerte mit fünf Berührungsgruppen[5] und entwirft somit ein Bilanzgerüst, welches zentrale

5 LieferantInnen, GeldgeberInnen, MitarbeiterInnen inkl. EigentümerInnen, KundInnen, Produkte, Dienstleistungen sowie gesellschaftliches Engagement (vgl. Felber 2014, S. 42).

Erwartungen an Unternehmen formuliert, Rechenschaft über die Wirtschaftsweise einfordert und die Erfüllung durch Anreizsysteme zu fördern beabsichtigt (ebenda, S. 40). Er fordert eine Berichterstattung, die über das tatsächliche Verhalten eines Unternehmens verlässlich Auskunft gibt und nicht nur wirtschaftlichen Erfolg mit monetären Kennzahlen misst, denn diese haben keine Aussagekraft darüber, ob die Wirkungskette des Betriebes humane Arbeitsbedingungen berücksichtigt, ob ökologisch produziert oder wie ethisch verkauft wird (ebenda, S. 37–38).

Professor Michael von Hauff, ein ausgewiesener Experte der Forschungsgebiete Nachhaltige Entwicklung und Entwicklungsökonomie, bestätigt die beschränkte Aussagefähigkeit derzeitiger Messwerte. „Für viele ökonomische Kategorien […], auch Wohlstand, gemessen am BIP pro Kopf, fehlt bisher ein konkreter Bezug zur nachhaltigen Entwicklung“ (Hauff 2017, S. 81). So ist im Kontext der Green Economy nachvollziehbar, dass dieser wachsende Wirtschaftszweig alternative Indikatoren zu dem BIP fordert. Die Gemeinwohl-Matrix erfüllt diese Anforderungen. Sie beschreibt und bewertet anhand von 20 Kennwerten den Beitrag eine Organisation zum Gemeinwohl und stellt somit messbare Bezugspunkte zu nachhaltigem Handeln bereit (Verein zur Förderung der Gemeinwohl-Ökonomie 2017).

Felber fasst einen wesentlichen Vorteil seines Modells wie folgt zusammen: „Die Gemeinwohlökonomie baut auf systematische Kooperation, auch mit der Natur. Sie beruht auf überlebensfähigen Strukturen“ (Felber 2014, S. 17). Der Philosoph Wilhelm Schmid übersetzt die Anforderungen an eine verändere Form nachhaltigen Wirtschaftens in einen sprachwissenschaftlichen Duktus der Betriebswirtschaft: „Zum Kapital dieser veränderten Form von Ökonomie zählt nicht nur das menschengeschaffene des Geldes, sondern das naturgegebene der Ökologie; für beide Arten von Kapital gilt dann die Forderung, «das Kapital intakt zu halten»“ (Schmid 2008, S. 106).

Alle drei Modelle, die ökologisch-soziale Marktwirtschaft, eine Ökologische Ökonomie und die Gemeinwohlökonomie eint der Handlungsansatz, die Rücksichtnahme auf Natur und Mensch in das Zentrum zukünftiger Wirtschaftsweise zu rücken und dem überholten Irrglauben ökonomischer Autonomie Grenzen aufzuzeigen. Sowohl gesellschaftliche als auch umweltorientierte (planetarische) Leitplanken können als gewichtete Weiterentwicklung eines nicht mehr ausreichenden Warndreiecks betrachtet werden. Die Funktion der Leitplanke geht über die Merkmale eines Warnhinweises deutlich hinaus: Sie markieren befahrbare Wege, verhindern das Verlassen gekennzeichneter Bahnen und schützen bei gefährlichen Wegstrecken bis zu einem gewissen Grad vor dem Absturz, ein notwendiges Maß an Vorsicht und gedrosselter Fahrweise vorausgesetzt.

Schenkt man den Leitbildern der ZD-Studie glauben, bedarf es aber nicht nur politischer Vorgaben, um die derzeitige Lebens- und Wirtschaftsweise auf eine umweltfreundlichere Spur zu bringen. Eine nachhaltige Lebensform wird nicht ohne den einzelnen Bürger, die Zivilgesellschaft, Unternehmer oder Wissenschaftler auskommen, die sich im Rahmen ihrer Handlungsmöglichkeiten einbringen, Kurskorrekturen einleiten oder neue Verfahrens- und Lebensweisen ansteuern. Ausgehend von dieser Annahme wird dem relevanten Einflussfaktor «Mensch» in der vorliegenden Untersuchung eine vertiefende Betrachtung zuteil. Verwiesen sei an dieser Stelle auf Kapitel fünf und die Fragestellung: Wieviel Mensch braucht die Umwelt?

Ein Begriffsverständnis von **Nachhaltigkeit** zu formulieren, ist vor dem Hintergrund der eingangs beschrieben Bedeutungsunschärfe und der offensichtlichen Entwicklungsbedürftigkeit bestehender Modelle eine nur bedingt lösbare Aufgabe. Die vorliegende Erörterung unterscheidet primär zwei Sichtweisen, so liegt einerseits die Definition des Rates für Nachhaltige Entwicklung zugrunde, der «Nachhaltigkeit» wie folgt versteht:

„Nachhaltige Entwicklung heißt, Umweltgesichtspunkte gleichberechtigt mit sozialen und wirtschaftlichen Gesichtspunkten zu berücksichtigen. Zukunftsfähig wirtschaften bedeutet also: Wir müssen unseren Kindern und Enkelkindern ein intaktes ökologisches, soziales und ökonomisches Gefüge hinterlassen. Das eine ist ohne das andere nicht zu haben" (Rat für Nachhaltige Entwicklung 2017c). Diese Sichtweise geht zurück auf eine Definition der Brundtland-Kommission, auch Weltkommission für Umwelt und Entwicklung genannt, die unter der Leitung der norwegischen Ministerpräsidentin Gro Harlem Brundtland im Jahr 1987 erstmals das Konzept der nachhaltigen Entwicklung formulierte und rückblickend betrachtet, eine weltweite Beachtung nachhaltiger Fragestellungen auslöste (Lexikon der Nachhaltigkeit 2017a). Als nachhaltig definiert der Bericht eine Entwicklung, „die den Bedürfnissen der heutigen Generation entspricht, ohne die Möglichkeiten künftiger Generationen zu gefährden, ihre eigenen Bedürfnisse zu befriedigen und ihren Lebensstil zu wählen" (ebenda).

Der Begriff Nachhaltigkeit findet in der vorliegenden Untersuchung immer dann Anwendung, wenn dieser in einem direkten Zusammenhang steht mit der bisher vorherrschenden politischen Begriffsnutzung, die in derzeitigem Einvernehmen von nachhaltiger Entwicklung, Nachhaltigkeitsstrategie oder Nachhaltigkeitsdreieck spricht. Vor dem aufgezeigten Hintergrund überholter Sichtweisen einer gleichberechtigten Betrachtung der drei Dimensionen stimmt nachdenklich, dass der RNE noch immer diese Gleichberechtigung postuliert. Neben der kritisch zu sehenden inhaltlichen Positionierung sollten auch fortschreitende Übernutzungstendenzen des Begriffs Nachhaltigkeit zu denken geben. „Wie viele natürliche Ressourcen ist der Begriff selbst übernutzt – eine sparsamere Verwendung und ein bewusstes Hinhören, wenn er benutzt wird, täten sicher gut" (Bundeszentrale für politische Bildung 2014, S. 2).

Der Historiker und Dozent für geisteswissenschaftliche Umweltforschung Frank Uekötter lenkt in seinen Überlegungen zur Begriffsgeschichte der Nachhaltigkeit den Blick auf die Wiederfreilegung des Wesenskerns, denn wenn selbst die Luftfahrt nachhaltiges Fliegen postuliere, scheint es an der Zeit, das Begriffsverständnis unmissverständlich zu schärfen (Uekötter 2014, S. 9).

Der ursprüngliche Begriff **Sustainability** lässt mehrere Übersetzungen in die deutsche Sprache zu, so kann einerseits von Nachhaltigkeit die Rede sein, andererseits können aber auch die Begriffe „Umweltverträglichkeit" (Langenscheidt Online-Wörterbuch 2018) sowie Tragbarkeit, Tragfähigkeit oder auch Zukunftsfähigkeit genutzt werden (Pons 2018). In der vorliegenden Untersuchung finden primär zwei Übersetzungen Berücksichtigung, allerdings in einem unterschiedlichen Verständnis. Das Synonym **Zukunftsfähigkeit** ist als Begriff noch relativ unbelastet. Die Bedeutung des Wortsinns «zukunftsfähig» wird im Deutschen als „Erfolg auch in der Zukunft versprechend, erwarten lassend" (Duden 2018) ausgelegt. Zukunftsfähigkeit impliziert eine Handlungsoption, die Fähigkeit des Menschen, auf die zukünftige Entwicklung einzuwirken. Fähigkeiten können sowohl angeboren als auch erworben werden (vgl. Gabler Wirtschaftslexikon 2017a). Per definitionem wird bei dieser menschlichen Eigenschaft, die von Person zu Person variieren kann, sowohl von einer geistigen als auch praktischen Anlage gesprochen, die zu etwas befähigt (vgl. ebenda).

Dieser humanistisch verortete Ansatz, durch das Erwerben von Fertigkeiten in der Lage zu sein, „etwas zu tun" (Duden 2016) beschreibt im Sinne Uekötters den Wesenskern des Anthropozäns zutreffend: Das eigene Handeln bleibt nicht folgenlos. Die Einflussnahme des Menschen erfolgt nur sehr unterschiedlich, so ist der Mensch einerseits Verursacher von Umweltschäden, die Ursache für eine Weltordnung, die zunehmend aus den Fugen gerät, der Ursprung einer nicht nachhaltigen Lebensweise. Die Wortkombination «Zukunftsfähigkeit» beinhaltet andererseits aber auch die Option, zukunftsfähiger als bisher zu handeln, alternative Wege und Möglichkeiten zu erkennen, aufzuzeigen, Menschen zu befähigen, Zukunft aktiv mitgestalten zu können. Es spricht für den Begriff Zukunftsfähigkeit, dass er das gestaltende Element der «Befähigung» beinhaltet.

Die vorliegende Arbeit folgt der Fragestellung, wie zukunftsweisende Wege soziokultureller Zentren aus eigener Kraft heraus gestaltet werden können. Diese zu veranschaulichen, als Handlungsoption aufzuzeigen, zu befördern, ist Bestreben und Handlungsansatz der Untersuchung zugleich, ausgehend von der

Annahme, dass es förderlich sein kann, bisherige Verhaltensweisen zu hinterfragen, die Handlungsfähigkeit des Menschen zu beleuchten, Alternativen aufzuzeigen und eigene Beiträge zur Zukunftsfähigkeit anzuregen.

Vor diesem Hintergrund ist der Begriff «Zukunftsfähigkeit» in dieser Arbeit zu verstehen. Er bezieht sich auf den gleichen Ursprung, hebt aber die Gestaltungskraft des Menschen hervor und stellt dem Zeitalter des Anthropozäns eine befähigende Kraft zur Zukunftsbewältigung an die Seite. Der Weg vom nicht mehr ausreichenden Nachhaltigkeitsdreieck zu planetarischen Leitplanken, der Aufbruch in das neue Zeitalter des Anthropozäns spiegelt sich somit auch in der Anwendung beider Begriffe wider. Nachhaltigkeit steht für eine bisherige, überholte Sichtweise, der Begriff Zukunftsfähigkeit symbolisiert in dieser Arbeit das Neue, zukünftig Notwendige. In diesem Sinne lassen sich sowohl die Kapitelüberschrift «Wird Nachhaltigkeit zur Zukunftsfähigkeit?» als auch die weitere begriffliche Differenzierung in dieser Arbeit verstehen.

Der Aufbau eines skizzierten Leitplanken-Systems zur Gestaltung von Zukunftsfähigkeit braucht globale Wegmarken, demzufolge geht das nachfolgende Kapitel 1.4 der Frage nach, welche politischen Setzungen die aktuelle Debatte um einen Kurswechsel bestimmen und welche Wirkungsgrenzen die bisher gewählten Instrumente aufweisen.

1.4 Globale Wegmarken für einen Kurswechsel ohne Kante

Die Agenda 2030 für nachhaltige Entwicklung fasst in 17 Zielen und 169 Zielvorgaben die transnationalen politischen Wegmarken der Weltgemeinschaft für einen Kurswechsel zusammen. Beschlossen von den Vereinten Nationen auf der Konferenz Ende September 2015 in New York sind diese am 1. Januar 2016 in Kraft getreten. Sie sollen die Transformation der Welt in den kommenden 15 Jahren lenken, auf der Grundlage einer universellen Agenda, die von der Generalversammlung selbst als „umfassend und ambitioniert“ (Vereinte Nationen, Generalversammlung 2015, S. 1) bezeichnet wird. Die 17 Sustainability Development Goals (SDG) stellen eine Fortschreibung und Erweiterung der im Jahr 2001 beschlossenen acht Millenniumsentwicklungsziele (MDGs) dar. Ausgehend von der UN-Konferenz für Umwelt und Entwicklung in Rio de Janeiro 1992, welche die Geburtsstunde der Agenda 21 darstellt, umfasst der Weg zu den 17 SDG eine dreißigjährige Geschichte (Der neue Zukunftsvertrag für die Welt 2015, S. 24). In Form eines Zeitstrahles werden nachfolgend wesentliche Meilensteine der Vereinten Nationen auf dem Weg zur Agenda 2030 dargestellt. Die Initiative, sich dem Leitbild nachhaltiger Entwicklung zu verpflichten, ist auf den 1987 verfassten Brundtlandt-Bericht zurückzuführen.

Nachfolgende Abbildung gibt zunächst einen Überblick über die 17 Handlungsfelder der Agenda 2030.

Abb. 3: Agenda 2030 für nachhaltige Entwicklung: 17 SDG. Übersicht. (Bundesministerium für wirtschaftliche Zusammenarbeit und Entwicklung 2017).

Zeitstrahl: Meilensteine der Vereinten Nationen auf dem Weg zur Agenda 2030

1992 Auf dem zweiten Erdgipfel der Vereinten Nationen (UNCED) im Juni wird in Rio de Janeiro von über 170 Staaten das noch heute wirksame Aktionsprogramm AGENDA 21 auf den Weg gebracht.

2000 Auf der bis dahin größten Zusammenkunft der Vereinten Nationen in New York vereinbaren die Staats- und Regierungschefs acht Milleniumsziele.

2002 Weltgipfel in Johannesburg, die internationale Staatengemeinschaft verpflichtet sich dem Leitbild nachhaltiger Entwicklung.

2015 Konferenz der Vereinten Nationen in New York, Beschlussfassung der Agenda 2030

2016 Die Agenda 2030 für nachhaltige Entwicklung tritt mit 17 SDG und 169 Unterzielen in Kraft

Abb. 4: Meilensteine der Vereinten Nationen auf dem Weg zur Agenda 2030. Eigene Darstellung.

Die Agenda 2030 ist von der Auffassung geprägt, dass globale Herausforderungen nachhaltiger Entwicklung nur in einer staatenübergreifenden Gemeinschaft zu lösen sind. Diese bezieht alle Länder mit ein: Entwicklungsländer, Schwellenländer und Industriestaaten: „Alle müssen ihren Beitrag leisten" (Bundesministerium für wirtschaftliche Zusammenarbeit und Entwicklung 2017).

Ban-Ki Moon, UN-Generalsekretär von 2007 bis 2016, betont die Chancen der SDG, verweist aber auch auf die gebotene Dringlichkeit des Handelns: „Wir können die erste Generation sein, der es gelingt, die Armut zu beseitigen, ebenso wie wir die letzte sein könnten, die die Chance hat, unseren Planeten zu retten" (ebenda).

Eine wissenschaftliche Auseinandersetzung mit dem Thema nachhaltige Entwicklung führte frühzeitig zu mahnenden Gegenpositionen und einer Forderung nach Eingrenzung der „Weltkonjunkturpolitik" (Lexikon der Nachhaltigkeit 2017b). Erstmals aufgezeigt wurden die „Grenzen des Wachstums" (Meadows 2000, Titelseite) in dem gleichnamigen Bericht des Club of Rome, der bereits 1973 prognostizierte, „dass die natürlichen Ressourcen endlich sind und die Erde ein ständiges Bevölkerungs- und materielles Produktionswachstum langfristig nicht trägt, sondern die Menschheit sparsamer mit den Ressourcen umgehen muss" (Baumast und Pape 2013, S. 23).

15.000 Forscher aus über 180 Ländern haben im Rahmen der Weltklimakonferenz in Bonn im November 2017 eine gemeinsam unterzeichnete «Warnung an die Menschheit» vorgelegt, um auf den Ernst der Lage hinzuweisen. Die im Fachjournal BioScience publizierten Befunde ziehen eine ernüchternde Klimaschutzbilanz, so weist beispielsweise eine Studie der Forschergemeinschaft Global Carbon Projekt mahnend darauf hin, dass der weltweite Ausstoß klimaschädlicher Treibhausgase nach drei Jahren Stagnation nicht sinkt, sondern ansteigt (vgl. Barthélémy 2017).

Der Anspruch der Agenda 2030, als wegweisende Vision für eine umfassende Transformation zu dienen, ist vor diesem Hintergrund kritisch zu hinterfragen, gravierende Leistungsgrenzen zeichnen sich ab, die mitunter auf Konstruktionsmängel zurückzuführen sind, wie die folgenden drei Kritikpunkte deutlich machen:

Kritikpunkt 1: Zu viel gut Gemeintes – zu wenig verbindlich Vereinbartes

Die Generalversammlung der Vereinten Nationen räumt bei der Überprüfung der bisherigen Zielsetzungen ein, dass mehrere Millenniums-Entwicklungsziele der Agenda 2010 nicht erreicht wurden (Vereinte Nationen, Generalversammlung 2015, 6/38).

Insbesondere die beträchtliche Lücke zwischen der angestrebten Reduzierung der Treibhausgasemissionen bis 2020 erfüllt die Generalversammlung der Vereinten Nationen mit Sorge. Nun reichen die neu vereinbarten Ziele der Agenda 2030 noch weit über die Millenniums-Entwicklungsziele hinaus und eben diese Tatsache stimmt bedenklich, inwiefern eine realistische Zielerreichung überhaupt möglich scheint. Noch dazu vor dem Hintergrund, dass eine Umsetzung der transformativen Vision nach dem Prinzip einer globalen Partnerschaft erfolgen soll, zu der jede Nation ihren Beitrag leistet, „unter Berücksichtigung der unterschiedlichen nationalen Realitäten, Kapazitäten und Entwicklungsstufen und unter Beachtung der nationalen Politiken und Prioritäten" (ebenda).

Diese Einschränkung lässt allen Nationen ausreichend Handlungsspielraum, zunächst abgegebene Zusagen im Verlauf des Agenda-Prozesses mit dem Verweis auf nationale Beschränkungen aufzuweichen oder eine Mitverantwortung gar zu leugnen, wie dies vom Präsidenten der Vereinigten Staaten von Amerika jüngst getan wurde.[6]

Wenn bereits acht Millenniumziele, die im Vergleich zu den weitaus ambitionierteren 17 SDG und 169 Teilzielen der Agenda 2030 schon fast als maßvoll zu bezeichnen sind, noch nicht einmal annähernd erreicht wurden, um wieviel größer wird dann die Misserfolgs-Quote der Agenda 2030 ausfallen? Insbesondere, wenn es sich um tiefgreifende Transformationsvorhaben handelt, die in ihrer Komplexität ungemein schwieriger zu steuern scheinen. Kapitel vier der vorliegenden Untersuchung wird sich mit Fragen des Gelingens und Scheiterns von Transformationsprozessen befassen. Anzunehmen ist, dass eine erfolgreiche Umsetzung von Prozessen wesentlich von Zielen abhängt, die realistisch und erreichbar sind, um nur zwei Grundbedingungen zu nennen. Beiden Parametern wird die Agenda 2030 im Hinblick auf die angestrebte Reduzierung der Treibhausgasemissionen nicht gerecht.

Anzunehmen ist zudem, dass zu viele Ziele zu Überforderung und zum Scheitern von gut gemeinten Zielsetzungen und Prozessen führen können.

Kritikpunkt 2: Wirtschaftliche Interessen führen zu Zielkonflikten
Gleichwohl die Agenda 2030 in fünf Kernthemen den vorrangigen Blick auf die Menschen, den Planeten, den Wohlstand, Frieden und eine globale Partnerschaft voranstellt[7], sind Interessenkonflikte innerhalb der einzelnen Handlungsfelder

---

6 Obwohl der ökologische Fußabdruck der USA im weltweiten Vergleich mit 9,5 am höchsten ausfällt, vgl. Abbildung 1 in Kapitel 1.1.

7 Die fünf Kernbotschaften der Agenda 2030 lauten "People, Planet, Prosperity, Peace, Partnership" (Bundesministerium für wirtschaftliche Zusammenarbeit und Entwicklung 2015a).

absehbar. „Ein erheblicher Teil der Machtfragen hat mit den Auseinandersetzungen zwischen ökologischen und ökonomischen Interessen zu tun" (Schmid 2008, S. 101). Rendite und Finanzziele kennzeichnen den bisherigen Kern unternehmerischer Ausrichtung von KMU und Konzernen, ökologische und gesellschaftliche Bedürfnisse haben im Vergleich zu wirtschaftlichen Interessen in Betrieben oftmals nur eine untergeordnete Bedeutung. Auf die Frage, wo die stärksten Widerstände gegen einen Klimawandel zu vermuten sind, antwortet der Nobelpreisträger Paul J. Crutzen: „Das sind Trägheit, Ignoranz und natürlich wirtschaftliche Interessen, von all dem etwas" (Crutzen 2016, S. 23).

Diese These wird durch einen Blick in die Ausbildungsstätten unserer Führungselite von morgen veranschaulicht: „Solange die Umweltwissenschaftler in einem Hörsaal die planetarischen Grenzen aufzeigen, aber gleichzeitig keinen Einfluss auf die Betriebswirtschaftler im Nachbarhörsaal haben, die weiterhin Wachstumsmodelle lehren, wird eine Gesellschaft, die sich vom Wachstumszwang befreit und nachhaltig wird, nicht Realität werden" (Niebert 2016, S. 23). Eine engere Zusammenarbeit der wissenschaftlichen Disziplinen wird erforderlich sein, um Veränderungsprozesse mit Wirkungskraft einzuleiten. Ein Blick auf die deutsche Hochschullandschaft zeigt, dass auch Universitäten sich zunehmend mit der Lehre nachhaltiger Wirtschaftsformen befassen.[8] Je eher und je mehr also im neuen Geiste NE ausgebildete Führungskräfte nachrücken, umso schneller und durchdringender dürfte sich ein Wandel vollziehen. Es wird jedoch noch Zeit und Geduld brauchen, bis die neue Generation am Steuer ist.

Bis dahin ist davon auszugehen, dass eine Vielzahl derzeitiger Führungskräfte nach klassischen Modellen leiten, die von Konkurrenz, Wachstum und einer Dominanz der Wirtschaftsmacht geprägt sind. Die Weltgemeinschaft sollte rücksichtslosem Eigennutz mit aller Macht und klaren Richtungsvorgaben Einhalt gebieten, um die ökonomische Unvernunft und das ungebremste Wachstum in die Schranken zu weisen. Hier setzt der dritte Kritikpunkt an, der folgenschwere Schwächen der transnationalen Vereinbarung offenbart: die fehlende Rahmung und unklare Prioritäten.

---

8 Z.B. an der Universität Hamburg International Business and Sustainability, Universität Bremen Umwelt- Energie-Nachhaltigkeit, Leuphana Universität Lüneburg Sustainability Management, Nachhaltiges Tourismusmanagement an der Hochschule für Nachhaltige Entwicklung in Eberswalde. Ein Blick auf die online ausgewiesenen Themenschwerpunkte des Fachbereichs II (Kulturwissenschaften und ästhetische Praxis) der Universität Hildesheim zeigt, dass nachhaltige Entwicklung bei der Ausbildung zukünftiger Kulturpädagogen, Kulturmanager und Kulturpolitiker noch keine nennenswerten Bestandteile ausmachen.

Kritikpunkt 3: Fehlende Rahmung und unklare Prioritäten
Als Achillesverse der Agenda 2030 lässt sich eine fehlende Rahmung ausmachen. Die Relevanz planetarischer Leitplanken wird in der Agenda 2030 ausgeblendet. Eine Ignoranz der zunehmenden Wachstumskritik, fehlende nachhaltige Entwicklungsleitlinien bei der Mobilität oder ein konsequentes weltweites Bekenntnis zum klimapolitischen Engagement sind nur drei Beispiele, die von den Wissenschaftlern und Experten des Instituts für transformative Nachhaltigkeitsforschung Falk Schmidt, Patrizia Nanz und Ortwin Renn als Zielkonflikte der Agenda 2030 angemahnt werden. Ohne einen deutlichen Bezug auf die planetarischen Grenzen verblasst das umfängliche Vorhaben in Unverbindlichkeit (vgl. oekom e.V. – Verein für ökologische Kommunikation 2017, S. 31).

Erschwert wird der angestrebte Transformationsprozess zudem durch eine fehlende Prioritätensetzung. Die Umsetzung wird den Nationen überlassen, keine leichte Aufgabe bei 169 Zielen, die untereinander zudem noch enormes Konfliktpotential aufweisen (vgl. ebenda, S. 32). Diese Zielkonflikte können nicht den Eigeninteressen einzelner Staaten überlassen werden, sie sind nur länderübergreifend lösbar. Politische Vorgaben, die sich durch eine klare Rahmengebung, ein Bekenntnis zu planetarischen Grenzen und eine Priorisierung auszeichnen, lässt die Agenda 2030 vermissen. „Die staatliche Intervention beschränkt sich auf die Festsetzung des Handlungsrahmens“ (Schmid 2008, S. 105).

Letztlich unverbindlich und mit widersprüchlichen Zielen zur Veränderung der Welt aufzufordern, erscheint deutlich zu wenig. Das Nichterreichen wesentlicher Milleniumsziele sollte zu denken geben, dass die bisher gewählten Instrumente, insbesondere freiwillige Selbstverpflichtungen, nicht auszureichen scheinen. Freiwillige Selbstverpflichtungen haben bereits bei den Klimaschutzzielen der Agenda 2010 zu keinen nennenswerten Effekten geführt, ressourcenschonende Einsparungen sind durch zusätzliche Verbräuche und weiteres Wirtschaftswachstum nivelliert worden. Diese Entwicklung wird auch als Rebound-Effekt bezeichnet. „Obwohl viele Unternehmen in den letzten Jahren und Jahrzehnten deutliche Effizienzsteigerungen erzielen konnten, wurden diese durch weiter gesteigerten Konsum […] wieder nivelliert“ (Baumast und Pape 2013, S. 362).

Wäre es nicht Aufgabe der Politik, die Menschheit vor drohenden Katastrophen mit aller politischen Macht zu schützen? Es bleibt das Bild der Vereinten Nationen, die Warndreiecke aufstellt, um die Bevölkerung vor einem drohenden Untergang zu bewahren.

Im Hinblick weltweit wirkender Wegmarken soll in diesem Abschnitt noch eine weitere Initiative berücksichtigt werden, die sich primär auf eine

Sichtbarmachung von OE konzentriert. Die **Global Reporting Initiative** (GRI) ist ein Instrument, welches zur Messung von nachhaltigen Entwicklungsprozessen weltweit zur Anwendung kommt. Die vierte Generation der Richtlinien (G4) mit 120 Indikatoren ist als weltweiter Quasistandard zu betrachten. Das Leistungsangebot der unabhängigen, international tätigen Organisation beinhaltet neben allgemeinen Indikatoren auch sektorspezifische Nachhaltigkeitsaspekte, sogenannte Sector Supplements, die speziell auf die Anforderungen von Organisationstypen zugeschnitten sind. In der Online-Datenbank[9] sind aktuell über 28.000 Nachhaltigkeitsberichte nach GRI-Standard von mehr als 11.400 Organisationen einzusehen, darunter auch etwa 10 % KMU, die sich „der Königsklasse" (Baumast 2012b, S. 3), dem Nachhaltigkeitsbericht nach GRI-Kriterien, stellen. Wenngleich bisher kein Kulturanbieter aus Deutschland bei der GRI vertreten ist, sollen die nachfolgenden Beispiele von Kernkennzahlen der Global Reporting Initiative demonstrieren, das diese durchaus auch für soziokulturelle Zentren interessant und möglicherweise auch umsetzbar wären.

Tab. 1: Beispiele von GRI-Kernkennzahlen. Eigene Darstellung. (Baumast und Pape 2013, S. 273)

Beispiele von GRI-Kernkennzahlen
Umweltdimension: Beschaffung (Ökostrom, Fair Trade, Beleuchtung (LED), Reinigungsmittel, Mitarbeiterschulung, Lebensmittel), Abfallmengen, Energieverbrauch
Ökonomische Dimension: öffentliche Finanzzuflüsse (Subventionen), Einnahmen, Betriebskosten, Investitionen in Infrastruktur
Gesellschaftlich-soziale Dimension: Zulieferer vor Ort, lokales Personal, Mitarbeiter unter Tarifvereinbarung, Aktivitäten von Bürgerbeteiligung, Aktivitäten für das Gemeinwesen, Einflussnahme auf Politik

9 http://database.globalreporting.org/ [Erhebungsstand der Angaben zur Anzahl der Berichte, teilnehmenden Organisationen und Sektoren Suchergebnisse: 18.11.2017] Beispiele für Suchergebnisse von Deutschen Organisationen zu spezifischen Sektoren wie z.B. Medien: Axel Springer, Bertelsmann, ProSieben Media; Sektor Non-Profit/ Services: Frauenhofer Institut, Forschungszentrum Jülich, Deutscher Fußball-Bund; Sektor Tourismus/Freizeit: Aida, Deutsches Jugendherbergswerk. Einen Sektor Kultur bietet die GRI nicht.

Aus der vorgenommenen Betrachtung ergeben sich mehrere Fragen, die es im weiteren Verlauf der Untersuchung zu erörtern gilt, bezugnehmend auf alle drei Dimensionen. Das nächste Kapitel folgt der Fragestellung, wie die Bundesrepublik Deutschland als Mitgliedsstaat der Vereinten Nationen auf die Herausforderungen im Zusammenhang mit der Agenda 2030 reagiert. Welche Strategien, Richtlinien und Indikatoren wählt die Regierung, um in den kommenden Jahren Beiträge zur Zielerreichung der 17 SDG einzubringen? In welcher Form werden die Erfahrungswerte, Kennzahlen und Standards der GRI in den Maßnahmenplänen Berücksichtigung finden? Erst wenn diese grundlegenden Strukturen und Zusammenhänge näher beleuchtet sind, kann die Untersuchung sich der weiterführenden Frage widmen, welchen Platz der Untersuchungsgegenstand soziokulturelle Zentren in diesem durchaus vielschichtig scheinenden Konstrukt einnimmt.

Die vorliegende Arbeit strebt an, Bezugspunkte von NPO zu den Herausforderungen nachhaltiger Entwicklung aufzuspüren, exemplarisch aufgezeigt anhand des Untersuchungsgegenstandes soziokulturelle Zentren. Jedes Kapitel von Teil A) schließt mit zusammenfassenden Kriterien, die für eine Gestaltung von Zukunftsfähigkeit für die Akteure, Betriebe, Besucher und kulturpolitisch Verantwortlichen relevant sein können.

Kapitel eins konzentriert den Blick auf das Wirkungsfeld ≥≥Umwelt≤≤. Insgesamt drei Indikatoren sollen festgehalten werden. Für die Gestaltung von Zukunftsfähigkeit braucht es:

I. Planetarische Leitplanken für die Wirtschaft und den Menschen
II. Eine rahmengebende Zielorientierung (17 SDG)
III. Kennzahlen, die eine Entwicklung nachvollziehbar machen (z.B. GRI)

2 Welche politischen Motive, Stellschrauben und Ratgeber prägen das Handlungsfeld nachhaltiger Entwicklung in Deutschland?

2.1 Nachhaltigkeit ist ein Leitmotiv der Bundesrepublik

Mit der Beschlussfassung der Agenda 21 wurde 1992 ein globales Aktionsprogramm für das 21. Jahrhundert verfasst, dessen Tragweite bis heute zu erkennen ist, auch auf nationaler Ebene der Bundesrepublik. Im April 2002 beschließt der Deutsche Bundestag die nationale Nachhaltigkeitsstrategie „Perspektiven für Deutschland" (Die Bundesregierung 2002, S. 1) und verkündet zum Weltgipfel für Nachhaltige Entwicklung im September 2002 in Johannesburg die Absicht, Nachhaltigkeit zukünftig als Querschnittsaufgabe und Grundprinzip politischen Handelns anzuerkennen (vgl. ebenda).

Die Bundesregierung beschreibt nachhaltige Entwicklung als gesellschaftlichen Prozess und strebt an, diesen gemeinsam mit allen Akteuren aus Wirtschaft und Gesellschaft gestalten zu wollen. Hierzu nennt sie potentielle Partner.[10] Erste Orientierungspunkte setzt die Strategie mit 21 Indikatoren[11] und Zielen. Das Strategiepapier berücksichtigt zudem Schwerpunkte[12] und eine globale, über Deutschland hinausgehende Übernahme von Verantwortung.[13] Das letzte Kapitel umfasst die Ziele, eine Erfolgskontrolle zu implementieren und die Strategie weiterzuentwickeln (vgl. ebenda, S. 323–328). Das Verständnis eines «dauerhaften Gleichgewichtzustandes» prägt bis heute auch die politische Betrachtungsweise der deutschen Bundesregierung, die anstrebt, nachfolgenden Generationen ein intaktes Gefüge zu hinterlassen, unter gleichberechtigter Berücksichtigung der drei Dimensionen Ökonomie, Ökologie und Gesellschaft.[14]

---

10 „Länder und Kommunen, die Wirtschaft, die Gewerkschaften, die Umwelt- und Entwicklungsverbände, Landwirtschafts- und Verbraucherverbände, die Wissenschaft, die einzelnen Bürger und Bürgerinnen" (Die Bundesregierung 2002, S. 54).

11 Die in vier Kategorien unterteilt sind: Generationengerechtigkeit, Lebensqualität, Sozialer Zusammenhalt, Internationale Verantwortung.

12 Beispielsweise Energieeffizienz, gesund produzieren und ernähren, alte Strukturen verändern – neue Ideen entwickeln, Innovation.

13 Insbesondere Armut bekämpfen, Entwicklung und nachhaltige Ressourcennutzung fördern, Finanzierung der Entwicklung steigern und verbessern.

14 Vgl. Rat für Nachhaltige Entwicklung, Definition des Nachhaltigkeitsverständnisses in Kapitel 1.3.

Das Versprechen, die Strategie weiterzuentwickeln, hat die Regierung eingelöst.

Das Strategiepapier «Perspektiven für Deutschland» wurde den globalen 17 SDG und Zielen der Vereinten Nationen, zusammengefasst in der Agenda 2030, angepasst und im Januar 2017 unter Einbindung der Länder und Kommunen als «Deutsche Nachhaltigkeitsstrategie» verabschiedet.[15]

Der nachfolgende Zeitstrahl fasst wesentliche Meilensteine der Bundesrepublik auf dem Weg zur Verabschiedung der derzeit gültigen Deutschen Nachhaltigkeitsstrategie in einem Schaubild zusammen:

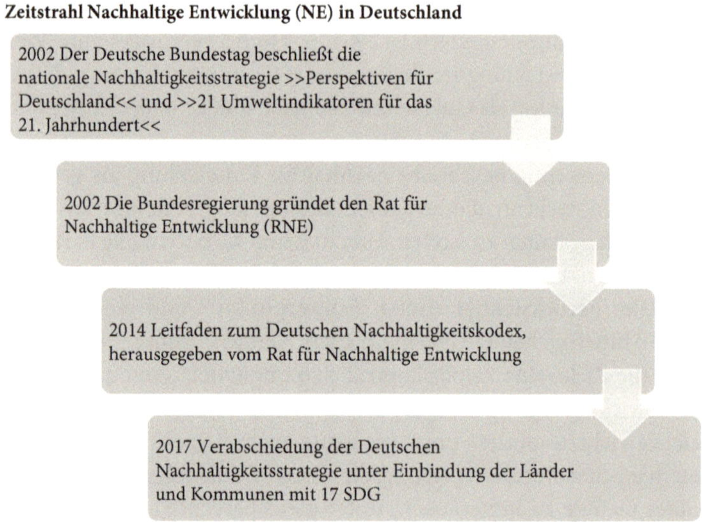

Abb. 5: Zeitstrahl nachhaltige Entwicklung in Deutschland. Eigene Darstellung.

---

15 Die 17 SDG wurden in der DNS strukturgebend übernommen, bei der inhaltlichen Ausgestaltung erfolgte eine Auswahl und Festlegung nationaler Prioritäten aus dem Katalog der 169 Unterzielvorgaben der Agenda 2030. Zur vollständigen Ansicht aller Ziele siehe Agenda 2030: http://www.un.org/depts/german/gv-70/a70-l1.pdf. DNS: www.deutsche-nachhaltigkeitsstrategie.de (Stand: 21.04.2017).

Ebenfalls als eingelöst betrachtet werden können die Vorhaben, Indikatoren und Zielwerte als Erfolgskontrollinstrumente zu implementieren. Ein Fortschrittsbericht erscheint alle vier Jahre, er beinhaltete zunächst 38 Indikatoren, die den Zielerreichungsgrad fortlaufend bemessen haben. Das neue Indikatorensystem der DNS umfasst nunmehr 63 Indikatoren, die z.T. neu formuliert und den Zielen der Agenda 2030 angepasst wurden.

„Mit der Neuauflage der Nachhaltigkeitsstrategie wurden zeitlich überholte Zielsetzungen mit Perspektive auf das Jahr 2030 neu gefasst und neue Ziele mit Blick auf die Anforderungen der Agenda 2030 für nachhaltige Entwicklung definiert" (Die Bundesregierung 2016, S. 35).

Ob das Versprechen wirkt, nachhaltiger zu handeln, zeigt ein Blick auf den Statusstand. Eine Auswertung des Indikatorenberichtes aus dem Jahr 2014 gibt folgende Zwischenbewertung ab: „Aktuell hat sich der Stand im Vergleich zu 2012 leicht verbessert. 22 Indikatoren mit eher positivem Status bzw. Trend stehen 16 Indikatoren mit eher negativem Status/Trend gegenüber" (Meilensteine der Nachhaltigkeitspolitik 2014, S. 12).

Der aktuelle Statusbericht (Stand 2016) ist in der DNS einzusehen. Eine Auswertung der dort veröffentlichten Angaben ergibt folgenden Stand:

Tab. 2: Statistische Prognose: Erreichen der ausgewiesenen DNS-Ziele 2030. Eigene Darstellung

Statistische Prognose: Erreichen der ausgewiesenen DNS-Ziele 2030		
Status der Indikatoren (Gesamt: 63)	**Anzahl**	**%**
Ziel wird (nahezu) erreicht	21	33,3
Entwicklung geht in die richtige Richtung, aber Zielverfehlung zwischen 5 und 20 Prozent bleiben	6	9,5
Entwicklung in die richtige Richtung, aber Lücke von mehr als 20 Prozent verbleiben	20	31,8
Entwicklung in die falsche Richtung	9	14,3
Keine Angabe möglich	7	11,1

Eine Diskussion und Bewertung der Wirksamkeitsprognosen ist nicht Bestandteil dieser Arbeit. Hingewiesen werden soll aber auf den Tatbestand, dass für über 10 % der neu verfassten Zielsetzungen „statistisch derzeit keine richtungssichere Einschätzung" (Die Bundesregierung 2016, S. 35) möglich scheint. Es ließe sich ausführlicher darüber debattieren, ob eine Aufnahme von Zielsetzungen, die nur sehr vage und kaum vorhersehbar bemessen werden können, in ein neu verfasstes Strategiepapier sinnvoll erscheint.

Hingewiesen werden soll im Zusammenhang mit der Zielprognose auch auf kritische Töne. Deutschland wird seine ökologischen Nachhaltigkeitsziele verfehlen, mahnt z.B. der Volkswirt und BUND-Aktivist Rudi Kurz (vgl. oekom e.V. – Verein für ökologische Kommunikation 2017, S. 52). Ein Blick auf die statistische Prognose belegt, dass mit den Wäldern (Nr. 15.3), der Artenvielfalt (Nr. 15.1), den CO_2-Emmissionen (Nr. 12.1b), der Mobilität (Nr. 11.2.a) und dem Nitrat-Anteil im Grundwasser (Nr. 6.1.b) gleich fünf ökologische Handlungsfelder auszumachen sind, in denen eine Entwicklung in die falsche Richtung prognostiziert wird. Die kommenden Jahre werden zeigen, wie ernst es der Nation mit einer ökologisch rücksichtsvolleren Lebensweise ist. Mahnende Hinweise der Verbände, unterlegt mit stichhaltigen Prämissen, wird es sicher weiter brauchen.

Welche Vorhaben und Versprechen der nationalen Nachhaltigkeitsstrategie 2002 bleiben noch zu betrachten?

Der Handlungsansatz der nationalen Nachhaltigkeitsstrategie, Schwerpunkte zu setzen, wird in der aktualisierten Form der DNS fortgesetzt und zudem konkretisiert. Je SDG benennt die DNS Schwerpunkte, ergänzt um wesentliche Inhalte und politische Prioritäten aus Sicht der Bundesregierung. Diese sind jeweils unterlegt mit relevanten nationalen Nachhaltigkeitsindikatoren sowie Zielen und Maßnahmen (vgl. z.B. Inhaltsübersicht S. 6). Die Hinzunahme von Maßnahmen in der DNS ist neu, kündigte sich aber schon in der Überarbeitungsphase und dem Konzeptpapier «Meilensteine der Nachhaltigkeitspolitik» 2014 an. Dort heißt es hinsichtlich der Weiterentwicklung der Strategie und dem angestrebten Auswertungsfahren: „Zudem wird der nächste Fortschrittsbericht stärker maßnahmenorientiert und kompakter sein" (Meilensteine der Nachhaltigkeitspolitik 2014, S. 13).

Eine Verdeutlichung der Zielsetzungen wünschte sich in der Überarbeitungsphase auch das Bundesministerium für wirtschaftliche Zusammenarbeit und Entwicklung: „Was wir dringend brauchen, sind eindeutige politische Zielsetzungen, wie der Weg zu einer nachhaltigen Wirtschaftsweise aussehen soll" (Bundesministerium für wirtschaftliche Zusammenarbeit und Entwicklung 2015b, S. 21). Das DNS-Ziel Nr. 8.4 beinhaltet als Nachhaltigkeitspostulat eine umwelt- und sozialverträgliche Steigerung der Wirtschaftsleistung, Indikator Nr. 8.6 zielt auf die Ermöglichung menschenwürdiger Arbeit ab. Die Ausrichtung des SDG-Ziels Nr. 8 auf Wirtschaftswachstum ist ein kritischer Punkt, der bereits im Zusammenhang mit den planetarischen Leitplanken diskutiert wurde. Ob die angestrebten Leistungssteigerungen und Wachstumsambitionen des nationalen Strategiepapiers den Anforderungen einer nachhaltigen Wirtschaftsweise gerecht werden, ist fraglich.

Das Versprechen, potentielle Partner mit an Bord nachhaltiger Entwicklung zu holen, kann ansatzweise als eingelöst bewertet werden. In Kapitel 2.4 wird exemplarisch die rasante Entwicklung und strategische Einbindung der zivilgesellschaftlichen Initiative «Bildung für nachhaltige Entwicklung» aufgezeigt. Zudem wird die Nachhaltigkeitsausrichtung des Landes Hessen nachgezeichnet. Die Absichtserklärung, eine strategisch fundierte, partnerschaftliche Zusammenarbeit mit den Ländern aufzubauen, ist als gewichtiges Indiz und Erfolg hervorzuheben. Die 2002 zunächst vom Bund vorgelegte nationale Strategie ist mit den Ländern und Kommunen als „Gemeinschaftswerk" (Statz 2017, S. 39) weiterentwickelt und schließlich von allen Beteiligten einvernehmlich im Januar 2017 als DNS verabschiedet worden.

Die vorliegende Arbeit strebt an, nachhaltige Strukturen zu untersuchen. Die Annahme ist, dass eine strategische Vorgehensweise bei der Formung nachhaltiger Strukturen eine entscheidende Rolle spielt. Inwiefern also eine Nachhaltigkeitsstrategie dazu beiträgt, Verbündete für die Herausforderungen nachhaltiger Entwicklung zu gewinnen, inwieweit es möglich ist, über strategisch ausgerichtetes Handeln Veränderungen anzustoßen, ist ein weiteres Interesse der Studie. In der Recherchephase des Promotionsvorhabens sind vor diesem Hintergrund mehrere strategische Vorgehensweisen unterschiedlicher Akteure und Ebenen untersucht worden, insbesondere

- die Entwicklung der Deutschen Nachhaltigkeitsstrategie (Kapitel 2.1),
- die Initiative Bildung für nachhaltige Entwicklung (Kapitel 2.4),
- die Nachhaltigkeitsstrategie Hessen (Kapitel 2.4),
- eine Energieeffizienzstrategie der Firma Vissmann (Kapitel 1.3),
- eine Nachhaltigkeitsstrategie gemeinnütziger NPO der DJH-Unterweser-Ems (Kapitel 5.2.2.1),
- eine bundesweit angelegte zivilgesellschaftliche Initiative der Kirchen (Kapitel 5.2.3.1).

Unabhängig davon, ob das Engagement der Akteure auf Impulse der nationalen Nachhaltigkeitsstrategie zurückzuführen ist, stehen die ausgewählten Beispiele doch stellvertretend für Initiativen der Wirkungsfelder Politik, Wirtschaft und Zivilgesellschaft, die es für eine Umsetzung des Leitmotives NE in Deutschland braucht. Zielsetzung der Studie ist, aus den Betrachtungen Erfahrungswerte zu generieren. So lassen sich aus der gewählten Vorgehensweise der Akteure eventuell typische Handlungsformen ableiten, wie eine Nachhaltigkeitsstrategie für soziokulturelle Zentren ausgestaltet werden kann. Von allen genannten Strategien kann die Deutsche Nachhaltigkeitsstrategie als das wirkungsmächtigste Instrument betrachtet werden.

In seinem Beitrag «Ein Schritt in die richtige Richtung» fasst der Regierungsdirektor a.D. und frühere Referatsleiter im Bundesministerium[16] Albert Statz seine Sichtweise zur DNS wie folgt zusammen: „Zum ersten Mal hat die Bundesregierung eine Nachhaltigkeitsstrategie vorgelegt, die diesen Namen auch verdient" (Statz 2017, S. 40).

Die DNS beabsichtigt, Umweltpolitik stärker in der sich wandelnden Gesellschaft zu verankern, sie möchte Bewusstsein schaffen. Nicht auszuschließen ist jedoch auch eine Verfehlung der angestrebten ökologischen Nachhaltigkeitsziele. Ein mahnender Appell der Umweltverbände richtet sich demzufolge auch an die politischen Entscheidungsträger, ökologische Grenzen deutlicher als bisher aufzuzeigen.

Die DNS birgt das Potential, einen Kurswechsel zu befördern. Nachhaltigkeit kann als Leitmotiv der Bundesrepublik Deutschland dienen. Ob es für eine erhoffte Transformation reicht, hängt entscheidend davon ab, welche Hebel und Mechanismen in den kommenden Jahren in Bewegung gesetzt werden. Das nächste Kapitel widmet sich einer bedeutsamen Stellschraube, die ihren Beitrag zu leisten vermag.

2.2 Stellschraube Finanzen

Die Ausgangsthese dieses Untersuchungsfeldes lautet: Es ist genug Finanzkraft da, nachhaltige Entwicklung zu ermöglichen.[17]

---

16 Dort zuständig für die Nationale Nachhaltigkeitsstrategie.

17 Eine provokante Behauptung, über die sich sehr trefflich streiten ließe. Die Prognose der DNS weist hinsichtlich des jährlichen Staatsdefizits (Nr. 8.2.a) und des strukturellen Defizits (Nr. 8.2.b.) immerhin ein Erreichen der Ziele aus. Ein Proargument? Bei der unmittelbar nachfolgenden Betrachtung des Schuldenstands (Nr. 8.2.c), wo eine Lücke von mehr als 20 % prognostiziert wird, löst sich der scheinbare Gewinn in Wohlgefallen auf. Der Schuldenstand der öffentlichen Hand beträgt im Jahr 2015 in Euro: Bund: 1.359 Milliarden, Land: 648 Milliarden, Gemeinden: 152 Milliarden (vgl. Statistisches Bundesamt 2016, S. 57). Ein deutliches Gegenargument. Dafür mehren sich die Finanzkraft der Wirtschaft und das materielle Vermögen insbesondere der höheren Einkommensschichten, wie wissenschaftliche Studien des Zentrums für Europäische Wirtschaftsforschung (ZEW) im Auftrag der Bertelsmann-Stiftung besagen: „Der Studie zufolge ist die deutsche Wirtschaft seit Jahrzehnten zwar stabil gewachsen. Der materielle Wohlstand sei so groß wie nie zuvor. Allerdings hätten breite Schichten weder über steigende Arbeitseinkommen noch über Vermögenserträge einen Anteil daran" (Meyer 2017). Dieser Befund spricht wiederum für die These, dass ausreichend Finanzkraft gegeben ist, sie ist nur ungleich verteilt.

Nur an den Stellschrauben der Verteilung sind noch nachhaltig wirkende Justierungen vorzunehmen.

Der Mitteleinsatz ist, ebenso wie der Erlass von Gesetzen, ein machtvolles Instrument, welches der Politik zur strategischen Steuerung von Entwicklungsprozessen zur Verfügung steht. Das Begriffsverständnis «Verteilung» bezieht sich in dieser Arbeit insbesondere auf die Vergabe öffentlicher Subventionen, die Beschaffung von Waren und Dienstleistungen, die Steuerung von Investitionen oder auch die Entscheidung, in welchen Unternehmensfeldern Geldmittel angelegt werden.

Dass für die Verwirklichung nachhaltiger Zielwerte Finanzmittel benötigt werden und zur Verfügung stehen, steht außer Frage. Im Folgenden soll exemplarisch illustriert werden, wie aus dem reichhaltigen Sortiment der Verteilungspolitik durch eine Umsteuerung und Feinjustierung von Stellschrauben Wandel mit nachhaltiger Wirkung eingeleitet werden kann.

Stellschraube 1: Anlage von Geldmitteln

Würden die politischen Entscheidungsträger den öffentlichen Finanzverwaltungen die Gestaltungsfreiheit überlassen, mit öffentlichen Mitteln zu spekulieren, sie würden es tun. Um eine möglichst hohe Rendite zu erzielen, gilt aber das Konnexitätsprinzip: Je höher eine Rendite ausfallen soll, umso größer wird auch das Risiko sein.[18] Hätten die Behörden freie Hand bei der Auswahl der Geldanlagen, wäre auch denkbar, dass Länder in Investmentfonds investieren, die nicht den Anforderungen einer nachhaltigen Geldanlage genügen, so ebenfalls geschehen in Nordrhein-Westfalen, wo das Journalisten-Netzwerk «Correctiv» aufdeckte, dass Nordrhein-Westfalen rund 100 Millionen Euro in klimaschädliche Branchen sowie Tabak- und Alkoholkonzerne investiert hat (vgl. Joerges 2016).

Der Landtag hat mittlerweile aber eingelenkt und den Beschluss gefasst, bei den genannten Anlagen künftig ethische Grundsätze und Nachhaltigkeitskriterien zugrunde zu legen.

In dem vorliegenden Fall erfolgt ein Einlenken des Landes erst auf Druck von außen. Eine Selbstverpflichtung der Länder böte die Chance, das Leitprinzip nachhaltigen Handelns zukünftig selbstverständlicher und aus einem selbst auferlegten Auftrag heraus anzuwenden. Für den Bund ist in der DNS eine solche Selbstbindung

---

18 „Mindestens 160 Kommunen in Nordrhein-Westfalen sind mit Steuergeld riskante »Zinswetten« eingegangen. Das ist das Ergebnis einer am Montag veröffentlichten Umfrage des Bundes der Steuerzahler. Bisher hätten fünf Städte – Bocholt, Mühlheim, Remscheid, Moers und Hagen – zugegeben, daß ihnen auf diese Weise Spekulationsverluste zwischen 0,1 und 27 Millionen Euro entstanden seien" (Linde 2009, S. 1).

für alle Behörden und Einrichtungen der unmittelbaren Bundesverwaltung vorgesehen. „Das Leitprinzip einer nachhaltigen Entwicklung gilt insbesondere auch für das Verwaltungshandeln – etwa soweit es um Klimaschutz, Mobilität oder die Vereinbarkeit von Familie und Beruf geht. Zudem hat die öffentliche Hand mit ihrem Gesamtbudget für Beschaffungen einen relevanten Einfluss auf die Nachfrage und Entwicklung nachhaltiger Produkte und Dienstleistungen“ (Die Bundesregierung 2016, S. 41). Für die Länder und Kommunen gilt eine solche Selbstbindung der DNS (noch) nicht.

Wenngleich der Förderalismus den Ländern Gestaltungsfreiheit gewährt, wäre es durchaus konsequent, die bereits bestehenden Landes-Nachhaltigkeitsstrategien[19] in wesentlichen Punkten der nationalen Strategie anzugleichen und um den Punkt «Selbstbindung» zu erweitern. Eine Selbstbindung der Länder und Kommunen für nachhaltige Entwicklung wäre eine bedeutsame Stellschraube für einen Kurswechsel in Richtung Nachhaltigkeit.

Stellschraube 2: Vergabe öffentlicher Subventionen

Übertragen auf die ebenfalls machtvolle und finanzschwere Subventionspolitik wird vorstellbar, was die DNS zu leisten vermag, wenn diese in den kommenden Jahren verstärkt an Klimaschutzzielen der DNS ausgerichtet würde. Die hierfür maßgeblichen subventionspolitischen Leitlinien sind, zunächst auf Bundesebene, im Januar 2015 um eine Nachhaltigkeitsprüfung ergänzt worden. „Mit der Nachhaltigkeitsprüfung unterstreicht die Bundesregierung ihre Absicht, das Prinzip der Nachhaltigkeit auch in der Subventionspolitik stärker zu verankern“ (Die Bundesregierung 2016, S. 41).

Die Verankerung des Leitmotivs Nachhaltigkeit in der Subventionspolitik der Länder und Kommunen wäre eine weitere bedeutsame Stellschraube in Richtung Nachhaltigkeit. Welche Handlungsnotwendigkeiten und zugleich auch Gestaltungsspielräume bei den Subventionen bestehen, deckt das Umweltbundesamt auf: „Nach Erhebungen des Umweltbundesamts summieren sich im Jahr 2012 die umweltschädlichen Subventionen des Staates auf 57 Milliarden Euro. Fast alle diese Subventionen[20] wirken sich auch negativ auf den Klimaschutz aus“ (Umweltbundesamt 2017, S. 42).

---

19 „Elf Länder haben bereits oder erarbeiten derzeit eigene Landesnachhaltigkeitsstrategien (Brandenburg, Baden-Württemberg, Bayern, Hessen, Rheinland-Pfalz, Niedersachsen, Nordrhein-Westfalen, Saarland, Sachsen, Sachsen-Anhalt, Thüringen; Stand September 2016)“ (Die Bundesregierung 2016, S. 46).

20 Davon z.B. Ausgleichsregelungen in Höhe von 2,7 Mrd. für stromintensive Unternehmen, 7 Mrd. Energiesteuerbefreiung Kerosin, 7 Mrd. Dieselsteuervergünstigung (vgl. Umweltbundesamt 2017, S. 42).

Stellschraube 3: Beschaffung von Waren und Dienstleistungen
Die Bewusstmachung, dass die Deutsche Nachhaltigkeitsstrategie Politiker, Beamte und Angestellte des öffentlichen Dienstes dazu auffordert, ihre Arbeit dem Prinzip nachhaltiger Entwicklung dienlich auszurichten, ist ein mächtiges Instrument. Es kann die Tätigkeiten vieler Beschäftigter des öffentlichen Dienstes in eine nachhaltige Richtung lenken und es legitimiert selbige, nach diesem Prinzip zu handeln.

Einer Zielerreichung der Agenda 2030-Vorhaben dürfte die Bundespolitik etwas gelassener entgegenblicken, wenn das bereitgestellte Instrument nachhaltigen Handelns in den kommenden Jahren in den Gestaltungs- und Wirkungskreisen der öffentlichen Hand verstärkt zur Anwendung käme. In Kapitel 5.3.3 veranschaulicht das zivilgesellschaftlich zu verortende Praxisbeispiel «Zukunft einkaufen wirkt», wie eine strategisch angelegte Umsteuerung der Beschaffung Veränderungsprozesse unterstützend einleiten kann.

Die Tücke des relativ simplen Mechanismus der Stellschraubenjustierung aber liegt im Detail. Mit großen Widerständen im Getriebe ist zu rechnen. Einige Räder werden haken und enormen Kraftaufwand bedürfen, um in Bewegung zu kommen. Diese Justierungen sollten besonders gut vorbereitet sein, um dem zu erwartenden Widerstand mit guten Gründen standzuhalten. Nachhaltige Entwicklung ist ein guter Grund, wird aber allein nicht reichen, die erforderliche Durchsetzungskraft zu entfalten. Die vorliegende Arbeit wird sich im vierten Kapitel mit den Herausforderungen und Grenzen transformativer Wandlungsprozesse kritisch auseinandersetzen.

Bei einigen Stellschrauben werden weniger aufwendige Feinjustierungen reichen, um Veränderungen zu gestalten. Mit diesen sollte begonnen werden. Ohne auf das Kapitel «Prozesse» vorgreifen zu wollen, gilt es in den Fachkreisen der CM-Experten als förderlich, bei der strategischen Umsetzung von Veränderungsprozessen erste Erfolge einzuplanen – und diese auch entsprechend zu kommunizieren und zu feiern. Der Professor für Führungsmanagement an der Harvard Business School John P. Kotter empfiehlt für eine erfolgversprechende Umsetzung von Wandel «schnelle Erfolge» durch sichtbare Leistungsverbesserungen zu planen und diese Erfolge deutlich anzuerkennen und auszuzeichnen (Kotter 2015, S. 18).

Für manche Stellschrauben braucht es nichts weiter als den eigenen Impuls. Es sind die Steuermechanismen, die ein jeder selbst in seinem Umfeld vorfindet, die ein jeder selbst in die Hand nehmen und gestalten kann. Dritte, die mit diesen Stellschrauben in Beziehung stehen, werden durch die Veränderung des eigenen Handelns ganz von allein in Bewegung geraten oder Gefahr laufen, den Anschluss zu verlieren, wenn sie sich nicht auf neue Verfahrenssysteme einstellen. Auch dieser Aspekt wird in der weiteren Untersuchung aufgegriffen, u.a. im fünften Kapitel.

Bedeutsam scheint im Zusammenhang einer Untersuchung nachhaltiger Strukturen auch zu sein, hinter die Gründe zu schauen, warum einige Handlungsfelder finanzkräftiger ausgestattet sind als andere. Eine zielführende Frage könnte deshalb lauten: Welche Mechanismen könnten sinnstiftende, förderwürdig erscheinende Inhalte befördern? Für den Untersuchungsgegenstand soziokulturelle Zentren bedeutet dies, zunächst einmal zu benennen, welche Inhalte die Arbeit soziokultureller Zentren prägen.

Zielführende Fragen sollten deshalb lauten:

> Für welche Inhalte stehen soziokulturelle Zentren? Anhand welcher Leitsätze richten sie ihre Angebote aus?
> Welche Beiträge leisten soziokulturelle Zentren für eine nachhaltige Entwicklung der Gesellschaft? Lassen sich Bezugspunkte zu den SDG-Zielen und den Zielen der Deutschen Nachhaltigkeitsstrategie herstellen?

Bestandteil der Feldforschung wird eine Untersuchung der Selbstdarstellungen und bereits bestehender Leitlinien soziokultureller Zentren sein. In einem Kleingruppenarbeitsprozess erfolgt zudem der Versuch, Leitsätze mit nachhaltiger Gewichtung für soziokulturelle Zentren zu entwerfen.

Festzuhalten ist: Nachhaltige Entwicklung ist ein Leitmotiv der Bundesrepublik Deutschland. Ein gutes Motiv allein reicht jedoch noch nicht, es muss auch eingeleitet und umgesetzt werden. Die Chance der DNS, als nationale Leitplanke zu funktionieren, besteht. Hierfür braucht es die Hebelwirkung von Stellschrauben, die das Handeln auf nachhaltige Ziele der DNS einstellt. Hierfür braucht es aber auch Mitstreiter, die im Dienste der Sache unterstützende Aufgaben übernehmen, als kritischer Geist fungieren, Entwicklungen reflektieren und die Umsetzung der Ziele als Ratgeber befördern. Der RNE ist mit eben diesen Aufgaben betraut.

2.3 Was rät der Rat für Nachhaltige Entwicklung?

Fast zeitgleich zur Beschlussfassung der nationalen Nachhaltigkeitsstrategie durch den Bundestag im Februar 2002 erfolgt im Jahr 2001 die Berufung des Rates für Nachhaltige Entwicklung. Der Rat begleitet und überprüft Prozesse nachhaltiger Entwicklung in Deutschland. Er verfasst Handlungsempfehlungen, lobt Auszeichnungen aus oder stößt mit Projekten eine Umsetzung der Nachhaltigkeitsziele an. Bei der Weiterentwicklung der Nachhaltigkeitsstrategie steht er der Bundesregierung beratend zur Seite. Seine fachliche Expertise bringt er zuweilen kritisch in den Diskurs mit ein. So fordert er in einer Stellungnahme zum Bericht über Nachhaltigkeitsindikatoren im Jahr 2014 von den politischen Entscheidungsträgern: „Mehr Nachhaltigkeitspolitik!" (Rat für Nachhaltige Entwicklung 2014, S. 1).

Für die Gestaltung einer nachhaltigen Entwicklung setzt der Rat eine ganze Reihe von Werkzeugen ein, um nachhaltige Entwicklung zu befördern. Typische Instrumente, um Engagement wertzuschätzen, sind die Vergabe von Auszeichnungen und Preisen. Der RNE vergibt einmal jährlich das Qualitätssiegel «Projekt Nachhaltigkeit». Dies ist ein nicht dotiertes Tool, welches zur aktiven Unterstützung nachhaltiger Entwicklung einlädt. Eine Jury, bestehend aus Vertretern des Nachhaltigkeitsrates sowie der Geschäftsstelle, bewertet eingehende Bewerbungen[21] und stellt den ausgezeichneten Initiativen eine öffentlichkeitswirksame Plattform sowie ein stetig wachsendes Netzwerk bereit. Fünf Leuchtturmprojekte mit besonders transformativem Charakter werden zudem noch stärker in das Netzwerk und die Agenda des Rates eingebunden (vgl. Rat für Nachhaltige Entwicklung 2017b). Beabsichtigt ist, mit der jährlichen Auszeichnung nachhaltigem Tun eine verstärkte öffentliche Aufmerksamkeit zukommen zu lassen. Die Projekte sollen beispielhaft zeigen, wie es gelingen kann, mit persönlichem Engagement die Welt gerechter, ökologischer und sozialer zu machen.

Ein weiterer Preis, der zwar nicht vom RNE vergeben wird, aber im Zusammenhang mit Auszeichnungen genannt werden sollte, ist der Deutsche Nachhaltigkeitspreis, der einmal jährlich in sechs Kategorien (Produkte, Unternehmen, Bauen, Forschung, Städte und Gemeinden, Next Economy Award für Startups) von der Stiftung Deutscher Nachhaltigkeitspreis e.V. ausgelobt und in einem feierlichen Festakt überreicht wird. Durch die jährliche Auszeichnung von «Spitzenleistungen der Nachhaltigkeit» soll eine zukunftsfähige Entwicklung gefördert werden, beschreibt die Stiftung Ziel und Auftrag ihres Wirkens (vgl. Stiftung Deutscher Nachhaltigkeitspreis 2017).

Die Wirtschaft als Partner nachhaltiger Ausrichtung zu gewinnen, ist im Jahr 2002 als eine Zielsetzung der nationalen Nachhaltigkeitsstrategie formuliert worden. Der RNE hat sich dieser Aufgabe gestellt und in einem ersten Schritt

---

21 Folgende Bewertungskriterien liegen der Auszeichnung der Projekte zugrunde: Beitrag zu den Nachhaltigkeitszielen für Deutschland, Kohärenz, Wirkung und Originalität. Die Projekte mit Leuchtturmpotenzial werden zusätzlich nach den Kriterien Wirtschaftlichkeit und Transformationspotenzial bewertet (vgl. Rat für Nachhaltige Entwicklung 2017b).

zunächst große Unternehmen und Konzerne in den Fokus nachhaltiger Ausrichtung genommen.

Auf der Grundlage der nationalen Nachhaltigkeitsstrategie wurde ein Leitfaden verfasst, zunächst mit sehr abstrakt formulierten Zielen nachhaltiger Entwicklung. Diese sind im Dialog mit Konzernen und Unternehmen im Jahr 2011 auf 20 Kriterien nachhaltigen Wirtschaftens zusammengefasst und 2014 noch einmal überarbeitet worden. Das Erfahrungswissen der mehrjährigen Erprobungsphase sowie die Einbindung von Anwendern lassen den Leitfaden seitdem deutlich praxisnäher und greifbarer erscheinen. Die 20 Indikatoren kennzeichnen heute wesentliche Merkmale der ursprünglichen Nachhaltigkeitsstrategie «Perspektiven für Deutschland» und stehen als Leitfaden in Form des Deutschen Nachhaltigkeitskodex (DNK) zur Anwendung bereit. Zu erwarten ist, dass der DNK gemeinsam mit Stakeholdern fortgeschrieben und insbesondere den Zielsetzungen der Agenda 2030 und der DNS angepasst wird.

Als ein politischer Teilerfolg kann der Beschluss des Europäischen Parlaments im April 2014 bewertet werden. Seitdem ist für Unternehmen ab 500 Mitarbeitern eine Berichterstattung zur Nachhaltigkeit verpflichtend (vgl. Rat für Nachhaltige Entwicklung und Bertelsmann Stiftung 2014, S. 5). Der Rat zielt nun in einem nächsten Schritt verstärkt darauf ab, auch KMU für die Umsetzung einer Nachhaltigkeitsstrategie zu gewinnen (vgl. ebenda).

Der Leitfaden zum Deutschen Nachhaltigkeitskodex soll den Betrieben als Orientierungshilfe dienen. Die 20 Kriterien bieten eine auf mittelständische Unternehmen zugeschnittene Auswahl quantifizierbarer Leistungsindikatoren in transparenter und vergleichbarer Form. Der Leitfaden unterstützt Unternehmen und Organisationen, Nachhaltigkeit im Kerngeschäft zu verankern (vgl. ebenda, S. 66). Ziel des DNK ist, dass Unternehmen eine Entsprechungserklärung abgeben. Eine Teilnahme erfolgt auf selbstverpflichtender Basis. Die Anwendung ist kostenfrei. Eine Anschlussfähigkeit des DNK an den internationalen Berichtsstandard ISO 26000 bis hin zu globalen Vergleichen im Rahmen der Global Report Initiative (GRI) sind im DNK berücksichtigt. Der RNE macht mit dem Leitfaden deutlich, dass Unternehmen eine Mitverantwortung für eine nachhaltige Entwicklung tragen, stellt aber auch die Vorteile heraus, die sich den Organisationen mit einer Teilnahme bieten. Er zielt auf die Ansprache von Unternehmensleitungen und Geschäftsführern ab und gibt diesen mit dem DNK ein Steuerungsinstrument an die Hand, einerseits Prozesse nachhaltiger Entwicklung im eigenen Betrieb anzustoßen, andererseits aber auch von den generierten Analysen zu profitieren. Sichtbar wird der Entwicklungstand durch eine Unterscheidung von comply (einhalten) und explain (erklären). Da eine wiederkehrende Berichterstattung[22] fester Bestandteil des DNK ist, können so auch Verbesserungen aufgezeigt werden, denn berichten heißt „nicht nur Daten sammeln, sondern auch genau hinschauen und analysieren. So werden Schwachstellen aber auch ungenutzte Möglichkeiten sichtbar" (ebenda, S. 7). Der Ansatz des nachhaltigen Handelns bietet „eine wertvolle Orientierung für die Suche nach einer neuen Art des Umgangs mit der Umwelt, der Gestaltung des sozialen Zusammenlebens und des Wirtschaftens" (Rat für Nachhaltige Entwicklung 2017b). Ein weiterer Vorteil der Teilnahme ist, dass sich Unternehmen mit dem DNK gegenüber Konsumenten, Umweltverbänden oder der Politik klar positionieren. Die Indikatoren des DNK sind vier Wirkungsfeldern zugeordnet, die insgesamt 20 Kriterien nachhaltigen Wirtschaftens konkretisieren. Die nachfolgende Abbildung stellt die vier Wirkungsfelder und Kriterien des DNK dar:

Tab. 3: Vier Wirkungsfelder und Kriterien nachhaltigen Wirtschaftens des DNK

Vier Wirkungsfelder und Kriterien nachhaltigen Wirtschaftens des Deutschen Nachhaltigkeitskodex (DNK):
STRATEGIE (Wesentlichkeit, Ziele) [a]
PROZESSMANAGEMENT (Regeln und Strukturen)[b]
UMWELT (Ökologische Aspekte der Nachhaltigkeit)[c]
GESELLSCHAFT (Soziale Aspekte der Nachhaltigkeit)[d]

[a] Als weiteres Kriterium wird im Wirkungsfeld Strategie des DNK angeführt: Wertschöpfungskette.
[b] Insgesamt sechs Kriterien werden für das Wirkungsfeld Prozessmanagement benannt: Kontrolle, Anreizsysteme, Beteiligung von Anspruchsgruppen, Innovationen mit nachhaltiger Wirkung (z.B. ressourcenschonend).
[c] Folgende Kriterien beinhaltet das Wirkungsfeld Umwelt: Input-Output Bilanz, Inanspruchnahme von natürlichen Ressourcen, Ressourcenmanagement, Klimarelevante Emissionen.
[d] Das Wirkungsfeld Gesellschaft umfasst sieben Kriterien: Arbeitnehmerrechte, Chancengleichheit (Gleichbehandlung), Qualifizierung (gute Fachkräfte finden und halten, demografischen Wandel im Blick und Griff haben), Menschenrechte (Lieferkette, Verhaltenskodex für Zulieferer), Gemeinwesen (Betriebliche Freiwilligenprogramme, Spenden, freiwillige Einsätze, gesellschaftliches Engagement), Politische Einflussnahme, Gesetz- und richtlinienkonformes Verhalten (Korruption und rechtswidriges Verhalten vermeiden).

22 Die Entsprechungserklärung ist spätestens alle zwei Jahre zu erneuern.

Auffallend ist, dass die ökonomische Dimension der Nachhaltigkeit in diesem Leitfaden keine gesonderte Erwähnung findet. Dies geschieht vermutlich vor dem Hintergrund, da ökonomischer Erfolg das vorrangige und leitende Interesse eines wirtschaftlichen Unternehmens[23] ausmacht. Durch eine Reduktion der Betriebsführung auf Finanzkennzahlen wie Gewinnmaximierung oder bestmögliche Rendite können ökologische und soziale Aspekte der Nachhaltigkeit leicht aus dem Sichtfeld geraten.

Im Hinblick auf den Untersuchungsgegenstand soziokulturelle Zentren ist von einer Anwendung des DNK in der bestehenden Form abzuraten. Gleichwohl die Betriebe auch der Gruppe der KMU zuzuordnen sind, unterscheiden sich die Anforderungen an einen Leitfaden für gemeinwohl- und nicht gewinnorientierte Organisationen in der Finanzfrage deutlich voneinander. Für Wirtschaftsbetriebe mag es sinnvoll sein, das Kriterium «Finanzen» in der Berücksichtigung nachhaltigen Wirtschaftens auszuklammern. Zu sehr dominiert und blockiert dieser Treiber der Wirtschaft nachhaltige Entwicklung. Für Non-Profit-Unternehmen hingegen ist es essentiell, den Finanzbereich mit in den Blick nachhaltiger Entwicklung zu nehmen. Hier scheinen sich eingeschränkte Sichtweisen ins Gegenteil umzukehren:

Zu hinterfragen wäre, ob bei gemeinwohlorientierten Organisationen durch eine primäre Fokussierung auf soziale oder ökologische Inhalte der Blick auf die Finanzen blockiert wird?

Ebenso scheint die Hinzunahme eines weiteren Kriteriums unerlässlich für eine Untersuchung nachhaltiger Strukturen soziokultureller Zentren. Das Wirkungsfeld der Politik ist für NPO von besonderer Relevanz, sowohl von der finanziellen als auch rahmengebenden Seite. Ob einer Leitplankenfunktion der politischen Entscheidungsträger im DNK mehr Gewicht eingeräumt werden sollte, soll an dieser Stelle nicht weiter erörtert werden. Bereits diskutierte Befunde im Zusammenhang des Spannungsfeldes «Nachhaltigkeitsdreieck und planetarische Leitplanken» (Kapitel 1.3) würden für die These sprechen, dass es bei einer Fortschreibung des DNK bedenkenswert wäre, politische Prioritäten und Anforderungen an nachhaltigeres Wirtschaften präziser und einfordernder zu berücksichtigen. Für die Bestimmung von Kategorien wird es in der vorliegenden Untersuchung unerlässlich sein, zusätzlich zu den vier DNK-Wirkungsfeldern Strategie, Prozesse, Umwelt und Gesellschaft auch die NPO-spezifischen Kategorien Politik & Finanzen zu berücksichtigen. Die nachfolgende Übersicht fasst die fünf ausgewählten Wirkungsfelder der vorliegenden Untersuchung noch einmal zusammen:

23 Wirtschaftlichkeit als Überlebensgrundprinzip.

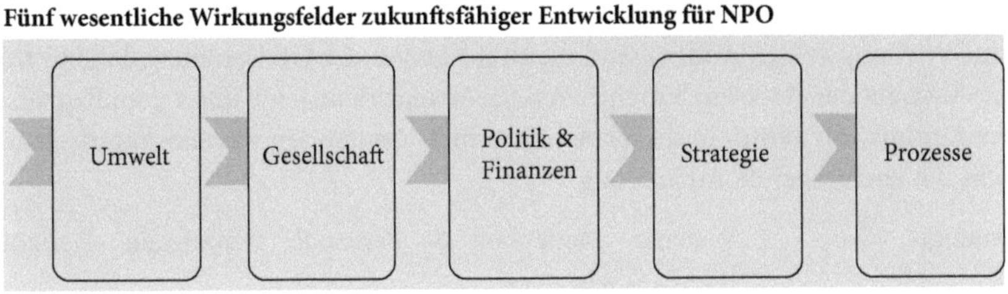

Abb. 6: Fünf wesentliche Wirkungsfelder zukunftsfähiger Entwicklung für NPO. Eigene Darstellung.

Das gewählte Kategoriensystem strukturiert den Aufbau der Arbeit und grenzt durch die fünf themenrelevanten Schwerpunkte (Umwelt, Gesellschaft, Politik & Finanzen, Strategie und Prozesse) das Forschungsfeld ein. In Teil A) ist die Grundstruktur so gewählt, dass im Rahmen der theoretischen Annäherung an das Forschungsfeld jeder Schwerpunkt in einem Kapitel näher beleuchtet wird. Auch das Design der Online-Fragebogenerhebung in Teil B) ist nach fünf Kategorien gegliedert, um schließlich die Erkenntnisse aus Teil A) und die Befunde in Teil C) kategoriengeleitet auswerten und reflektieren zu können.

Der Begriff **Struktur** wird in der Wissenschaftstheorie als „Menge der die einzelnen Elemente eines Systems verknüpfenden Relationen" (Gabler Wirtschaftslexikon) definiert. Das Verständnis, dass einzelne miteinander in Beziehung stehende Teilbereiche die Struktur eines Gesamtsystems prägen, liegt auch der vorliegenden Arbeit zugrunde. Der Strukturbegriff ist darüber hinaus in einen direkten Zusammenhang mit dem Untersuchungsgegenstand soziokulturelle Zentren zu setzen. Bei diesen Kulturbetrieben handelt es sich um Organisationen. Da es in der Untersuchung insbesondere um die Entwicklung von Organisationen geht, ist das Strukturverständnis durch drei typische Eigenschaften der OE geprägt:

1. Organisationen haben formale Betriebsstrukturen zu verantworten.
2. Organisationen werden als soziale Gebilde definiert, die zielorientiert handeln.
3. Organisationen sind auf Dauer angelegt.
   (vgl. Wöhrle 2001, S. 6–15).

Der Begriff Struktur wird in dieser Untersuchung in mehrere Strukturbausteine unterteilt, um diese besser fassen zu können. Aus der Vielzahl der in Organisationen vorzufindenden Strukturelemente wird eine Auswahl vorgenommen. Die

Eingrenzung erfolgt einerseits durch die Konzentration der Untersuchung auf fünf Wirkungsfelder. Zudem sind die drei Ebenen der OE handlungsleitend für die Auswahl der Strukturelemente. Welche Strukturbausteine unter dem Begriffsverständnis «Struktur» in dieser Arbeit primär verstanden werden, veranschaulicht die nachfolgende Aufstellung:

Strategie:	Systeme, Steuerung & Personal, strukturelle Defizite (GAP), Ziele
Prozesse:	Veränderungs- und Gestaltungsformen, Leitlinien
Gesellschaft:	Struktur der Partizipation, Beteiligungsformen, soziale Gebilde
Umwelt:	formale Betriebsstrukturen im Kontext NE, Umweltmanagement
Politik & Finanzen:	Finanzstruktur, Struktur der Rahmung und Förderung

Die Übersicht beinhaltet wesentliche Bezugspunkte und Strukturbestandteile einer Organisation, auf die sich diese Untersuchung konzentriert. Dass es weitere Wirkungsfelder und Strukturarten gibt, ist der Vollständigkeit halber zu ergänzen. Wäre die Untersuchung beispielsweise auf das Kriterium Digitalisierung ausgerichtet, würden andere Strukturbausteine in den Fokus rücken (z.B. Kommunikationsstruktur).

Die DNS ist das stärkste Gestaltungsinstrument, das der Bund, die Länder und Kommunen hinsichtlich einer nachhaltigen Ausrichtung Deutschlands beschlossen haben. Ob sie die Kraft zur nationalen Leitplanke entfalten wird, hängt entscheidend von weiteren Schritten ab. Dazu zählt auch die Frage, inwiefern definierte Zielvorgaben der DNS in den Ländern und Kommunen Anwendung finden werden. Absehbar ist, dass der RNE das Leitprinzip nachhaltiges Wirtschaften noch stärker an KMU und Organisationen herantragen wird. Mit Blick auf den Untersuchungsgegenstand soziokulturelle Zentren als NPO-Organisationen stellt sich daher nicht mehr die Frage, ob der RNE (bzw. die Länder, Regionen und Kommunen) auch NPO-Organisationen zu einer nachhaltigen Betriebsführung anhalten werden. Vielmehr sollte die Frage lauten, wann es so weit sein wird. Insbesondere vor dem Hintergrund, dass die Einbindung der Länder und Kommunen in die DNS einen verstärkten Einsatz nachhaltiger Stellschrauben erwarten lässt.

KMU, ob wirtschaftlich oder gemeinnützig ausgerichtet, werden sich auf einen zunehmenden Wandel ihres Umfeldes und neue Mechanismen der Subventionsförderung oder Beschaffung einstellen müssen. Sie sollten im eigenen Interesse und zum Wohle einer nachhaltigen Entwicklung das Handeln nicht versäumen und eigene Beiträge und Maßnahmen einleiten.

Anhand von zwei Beispielen soll exemplarisch nachgezeichnet werden, wie sich bereits strategisch angelegte Wandlungsprozesse in den Ländern vollziehen. Zunächst wird die Entwicklung der BNE-Initiative beleuchtet, anschließend erfolgt eine Ausschnittbetrachtung der Nachhaltigkeitsstrategie Hessen. Die vorgenommene Konzentration auf die Länder Hessen und Nordrhein-Westfalen geschieht vor dem Hintergrund, da sich die Feldforschung der vorliegenden Untersuchung auf diese beiden Bundesländer bezieht.

2.4 Nachhaltigkeit in den Ländern: Blick nach Hessen und Nordrhein-Westfalen

2.4.1 Bildung für nachhaltige Entwicklung in Nordrhein-Westfalen

Bildungsangebote für nachhaltige Entwicklung sind im Vergleich zu anderen Bildungssparten wie kulturelle Bildung, Theaterpädagogik oder ästhetische Bildung noch ein sehr junges Phänomen. Ohne das Thema inhaltlich vertiefen zu wollen, soll schlaglichtartig nachgezeichnet werden, in welcher Kürze der Zeit sich Bildungsinhalte nachhaltiger Entwicklung zunächst im bundesweiten Bildungskanon durchgesetzt haben und bereits in Lehrplänen implementiert wurden.

Deutschlandweit relevante Angebote der BNE-Initiative sind auf den Beginn der UNESCO-Dekade im Jahr 2005 zurückzuführen. Bereits im Jahr 2007 hat die Kultusministerkonferenz in Zusammenarbeit mit der Deutschen UNESCO-Kommission eine Empfehlung zur Umsetzung von BNE in der Schule herausgegeben, die darauf abzielt, Schülerinnen und Schüler zur aktiven Gestaltung einer ökologisch verträglichen, wirtschaftlich leistungsfähigen und sozial gerechten Umwelt zu befähigen.

Im Klimaschutzplan 2050 ist die Verankerung von Bildungsmaßnahmen zum Klimaschutz und eine Sensibilisierung der Gesellschaft für diese Themen durch entsprechende Bildungsangebote wichtiger Bestandteil. Insbesondere die Ansprache und frühzeitige Bewusstseinsschulung junger Menschen als Entscheidungsträger unserer zukünftigen Gesellschaft ist für das Bundesministerium von zentraler Bedeutung. Besonderes Augenmerk wird auf die Transformationspotentiale der Alltagskultur gelegt: „Bildungsangebote für den Klimaschutz im Sinne einer Bildung für nachhaltige Entwicklung zielen auf die Vielschichtigkeit der Themen und Dimensionen des täglichen Lebens und entwickeln Handlungsmöglichkeiten für den einzelnen ebenso wie für die Gesellschaft. Sie sind zielgruppengenau, adressatengerecht und partizipativ konzipiert“ (Bundesministerium für Umwelt, Naturschutz, Bau und Reaktorsicherheit 2007, S. 66).

Nur ein Jahr nach der Kultusministerkonferenz verabschiedete das Ministerium für Schule und Weiterentwicklung des Landes Nordrhein-Westfalen neue Richtlinien und Lehrpläne für Grundschulen, in denen Aspekte von BNE bereits fest verankert sind. So beinhaltet der Schulentwicklungsplan in NRW als Bildungs- und Lernziel für das Fach Sachunterricht seit dem Jahr 2008, z.B. den verantwortungsvollen Umgang mit der natürlichen und gestalteten Lebenswelt und ihren Ressourcen zu fördern (Ministerium für Schule und Weiterbildung des Landes Nordrhein-Westfalen 2008).

Geprägt und bestärkt durch die UN-Dekade Bildung für nachhaltige Entwicklung von 2005 bis 2014, die mit der Zielsetzung schloss, die begonnene Projektarbeit nun strukturell zu verankern, wird auch eine bereits 2003 in Nordrhein-Westfalen gestartete Bildungsinitiative als landesweite Kampagne «Schule der Zukunft – Bildung für Nachhaltigkeit 2016 – 2020»[24] fortgeführt, eingebunden in die rahmengebende Landesstrategie „Bildung für nachhaltige Entwicklung – Zukunft Lernen NRW (2016–2020)" (Ministerium für Klimaschutz, Umwelt, Landwirtschaft, Natur- und Verbraucherschutz des Landes Nordrhein-Westfalen 2016).

Zielgruppen der Kampagne sind alle Schulen, Kindertagesstätten und Netzwerke aus Nordrhein-Westfalen. Ein Leitfaden beschreibt die Qualitätsanforderungen und Teilnahmekriterien[25], gestaffelt in Bewertungsstufen[26].

Welcher Erkenntnisgewinn ist nun aus der vorgenommenen Beschreibung zu ziehen? In welchem Zusammenhang steht das Beispiel mit der Untersuchung nachhaltiger Strukturen soziokultureller Zentren?

Die Sensibilisierung nachfolgender Generationen für Klimaschutzziele ist ein Handlungsansatz, dem global eine gewichtige Bedeutung zugewiesen wird. BNE wird als Kernkennzahl der GRI geführt. Das aufgezeigte Beispiel veranschaulicht, welche Wirkungskraft relevanter Inhalt[27] kombiniert mit strategischem

---

24 Die Kampagne „Schule der Zukunft – Bildung für Nachhaltigkeit" ist ein gemeinsames Angebot der für Schulen und Umwelt zuständigen Ministerien in Nordrhein-Westfalen. Die landesweite Koordination liegt bei der Natur- und Umweltschutz-Akademie NRW (NUA). Die Kampagne ist eingebunden in die «Fach- und Koordinierungsstelle Bildung für nachhaltige Entwicklung» (BNE-Agentur NRW) (vgl. Schule der Zukunft – Bildung für Nachhaltigkeit, Landeskoordination Natur- und Umweltschutz-Akademie NRW (NUA) 2016, S. 2).

25 Die fünf Kriterien sind für alle Teilnehmer identisch: 1. Konzeption BNE, 2. Kooperation und Management, 3. Partizipation, 4. Öffentlichkeitsarbeit, 5. Qualität.

26 Bei Schulen erfolgt z.B. eine Differenzierung in drei Bewertungsstufen: Stufe 1: Wir sind aktiv!, Stufe 2: Wir gestalten gemeinsam!, Stufe 3: Wir haben ein BNE-Profil!

27 Im vorliegenden Fall das Anliegen, Bildung für nachhaltige Entwicklung zu befördern.

Vorgehen[28] entfalten kann. Beides scheint sich positiv zu bestärken. BNE durchdringt die Nation. Das zügige Voranschreiten ist sowohl Hoffnungsträger als auch Offenbarungseid zugleich: Ein Indiz der Hoffnung, dass es kommende Generationen einmal besser machen mögen und zugleich ein stilles Eingeständnis der Entscheidungsträger, dass es um die heutige Fürsorge des Planeten schlecht bestellt ist. Ist aber der Bestand von morgen nicht schon heute zu bestellen? Dies mahnt in diesem Zusammenhang der britische Philosoph und Wissenschaftslogiker Karl Raimund Popper: „Unsere Einstellung der Zukunft gegenüber muss sein: Wir sind jetzt verantwortlich für das, was in der Zukunft geschieht" (Popper 2017).

Diese Auffassung bringt auf den Punkt, was Menschen mit der Gestaltung von Zukunftsfähigkeit verbindet. Es wird sich lohnen, die Forderung nach mehr gegenwärtiger Verantwortung im weiteren Verlauf der Studie im geistigen Auge zu behalten, legt dieser Hinweis doch nahe, die Frage der Verantwortung in mehrfacher Hinsicht zu beleuchten, primär im Kontext betrieblicher Organisationsstrukturen, aber auch im Zusammenhang mit den persönlichen Verantwortungsbereichen jener Menschen, die an der nachhaltigen Strukturbildung von soziokulturellen Zentren Anteil haben, oder diesen hätten, aber (noch) nicht wahrnehmen. Zu betrachten sind hier Wirkungskreise von Politikern, Vorständen, Geschäftsführern, Mitarbeitern oder auch Dienstleistern.

Weiterführend scheint bei Poppers Forderung der bereits implizierte Hebel der «Einstellung» zu sein, weist dieser Begriff doch Eigenschaftsmerkmale auf, die bei der übergeordneten Fragestellung «Ist Zukunftsfähigkeit gestaltbar?» eine leise Zuversicht verheißen: Einstellungen können *verstellt sein* und demnach auch *verstellt werden*. Einstellungen sind nicht unwiderruflich manifestiert, Einstellungen haben nicht die Standhaftigkeit einer tiefergehenden Überzeugung, Einstellungen sind ihrer Wesensart nach eher dem weniger stabilen Typus der Meinung zuzuordnen. Und Meinungen sind, nach Auffassung der beiden Gesellschafter des Projektes Philosophie, Andreas Erdmüller und Thomas Wilhelm, wandelbar. Es braucht hierfür Überzeugungskraft und gute Argumente. „Das wichtigste Instrument des Überzeugens ist das Argumentieren" (Edmüller, Andreas/Wilhelm, Thomas 2012, S. 9).

Einstellungen und damit verbundene Verhaltensweisen zu Fragen der Zukunftsfähigkeit sind, folgt man der Überzeugung der erfahrenen

28 Eine erfolgreich begonnene Projektarbeit mit weiterführenden Programmen und politischen Beschlüssen strukturell im Bildungsalltag der Schüler zu verankern.

Kommunikationsprofis, demnach in Gesprächen, Debatten, Foren und allen Formen, wo kommuniziert wird, gestaltbar.

Kommunikation „kann dazu führen, dass wir bestimmte Meinungen revidieren, vielleicht sogar aufgeben und neue Ansichten akzeptieren" (ebenda).

Die vorliegende Untersuchung wird das Gespräch mit verantwortlichen Geschäftsführern und Vorständen von soziokulturellen Zentren im Rahmen eines zweitägigen Workshops suchen. Das qualitative Analyseinstrument der Gruppendiskussion soll Einstellungen und Meinungen der Betriebsführer zu Fragen der Zukunftsfähigkeit generieren. Es wird in der Auswertung der Ergebnisse zu überprüfen sein, ob das Mittel der Kommunikation den hier zugewiesenen Kräften gerecht wird.

Die zu beantwortenden Forschungsfragen sollten lauten: Lassen sich Veränderungen der Sichtweisen und Einstellungen zur Zukunftsfähigkeit bei den Teilnehmern nach dem Workshop ausmachen? Haben die vorbereiteten Impulsvorträge, die Betriebsanalyse, der Erfahrungsaustausch und eine Diskussion der Befunde neue Ansichten befördert?

Wenden wir uns nun einem zweiten Beispiel zu. Welche strategischen Schritte das Land Hessen im Hinblick auf eine nachhaltige Entwicklung bereits eingeleitet hat, soll in dem nachfolgenden Abschnitt schlaglichtartig nachvollzogen werden.

2.4.2 Die Nachhaltigkeitsstrategie Hessen

Der Nachhaltigkeitsstrategieprozess des Landes Hessen beginnt im Jahr 2008. Unter der Federführung der Landesregierung sollen 15 konkrete Zielwerte, die mit entsprechenden Indikatoren hinterlegt sind, bis zum Jahr 2020 erreicht werden.[29] Das Finanzbudget für den Zeitraum 2008–2011 beträgt 10 Millionen Euro (Studie der Bertelsmann-Stiftung 2014, 79 ff).

Gestaltet wird der Strategieprozess in enger Abstimmung und Kooperation mit „Vertretern aus Politik, Verwaltung, Wirtschaft, Wissenschaft und Gesellschaft" (ebenda).

Die Strategie konzentriert sich auf neun Themenfelder[30], im Zeitraum 2011 bis 2014 liegt der Schwerpunkt auf dem Handlungsfeld «Energie». „2014 kamen

---

29 Darüber hinaus bestehen weitere 24 Reporting-Indikatoren ohne Zielwerte, über die jedoch berichtet wird (vgl. Studie der Bertelsmann-Stiftung 2014, S. 80).

30 1. Klimawandel und zukunftsfähige Energie; 2. Erhaltung und Bewirtschaftung der natürlichen Ressourcen; 3. Nachhaltige Mobilität; 4. Bildung, soziale Eingliederung, Demographie und Migration; 5. Zukunftsfähige Arbeit und Beschäftigung; 6. Globale Herausforderungen; 7. Nachhaltiger Konsum und nachhaltige Produktion; 8. Gesundheit und Ernährung; 9. Staat und Verwaltung (vgl. Studie der Bertelsmann-Stiftung 2014, S. 80).

die Themen „Biologische Vielfalt", „Nachhaltiger Konsum" und „Bildung für nachhaltige Entwicklung"[31] und 2015 das Thema „Klimaschutz und Klimawandelanpassung" dazu" (Hessisches Ministerium für Umwelt, Klimaschutz, Landwirtschaft und Verbraucherschutz (HMUKLV) 2017a).

Ein konstanter Schwerpunkt der Nachhaltigkeitsstrategie „ist die themenübergreifende Förderung der Sichtbarkeit und des Bewusstseins für Nachhaltigkeit in Hessen" (Hessisches Ministerium für Umwelt, Klimaschutz, Landwirtschaft und Verbraucherschutz (HMUKLV) 2017a). Entwicklungen auf globaler und nationaler Ebene bleiben bei Hessens Strategie nicht unberücksichtigt, so werden die im September 2015 von den Vereinten Nationen beschlossenen globalen Nachhaltigkeitsziele sowie die Zielwerte der zu Beginn des Jahres 2017 mitbeschlossenen Deutschen Nachhaltigkeitsstrategie sukzessive eingearbeitet.

„Bei der Weiterentwicklung der hessischen Ziele und Indikatoren werden auch Entwicklungen auf internationaler Ebene und der Ebene des Bundes berücksichtigt. Dies dient dazu, Nachhaltigkeitsstrategien und -politiken auf verschiedenen Ebenen aufeinander abzustimmen und so die Anstrengungen für nachhaltige Entwicklung zu optimieren" (ebenda).

Nach eigenen Angaben des Ministeriums wird die vertikale Integration, also die Anpassung der Indikatoren und die Entwicklung der Zielwerte, bis Mai 2018 abgeschlossen sein. Ein Blick in den derzeit aktuellen Indikatorenbericht 2016[32] besagt, dass die Zielerreichungsquote im Jahr 2020 eine statistische Wahrscheinlichkeit von 30 %[33] ausmacht:

„Die auf das Erreichen der Ziele bezogene statistische Analyse von 13 Zielindikatoren ergibt, dass vier von ihnen mit dem Wettersymbol „Sonne", keiner mit dem Symbol „Leichte Bewölkung", sieben mit dem Symbol „Starke Bewölkung"[34]

31 Ebenso wie in Nordrhein-Westfalen gelingt es der BNE-Initiative in Hessen, die Projektarbeit strategisch anzubinden und zu verstetigen.

32 Der auf der Datengrundlage der bisher erhobenen Daten eine statistische Hochrechnung erlaubt.

33 Auf der Berechnungsgrundlage von aktuell messbaren 13 Zielen. Laut Angabe des Hessischen Statistischen Landesamtes konnte bei zwei Zielindikatoren (Z5: Finanzierungssaldo und Z13: Bildungsgerechtigkeit) keine Bewertung erfolgen.

34 Indikator entwickelt sich in die richtige Richtung, aber im Zieljahr bleibt bei unveränderter Fortsetzung der durchschnittlichen jährlichen Entwicklung noch eine Wegstrecke von mehr als 20 % bis zur Erreichung des Zielwerts (vgl. Hessisches Statistisches Landesamt 2016, S. 14).

und zwei weitere mit dem Symbol „Gewitter“[35] bewertet werden konnten“ (Hessisches Statistisches Landesamt 2016, S. 15).

Auf eine Entwicklungsprognose des Finanzsaldos (Indikator Z5) wurde aufgrund starker Schwankungen des Kennwertes, u.a. verursacht durch konjunkturelle Einflüsse sowie Unsicherheiten bei der Entwicklung im Flüchtlingsbereich, verzichtet. Ausgewiesen wurde im Bericht, dass die Einnahmen 2015 erstmals seit 1969 die Ausgaben übersteigen (vgl. ebenda, S. 37).

Inwiefern eine hochgerechnete Zielerreichungsquote von 30 % als Erfolg oder Misserfolg gilt, wird an dieser Stelle nicht weiter debattiert. Zu vage sind die verlässlichen Befunde, zu unsicher die Entwicklungsprognosen der kommenden drei Jahre. Allein durch die vorgesehene Anpassung der Zielwerte an die DNS und den Wegfall bzw. die Hinzunahme neuer Indikatoren kann eine Hochrechnung im Jahr 2018 schon ganz anders ausfallen. Diskutierbar wäre, ob es nicht als Erfolg zu verbuchen ist, in den gewählten Handlungsschwerpunkten zu punkten. Zudem stellt sich erneut die grundsätzliche Frage nach dem Sinn und Zweck eines Indikatorenberichtes, dessen aufwendige Erhebung und Erstellung letztlich zu dem Ergebnis führt, dass für immerhin zwei Kennzahlen keine validen Aussagen getroffen werden können. Die Auswahl anderer Indikatoren, die z.B. eine Aussage zum Gemeinwohl erfassen und zudem messbar sind, könnte eine Alternative sein. Christian Felber regt in diesem Zusammenhang an, gemeinsam mit den Bürgern „Lebensqualitätsindikatoren“ (Felber 2014, S. 35) zu entwickeln.

Für den Untersuchungsgegenstand soziokulturelle Zentren und deren Landesarbeitsgemeinschaft wird in der vorliegenden Studie zu befinden sein, welche Berührungspunkte und Schnittstellen zur Nachhaltigkeitsstrategie Hessen und den dort wirkenden Akteuren bestehen. Partizipieren die Betriebe in Hessen von dem Bestreben des Landes, nachhaltige Strukturen aufzubauen?

Welche Signale senden die soziokulturellen Zentren und freien Theater an die politischen Entscheidungsträger, werden die Anforderungen und Wünsche der Betriebe zur Ausgestaltung der Arbeit im Sinne einer strukturellen Nachhaltigkeit überhaupt kommuniziert?

Es schließt sich die Frage an:

Wenn soziokulturelle Zentren Beiträge leisten sollten, die eine Gesellschaft nachhaltig prägen, wäre es dann perspektivisch nicht folgerichtig, die dafür

35 Indikator entwickelt sich in die falsche Richtung, Wegstrecke zum Ziel würde sich bei unveränderter Fortsetzung der durchschnittlichen jährlichen Entwicklung weiter vergrößern (vgl. ebenda, S. 14).

notwendigen Schritte einzuleiten, soziokulturelle Zentren in die Nachhaltigkeitsstrategie einer Stadt, eines Landes oder des Bundes zu implementieren?

Mit diesen Befunden und weiterführenden Fragen schließt das Kapitel zur strategischen Verankerung von Nachhaltigkeit in den Ländern Hessen und Nordrhein-Westfalen. Schon deutlich klarer zeigt sich, weshalb der RNE in der Handlungsempfehlung für nachhaltiges Wirtschaften, dem Deutschen Nachhaltigkeitskodex, dem strategischen Vorgehen eine zentrale Bedeutung beimisst.

Deutlich wird auch, weshalb bei der vorliegenden Untersuchung zukunftsfähiger Strukturen von NPO zu den vier Kategorien Strategie, Prozesse, Umwelt und Gesellschaft das fünfte Wirkungsfeld «Politik & Finanzen» hinzugenommen wurde. Politisches Wirken spielt eine maßgebliche Rolle bei der Gestaltung nachhaltiger Entwicklung. Die im Januar 2017 getroffene Beschlussfassung der Deutschen Nachhaltigkeitsstrategie wird, so die Hypothese, weitreichende Auswirkungen haben, auch auf die Organisation und Betriebsführung von soziokulturellen Zentren und freien Theatern. Unabhängig von dieser Annahme kann es für freie Kulturbetriebe nicht hinderlich sein, sich mit Fragen nachhaltiger und zukunftsweisender Betriebsführung zu befassen.

Zwei strukturprägende Handlungsebenen von Kulturbetrieben werden im Folgenden ausführlicher erörtert. Bevor das Kapitel «Kurs Zukunftsfähigkeit» eine vertiefende Analyse der Schaltkreise und Steuerungssysteme von Betrieben vornimmt, erfolgt zunächst eine Vergleichsanalyse von vier Leitfäden. Dies geschieht noch in dem Kapitel «Politik & Finanzen», da vier der fünf beteiligten Institutionen aus öffentlichen Trägerstrukturen heraus agieren.[36] Die Erarbeitung und Publikation des Wissens scheint durch die Bereitstellung der Mittel auf Bundes- und Landesebene begünstigt. Ergänzt wird die Vergleichsbetrachtung durch einen nicht öffentlich subventionierten Ratgeber der Malzfabrik Berlin[37].

Ausgangsfrage ist, wie es mit Leitfäden und Ratgebern für Kulturveranstalter in Deutschland bestellt ist, die auf eine nachhaltige Organisation von Projekten, Events und Veranstaltungen abzielen.

---

36 Das Haus der Kulturen der Welt und die Deutsche Kulturstiftung werden beide aus dem Bundeshaushalt heraus finanziert, die EnergieAgenturNRW ist eine vom Land Nordrhein-Westfalen finanzierte Beratungsgesellschaft und das Bundesministerium für Umwelt, Naturschutz, Bau und Reaktorsicherheit ist eine ausführende Behörde der Bundespolitik.

37 Die Malzfabrik Berlin ist eine wertebasierend entwickelte Immobilie, 2005 von Frank Sippel und seiner Firma Real Future AG gegründet. Die Malzfabrik wird als Gesellschaft mit beschränkter Haftung GmbH betrieben (vgl. IGG Malzfabrik mbH 2015b, S. 5).

2.5 Leitfäden und Ratgeber für nachhaltige Kulturprojekte, Events und Veranstaltungen

Um es vorwegzunehmen: Für die Sparten Kultur und Kulturwirtschaft stehen zahlreiche anwendungserprobte Leitfäden und Ratgeber zur Nutzung bereit, beispielsweise für eine nachhaltige Gestaltung von Kulturprojekten, Events und Veranstaltungen. Im Folgenden werden vier ausgewählte Leitfäden[38] in der gebotenen Kürze vorgestellt. Untersucht wird die *Konstruktvalidität*[39], ausgerichtet auf den Inhalt der Ratgeber.

Die zielführende Forschungsfrage dieses Kapitels ist, ob sich aus den unterschiedlichen Leitfäden und Ratgebern gemeinsame Handlungsfelder herausbilden, die bei der Organisation von Kulturveranstaltungen spartenübergreifend zu berücksichtigen sind.

Ergänzt sei noch, dass auch für die nachhaltige Organisation von Festivals[40], für den Tourneebetrieb von Bands[41] oder eine energieeffiziente Betriebsführung

---

38 Es gibt noch eine Vielzahl weiterer Leitfäden, z.B. Nachhaltige Events, veröffentlicht im Sept. 2011, ausgezeichnet als Beitrag zur UNESCO Weltdekade Bildung für nachhaltige Entwicklung. „Dieser Leitfaden richtet sich an Organisatoren von Events und öffentlichen Veranstaltungen, (…) speziell an Veranstalter im kommunalen und regionalen Bereich" (Holzbaur, Ulrich/Abele, Kerstin 2016). „Der Leitfaden pro:wissen:nachhaltigkeit wurde im Rahmen des Forschungsprojekts PRO WISSEN erarbeitet. Projektziel war die Entwicklung einer Strategie für einen regional verankerten Wissenstransferprozess zwischen Handwerksbetrieben zum Thema Nachhaltigkeit sowie die Auswahl von praxistauglichen Methoden" (Fabrik der Zukunft, S. 46); «Events. Das Gleiche in Grün.» Dieser Leitfaden beinhaltet auch Hinweise auf eine Veranstaltungsplanung mit SMARTen Zielen, empfiehlt als Erfolgsfaktoren zudem die Kooperation und Vernetzung und gibt Hinweise zur Finanzplanung. Checklisten zu einzelnen Aufgabenbereichen stehen als Download bereit (vgl. Behörde für Stadtentwicklung und Umwelt Hamburg 2011).

39 Ausführungen zur Methode siehe Kapitel 6.3.

40 Für Festival-Organisatoren bietet z.B. eine Online-Plattform Empfehlungen für 12 Handlungsfelder: Camping, Communication, Community, Energy, Volunteers, Food, Procurement, Transportation, Venue, Waste, Water and Greening (vgl. Ted Rogers School of Hospitality and Tourism Management at Ryerson University in Toronto, Canada 2015).

41 „Mit diesem Leitfaden möchten wir Möglichkeiten aufzeigen und Tools beschreiben, wie der CO_2-Fußabdruck einer Tour verringert und darüber kommuniziert werden kann, ohne dass man sich dem Greenwashing verdächtig macht. Es sind Empfehlungen und Inspirationen zum Umdenken und, so hoffen wir, eine gute Vorbereitung auf einen sich wandelnden Musik-Sektor" (Popakademie Baden-Württemberg 2017, S. 6).

von Clubs und Veranstaltungsorten[42] Ratgeber zur Anwendung bereitstehen. Da Teil C) der vorliegenden Arbeit eine Energieeffizienz-Untersuchung von zehn soziokulturellen Zentren und freien Theatern beinhaltet und im Rahmen der durchgeführten Pilotstudie «Zukunftsfähigkeit gestalten!» zudem Erfahrungswerte weiterer fünfzehn Green Club Index zertifizierter Clubs und Veranstaltungsstätten einfließen, wird an dieser Stelle auf die Abhandlung des Themenfeldes «Energieeffizienz in freien Kulturbetrieben» in Teil C) verwiesen.

Wenden wir zunächst den Blick auf typische Handlungsfelder von Kulturakteuren: die Organisation von Projekten, Events und Veranstaltungen.

Beispiel 1: Leitfaden für nachhaltige Kulturprojekte: ÜBER LEBENSKUNST[43]
Einen Leitfaden für nachhaltige Kulturprojekte hat das Haus der Kulturen der Welt mit Unterstützung der Deutsche Kulturstiftung des Bundes und des Freiburger Öko-Instituts e.V. 2012 veröffentlicht (Kulturstiftung des Bundes 2012).

Über den Zeitraum von vier Jahren (2009 bis 2012) haben sich die Beteiligten mit Fragestellungen eines «guten Lebens» unter den Bedingungen des Klimaschutzes heute und in Zukunft auseinandergesetzt.

Der Leitfaden ist unterteilt in vier Projektphasen, die den klassischen Rahmen eines zeitlich begrenzten Projektvorhabens kennzeichnen: Von der Konzeption über die Planung bis zur Durchführung und Nachbereitung sind alle wesentlichen Phasen berücksichtigt, die anhand von fünf konkreten Handlungsfeldern Mobilität, Besorgen, Versorgen, Entsorgen sowie Kommunikation „bezüglich ihrer Umweltrelevanz bewertet“ (Baumast 2012a, S. 2) werden können.

Zu jedem Handlungsfeld bietet der Leitfaden eine Auswahl an Maßnahmenvorschlägen inklusive praxisnaher Erläuterungen sowie einer Beschreibung der beabsichtigten Wirkung. Zudem ist jede Maßnahme hinsichtlich ihrer Relevanz (differenziert in drei Stufen: geringe Umweltrelevanz, mittlere bis hohe Umweltrelevanz, hohe Umweltrelevanz) bewertet und mit weiterführenden Hinweisen und Links versehen. Als Handlungsfeld mit der höchsten Relevanz konnte für das viertägige Berliner Festival, dessen Umweltbilanz vom Öko-Institut erhoben wurde, der Bereich «Mobilität» ausgemacht werden: Über 50 % aller Emissionen entstanden durch die An- und Abreise der Teilnehmer (Kulturstiftung des Bundes 2012, S. 2).

---

42 Die EE Music Initiative hat ein «Trainingshandbuch Energieeffizienz für kleine und mittelgroße Clubs und Veranstaltungsorte» veröffentlicht. Es ist auf der Homepage kostenlos als PDF-Datei downloadbar (EE Music 2017).

43 www.ueber-lebenskunst.org [Stand: 12.04.2017].

Zur Veranschaulichung werden zwei ausgewählte Maßnahmen des Leitfadens ÜBER LEBENSKUNST dargestellt.

Tab. 4: Nachhaltig produzieren im Kulturbereich. Eigene Darstellung. Beispiele entnommen aus dem Leitfaden ÜBER LEBENSKUNST (Kulturstiftung des Bundes 2012, S. 9 und 22)

Ein kulturaffines Beispiel: Nachhaltig produzieren im Kulturbereich			
Maßnahme	**Projektphase und Relevanz**	**Erläuterung und Wirkung**	**Links**
Anreize schaffen	Mobilität Hohe Relevanz	Kombi-Tickets, die den Eintrittskreis für die Veranstaltung mit einer Fahrkarte für den ÖPNV verknüpfen und Sonderangebote, z.B. der Deutschen Bahn, schaffen Anreize, umweltfreundliche Verkehrsmittel zu nutzen.	Beispiel Kombiticket Hamburg (HVV) Beispiel Kombiticket Berlin (BVG)
Umweltbeauftragten benennen	Kommunizieren Hohe Relevanz	Ein zentraler Ansprechpartner für alle Beteiligten und für Anfragen von außen hilft, das Umweltkonzept erfolgreich durchzusetzen und die Wirkung der einzelnen Maßnahmen in jeder Projektphase zu steigern.	Mitarbeitermotivation, umweltbewusstes Verhalten (Bayrisches Landesamt für Umwelt), S. 6ff.

Beispiel 2: GREEN GIDE für nachhaltige Events der Malzfabrik Berlin

Der Leitfaden GREEN GIDE beinhaltet Empfehlungen für die Gestaltung nachhaltiger Events. Ergänzend wird eine sehr übersichtliche, auf eine DINA 4 Seite komprimierte «Green checklist» zum Abhaken bereitgestellt. Der Leitfaden zum nachhaltigen Event berücksichtigt insgesamt zehn Themenfelder: 1. Das grüne Event 2. Kommunikation, 3. Mobilität/Unterkunft, 4. Energie/Licht/Technik, 5. Support/Dienstleister/Lieferanten, 6. Ausstattung/Dekoration, 7. Catering, 8. Soziales/Charity, 9. Give Aways, 10. Abfall- und Wassermanagement.

Jedes Handlungsfeld wird kurz erläutert, das „Netzwerk der Malzfabrik“ (IGG Malzfabrik mbH 2015a, S. 14) stellt zudem Empfehlungen, Tipps und Links bereit. Eine weiterführende Handreiche «Green steps» dokumentiert die Entwicklungsschritte der Malzfabrik hin zu einem nachhaltigen Eventveranstalter.

Tab. 5: Maßnahmenbeispiel des Green Gide der Malzfabrik Berlin. Eigene Darstellung. (Ausführliche Informationen siehe (IGG Malzfabrik mbH 2015a)

Maßnahmenbeispiel des GREEN GIDE der Malzfabrik Berlin			
Maßnahme	**Handlungsfeld**	**Erläuterung**	**Links**
Feiern und Gutes tun	Soziales/Charity	Soziale Aspekte einer Veranstaltung könnten z.B. sein: Spende eines Teils des Eintritts an soziale Organisationen; sozialen, nachhaltigen Unternehmen oder Vereinen eine Plattform bieten; Speisereste spenden.	World Vision www.worldvision.de Viva con Agua www.vivaconagua.org Plant-my-tree www.plant-my-tree.de Berliner Tafel e.V. www.berliner-tafel.de

Beispiel 3: Klimaneutrale Veranstaltungen – ein Ratgeber der EnergieAgentur.NRW

Auf dem Weg zu klimaneutralen Veranstaltungen unterstützt der im Februar 2014 veröffentlichte gleichnamige Ratgeber der EnergieAgentur.NRW «Klimaneutrale Veranstaltungen – ein Ratgeber». Geboten werden Tipps aus neun Handlungsfeldern Mobilität, Ort, Beschaffung, Kommunikation, Catering, Abfall/Wasser, Logistik, CO_2-Bilanz und Kompensation. Der Ratgeber bietet zudem Checklisten und einen Verweis auf den Online-CO_2-Rechner.

Tab. 6: Klimaneutrale Veranstaltungen – ein Ratgeber. Eigene Darstellung

Maßnahme	**Handlungsfeld**	**Erläuterung**	**Links**
CO_2-Emmissionen	CO_2-Berechnung	Um nach der Veranstaltung eine Aussage über den Ausstoß von CO_2-Emissionen beziehungsweise über die erreichte Emissionseinsparung berechnen zu können, ist eine Datenerfassung aus allen neun Handlungsfeldern erforderlich. Die Berechnung erfolgt anschließend mit dem bereitgestellten CO_2-Eventrechner.	www.energieagentur.nrw/klimaschutz/online_co2-rechner

Tab. 6: (continued)

Maßnahme	Handlungsfeld	Erläuterung	Links
Freiwillige Kompensation	Kompensation	Eine vollständige Klimaneutralität von Veranstaltungen kann nur über „Emissionsminderungsgutschriften" (EnergieAgentur.NRW 2014, S. 10) erreicht werden. Ansprechpartner für „Freiwillige Kompensation" ist die Deutsche Emissionshandelsstelle im Umweltbundesamt. [a]	www.dehst.de

[a] Die Malzfabrik Berlin empfiehlt für CO_2 Ausgleichsmaßnahmen z.B. Ecogood www.ecogood.de, Myclimate www.myclimate.org/de und Forest Carbon Group www.forestcarbongroup.de (IGG Malzfabrik mbH 2015a, S. 14).

Beispiel 4: Leitfaden für eine nachhaltige Organisation von Veranstaltungen des Bundesministeriums

„Dieser Leitfaden will den OrganisatorInnen und PlanerInnen von Veranstaltungen (wie z. B. Konferenzen, Tagungen, Gipfeltreffen etc.) Hilfestellung geben, um die mit Blick auf das Thema Nachhaltigkeit notwendigen Erfordernisse zu erkennen" (Bundesministerium für Umwelt, Naturschutz, Bau und Reaktorsicherheit 2015, S. 4).

Der Ratgeber konzentriert sich auf zehn Handlungsfelder: 1. Mobilität, 2. Veranstaltungsort und Unterbringung der Teilnehmer, 3. Energie und Klima, 4. Beschaffung von Produkten und Dienstleistungen, 5. Catering, 6. Abfallmanagement, 7. Umgang mit Wasser, 8. Gastgeschenke, 9. Kommunikation und 10. Soziale Aspekte.

Der Leitfaden bietet für jedes Handlungsfeld eine einführende Erläuterung, benennt Ziele wie z.B. die „Beachtung von Umweltbelangen bei allen Beschaffungsvorgängen" (ebenda, S. 13) und stellt wesentliche Maßnahmen heraus, wie z.B. eine Berücksichtigung des Umweltzeichens «Blauer Engel» (vgl. ebenda). Eine Aktualisierung des Ratgebers erfolgt regelmäßig, die derzeitige 3. Auflage bietet im Anhang zu jedem Handlungsfeld Arbeitsblätter, die Handlungsanleitungen und Bezugsquellen ausweisen und eine Priorisierung der Maßnahmen bieten. So wird in dem Arbeitsblatt zum 2. Handlungsfeld beispielsweise empfohlen, für den Tagungs-/Veranstaltungsort und die Unterbringung von Gästen möglichst Hotels zu nutzen, die nachweislich ökologische Kriterien erfüllen.[44]

44 Zertifizierte Betriebe weisen diese Nachweise aus, zum einen sicherlich auf der eigenen Homepage, zudem aber auch auf Plattformen wie www.emas-register.de, www.

2.6 Relevante Handlungsfelder für nachhaltige Kulturangebote

Alle vier dargestellten Leitfäden sind auf mehrere Handlungsfelder fokussiert, je nach Veranstaltungsart mit unterschiedlicher Schwerpunktlegung. Wie erhofft, lassen sich bei den durchaus artverwandten Organisationsformaten Kulturprojekt, Event und Veranstaltung überschneidende Themenfelder ausmachen, die Bestandteil aller Ratgeber sind.

Tab. 7: Handlungsfelder für nachhaltige Kulturprojekte, Events und Veranstaltungen. Eigene Darstellung

Übersicht: Handlungsfelder für nachhaltige Kulturprojekte, Events und Veranstaltungen			
Kulturprojekt ÜBER LEBENSKUNST	**Events GREEN GIDE Malzfabrik Berlin**	**Klimaneutrale Veranstaltungen EnergieAgenturNRW**	**Nachhaltige Organisation von Veranstaltungen (Tagung, Kongress) Bundesministerium**
Mobilität	Mobilität	Mobilität	Mobilität
-	Unterkunft	Ort	Veranstaltungsort und Unterbringung der Teilnehmer
Besorgen	Energie/Licht/ Technik	-	Energie und Klima
	Ausstattung/ Deko Support/ Dienstleister/ Lieferanten/Give Aways	Beschaffung Logistik	Beschaffung von Produkten und Dienstleistungen Gastgeschenke
Versorgen	Catering	Catering	Catering
Entsorgen	Abfall- und Wassermanagement	Abfall/Wasser	Abfallmanagement Umgang mit Wasser
Kommunikation	Kommunikation	Kommunikation	Kommunikation
-	Soziales/Charity	Kompensation	Soziale Aspekte
-	-	CO_2-Bilanz	-

Festgehalten werden kann: Wenn sich Kulturakteure mit der Konzeption, Planung, Durchführung und Nachbereitung von Kulturprojekten, Events,

viabono.de oder http://ec.europa.eu/environment/ecolabel/index_en.htm nach (vgl. Bundesministerium für Umwelt, Naturschutz, Bau und Reaktorsicherheit 2015, S. 26).

Veranstaltungen, Tagungen oder Kongressen befassen, sollten sie im Hinblick auf eine nachhaltige Ausgestaltung besonderes Augenmerk auf neun Handlungsfelder legen:

1. Mobilität
2. Ort und Unterkunft
3. Energieverbrauch und Beleuchtung
4. Beschaffung von Produkten und Dienstleistungen
5. Bewirtung
6. Abfall-und Wassermanagement
7. Kommunikation
8. Soziale Aspekte/Charity
9. Klimaschutz-Kompensation

Wie die nachfolgende Zuordnung zeigt, lassen sich aus der vorgenommenen Vergleichsbetrachtung der vier Ratgeber, zusätzlich zu den bereits ermittelten relevanten Handlungsfeldern, weitere Gemeinsamkeiten erkennen.

Tab. 8: Leitfadeninhalte nachhaltiger Kulturprojekte, Events und Veranstaltungen. Eigene Darstellung

Inhalte der Leitfäden für nachhaltige Kulturprojekte, Events und Veranstaltungen			
Kulturprojekt ÜBER LEBENSKUNST	**Events GEEEN GIDE Malzfabrik Berlin**	**Klimaneutrale Veranstaltungen EnergieAgenturNRW**	**Nachhaltige Organisation von Veranstaltungen (Tagung, Kongress) Bundesministerium**
5 Handlungsfelder	10 Handlungsfelder	9 Handlungsfelder	10 Handlungsfelder
Maßnahmen	-	Maßnahmen	-
Erläuterungen	Kurzbeschreibungen	Erläuterung	Erläuterungen und Kurzbeschreibungen
Wirkung	-	Ein Ziel: klimaneutral	Ziele
Relevanz	-	-	Wesentliche Maßnahmen
Links	Tipps und Links	Serviceteil	Weiterführende Empfehlungen
Fragen	Checklisten	Checklisten	Arbeitsblätter

Leitfäden für nachhaltige Kulturprojekte, Events und Veranstaltungen beinhalten Kurzbeschreibungen von Zielen und Maßnahmen, bieten weiterführende

Empfehlungen, sind mitunter bewertet nach Relevanz und Wirksamkeit und nutzen Checklisten, um die praktische Anwendbarkeit zu vereinfachen.

Auch auf diese Befunde wird im Verlauf der weiteren Arbeit Bezug zu nehmen sein, denn es lassen sich aus der Analyse der vier Leitfäden mehrere Fragen ableiten, die für eine nachhaltige Ausgestaltung von Kulturangeboten von Bedeutung erscheinen:

Bei der Untersuchung nachhaltiger Strukturen soziokultureller Zentren wird zu fragen sein:

- Nutzen soziokulturelle Zentren bei der Angebotsgestaltung Leitfäden, Checklisten und Arbeitsblätter mit nachhaltigem Wert?
- Welche nachhaltigen Ziele und Angebote verfolgen die Kulturbetriebe?
- Welche Maßnahmen im Hinblick auf eine nachhaltige Entwicklung gestalten sie?
- Sind die vielfältigen Anforderungen an die Zentren nach Priorität gewichtet?
- Stellen sich die Akteure Fragen der Wirksamkeit ihrer Angebote und welche Messinstrumente nutzen sie, um nachhaltige Entwicklungsschritte nachvollziehbar zu machen?

Ein Teil der Fragen wird Bestandteil des Erhebungsbogens der Pilotstudie sein.

Die Frage der Wertigkeit von Kennzahlen in nachhaltigen Entwicklungsprozessen findet Berücksichtigung im Zukunftsworkshop. Geschäftsführer von soziokulturellen Zentren und freien Theatern werden zunächst mittels Erhebungsbogen befragt, ob (und wenn ja, welche) Kennzahlen sie in ihrem Betrieb einsetzen. Im Rahmen des Workshops Zukunftsfähigkeit werden die generierten Befunde anhand der These «Kennzahlen machen nachhaltige Entwicklung sichtbar» vertiefend diskutiert.

Mit Blick auf die vorgenannten Fragestellungen wird sichtbar, dass es sich bei der Untersuchung nachhaltiger Strukturen um eine vielschichtige Aufgabe handelt, bei der sowohl die Betrachtung formaler Betriebsstrukturen als auch die Zielorientierung von Organisationen von Bedeutung scheinen. Es scheint deutlicher zu werden, dass die Handlungsfelder ineinandergreifen, sich gegenseitig bedingen und dass die Ausrichtung der Inhalte und Angebotsformen wesentlich von den handelnden Akteuren, dem sozialen Gebilde und Gewissen einer Organisation, geprägt zu sein scheinen. Die in Kapitel 2.3 dargestellten typischen Ebenen der OE scheinen sich zu bestätigen.

Welche Möglichkeiten aber stehen den handelnden Akteuren für die Steuerung der Betriebe zur Verfügung? Um dieser Frage weiter auf den Grund zu gehen, braucht es einen vertiefenden Blick in die Schaltzentrale von Organisationen. Dort, wo alle Informationen, Anforderungen und Aufgaben zusammenkommen, dort, wo die Entscheidungen hinsichtlich der weiteren Reiseroute eines Betriebes getroffen werden, dort in der Kommandozentrale wird nach Antworten und methodischen Hebeln zu suchen sein, die Unternehmensführung nicht auf Einzelmaßnahmen reduziert, sondern eine strategische Abstimmung aller Prozesse möglich macht.

Kapitel drei befasst sich mit Managementführungssystemen, fragt nach zukunftsfähigen Strategietypen, erörtert Prinzipien der Strategieformulierung und sucht nach Antworten, wie eine nachhaltige, systemisch gestützte Betriebsführung zielgerichtet und mit der erforderlichen Übersicht erfolgen kann.

Zusammenfassend können für das Wirkungsfeld ≥≥Politik & Finanzen≤≤ folgende Indikatoren festgehalten werden:

IV. Politischer Wille in Deutschland: Nachhaltigkeit ist Leitmotiv (Agenda 2030 und Deutsche Nachhaltigkeitsstrategie)
V. Fünf Anforderungskategorien für KMU mit erweitertem Blick auf NPO (Umwelt, Politik & Finanzen, Strategie, Prozesse, Gesellschaft)
VI. Beratende und begleitende Expertise
VII. Regionale Strukturen und Vernetzung
VIII. Bildungsangebote
IX. Anreize und Auszeichnungen
X. Finanzmittel sind da – Stellschrauben justieren
XI. Konzentration auf neun Handlungsfelder (Mobilität, Ort und Unterkunft, Energieverbrauch und Beleuchtung, Beschaffung von Produkten und Dienstleistungen, Bewirtung, Abfall-und Wassermanagement, Kommunikation, Soziale Aspekte/Charity, Klimaschutz-Kompensation)
XII. Leitfäden beinhalten Kurzbeschreibungen von Zielen und Maßnahmen, bieten weiterführende Empfehlungen, sind mitunter bewertet nach Relevanz und Wirksamkeit und nutzen Checkliste

3 Steuerung von Betrieben: Kurs Zukunftsfähigkeit

3.1 Klassische strategische Treiber

Ursprünglich aus dem antiken Griechenland und dem Anwendungsfeld der Kriegs- und Heeresführung stammend (stratos = Heer, agein = führen) wurden die Vorteile strategischen Handelns in der Betriebsführung sehr schnell erkannt, adaptiert und im Verlauf der vergangenen Jahrzehnte vielfach modifiziert.

Michael E. Porter[45] gilt als einer der einflussreichsten Managementvordenker unserer Zeit und als Urheber des «klassischen Strategiemodells » der 80er und frühen 90er Jahre.

Generationen von Geschäftsführern sind bei der Ausrichtung ihrer Betriebe den Handlungsempfehlungen Porters gefolgt, der drei generische Strategien einführte: Kostenführerschaft, Differenzierung und Nische.[46]

Alle drei Strategien zielen darauf ab, einen Wettbewerbsvorteil oder verbesserten Marktanteil zu erlangen: die Kostenführerschaft durch einen Kostenvorsprung und geringe Kosten, die Differenzierungsstrategie durch eine eindeutige Abhebung von der Konkurrenz und die Nischenstrategie, beschränkt auf ein Segment, durch die Durchdringung eines noch nicht besetzten Markfeldes.

Martin K. Welge[47] und Andreas Al-Laham[48] betonen in ihrem Lehrbuch zum strategischen Management, dass es für den organisatorischen Anwendungsbereich mindestens zwei Strategieebenen zu unterscheiden gilt: Die Unternehmensgesamtstrategie (Ebene 1) legt die übergeordnete strategische Ausrichtung aller Geschäftsbereiche fest. Diese bietet die erforderlichen

---

45 Als Leiter des 2001 gegründeten Institute for Strategy and Competitiveness an der Harvard Business School gelingt es Porter stetig, Impulse zur Steuerung organisatorischen Wandels in den Diskurs einzubringen. Insbesondere seine Fähigkeit, Modelle und Handlungsempfehlungen im Kontext gesellschaftlicher Entwicklungen kritisch zu reflektieren und zeitgemäß fortzuschreiben, zeichnen die Qualität seiner Beiträge aus. Sein Wissen stützt sich auf über 25 Jahre Forschung und Lehre.

46 Vgl. Porter 1980: Competitive Strategy Porter.

47 Professor für Unternehmensführung der Universität Dortmund.

48 Inhaber des Lehrstuhls für Internationales Management an der TU Kaiserslautern.

Orientierungspunkte zur Ausgestaltung der strategischen Geschäftseinheiten (SGE) auf Ebene 2.[49]

Zur Festlegung strategischer Stoßrichtungen steht den Betrieben eine Vielzahl an Strategietypen zur Auswahl, die zu Beginn des 21. Jahrhunderts wie folgt kategorisiert werden:

Tab. 9: Klassische Strategietypologien[a]

Unterscheidungskriterium/Gegenstand	**Bezeichnung**
Organisatorischer Geltungsbereich	Unternehmensgesamtstrategie (corporate strategies) Geschäftsbereichsstrategien (business strategies) Funktionsbereichsstrategien (functional strategies)
Entwicklungsrichtung/Mitteleinsatz	Wachstumsstrategien (investieren) Stabilisierungsstrategien (halten) Schrumpfungsstrategien (desinvestieren)
Funktion	Investitionsstrategien Personalstrategien Absatzstrategien
Marktverhalten	Angriffsstrategien Verteidigungsstrategien
Produkte/Märkte	Marktdurchdringungsstrategien Marktentwicklungsstrategien Produktentwicklungsstrategien Diversifikationsstrategien
Wettbewerbsvorteile/Marktabdeckung	Strategie der Kostenführerschaft Differenzierungsstrategie Nischenstrategie

[a] Schaubild entnommen: Allmann 1998, S. 72, siehe auch: Kreikebaum 1993, S. 52.

49 Es kann in großen Betrieben auch noch eine Ebene 3, die Funktionsbereichsstrategie, differenziert werden, die sich auf die Verrichtung (lateinisch *functio* für Tätigkeit, Verrichtung) einzelner Aufgaben wie z.B. Beschaffung, Produktion, Absatz, etc. konzentriert. Zur Differenzierung des Strategiespektrums nach organisatorischen Ebenen siehe auch: Welge und Al-Laham 2008, S. 459.

Der zentrale strategische Treiber auf der Unternehmensgesamtebene ist das Wachstum. „Dies kann (…) als ein **klassischer Schwerpunkt** der Gesamtstrategie interpretiert werden“ (Welge und Al-Laham 2008, S. 780).

Vor dem Hintergrund der bereits im Kapitel «Umwelt» aufgezeigten Wachstumsgrenzen ist eine solche Strategiewahl umso bedenklicher. Welche strategischen Stoßrichtungen diese klassische Ausrichtung ablösen werden, ist eine der zentralen Fragen, auf die jedes Unternehmen eine Antwort zu finden hat, unabhängig davon, ob der Betrieb gewinnorientiert oder gemeinwohldienlich tätig ist. Bereits erörtert wurde: Planetarische Leitplanken werden im neuen Zeitalter des Anthropozäns eine übergeordnete Gültigkeit bei der Unternehmensführung erlangen. Im Folgenden sollen den klassischen Strategietypen neue, zukunftskonforme Ansätze gegenübergestellt werden, die den Betrieben und Organisationen alternativ zur Verfügung stehen. Eine solche Übersicht alternativer Handlungsmöglichkeiten scheint hilfreich und notwendig zu sein, insbesondere, da viele Unternehmen noch am Anfang stehen, sich nachhaltiger auszurichten. „Viele Unternehmen stehen auch heute noch am Anfang ihrer Bestrebungen das Thema Nachhaltigkeit in den eigenen Betrieb zu integrieren. Es gibt aber nur noch wenige Unternehmen, die sich überhaupt nicht mit dem Thema auseinandersetzen“ (Baumast und Pape 2013, S. 372).

3.2 Kurswechsel: Strategietypen mit Zukunftspotential

„Strategie wird definiert als die grundsätzliche, langfristige Verhaltensweise (Maßnahmenkombination) der Unternehmung und relevanter Teilbereiche gegenüber ihrer Umwelt zur Verwirklichung der langfristigen Ziele“ (Gabler Wirtschaftslexikon 2016c).

In der Begriffsdefinition des Gabler-Wirtschaftslexikons findet der Umweltbezug Berücksichtigung, ebenso der Aspekt einer langfristigen Ausrichtung, die sich sowohl in der beabsichtigten Verhaltensweise als auch in der Zielformulierung widerspiegelt. Um Ziele in einem Unternehmen strategisch zu verankern, bedarf es der Formulierung eines Leitbildes, welches sich auf eine zuvor zu formulierende Unternehmensvision stützt. Die Vision „spiegelt neben der Identität des Unternehmens seine wichtigsten Werte, seine Ziele und langfristigen Strategien wider“ (Baumast und Pape 2013, S. 145).

Ist das Zukunftsbild des Betriebes in Form einer zukunftsweisenden Vision[50] verfasst, können in einem nächsten Schritt sowohl das Leitbild[51] als auch die Mission[52] abgleitet werden.

„Bevor sie eine Strategie formulieren können, müssen sich Führungskräfte einig sein, welchen Zweck das Unternehmen erfüllt (Mission Statement), wie die Ziele für die Zukunft aussehen (Vision Statement) und an welche internen Werte sich das Unternehmen halten will (Value Statement)" (Kaplan, Robert S./ Norton, David P. 2015, S. 59).

Die Beschreibung der Mission, die Entwicklung einer Vision und die Formulierung eines Leitbildes können als weitere Grundbausteine einer zukunftsfähigen Strategie festgehalten werden.

Der Urheber des «klassischen Strategiemodells » Michael E. Porter räumt rückblickend ein, dass es seinen früheren strategischen Handlungsempfehlungen an nachhaltiger Ausrichtung fehle. Traditionelle Strategien, so Porter in einer kritischen Selbstanalyse, die allein auf Kostenführerschaft, Differenzierung oder Nischen setzen, werden für eine nachhaltige Ausrichtung von Betrieben im 21. Jahrhundert nicht mehr ausreichen (Porter 2015, S. 16–19).

Porter hat zur Implementierung von Nachhaltigkeit in Unternehmensstrategien im Verlauf der vergangenen zehn Jahre mehrere Kurskorrekturen vorgenommen. So schlagen Porter und Kramer in ihrer Publikation «Strategy and Society: The Link Between Competitive Advantage and Corporate Social Responsibility» im Jahr 2006 vor, „die wichtigsten Themen aus den Beziehungen des Unternehmens zu seiner Umwelt zu identifizieren und Lösungen zu suchen, die sowohl gesellschaftliche Probleme lösen als auch zum Unternehmenserfolg beitragen" (Baumast und Pape 2013, S. 142).

---

50 John P. Kotter empfiehlt sechs Prüfkriterien für die Ausgestaltung einer effektiven Vision: 1. Vorstellbar, 2. Erstrebenswert, 3. Machbar, 4. Fokussiert, 5. Flexibel, 6. Kommunizierbar (vgl. Kotter 2015, S. 63).

51 Das Leitbild legt den normativen Rahmen eines Betriebes gegenüber Anspruchsgruppen in Form von Nutzerversprechen fest. (vgl. Gabler Wirtschaftslexikon 2016c) Es sollte mindestens folgende drei Fragen beantworten: **Was** wollen wir erreichen? **Womit** wollen wir das erreichen? **Wozu** wollen wir das erreichen? (vgl. Fresner, J./Engelhardt, G./Wolf, P. 2006, S. 23).

52 „Die Unternehmensmission richtet sich an die Kundschaft des Unternehmens. Sie drückt aus, wie das Unternehmen von Kundinnen und Kunden gesehen werden will. (…) Sowohl Unternehmensvision als auch Unternehmensmission müssen von Glaubwürdigkeit und Realitätsbezug geprägt sein, um von Mitarbeitenden, Kundinnen und Kunden sowie anderen Anspruchsgruppen akzeptiert zu werden" (Baumast und Pape 2013, S. 145).

Sie empfehlen eine Priorisierung der Themen nach Relevanz und eine Umsetzung derjenigen Nachhaltigkeitsinitiativen, welche die größten Wirkungen für das Unternehmen, die Gesellschaft und die Umwelt haben (Baumast und Pape 2013, S. 143).

Als wertvollen Gegenpol zur bislang dominierenden Wachstumsstrategie lenkt Porter den Blick ferner auf die bereits aufgeführte Schrumpfungsstrategie, die im Schatten der Wachstumsübermacht bisher ein eher unbedeutendes Dasein der strategischen Unternehmensentwicklung führte. Fand ein Rückzug aus Geschäftsfeldern bislang nur bei drohender Unwirtschaftlichkeit, Konkurs oder Druck von außen (z.B. Änderung von Nutzerverhalten oder politischen Vorgaben) statt und wurde dieser Rückschritt mehr als Niederlage denn als Chance begriffen, ermutigt Porter Unternehmensführungen zunehmend, klare Entscheidungen zu treffen, was ein Unternehmen nicht tun soll. „The essence of strategy is choosing what not to do" (Porter 2018).

Der Schnelllebigkeit von Produktlebenszyklen und rasant zunehmenden Unternehmensentwicklungen stellen führende Experten eine Konzentration auf langfristig ausgerichtete Kernkompetenzen als Strategiealternative gegenüber.

„Kernkompetenz nutzt sich im Gebrauch nicht ab. Anders als materielle Güter, die mit der Zeit vergehen, reichern sich Kernkompetenzen sogar an, wenn sie eingesetzt und mit anderen geteilt werden" (Prahalad, C.K./Hamel, Gary 2015, S. 37).

Der Bauplan für Zukunftsfähigkeit führt weg von kurzfristigen Effekten hin zu Strategiemodellen, die langfristige Tragfähigkeit fördern. Verstärkt wird diese Ausrichtung durch einen konsequenten Zuschnitt der Unternehmensaktivitäten auf die gewählten, übergeordneten Ziele. In der Überarbeitung seines traditionellen Strategiemodelles skizziert Porter anhand weiterer Thesen Handlungsempfehlungen, welche Merkmale eine langfristig tragfähige Strategie auszeichnen sollte. Hervorzuheben wäre der bislang noch unerwähnte Aspekt der werthaltigen Positionierung.

„Eine Strategie schafft eine einzigartige und werthaltige Marktposition durch eine bestimmte Kombination von Angeboten" (Porter 2015, S. 15).[53]

---

53 Weitere Thesen Porters, die ein nachhaltiges Strategiemodell kennzeichnen, lauten:

„Das Unternehmen muss eine einzigartige Wettbewerbsposition entwickeln. Alle Aktivitäten müssen auf die Strategie zugeschnitten sein. Mit Blick auf die Mitbewerber müssen eindeutige Entscheidungen getroffen werden. Der Wettbewerbsvorteil beruht auf einer abgestimmten Wertschöpfungskette. Die Leistung des gesamten Systems muss optimiert werden, nicht die einzelner Teile. Operative Exzellenz ist notwendig für Erfolg, verschafft dem Unternehmen aber noch keinen Wettbewerbsvorteil" (Porter 2015, S. 19).

Kritisch zu betrachten ist allerdings, dass sich Porters formulierte Thesen primär auf Handlungsempfehlungen zur strategischen Steuerung von Unternehmen beziehen. Inhaltliche Fragen nachhaltiger Ausrichtung bleiben, bis auf den Hinweis einer «abgestimmten Wertschöpfungskette», unbeantwortet. Wesentlich klarer formuliert Annett Baumast in ihrem Lehrbuch für betriebliches Nachhaltigkeitsmanagement konkrete Forderungen und strategische Zielrichtungen nachhaltiger Entwicklung. Baumast fordert ein betriebswirtschaftliches Bekenntnis zu umweltbewusstem Handeln und Verhalten und schließt in dieser Forderung sowohl Wirtschaftsbetriebe, NGOs als auch NPOs mit ein. Alle bereits in Kapitel 1.3 skizzierten alternativen Wirtschaftsmodelle[54] gehen von dem Handlungsgrundsatz aus, der die Rücksichtnahme auf Natur und Mensch in das Zentrum zukünftiger Wirtschaftsweise stellt. Für eine zukunftsweisende Unternehmensführung führt Baumast insbesondere die drei Nachhaltigkeitsstrategien Effizienz, Konsistenz und Suffizienz[55] als Orientierungshilfe und Perspektive an und unterstreicht damit Porters These, Lösungen zu entwickeln, die sowohl der Gesellschaft als auch dem Unternehmen dienen.

Welche weiteren Hilfestellungen könnten einen Kurswechsel befördern? Auch der RNE weist mit dem DNK Wirkungsfelder mit besonderer Relevanz aus. Als strategische Grundpfeiler nachhaltigen Wirtschaften bezeichnet der DNK die vier Strategien «Ausrichtung auf Wesentlichkeit» (Kriterium 1), «nachhaltige Entwicklung systematisch fördern und betreiben» (Kriterium 2), «die Offenlegung eindeutiger, messbarer und überprüfbarer Ziele» (Kriterium 3) sowie eine «Anerkennung und Übernahme von Mitverantwortung für eine sozial und ökologisch gestaltete Wertschöpfungskette» (Kriterium 4) (Rat für Nachhaltige Entwicklung und Bertelsmann Stiftung 2014, S. 13).

Unabhängig vom konkreten Strategieinhalt können vier zentrale Prinzipien der Strategieformulierung benannt werden:

- „Aufbau von Stärken, Vermeiden von Schwächen,

54 Ökologisch-soziale Marktwirtschaft, Ökologische Ökonomie und Gemeinwohlökonomie.

55 Effizienz zielt auf das Einsparen von Ressourcen durch Effizienzmaßnahmen ab, Konsistenz meint die Umstellung der Produktion mit dem Augenmerk, «dasselbe in grün» herzustellen, die Strategie der Suffizienz stellt dem weltweiten Wachstum die Handlungsalternativen «weniger, langsamer, regionaler» gegenüber (vgl. Baumast und Pape 2013, S. 362–373).

- Konzentration der Kräfte,
- Optimierung der Ressourcenbasis und
- Ausnutzung bzw. Aufbau von Synergiepotentialen“
  (Welge und Al-Laham 2008, S. 447).

Im Hinblick auf eine erfolgversprechende Anwendung der Prinzipien sei ausgeführt, dass eine langfristige Perspektive sich dadurch auszeichnet, „nicht von bestehenden Stärken auszugehen, sondern Strategien zu entwickeln, die die gegenwärtigen Schwächen ausräumen und in zukünftige Stärken transformieren“ (ebenda, S. 777). Die **Vermeidung von Schwächen** ist ein erfolgversprechendes Prinzip der Strategieformulierung. Hingegen sollten die Erwartungen, z.B. durch strategische Allianzen messbare Synergieeffekte zu erwirken, nicht allzu hoch angesetzt werden. Aus den Befunden von Welge/Al-Laham spiegelte sich, nach einer anfänglichen «Synergie-Euphorie», eher eine gewisse „Ernüchterung“ (vgl. ebenda, S. 779) wider. Dem strategischen Handlungsansatz, Kräfte zu bündeln, wird besonderes Erfolgspotential bescheinigt, wenn dieses Prinzip bei Betrieben mit knappen Ressourcen zur Anwendung kommt. „Angesichts knapper Ressourcen muss die Zuteilung finanzieller, personeller und sachlicher Mittel auf die unterschiedlichen Geschäftsbereiche (...) mit einer **Prioritätsrangfolge** erfolgen“ (ebenda, S. 451).

Auch Wolfgang Mewes betont bei der Engpasskonzentrierten Strategie (EKS)[56] die Konzentration der Kräfte als erstes Prinzip und lenkt den Blick auf die Stärkenpotentiale und den Abbau von Verzettelung. Empfohlen wird eine Anwendung des Grundsatzes **Konzentration der Kräfte** sowohl aus einer internen als auch externen Perspektive. Anzunehmen ist, dass Organisationen mit einem nach innen gerichteten Blick auf die zur Verfügung stehenden Ressourcen eher vertraut sind. Auszugehen ist aber davon, dass eine Berücksichtigung begrenzter externen Ressourcen (Wachstumsgrenzen, Übernutzung der Umwelt, endliche Energiequellen) zukünftig zunehmender Beachtung bedarf. Ein Kurswechsel ist angezeigt, um die von Menschenhand geschaffene Übernutzung und Bedrohung unserer Lebenswelt auch von Menschenhand zu richten, denn die Folgen für Wirtschaft, Umwelt und Mensch sind schon

---

56 Auf der Grundlage einer SWOT-Analyse sollen Ziele, Vision und Mission gemäß der vier Grundprinzipien der EKS nach Wolfgang Mewes abgeleitet werden. Die Grundprinzipien lauten: 1. Konzentration der Kräfte auf Stärkenpotentiale, Abbau von Verzettelung, 2. Bündelung der Kräfte auf eine engumrissene Zielgruppe, 3. In die Lücke, in die Nische gehen (Bezug zu Porter, Anmerkung des Verfassers), 4. In die Tiefe/ Problemlösung entwickeln, Marktführerschaft anstreben.

heute klimatisch spürbar und auf Dauer fatal: Die rücksichtslose Ausbeutung unseres Planeten führt zu Zerstörung und Entzug der eigenen Existenzgrundlage. Jede Unternehmensführung hat es in der Hand, einem «weiter wie bisher» mit umweltverträglicheren Strategien entgegenzuwirken. Deutlich wird, dass die **Optimierung der Ressourcenbasis** „ein zentraler Gestaltungsparameter“ (Welge und Al-Laham 2008, S. 452) der Strategieformulierung ist. Das Wissen um den Handlungsspielraum, der einer Unternehmung für die Umsetzung einer Strategie zur Verfügung steht, einerseits in eine Erweiterung der internen Ressourcenbasis zu investieren und andererseits die Begrenzung der externen Verbräuche zu minimieren, kann Potentiale steigern oder Vorhaben scheitern lassen. „Strategien, die ohne Berücksichtigung der Ressourcenbasis formuliert werden, laufen Gefahr, spätestens bei ihrer konkreten Umsetzung zu scheitern“ (ebenda, S. 454). Ressourcen sind die wesentliche Basis einer jeden Strategie.

Alle vorgenannten Aspekte strategischer Unternehmensführung mit zukunftsfähiger Ausrichtung werden in dem nachfolgenden Empfehlungskatalog noch einmal zusammengefasst. Die Aufstellung beansprucht keine Vollständigkeit.

Die vorgestellten Strategietypen können sowohl als übergeordnete Unternehmensgesamtstrategie (Ebene 1), zur Steuerung strategischer Geschäftseinheiten

Tab. 10: Zukunftsfähige Strategietypologien. Eigene Darstellung

Zukunftsfähige Strategietypologien	
Unterscheidungskriterium/Gegenstand	**Bezeichnung**
Grundbausteine einer zukunftsfähigen Strategie	Beschreibung der Mission, die Entwicklung einer Vision und die Formulierung eines Leitbildes
Verantwortung	Lösungsstrategien mit Mehrwert für Umwelt, Gesellschaft und Unternehmen entwickeln
	Mitverantwortung erkennen und übernehmen für eine sozial und ökologisch gestaltete Wertschöpfungskette
	Optimierung der Ressourcenbasis
Gemeinwohl	Gemeinwohl-Ökonomie
	Kooperation statt Konkurrenz

Tab. 10: (continued)

Zukunftsfähige Strategietypologien	
Entwicklungsrichtung/Mitteleinsatz	Prioritäten setzen Entscheiden, was das Unternehmen nicht tun soll Langfristiger Aufbau von Kernkompetenzen Ausrichten auf Wesentlichkeit Vermeiden von Schwächen
Führung	Konzentration der Kräfte. Alle Aktivitäten müssen auf die Strategie zugeschnitten sein Nachhaltige Entwicklung systematisch fördern und betreiben
Nachhaltige Ausrichtung im Rahmen planetarischer Leitplanken	Effizienz Konsistenz Suffizienz
Zielformulierung	Offenlegung eindeutiger, messbarer und überprüfbarer Ziele Glaubwürdigkeit Werthaltige Positionierung

(Ebene 2) oder auch auf der Funktionsbereichsebene (Ebene 3) Anwendung finden. Bewusst zu machen ist, dass die Wahl der Strategie richtungsweisend ist für die auszubildende Struktur einer Organisation. Verbildlichen lässt sich der Zusammenhang von Strategie und Struktur anhand einer Fernreise: Die Strategie bestimmt die Kursrichtung, zur Steuerung der Reiseroute und Zielerreichung bedarf es Kompass, Karte oder Navigationsgerät sowie weiterer operativer Elemente wie Treibstoff, Zeitressourcen, Transportmittel, Budget oder Reisebegleiter. Alle Teilbereiche der Reise sind miteinander verknüpft und auf ein gemeinames Ziel ausgerichtet. Ob die Route im Eco-Modus absolviert werden wird, ist von einer bewusst zu treffenden Entscheidung abhängig. Diese Zielformulierung ist ein bedeutsamer Schlüssel zur nachhaltigen Ausgestaltung von Unternehmungen, ganz gleich, ob es sich um Fernreisen oder die Ausrichtung von Betrieben handelt. Die Summe der einzelnden Elemente und ineinander greifenden Teilbereiche prägen schließlich die Form und Struktur. Die in Kapitel 2.3 vorgenommene Begriffsbestimmung von Struktur erscheint durch dieses Beispiel ein wenig anschaulicher.

3.3 Strategische Planung ist ein zukunftsbezogenes Gestaltungsinstrument

Der alleinige Gebrauch des Begriffs «Strategie» erscheint für die betriebliche Anwendung bei näherer Betrachtung zu kurz gedacht. Um eine strategische Verhaltensweise in geordnete Bahnen zu lenken, braucht es einen ergänzenden Baustein: Die Betriebswirtschaft bedient sich hier des erweiterten Begriffs der «strategischen Planung». Gleichwohl der Planungsbegriff in der Fachliteratur durchaus unterschiedlich interpretiert wird, lassen sich übergreifende Gemeinsamkeiten herausfiltern, so ist Planung als ein systematisches, zukunftsbezogenes Durchdenken und Festlegen von Zielen, Maßnahmen, Mitteln und Wegen aufzufassen (vgl. Wild 1982, S. 13).

Strategische Planung hilft nicht nur bei der Entscheidungsfindung, „in welche Richtung sich ein Unternehmen (oder ein Teilbereich des Unternehmens) entwickeln soll, d.h. welche Erfolgspotenziale es nutzen und ausschöpfen sollte und welchen Weg in Form zu ergreifender Aktionen und zu allokierenden Ressourcen es dazu wählen soll" (Müller-Stewens 2016). Strategische Planung erweitert den Blick und koppelt Verhaltensweisen mit konkreten Maßnahmen, z.B. bei der Einteilung und Berücksichtigung erforderlicher, interner Ressourcen wie Zeit, Personal und Finanzmittel. Nur im Verbund betrachtet, können die Begriffe Strategie und Planung eine Aussagekraft für die beabsichtigte Anwendung im Forschungsfeld einbringen.

Strategische Unternehmensführung bedient sich bewährter Methoden und Instrumente. Grundlage einer strategischen Planung kann z.B. die Durchführung einer SWOT-Analyse sein. „Zu ihr gehört sowohl eine externe Analyse zur Ermittlung der Gefahren und Gelegenheiten aus dem Umfeld des Unternehmens, als auch eine interne Analyse mit Fokus auf die Stärken und Schwächen" (ebenda).

Auch die Lücken-Analyse ist ein aussagekräftiges Instrument, welches durch eine Gegenüberstellung des gegenwärtigen IST-Zustands und der gewünschten SOLL-Ziele Lücken erkennen lässt, wo derzeitige Defizite von Betrieben liegen. Auf der Grundlage der ermittelten Daten können dann zukünftige Verhaltensweisen entworfen und strategische Stoßrichtungen festgelegt werden. Werden diese in einer priorisierten Reihenfolge und Kräfte konzentrierten Form angegangen, kann die so vorgenommene strategische Planung zur Optimierung von Betriebsstrukturen beitragen.

Strategische Planung wird in dieser Untersuchung verstanden als ein zukunftsbezogenenes Gestaltungsinstrument zur langfristigen, planvollen Steuerung von Betrieben unter Berücksichtigung der Prinzipien

- Vermeiden von Schwächen,
- Aufbau von Stärken,
- Konzentration der Kräfte,
- Optimierung der Ressourcenbasis,

einer Fokussierung auf neue Strategietypologien mit zukunftsfähiger Ausrichtung sowie eines systematischen Durchdenkens und Festlegens von Zielen, Maßnahmen und Mitteln.

Das Wissen um zukunftsfähige Strategietypen, Handlungsebenen und strategische Planung allein aber wird noch keine durchdringenden Veränderungen bewirken können. Geboten wird zwar die Aussicht, planvoll Schritte mit zukunftsweisender Ausrichtung anzustoßen, um aber die volle Wirkungskraft der Einzelkomponenten strategischer Zielplanung für die Anwendung in Betrieben entfalten zu können, bedarf es der Einbindung in systemische Strukturen. Es geht um die Frage, wie es gelingt, langfristig angelegte strategische Zielplanungen dauerhaft im Betriebsalltag zu implementieren.

Es folgt die Vorstellung eines Managementsystems, dass die Qualität und Flexibiltität besitzt, den komplexen Anforderungen einer systemischen Führung und Steuerung von KMU mit relativ leicht anwendbaren und praxiserprobten Methoden gerecht zu werden. Die Beleuchtung der Prozessgestaltung wird anschließend vorgenommen.

3.4 Balanced Scorecard – ein Methodenklassiker mit Entwicklungspotential

Die Balanced Scorecard ist ein strategisches Managementsystem, das unter der Leitung von R.S. Kaplan und D.P. Norton im Rahmen einer Forschungsstudie Anfang der neunziger Jahre entwickelt wurde.

Der «ausgeglichene Berichtsbogen» beziehungsweise die «gleichgewichtige Anzeigetafel» sollen dafür Sorge tragen, dass die Unternehmensentwicklung nicht allein von ökonomischen Kennzahlen wie Rendite oder Wachstumssteigerungsraten dominiert wird. Das Führungssystem fungiert als Verbindungsinstrument zwischen Strategiefindung und Umsetzung der angestrebten Ziele. Ausgehend von einer Vision/Mission, Strategie und langfristigen Zielvorgaben werden mittel- und kurzfristige Ziele durch konkrete Beschreibungen der Zielvorhaben und Maßnahmen operationalisiert. Eine Überprüfbarkeit der Zielvorhaben wird durch die Berücksichtigung von Kennzahlen gewährleistet. Die Balanced Scorecard dient somit nicht nur als Controllinginstrument, die Anzeigetafel fungiert auch als innerbetriebliches Kommunikationswerkzeug und sorgt durch die Darstellung strategisch eingebundener Ziele und Maßnahmen für Transparenz.

Kaplan und Norton unterteilen die Unternehmensführung auf vier miteinander in Beziehung stehende Perspektiven: die Finanzperspektive, die Prozessperspektive, die Lern- und Entwicklungsperspektive sowie die Kundenperspektive.[57]

Zur besseren Steuerbarkeit der Ziele in Form von Ergebniskennzahlen wurden für alle vier Perspektiven „generisch strategische Kernaspekte" (Kaplan und Norton 1997, S. 4) formuliert, die den im vorigen Kapitel dargestellten klassischen Strategiemustern wie Ertragswachstum (Finanzperspektive) oder Marktanteil (Kundenperspektive) folgen, aber auch den Einsatz neuer Strategietypologien mit zukunftsfähiger Ausrichtung wie Suffizienz (Prozessperspektive) oder Ausbau der Kernkompetenz (Lern- und Entwicklungsperspektive) zulassen. Dies ist eine entscheidende Stellschraube, die das System sehr flexibel gestaltet und eine Steuerung unterschiedlichster Betriebsinhalte unterstützt. So können nicht nur finanzpolitische Kennzahlen wie Kostenführerschaft oder Ertragssteigerung (wie bei klassischen auf Wachstum und Finanzkennzahlen ausgerichteten Systemen) zur Steuerung eines Betriebes eingesetzt werden, auch für die strategische Steuerung von NPO-Zielen kann das System zur Anwendung kommen.

Die Finanzperspektive nimmt in der Balanced Scorecard eine übergeordnete Doppelfunktion ein: Sie kontrolliert einerseits die erwarteten Ergebnisziele einer jeden Strategie und gibt andererseits Budgets für die anderen Perspektiven vor, die über Ursache-/Wirkungsbeziehungen grundsätzlich mit den finanziellen Zielen verbunden bleiben (vgl. Gabler Wirtschaftslexikon 2016a). Die Ursache-Wirkungsketten weisen zudem darauf hin, dass die Umsetzung von Maßnahmen immer von etlichen wechselseitig verknüpften Faktoren abhängig ist und relativieren die idealtypische Steuerbarkeit von Prozessen.

Die Balanced Scorecard kann als „eine der bedeutendsten Methodenentwicklungen der Unternehmensführung der letzten Jahre" (Schaltegger und Dyllick 2002) eingestuft werden.[58] Ein Ziel aber haben Kaplan und Norton mit

---

57 Vgl. Schaltegger und Dyllick 2002, S. 21–23, Baumast und Pape 2013, S. 283–292, Conen 2015, S. 94–104, vgl. auch Schaubild Kaplan und Norton 1997, S. 9.

58 Es gibt eine Vielzahl weiterer Methoden zur strategischen Unternehmensführung, z.B. Führen durch Zielvereinbarungen (Management by Objectives) nach Drucker,

ihrem System nicht erreichen können: Trotz der vorgenommenen Perspektiverweiterung kann von einer «gleichgewichteten» Anwendung des Modells keine Rede sein. Ökonomische Kennzahlen bestimmen bis heute die Geschicke vieler Unternehmen, auch unter Anwendung der Balanced Scorecard.

Eine Stärke des Balanced Scorecard-Führungssystems liegt in der Umsetzung von Leitbildern und daraus abgeleiteten Strategien. Forschungsgemeinschaften aus Deutschland, der Schweiz und Frankreich stellten sich zeitgleich mit der Gründung des Rates für Nachhaltige Entwicklung 2001 und der Verabschiedung der nationalen Nachhaltigkeitsstrategie «Perspektiven für Deutschland» im April 2002 die Frage, ob es möglich wäre, das Leitbild NE mithilfe der Balanced Scorecard strategisch in Managementsystemen von Unternehmen zu verankern.

Ausgangslage war, dass es seitens der Unternehmen große Vorbehalte gab, Nachhaltigkeit als gesellschaftspolitisches Leitbild des 21. Jahrhunderts unternehmerisch anzunehmen und anzugehen. Nachhaltige Betriebsführung reduzierte sich zur Jahrtausendwende wenn überhaupt auf Einzelaktivitäten, die selten in einem strategischen Zusammenhang gedacht oder betriebsübergreifend gesteuert wurden. „Im Jahr 1999 waren nur 17 % von 481 befragten Vorständen und Geschäftsführern der Meinung, dass die Umsetzung von Nachhaltigkeit in ihrem Unternehmen zufriedenstellend verläuft“ (Fresner, J./Engelhardt, G./Wolf, P. 2006, S. 12).

„Von ihren Ausgangs-Merkmalen her scheint die BSC in besonderer Weise geeignet, in den Dienst des strategischen Nachhaltigkeitsmanagements von Unternehmen genommen zu werden“ (Freimann 2006, S. 66).

Die Weiterentwicklung der Balanced Scorecard zu einem Managementsystem mit nachhaltiger Gewichtung wird im Folgenden am Beispiel von zwei entwickelten Modelltypen veranschaulicht.

3.5 Fokus Zukunftsfähigkeit: Balanced Scorecard wird nachhaltiger

Wie lassen sich ökologische und soziale Ziele effektiv in das Instrument der Balanced Scorecard integrieren? Kann es gelingen, betriebliches Nachhaltigkeitsmanagement strategisch in der Unternehmensführung zu verankern? Wo liegen die Hindernisse und Risiken bei der Verwirklichung?[59]

Business Process Reengineering nach Hammer/Champy, Portfolio-Analyse (BCG-Matrix) der Boston Consulting Group, Wertschöpfungskette nach Porter, Weitere Ausführungen zu Modellen siehe auch (Seidl, David/van Aaken, Dominik).

59 Vgl. Vorwort Schaltegger und Dyllick 2002, S. 5.

Diesen Forschungsfragen widmen sich zwei Forscherteams aus Hessen[60] und Niedersachsen/Schweiz[61] im Zeitraum September 2000 bis März 2003.

Im Rahmen angewandter Praxisforschung beinhalten die Pilotprojekte zunächst eine konzeptionelle Weiterentwicklung der Balanced Scorecard und die Modell-Ausgestaltung. Bestandteil ist zudem die Erprobung und wissenschaftliche Auswertung der Implementierung. Die Modelle erhalten als Sustainability Balanced Scorecard (SBSC) und Sustainable Balanced Scorecard (SBS) unterschiedliche Bezeichnungen, folgen aber einem grundlegend ähnlichen konzeptionellen Ansatz (Freimann 2006, S. 63).

Insbesondere ökologische und sozial-gesellschaftlich relevante Dimensionen nachhaltiger Entwicklung sollen in dem erweiterten Strategiemodell verankert werden. Die Anwendbarkeit einer Balanced Scorecard in Großunternehmen ist bereits erfolgreich erprobt, das Hessener Forscherteam unter der Federführung des Rationalisierungs- und Innovationszentrums der Wirtschaft e.V. (RKW) verfolgt nun die Absicht nachzuweisen, dass eine Balanced Scorecard auch in kleinen und mittleren Betrieben erfolgreich nutzbar ist. „Ziel des RKW-Projekts war es, in das Steuerungsinstrument „Balanced Scorecard" Anforderungen nachhaltiger („sustainable") Unternehmensführung in kleinen und mittleren Unternehmen (KMU) sinnvoll zu integrieren" (Aachener Stiftung Kathy Beys 2015a).

Insgesamt zwölf KMU unterschiedlicher Branchen nehmen an der Pilotstudie teil. In fünf Betrieben wird, zugeschnitten auf die individuellen Anforderungen der Unternehmen vor Ort, beratergestützt je eine SBS entwickelt und die Umsetzung unterstützend begleitet, sieben weiteren KMU werden in prozessbegleitenden Workshops ausführliche Hilfestellungen zur SBS-Einführung gegeben (Freimann 2006, S. 63).

Der entwickelte SBS-Modelltyp stellt die vier klassischen BSC-Perspektiven (Finanzen, Kunden, Prozesse, Entwicklung/Mitarbeiter) von Kaplan/Norton in Beziehung zu den drei Dimensionen nachhaltiger Entwicklung. So ergeben sich in der gewählten Matrix 12 Felder, die mit 12 strategischen Zielen ausgefüllt werden können.

---

60 Forschungsgruppe Sustainable Balanced Scorecard (SBS): Freimann, Jürgen/Walther, Michael/Mettke, Thomas Betriebliche Umweltpolitik der Universität Kassel, Arnold, Wolfgang FHS Gießen/Friedberg unter Federführung des Rationalisierungs- und Innovationszentrums der Wirtschaft (RKW) Hessen e.V. in Zusammenarbeit mit weiteren Projektpartnern, insbesondere 12 KMU.

61 Forscherteam Sustainability Balanced Scorecard (SBSC): Schaltegger, Stefan Universität Lüneburg, Dyllick, Thomas Universität St. Gallen (Schweiz) in Zusammenarbeit mit weiteren Projektpartnern, darunter sieben Großunternehmen.

3.5.1 Grazer Modell SBSC setzt auf strategische Stoßrichtung

Im Auftrag des Bundesministeriums arbeitet im Zeitraum 2004 bis 2006 ein Beratungsteam aus Österreich[62] ebenfalls an der Implementierung einer betriebsbereichsübergreifenden SBSC in KMU. Anhand zunächst entwickelter Visionen und daraus abgeleiteten strategischen Zielen konzentriert sich das Grazer Modell auf „strategische Stoßrichtungen“[63] (Fresner, J./Engelhardt, G./Wolf, P. 2006, S. 39), deren betriebliche Umsetzung im weiteren Verlauf mit abzuleitenden, messbaren Kennzahlen und Maßnahmen im Rahmen eines gemeinsam festgelegten Grundrasters erfolgt. Die Erfahrungen bei der Modellanwendung einer SBSC in branchenübergreifenden KMU[64] im Grazer Land werden dokumentiert und Erfolgsfaktoren sowie Barrieren bei der SBSC-Implementierung zusammengefasst. Die Veröffentlichung der Studienergebnisse bietet KMU, die ebenfalls eine Anwendung der SBSC in Betracht ziehen, praxisnahe Hilfestellungen.

Das Grazer Projektteam formuliert in der Auswertung des Forschungsprojektes die Problemstellung: „Die entwickelten Strategien hatten überwiegend geringe Nachhaltigkeitsbezüge, weil die Akteure darin kaum Anknüpfungspunkte für ihr Unternehmen fanden“ (Klemisch, Herbert/Potter, Philip 2006, S. 125).

Auf die Dominanz des betriebswirtschaftlichen Treibers «Gewinnerzeugung» (vgl. ebenda, S. 20) und das mangelnde Verantwortungsbewusstsein handelnder Akteure soll an dieser Stelle noch einmal eingegangen werden. Umwelt- und gesellschaftspolitisch ist diese Wirtschaftsform und Verfahrensweise als höchst bedenklich einzustufen. Der vorgestellte SBSC-Steuerungsansatz folgt der Grundüberzeugung, dass sich eine Politik der Nachhaltigkeit „auf eine Grobsteuerung

---

62 Grazer Modell Sustainability Balanced Scorecard (SBSC): ein Projekt im Rahmen des Impulsprogramms *Nachhaltig Wirtschaften*: Programmlinie Fabrik der Zukunft unter Mitarbeit von Fresner, J./Engelhardt, G./Wolf, P./Nussbaumer, R. (Stenum GmbH), Grabher, A. (Andrea Grahber Networking), Kumpf, A. (WPU GmbH) in Zusammenarbeit mit 7 KMU.

63 Die KMU-Geschäftsführer haben im Anwendungsprozess individuelle strategische Stoßrichtungen für ihre Betriebe wie z.B. Qualitätssicherung, Innovationskraft, Eigenständigkeit, Sicherheit, Verbesserung, Management, Effizienz oder auch Wachstum formuliert.

64 Projektteilnehmer waren sechs Familienunternehmen (eine Destillerie, ein Sanierer von Altbauten, ein Fachbetrieb für Oberflächentechnik, ein Seilproduzent, ein Gartenbauer, ein Sanatorium) sowie ein sozialwirtschaftliches Unternehmen/Gartenservicebetrieb.

und das Setzen fester Ziele konzentrieren" (Fresner, J./Engelhardt, G./Wolf, P. 2006, S. 12) sollte, die Wege der Zielerreichung aber den dezentralen Akteuren freigestellt wird. Doch eine freie Marktwirtschaft, die von Wettbewerb geprägt ist, braucht politische Vorgaben und Grenzen, sonst ist zu befürchten, dass die gewinngetriebenen Betriebe weiterhin eigennützige Ziele verfolgen, ohne Rücksichtnahme auf die gesellschaftlichen Folgen und zulasten der Umwelt.

Die 2009 von einem 28-köpfigen Wissenschaftlerteam unter Mitwirkung des Nobelpreisträgers Paul J. Crutzen entwickelten «planetarischen Leitplanken» sowie die im Dezember 2015 in Paris verabschiedeten 17 SDG können als politische Leitlinien verstanden werden, die den grundsätzlichen Rahmen und die Stoßrichtung einer sozial-ökologischen Transformation vorgeben. In den folgenden Jahren wird es darauf ankommen, die Ziele der Agenda 2030 mit klaren Grenzen und Leitplanken zu verbinden. Die DNS wäre das richtige Instrument, diese Grenzen zu setzen. Erste Ansätze sind dort schon berücksichtigt, so strebt die DNS unter Ziel Nr. 12. 2 eine Anwendungssteigerung des Umweltmanagementsystems EMAS von 2031 (2015) auf 5.000 (2030) an (vgl. Statistisches Bundesamt 2016, S. 90).

Ziel ist, standardisierte und zertifizierte Umweltmanagementsysteme bei Unternehmen zu implementieren. Das Bundesministerium weist bereits in dem Ratgeber für die nachhaltige Organisation von Veranstaltungen darauf hin, bei größeren Veranstaltungen das Umweltmanagement-System EMAS (Eco Management and Audit Scheme) zu nutzen. Das Eco-Management und Audit System EMAS wurde 2009 auf EU-Ebene erweitert. EMAS basiert auf dem internationalen Standard ISO 14001 und richtet sich an Großveranstalter.[65]

EMAS gilt im globalen Vergleich als das anspruchsvollste und umfassendste System für nachhaltiges Umweltmanagement. Dieses relativ aufwendige Verfahren gibt es auch in einer weniger aufwendigen Systemversion EMASeasy (vgl. Baumast und Pape 2013, S. 191).

Auch die Initiatoren des Ratgebers «Über Lebenskunst» bestätigen, dass die Anwendung von Umweltmanagementsystemen für Veranstaltungen förderlich ist: „Ein Veranstaltungsort mit einem zertifizierten Umweltmanagementsystem,

65 Eine vollständige Liste aller Nutzer in Deutschland findet sich unter www.emas-register.de. Unter Rubrik 90 «kreative, künstlerische und unterhaltende Tätigkeiten» sind insgesamt vier Organisationen (Stand: 1.4.2017) gelistet, die nach EMAS zertifiziert sind, darunter die Kulturveranstaltungen des Bundes in Berlin (KBB) GmbH, Betreibergesellschaft der Internationalen Filmfestspiele Berlin und des Haus der Kulturen der Welt (vgl. Umweltgutachterausschuss (UGA)).

z.B. ISO 14001, EMAS, Ökoprofit, hat von Beginn an große Auswirkung auf den CO_2-Fußabdruck" (Kulturstiftung des Bundes 2012, S. 18).

Zu ergänzen wären bei dieser Aufstellung auch noch das Angebot Green Club Index.[66]

Baumast differenziert die Umweltmanagement-Angebote in Systeme und Ansätze. Ansätze wie der Green Club Index oder Ökoprofit haben den Vorteil, dass sie eine relativ niederschwellige Einstiegsmöglichkeit über das Themenfeld Energieeffizienz bieten. Dies ist im Sinne einer nachhaltigen Entwicklung von Unternehmen zugleich aber auch der einschränkende Faktor, da sie suggerieren, umweltgerecht zu handeln, letztlich aber nur eine erste Einstiegsebene erreichen. Weitaus umfangreicher, aber eben auch umfassender hingegen ist der Einsatz von Systemen, die weitere Betriebsbereiche in den Blick nehmen.

Insbesondere für KMU, ganz gleich ob nun gewinnorientiert oder als Non-Profit-Organisation tätig, müssen weiterhin adäquate Mittel und Wege gefunden werden, den Einstieg in eine zukunftsweisende, systemisch gestützte Betriebsführung zu finden. Das Bewusstsein scheint zunehmend an Bedeutung zu erlangen: „In den letzten Jahren lassen sich „Nachhaltigkeitsorientierung" und „Strategieorientierung" als zwei Themen erkennen, die in der Forschung und Praxis des Umweltmanagements zunehmend an Bedeutung gewonnen haben" (Baumast und Pape 2013, S. 284).

Nicht zuletzt zeugt auch die vorliegende Arbeit von dem Versuch, wissenschaftlich begleitete Wege zu erkunden, um Hindernisse zu erkennen und Lösungsmodelle für KMU zu entwickeln, die Barrieren zu überwinden helfen.

Welche fördernden und hemmenden Faktoren bei der Anwendung der dargestellten Modellbeispiele eine Rolle gespielt haben, wird zum Abschluss des Strategie-Kapitels anhand von besonders relevant erachteten Aspekten kritisch diskutiert.

3.6 Fördernde und hemmende Faktoren der Strategiemodelle SBS und SBSC

3.6.1 Flexibilität, individuelle Gestaltbarkeit, überschaubare Handlungsfelder und Klarheit durch strategische Stoßrichtung sind fördernde Faktoren

Die betriebsspezifische Gestaltbarkeit der Systeme im Hinblick auf eine nachhaltige Strategieausrichtung ist als ein fördernder Faktor zu betrachten. Im konzeptionellen Rahmen von zwölf vorgegebenen Handlungsfeldern bleibt

66 Siehe hierzu auch: Baumast und Pape 2013, S. 190–207.

die Umsetzung entwickelter Strategien auf der operativen Ebene überschaubar. Professor Schaltegger von der Universität Lüneburg empfiehlt den Anwendern, je Dimension „zumindest einen strategisch bedeutsamen Indikator zu identifizieren“ (Aachener Stiftung Kathy Beys 2015b), sodass die Betriebsführung von mindestens zwölf[67] umzusetzenden Zielen und Maßnahmen ausgehen sollte. Das Grazer Modell sieht zudem eine Priorisierung der ausgewählten Ziele vor, um die zwölf Vorhaben nicht gleichzeitig, sondern nach Dringlichkeit bzw. Aussicht auf Umsetzbarkeit in einer festgelegten Rangfolge anzugehen. Der Grazer Ansatz, die Ausrichtung der Betriebe anhand zuvor ermittelter strategischer Stoßrichtungen vorzunehmen, überzeugt durch eine klare Struktur.

3.6.2 Strategische Umsetzung zu anspruchsvoll

Die Steuerung der Unternehmensentwicklung anhand übergeordneter strategischer Ziele kann in kleinen und mittleren Betriebe auch zu Überforderung führen. Viele KMU nutzen keine Strategiemodelle[68] und sind mit der Anwendung solcher Systeme nicht vertraut. Es bedarf zusätzlicher Ressourcen (Personal, Zeit und Geld), um sich zunächst den grundlegenden strategischen Fragestellungen der Betriebsentwicklung zu stellen, die es dann möglichst systemgestützt in den Betrieben umzusetzen gilt.

Typische Merkmale von KMU aber sind, dass es ihnen an finanziellen Mitteln, zeitlichen Ressourcen und fachlichem Know-how mangelt (vgl. Weidemann und Paschen 2002, S. 7). Darüber hinaus fehlt es häufig an Instrumenten zur Maßnahmenplanung und Erfolgskontrolle.

Die Umsetzung einer explizit nachhaltig ausgerichteten Strategie, die sowohl die Entwicklung einer Vision, Mission und eines Leitbildes voraussetzt und eine Maßnahmenplanung als auch Erfolgskontrolle der operationalisierten Ziele beinhaltet, erscheint für KMU ein zu anspruchsvolles Ziel (vgl. Schaltegger und Dyllick 2002, S. 346).

---

67 Die Anzahl 12 ist als Mindestgröße zu verstehen, es können je nach Leistungskraft des Betriebes und Anforderungen auch bis zu 20 Ziele systemisch gesteuert werden. Es sollte jedoch eine Balance der Perspektiven gewahrt bleiben: „Im Sinne einer Ausgewogenheit der Perspektiven sollten je Perspektive der Balanced Scorecard etwa vier bis fünf strategische Vertriebsziele identifiziert werden“ (Gleich 2012, S. 119).

68 Fünf der sieben KMU, die an dem Grazer Modellprojekt teilgenommen haben, verfügten über keine strategischen Managementstrukturen.

3.6.3 Gute Grundvoraussetzungen schaffen

Die Projektleiter des Grazer Modells resümieren im Abschlussprojektbericht: „Auf das WIE kommt es an!" (Fresner, J./Engelhardt, G./Wolf, P. 2006, S. 82).

Gelingen kann eine Anwendung des SBSC-Modells nur, wenn bestimmte Grundvoraussetzungen zur Umsetzung gegeben sind. Als eine wesentliche Bedingung führen sie die «Benennung des Zeitbedarfs» an. Durch eine klare Beschreibung des Vorhabens und die Darstellung des vorgesehenen Projektablaufes mit Aussagen zu den angestrebten Ergebnissen können sich Geschäftsführer ein erstes Bild von dem erforderlichen Aufwand und den zu erwartenden Ergebnissen machen und auf dieser Grundlage eine Entscheidung treffen, ob sie bereit sind, die erforderlichen Ressourcen in den Entwicklungsprozess zu investieren (vgl. ebenda, S. 43).

Für ein Monitoring des Projektes empfehlen die Grazer Projektleiter die Erwartungen der Projektteilnehmer mit Beginn der Studie abzufragen, um die Erfüllung zum Projektende kritisch reflektieren zu können (vgl. ebenda, S. 73).

In Lüneburg konnte ein Projekteinstieg über die mittlere Managementebene[69] als ein hemmender Faktor ausgemacht werden (vgl. Schaltegger und Dyllick 2002, S. 348). Eine hierarchieübergreifende Einbeziehung der Führung und Mitarbeiter war in der Modellstudie nicht vorgesehen. Strategieentwicklung aber ist Kernaufgabe der Führung (vgl. Fresner, J./Engelhardt, G./Wolf, P. 2006, S. 70). Wird diese auf geschäftsführender Ebene in einer Vision verankert, kann eine nachhaltige Entwicklung in Betrieben größte Durchschlagskraft entfalten. Für die Umsetzung strategischer Ziele sollte zudem das Know- how der Mitarbeiter einbezogen werden. Die Einbindung der Mitarbeiterschaft trägt entscheidend zur Umsetzung der strategischen Neuausrichtung bei. Sie kann sowohl bei der kritischen Überprüfung strategischer Zielvorgaben auf deren Anwendbarkeit im Betrieb Berücksichtigung finden, im Rahmen eines «Bottom-up» Verfahrens über ein betriebliches Vorschlagswesen Anregungen und Verbesserungsvorschläge einbringen und bei der Entwicklung praxisnaher Lösungsmodelle zur Umsetzung strategischer Ziele, Leitsätze und Visionen im Betrieb maßgeblich beitragen.

Bei der Grazer Studie kann die gezielte Ansprache und Einbindung der Unternehmensführung als ein wesentlicher Erfolgsfaktor festgehalten werden: Die Visions-, Leitbild- und Strategieentwicklung erfolgte in Zusammenarbeit mit

69 Z.B. Umweltbeauftragte eines Betriebes.

den Geschäftsführern. Der Rückenwind aus der Chefetage führte auf operativer Ebene zu wesentlich konkreteren Ergebnissen.[70]

3.7 Zwischenfazit Kapitel Strategie

Aus der Perspektive der Begleitforschung wird Sustainability BSC von den Entwicklern Schaltegger und Dyllick als „der konzeptionell überzeugendste Ansatz des unternehmerischen Nachhaltigkeitsmanagements bezeichnet“ (Klemisch, Herbert/Potter, Philip 2006, S. 126).

Die flexible Anwendbarkeit, eine bereits erprobte Weiterentwicklung der Methode im Hinblick auf eine nachhaltige Ausrichtung sowie die besondere Eignung für KMU, die überwiegend nicht über strategische Führungssysteme verfügen, machen die Methode im Vergleich zu anderen mitunter sehr viel aufwendigeren Systemen für KMU und Non-Profit-Unternehmen interessant.[71]

Allerdings ist auszumachen, dass die SBS gegenwärtig „nicht zu den Top 10 der bekannten und angewendeten Methoden des Nachhaltigkeitsmanagements in der Praxis“ (Baumast und Pape 2013, S. 300) zählt. Wirtschaftsbetriebe nutzen primär traditionelle Methoden wie Umwelt- und Nachhaltigkeitskennzahlen oder Nachhaltigkeitsberichte (vgl. ebenda).

Über die Nutzung der klassischen Balanced Scorecard in NPO liegen bereits qualifizierte Untersuchungen[72] vor. Die Erforschungen kommen zu dem gemeinsamen Schluss: Eine erfolgreiche Einführung des Führungsinstruments in Non-Profit Organisationen ist möglich. „Dabei sind die originären vier Perspektiven der BSC nicht zwingend umzusetzen“ (Siebert 2011, S. 42), die BSC ist

---

70 Wenngleich die Ergebnisse durch die bedingt nachhaltig ausgerichteten strategischen Stoßrichtungen die Absicht, eine nachhaltige Ausrichtung zu befördern, kritisch zu betrachten sind.

71 Es gibt eine Vielzahl weiterer Methoden und Instrumente nachhaltigen Wirtschaftens, die z.T. aber branchenspezifisch ausgerichtet sind wie *foodradar* oder *Initialer Nachhaltigkeitscheck* für die Ernährungswirtschaft sowie *EcoDesign-EcoStrategie* bzw. *FaktorX* für produzierende Gewerbe und Handwerk. Wesentliche Auswahlkriterien für die Anwendung der BSC waren die flexible Anwendbarkeit, die bereits erprobte Weiterentwicklung zur SBS und die Anwendbarkeit bei KMU, die überwiegend nicht über Strategie-Managementsysteme verfügen. Eine Übersicht siehe (Klemisch, Herbert/Potter, Philip 2006, S. 141). „Für den Aspekt der Strategiedurchsetzung konkurriert die Balanced Scorecard mit anderen Konzepten (z.B. Durchsetzung eines Strategic Intent, Konzentration auf eine Kernfähigkeit oder Hoshin-Planung)“ (Gabler Wirtschaftslexikon 2016a).

72 Siehe insbesondere Friedag und Schmidt 2004, Conen 2015, Kulczynski 2014.

den jeweiligen Branchen und Organisationen individuell anzupassen. Es lässt sich festhalten, dass die Einführung der BSC in Non-Profit-Organisationen an Bedeutung gewonnen hat (vgl. Gleich 2012, S. 58). Über die Anwendung einer nachhaltig ausgerichteten Balanced Scorecard in Kulturbetrieben liegen nach aktuellem Wissensstand allerdings keine wissenschaftlich belastbaren Erkenntnisse[73] vor.

Ziel der vorliegenden Untersuchung ist es, Befunde und Erfahrungswerte über strategische Steuerungsmodelle zu generieren, die es erlauben, Unternehmensprozesse von KMU/NPO anhand einer übersichtlichen «Anzeigentafel» mit einer überschaubaren Anzahl aussagekräftiger Indikatoren, die mehrere Wirkungsfelder abbilden, mit nachhaltiger Stoßrichtung zu steuern. Ein solches System müsste eine hohe Flexibilität aufweisen, um für inhaltlich und strukturell sehr unterschiedlich ausgeprägte Organisationen anwendbar zu sein. Wenn das System zudem noch eine gewisse Anwendungsfreundlichkeit aufweisen würde, ist anzunehmen, dass ein solches Steuerungsmodell durchaus auf Bedarf stoßen dürfte. Die Transferleistung in Teil D) zu vollziehen, aus den Befunden der Theorie und Praxis erste Bestandteile eines solchen Modells zu entwerfen, die den vorgenannten Anforderungen und Bedürfnissen von NPO gerecht werden, ist Bestreben und Herausforderung der Untersuchung zugleich.

Zusammenfassend können für das Wirkungsfeld ≥≥Strategie≤≤ drei Prüfkriterien festgehalten werden, woran sich eine zukunftsfähige Ausrichtung von Betrieben messen lassen sollte:

XIII. Nutzung neuer Strategietypen mit zukunftsfähiger Ausrichtung
XIV. Einsatz strategischer Planung: Ein zukunftsbezogenes Gestaltungsinstrument zur langfristigen, planvollen Steuerung von Betrieben unter Berücksichtigung der Prinzipien: Vermeiden von Schwächen/Aufbau von Stärken, Konzentration der Kräfte, Optimierung der Ressourcenbasis und einer Fokussierung auf neue Strategietypen mit zukunftsfähiger Ausrichtung sowie eines systematischen Durchdenkens und Festlegens von Zielen, Maßnahmen und Mitteln.

73 Erweitert man die Recherche auf den Suchbegriff «Implementierung eines Sustainability Balanced Scorecard in Non-Profit Organisationen» lassen sich vereinzelte Studien finden, z.B. untersuchte Marianne Schwärzler im Rahmen einer Masterarbeit (Graz 2015) die Implementierung einer SBSC in einer Kirchengemeinde. Mirko Waniczek und Ehrenfried Werderits untersuchten in Wien 2006 die Integration einer SBSC in Fortbetrieben und Jagd/Fischerei.

XV. Anwendung eines strategischen Managementsystems mit nachhaltiger Stoßrichtung

Wenden wir uns nun dem nächsten Wirkungsfeld zu, den Prozessen. Unternehmensführungen stehen permanent vor der Herausforderung, Veränderungsprozesse erfolgreich zu gestalten. Das folgende Kapitel widmet sich der Fragestellung, welche Methoden ein erfolgversprechendes Prozessmanagement unterstützen und welche Widerstände und Hindernisse es zu berücksichtigen gilt, um Betriebe auf ihrem Weg hin zu einer strategischen Weiterentwicklung zu fördern.

4 Schauplatz Prozesse: Von kleinen Taten und großen Transformationen

4.1 Prozesse gestalten: Eine Begriffsbestimmung

„Unter Prozess versteht man die Gesamtheit aufeinander einwirkender Vorgänge innerhalb eines Systems. So werden mittels Prozessen Materialien, Energien oder auch Informationen zu neuen Formen transformiert, gespeichert oder aber allererst transportiert" (Gabler Wirtschaftslexikon 2016b).

Prozessmanagement in Unternehmen regelt effiziente und systematische Abläufe. Die Spannbreite der Fragen reicht von «Wer ist verantwortlich?» über «Gibt es Regeln und Prozesse, mit denen die Arbeit gesteuert wird?» bis hin zu: «Gibt es Kennzahlen, anhand derer Fortschritte und Entwicklungen erkennbar gemacht werden?» (Rat für Nachhaltige Entwicklung und Bertelsmann Stiftung 2014, S. 25).

Der DNK bestimmt Prozessmanagement als eines der vier wesentlichen Wirkungsfelder nachhaltiger Entwicklung für KMU. Insgesamt sechs Kriterien regen die «Übernahme von Verantwortung» (Kriterium 5) z.B. durch die Benennung eines Beauftragten für NE, die «Offenlegung von Regeln und Prozessen» (Kriterium 6) in Form von Leitbildern, neuen Einkaufsrichtlinien oder einem Verhaltenskodex sowie die «Festlegung und Kontrolle von Leistungsindikatoren NE» (Kriterium 7) anhand eines regelmäßigen Monitorings der Entwicklung an. Zudem wird ein Prozessmanagement als zukunftsfähig erachtet, dass «Anreizsysteme» (Kriterium 8) z.B. in Form von Boni für erreichte Ziele NE, eine «Beteiligung von Anspruchsgruppen» (Kriterium 9) sowie ein «Innovations- und Produktmanagement» (Kriterium 10) vorsieht.

Im Hinblick auf eine systemgestützte und nachhaltige Ausrichtung von Prozessen kann die im vorherigen Kapitel dargestellte Sustainable Balanced Scorecard bei der Übersichtlichkeit der zu steuernden Aufgaben unterstützen. Das rahmengebende Handlungsmodell allein aber gibt noch keine Antwort auf die Frage, wie die strategisch festgelegten Ziele und Maßnahmen im Betrieb erfolgreich umgesetzt werden. Das Hauptaugenmerk des folgenden Abschnittes richtet sich auf Methoden, die bei der Ausgestaltung von Change-Prozessen in Organisationen unterstützen.

4.2 Entwicklung von Organisationen

Organisationsentwicklung (OE) ist eng mit Kurt Lewin und seinem bereits 1947 entworfenen Drei-Phasen-Modell «auftauen – ändern – wieder einfrieren» (vgl. Scherm und Pietsch 2005, S. 247) verbunden. Lewin gilt als Hauptinitiator der Idee, soziale Systeme (Organisationen) über eine gezielte Planung, Einleitung und Steuerung von Änderungsprozessen weiter zu entwickeln.

Tab. 11: Drei-Phasen-Modell nach Kurt Lewin. Eigene Darstellung

Autor	Phasen
Kurt Lewin (1947)	1. Auftauen, 2. Ändern, 3. Einfrieren

Die Methodik wurde im Verlauf der vergangenen Jahrzehnte weiterentwickelt[74], dennoch folgen alle Modelle in unterschiedlicher Ausprägung der **Grundlogik**, dass (1.) ein expliziter Einstieg in Prozesse des Wandels empfehlenswert scheint, (2.) Wandel in mehreren Phasen erfolgt, (3.) bei jeglichem Wandel mit Widerstand zu rechnen ist und (4.) Veränderungen zu festigen sind (vgl. Scherm und Pietsch 2005, S. 262–263).

Welche methodischen Ansätze in der OE zur Anwendung kommen, hängt von der Zielsetzung ab, welche Organisationebenen im Entwicklungsfokus stehen. Veränderungsprozesse können sowohl auf der Personen-, Gruppen- als auch Strukturebene angestoßen werden.

Zunehmend steht die OE allerdings unter kritischer Beobachtung. Ausgangspunkt der Kritik ist ein veraltetes Organisationsverständnis, so stellt z.B. Greiner die herkömmliche Organisationsprozessgestaltung infrage und zeigt deren Grenzen auf. Es gehe nicht darum, eine Problemlösung vorab zu entwickeln und dann top-down umzusetzen. Ein schematisches Umsetzen von Standardprogrammen werde den komplexen Zusammenhängen moderner Organisationsformen nicht mehr gerecht. Die primären OE-Ziele (Effektivität und Humanität) seien nicht scharf genug definiert und messbar, es erscheint methodisch eher sinnvoll, die Interventionsebenen nicht isoliert, sondern im Gesamtzusammenhang klarer Ziele und Maßnahmen zu betrachten (vgl. ebenda, S. 249).

---

74 Eine Übersicht zehn weiterer Phasenkonzepte (darunter Gomez/Müller-Stewens, Krüger, Kotter oder Jick), die innerhalb der vergangenen sechzig Jahre entwickelt wurden, haben Scherm und Pietsch in dem Lehrbuch Organisation zusammengestellt (vgl. Scherm und Pietsch 2005, S. 262).

Schreyögg und Noss fügen hinzu, organisatorischer Wandel solle bei dem System und Umweltbezug ihren Ausgangspunkt nehmen (vgl. Schreyögg und Noss 1995). Sie lenken mit dieser Empfehlung den Blick auf zwei Handlungsfelder, die bereits als zukunftsweisende Treiber nachhaltiger Betriebsführung identifiziert worden sind: Betriebe, die einen Organisationswandel in Richtung Zukunftsfähigkeit anstreben, sollten die Prozessschritte systemgestützt gestalten und alle Unternehmensaktivitäten umweltbezogen ausrichten.

Wandel wird heute eher als permanenter Prozess verstanden. Hier setzen Konzepte des **Change Management (CM)** an. Sie basieren auf der Grundannahme, „dass Wandel eine häufig auftretende Regelerscheinung geworden ist und die Veränderung einer Organisation systematisch gestaltet werden kann und muss" (Scherm und Pietsch 2005, S. 258). Das Konzept unterscheidet Merkmale des **Wandels erster und zweiter Ordnung.**

Ein Wandel 1. Ordnung beschränkt sich auf Kurskorrekturen und Veränderungsprozesse einzelne Bestandteile und Ebenen unter Beibehaltung der Grundausrichtung und Grundstruktur. Ein Wandel 2. Ordnung hingegen umfasst grundlegend alle Ebenen und zielt auf eine einschneidene Änderung der Gesamtorganisation ab, stellt somit einen Bruch mit der Vergangenheit dar und strebt den Aufbruch in eine neue Richtung an[75] (vgl. ebenda, S. 259).

Organisationen, die Wandlungsprozesse anstoßen wollen, sollten sich also zunächst klar darüber werden, welche Form des Wandels sie anstreben. Geht es primär um «operative Kosmetik» einzelner Betriebsfelder, kämen eher Methoden in Betracht, die einen Wandel erster Ordnung befördern. Zielt der angestrebte Wandlungsprozess auf eine Transformation, kann von einem Wandel zweiter Ordnung gesprochen werden, der wiederum tiefgreifender Methoden bedarf.

Anzunehmen ist, dass die bereits dargestellte Grundlogik der OE sich auch bei der Gestaltung von Wandelprozessen erster und zweiter Ordnung widerspiegeln wird. Je nach Tiefe und Umfang der Vorhaben dürfte also mit entsprechend geringeren oder größeren Widerständen und Erfolgsaussichten zu rechnen sein.

In dem Kapitel «Prozesse» werden im weiteren Fortgang exemplarisch zwei Methodenvorschläge vorgestellt, die bei der Gestaltung von Wandelprozessen erster und zweiter Ordnung unterstützen sollen. Diese sind, mit Blick auf das Forschungsfeld soziokultureller Zentren hinsichtlich ihrer Anwendbarkeit und Grenzen, kritisch zu überprüfen.

75 Krüger bezeichnet eine neue strategische Ausrichtung als Reorientierung.

4.3 Kontinuierlich kleine Verbesserungsprozesse gestalten mit dem PDCA-Zyklus

Eine zyklische Steuerung von Unternehmensprozessen mit dem Ziel der Qualitätssteigerung wird oft mit einem kontinuierlichen Verbesserungsprozess (KVP)[76] in Zusammenhang gebracht. Der KVP ist integraler Bestandteil des betrieblichen Qualitätsmanagements, die methodische Basis des KVP ist der **PDCA-Zyklus**, ein Akronym, dessen Buchstaben sich aus den Anfangsbuchstaben der ebenfalls in Kreisform dargestellten Methode zusammensetzen.

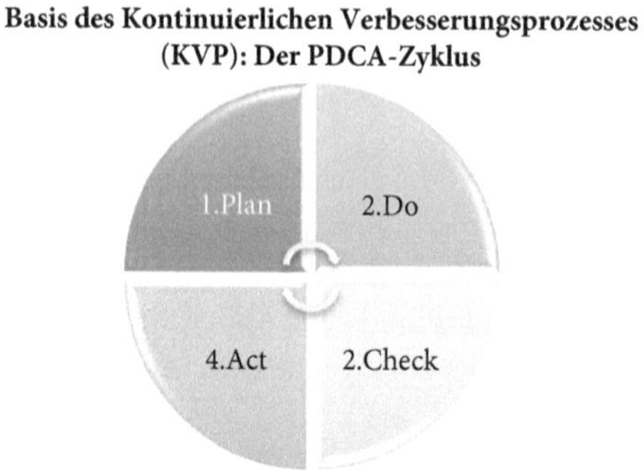

Abb. 7: Der PDCA-Zyklus der kontinuierlichen Verbesserung. Eigene Darstellung. In Anlehnung an (Imai 1993, S. 87).

Auf Grundlage einer Ist-Analyse werden in der ersten Phase (Plan) Verbesserungspotentiale ermittelt und ein lösungsorientierter Plan verfasst, wie die Verbesserungen umgesetzt werden sollen. Phase zwei (Do) dient als Erprobungsphase, entwickelte Lösungswege werden testweise auf ihre Praxistauglichkeit hin überprüft. Phase drei (Check) überprüft anhand eines Soll-Ist Vergleichs, ob die Testergebnisse für eine Umsetzung der erwarteten Verbesserungen sprechen oder ggf. noch weitere Testläufe zur Verfeinerung der Prozesse/Kennzahlen erforderlich sind. Ist das Ergebnis zufriedenstellend, erprobt und überprüft, erfolgt in Phase vier (Act) eine Übertragung des verbesserten Prozessablaufs auf den gesamten Geltungsbereich. Diese Umsetzung beinhaltet die Bereitstellung der notwendigen Ressourcen und ggf. erforderlichen Investitionsmittel sowie

76 Der Begriff Kontinuierlicher Verbesserungsprozess wurde von der japanischen Kaizen-Methode (Kai = ändern, zen = das Gute) abgeleitet und beschreibt seit Ende der 80er-Jahre den Handlungsansatz «Veränderung zum Besseren» (vgl. Kostka 2016).

die umfassende Information aller betroffenen Mitarbeiter über die neuen Verfahrensweisen. Der veränderte Ablauf wird zum neuen Standard erhoben, um nicht Gefahr zu laufen, in alte Verhaltensmuster zurückzufallen. Erneute Verbesserungsvorschläge können sodann nur noch auf Basis des aktualisierten Prozessablaufes entwickelt werden (Bauer 2016).

„Damit dreht sich der PDCA-Kreis unaufhörlich. Sobald ein Zustand verbessert werden konnte, wird er zum Standard und fordert dadurch zu weiteren Verbesserungen heraus. Damit wird Kaizen als Prozess optimal verwirklicht" (Imai 1993, S. 89).

Die Vereinigten Bühnen Graz haben beispielsweise auf Grundlage der Kaizen-Philosophie und unter Anwendung der PDCA-Methodik schrittweise kleine Verbesserungen bei den Qualitäts-, Kosten- und Lieferanforderungen des Betriebes eingeleitet, die mit der Zeit zu bedeutsamen Steigerungen in Qualität, Produktivität und zu Kosteneinsparungen geführt haben. Beispielsweise wurden nach der Analyse einzelner Prozessabläufe Verbesserungspotentiale für ein vereinfachtes Abrechnen von Parktickets oder das Ausdrucken von Besetzungslisten für die Programmhefte «just in time» entworfen. Das neue Druckverfahren und das neue Kassensystem wurden erprobt, ausgewertet und schließlich als neuer Standard verstetigt (vgl. Klumaier 1999, S. 90–92).

Für welche Form des Wandels erscheint diese Methode nun besonders geeignet? Der Kaizen-Handlungsansatz «Veränderung zum Besseren» kann dabei unterstützen, Prozesse zu optimieren. Grundsätzlich scheint die Methode auch für zukunftsweisende Prozessfortschritte mit nachhaltiger Ausrichtung anwendbar. Die sieben Leitgedanken der Methode[77] bieten der Betriebsleitung die Option, einzelne Verbesserungsprozesse in einem größeren Zusammenhang zu denken und zu steuern.

Zur Anwendung des PDCA-Zyklus ist diese Einbindung in einen größeren betrieblichen Kontext aber keine zwingende Voraussetzung. Auch ohne ein umfassendes, betriebsübergreifendes Strategiekonzept können mit der vorgestellten vierstufigen PDCA-Methode erste Einzelverbesserungsmaßnahmen (erster Ordnung) gelingen und einen Anfang markieren, das Bewusstsein der Mitarbeiter für weitere Verbesserungsmaßnahmen zu öffnen. Der PDCA-Zyklus scheint eine geeignete Methode für kleine Schritte und angestrebte Wandelprozesse erster Ordnung zu sein. Ausgehend von dieser Annahme findet der PDCA-Zyklus bei der

77 Die sieben Leitgedanken lauten: Wissen der Mitarbeiter für KVP aufspüren und nutzen, reflexive Mitarbeit, Ausrichtung auf alle Mitarbeiter, Lösen von Problemen auf der Ausführungsebene, Teamarbeit, KVP als System installieren, hohe Motivation der Mitarbeiter wird vorausgesetzt (vgl. Witt und Witt 2001, 13 ff).

methodischen Ausgestaltung der Feldstudie «Zukunftsfähigkeit gestalten!» sowie bei der Konzeption des Workshops Zukunftsfähigkeit Berücksichtigung.

Um die erforderliche Breite und Tiefenwirkung transformativer Wandelprozesse zweiter Ordnung zu erzielen, wäre eine Einbindung der Einzelmaßnahmen in ein übergreifendes Managementsystem zwingende Voraussetzung. Wöhrle weist ergänzend darauf hin, dass eine Transformation von Organisationen nur über einen tiefgreifenden Wandel der Vorstellungen und Werte von Menschen möglich sei. Die Verhaltensweisen von Mitarbeitern sind in der Unternehmenskultur einer Organisation verwurzelt. „Eine Unternehmenskultur lässt sich nur über den Wandel von Vorstellungen und Werten der Menschen verändern" (Wöhrle 2001, S. 17). So gesehen käme ein Wandel zweiter Ordnung einem Kulturwandel der Organisationen gleich. Wöhrle spricht hier von der „Grammatik des Handelns in Organisationen" (ebenda, S. 19), die es zu verändern gilt. Der vorgestellte Kaizen-Ansatz versucht, sich dieser Herausforderung mit Leitmotiven zu stellen, die eine kontinuierliche Mitarbeit aller Beschäftigten beinhaltet sowie auf gegenseitige Wertschätzung, gemeinsames Tun und lösungsorientiertes Handeln setzt.

Ob eine konsequente Anwendung der Kaizen-Methode langfristig auch tiefgreifende Transformationsprozesse bewirken kann, wird nicht mehr Gegenstand der Betrachtung sein. Beabsichtigt ist, in dem Kapitel «Prozesse» ausgewählte Methoden und Instrumente zu beleuchten, die bei der Gestaltung von Veränderungen Orientierungshilfe bieten. Der vorgestellte PDCA-Zyklus ist ein Handlungsansatz[78], der einer überzeugenden Grundlogik folgt, leicht anwendbar erscheint, mindestens Wandelprozesse erster Ordnung befördern kann und möglicherweise auch das Potential birgt, transformative Veränderungsprozesse zweiter Ordnung anzugehen, so stellt sich für Grober die große Transformation in eine nachhaltige Zukunft momentan eher als eine „Vielzahl von Wenden"

---

78 Der PDCA-Zyklus wurde ausgewählt, da er als Methode für Veränderungsprozesse besonders geeignet erscheint. Für die Gestaltung von Wandlungsprozessen erster und zweiter Ordnung könnte ebenso das Prinzip «Lernende Organisation» näher untersucht werden. Es handelt sich bei diesem Modell um ein Managementleitbild der Moderne, welches die Veränderungs- und Innovationsfähigkeit von Organisationen in den Vordergrund stellt. Weniger interessant schien das relativ statische «Konzept Business Process Reengineering» (BPR), welches primär die Optimierung kundenorientierter Kerngeschäftsprozesse unterstützt. Auf das im ausgehenden 20. Jahrhundert entwickelte Prinzip «Lean Management» wurde vor dem Hintergrund des eindeutig festgelegten Anwendungsbereiches der Methode ebenfalls verzichtet. Lean Management strebt einen möglichst sparsamen und zeiteffizienten Einsatz von Betriebsmitteln an. Die Konzentration auf Effizienz und Mitteleinsatz kann in Teilbereichen zielführend sein, für eine generische Anwendung taugt sie indes nicht (vgl. Kühl 2015, S. 44).

(Grober 2016, S. 300) dar. So gesehen dürften viele kleine Schritte in der Summe auch transformative Wirkungskraft entfalten.

Ein Wandel zweiter Ordnung ist von anspruchsvollen Merkmalen gekennzeichnet. Transformationsprozesse zielen auf eine alle Ebenen umfassende Kursänderung der gesamten Organisation ab und sind nicht selten verbunden mit Paradigmenwechseln (vgl. Scherm und Pietsch 2005, S. 259). Zu steuern sind mehrdimensionale, komplexe Zusammenhänge, denen tradierte Verhaltensweisen, machtvolle Besitzstände oder alltägliche Gewohnheiten gegenüberstehen. Die Auseinandersetzung mit Widerständen, Widersprüchlichkeiten und Ansprüchen wird bei grundlegenden Veränderungsansätzen zu erwarten sein. «Prozessmanagement» scheint ein Wirkungsfeld mit erheblichem Spannungspotential zu sein. Dies führt zu der Frage, ob große Transformationsprozesse überhaupt steuerbar sind.

4.4 Gestaltung großer Transformationsprozesse in acht Schritten?

In einer Unternehmenswelt, die durch zunehmende Komplexität und Wandel gekennzeichnet ist, sind Methoden und Ansätze erforderlich, die bei der Gestaltung tiefgreifender Veränderungsprozesse Orientierungspunkte bieten. John P. Kotter veröffentlichte erstmals 1996 seinen Bestseller «Leading Change», in dem er acht Schritte[79] aufzeigt, wie Transformationsprozesse in Unternehmen erfolgreich gestaltet werden können. Sein Werk „zählt heute zu den wichtigen Managementbüchern überhaupt. Es wurde in zahlreiche Sprachen übersetzt und millionenfach verkauft" (Kotter 2015, Klappentext).

Anhand eines Acht-Stufen-Modells beschreibt Kotter[80], wie tiefgreifende Wandlungsprozesse in Organisationen durchgeführt werden könnten. Neben dem bereits von Lewin angelegten Grundmuster, erfolgreichen Wandel als mehrstufigen Prozess anzugehen, bringt Kotter als zweite treibende Kraft für Wandlungsprozesse „erstklassige Führung" (ebenda, S. 17) mit ein.

Ihm geht es bei seinem ganzheitlichen Ansatz nicht um vereinzelte Kurskorrekturen, sein Anspruch ist, Unternehmensführern Handlungsempfehlungen für die erfolgreiche Gestaltung grundlegender Änderungsprozesse an die Hand zu geben.

---

79 In der Ursprungsversion bestand sein Phasenmodell zunächst aus sieben Schritten, in der aktualisierten Ausgabe aus dem Jahr 2015, die dieser Erörterung zugrunde liegt, beschreibt Kotter die Vorgehensweise anhand eines Acht-Stufen Modells.

80 Weitere Phasenkonzepte des Change Managements veröffentlichten z.B. Krüger (2006), Müller-Stewens (2016) oder Doppler/Lauterbach (2005), eine Auswahl und Beschreibung der Modelle siehe (Scherm und Pietsch 2005, S. 162).

Schaubild: Der Acht-Stufen-Prozess für die Umsetzung tief greifenden Wandels

1. Ein Gefühl für die Dringlichkeit erzeugen
- Untersuchung der Markt- und Wettbewerbsrealitäten
- Identifizierung und Diskussion von Krisen und Chancen

2. Eine Führungskoalition aufbauen
- Zusammenstellen einer Gruppe mit ausreichender Kompetenz, um den Wandel zu führen
- Die Gruppe zur Teamarbeit motivieren

3. Vision und Strategie entwickeln
- Eine für den Wandel richtungsweisende Vision schaffen
- Strategien für die Umsetzung der Vision entwickeln

4. Die Vision des Wandels kommunizieren
- Kommunikation der neuen Vision und der Strategien durch alle verfügbaren Kommunikationskanäle
- Die Vision muss den Mitarbeitern von der Führungskoalition vorgelebt werden

5. Mitarbeiter auf breiter Basis befähigen
- Hindernisse beseitigen
- Ändern von Systemen oder Strukturen, die der Vision des Wandels nicht entsprechen
- Zur Risikobereitschaft und zu ungewöhnlichen Ideen, Aktivitäten und Handlungen ermutigen

6. Schnelle Erfolge erzielen
- Sichtbare Leistungsverbesserungen oder Erfolge planen
- Diese Erfolge erreichen
- Die Menschen, die diese Erfolge ermöglichten, für alle deutlich anerkennen und auszeichnen

7. Erfolge konsolidieren und weitere Veränderungen einleiten
- Die wachsende Glaubwürdigkeit dazu nutzen, alle Systeme, Strukturen und Verfahren zu verändern, die nicht zusammenpassen und nicht der Vision des Wandels entsprechen
- Menschen, die die Vision des Wandels umsetzen können, einstellen, befördern und entwickeln
- Den Prozess mit neuen Projekten, Themen und Change Agents wiederbeleben

8. Neue Ansätze in der Kultur verankern
- Erreichung einer Leistungsverbesserung durch kunden- und produktivitäts-orientiertes Verhalten, mehr und bessere Führung und effektiveres Management
- Die Beziehung zwischen neuem Verhalten und Unternehmenserfolg herausstellen
- Maßnahmen entwickeln, die Führungsentwicklung und -nachfolge sicherstellen

Abb. 8: Der Acht-Stufen-Prozess für die Umsetzung tiefgreifenden Wandels (Kotter 2015, S. 18).

Die Chancen und Grenzen zur Steuerung von Transformationsprozessen 2. Ordnung werden im Folgenden anhand ausgewählter Aspekte kritisch diskutiert.

Zunächst ist festzustellen: Auch Kotters Modell greift auf die bereits ermittelte Grundlogik von Phasenmodellen zurück: Mit einem erzeugten Gefühl der Dringlichkeit gestaltet Kotter einen expliziten Einstieg (1.), er folgt mit seinen acht Stufen dem Wandel in mehreren Phasen (2.), stellt sich auf Widerstand ein (3.) und empfiehlt, Veränderungen zu konsolidieren und in der Kultur zu verankern (4.).

Kotter benennt in seinem Modell zudem weitere Mechanismen, denen auch im Zusammenhang mit der Ausgestaltung von Zukunftsfähigkeit eine besondere Relevanz zugesprochen wird: Kotter plant strategisch vorzugehen und versucht, mit den Mitteln der Kommunikation zu überzeugen. Es darf davon ausgegangen werden, dass diesen Wirkungsfeldern bei der Gestaltung von Prozessen besondere Aufmerksamkeit geschenkt werden sollte.

Dennoch scheinen die Erfolgschancen für große Transformationen eher gering zu sein, wie ein ernüchternder Blick auf die statistische Ausgangslage von Veränderungsvorhaben zeigt:

„Zwischen 60 und 70 Prozent – die Zahlen schwanken je nach Studie und Branche – aller geplanten Veränderungsinitiativen in Unternehmen misslingen" (Seeger 2016, S. 3).

Diese Einschätzung des Chefredakteurs des Harvard Business Managers in seinem Vorwort zum CM-Sonderthemenheft teilen auch Experten wie Malcolm Hiffs[81] und Deborah Rowland[82]. Sie bestätigen, dass mehr als zwei Drittel aller Change-Projekte zu keinem erfolgreichen Abschluss kommen (Higgs und Rowland 2005).

Was sind die Ursachen des Scheiterns? Überschätzung? Falsche Führung? Managerversagen? Zu große Widerstände gegenüber Neuem?

Diesen Fragen gilt es nachzugehen.

Zunächst wohlklingend ist die Aussicht auf einen Handlungsplan, dem nur Stufe für Stufe zu folgen sei, um gewaltige Transformationsprozesse zu bewältigen.

---

81 Professor für Personalmanagement und Verhaltensorganisation innerhalb der Business School der Universität von Southampton, http://www.southampton.ac.uk/business-school/about/staff/mjh1y07.page [Stand: 28.07.2016].

82 Deborah Rowland arbeitet mit CEOs und Führungskräften von globalen Organisationen zusammen und hilft ihnen, einen erfolgreichen und nachhaltigen Wandel in ihren Unternehmen herbeizuführen, http://leadfreeconsultancy.com/ [Stand: 28.07.2016].

Wenngleich Kotter mit den aufgezeigten acht Stufen hilfreiche Anhaltspunkte bietet, ist kritisch zu bedenken, dass sich Prozesse nicht schablonenhaft steuern lassen.

Change-Management Experten eint die Erkenntnis, dass komplexe Prozesse nicht der Logik starrer Schemata folgen, wie sie in der klassischen OE proklamiert werden. „Alle schematischen Darstellungen tendieren dazu, die Realität zu stark zu vereinfachen" (Scherm und Pietsch 2005, S. 17).

Während der Mensch zunehmend aus dem Sichtfeld gerate, beschränke sich OE zu einseitig auf ein instrumentelles Organisationsverständnis. So weisen auch Scherm/Pietsch auf die Überschätzung der Steuerbarkeit hin und warnen davor, durch eine Fokussierung auf technokratische Mittel und unrealistische Ziele „die realistische Sicht der Möglichkeiten und Grenzen der Prozessbeherrschung zu verlieren" (ebenda, S. 271). Auch Schreyögg und Noss resümieren, dass Wandlungsprozesse nicht vollständig beherrschbar sind (vgl. Schreyögg und Noss 1995). Der Glaube an die Beherrschbarkeit komplexer Prozesse scheint eher ein Mythos zu sein. Change Manager sollten weniger auf die Vorgabe starrer Lösungsformen beharren, sondern Verfahrenswege eröffnen, wie Lösungen entwickelt werden können (vgl. Kühl 2015, S. 47).

Ein lösungsorientierter Handlungsansatz ist, typische Faktoren für das Gelingen und Scheitern von CM-Prozessen zu betrachten. Zwei renommierte Change-Experten haben genau dies getan und die Erkenntnisse[83] in ihrem Artikel „Dos and Don'ts im Change Management" (Steyrer und Heupl 2011, S. 77) veröffentlicht. Auch sie kommen zu dem Schluss: „Change-Prozesse sind im Allgemeinen zu komplex, um nach einem standarisierten Verfahrensschema abgewickelt zu werden" (ebenda, S. 83). In ihrer Analyse resümieren die Autoren selbstkritisch, dass die präsentierten Ergebnisse möglicherweise ein universelles Erfolgsrezept suggerieren könnten, um Veränderungsprozesse erfolgreich zu managen. Sie verstehen ihre Erfahrungsaufstellung eher als Navigationskarte, die einige wesentliche Orientierungs- und Gefahrenpunkte aufzuzeigen vermag.

Auch Greiner hat bereits 1967 erfolgreiche und missglückte Wandelprozesse gegenübergestellt.[84] Er leitet aus seiner Untersuchung idealtypische „Erfolgsmuster mit sechs Phasen" (Scherm und Pietsch 2005, S. 248) ab und empfiehlt insbesondere den Einsatz von Beratern. Ein externer Berater bringe eine neutrale Sichtweise und Impulse von außen mit ein, arbeite sachorientiert und verfüge

83 Zur Beantwortung der Frage, welche Faktoren, rückblickend betrachtet, Changeprozesse positiv bzw. negativ beeinflusst haben, wurden vierzig qualitative Interviews mit Führungskräften inhaltsanalytisch ausgewertet.

84 Grundlage seiner Analyse sind achtzehn Fallstudien.

über methodische Kenntnisse der Prozesssteuerung und Moderation. Greiner setzt zudem verstärkt auf ein partizipatives Vorgehen (vgl. ebenda, S. 249).

Als Zwischenergebnis festzuhalten ist:
Fehlender Realismus, die Überschätzung der technokratischen Steuerbarkeit, die Vorgabe von Lösungen sowie mangelnde Methodenkompetenz als auch fehlende externe Beratung könnten Ursachen für das Scheitern von Prozessen sein.

Kotter sieht in seinem Modell vor, Mitarbeiter auf breiter Basis zu befähigen. Der Ansatz, Befähigung zu fördern, könnte eine vielversprechende Komponente bei der Gestaltung von Prozessen ausmachen. Dennoch ist anzunehmen, dass es mehr braucht als die Vermittlung neuer Abläufe, um Verhaltensweisen von Menschen zu wandeln. Das Eisbergmodell[85] zeigt auf, welcher Kommunikations-Dynamik Betriebsstrukturen ausgesetzt sind. Unterschwellige Spannungen und Stimmungen können wie Sand im sozialen Getriebe einer Organisation wirken. Die Ansprache und Steuerung über die rationale Sachebene allein wird keine tiefgreifenden Veränderungsprozesse anstoßen und vollbringen können. Zu sehr sorgen persönliche Motive, Ängste, Erfahrungen, verdrängte Konflikte oder Misstrauen der Mitarbeiter «unter der sichtbaren Oberfläche» für Widerstände, die oft auch zum Scheitern von Prozessen führen.

Das Gelingen oder Misslingen von Veränderungen wird von einer überzeugenden Ansprache und Mitnahme der Menschen sowie einer grundsätzlichen Kommunikations- und Dialogbereitschaft beeinflusst sein. Die «Einbeziehung Betroffener» weist Wöhrle mit 89 % als wichtigsten Erfolgsfaktor für Prozesse des Wandels aus, gefolgt von «Transparenz» und «aufrichtigem Umgehen miteinander» (76 %) (vgl. Wöhrle 2001, S. 22). Gerade mit Blick auf die tief in der Organisationskultur verwurzelten Sorgen und Ängste können Transformationsprozesse nur auf der Basis einer vertrauensvollen Zusammenarbeit von Geschäftsführung und Mitarbeitern gelingen. Es wird eine Beteiligung aller Betriebsebenen und die Einbindung der jeweiligen spezifischen Kompetenzbereiche brauchen. Das

---

85 Das Eisbergmodell geht auf den Begründer der Psychoanalyse Sigmund Freud (*1856; † 1939) und die 1974 veröffentlichte Eisbergmetapher der Psychologen Floyd L. Ruch und Philip G. Zimbardo zurück. Der Eisberg verbildlicht die Sach- und Beziehungsebenen der Kommunikation, die es sich für den Kommunikationsprozess bewusst zu machen gilt. Im typischen Verhältnis des Pareto-Prinzips (begründet durch den gleichnamigen italienischen Sozialökonomen) sind nur 20 % der Kommunikation – also die Spitze des Eisbergs – auf der Sachebene in Form von Zahlen, Daten und Fakten sichtbar. 80 % der Kommunikation erfolgt auf der Beziehungsebene unterhalb der Oberfläche. Die Botschaften der Beziehungsebene beinhalten Emotionen oder Stimmungen und werden über Mimik, Gestik oder Tonfall mitgeteilt.

gesamte Team wird gefordert sein, nicht einzelne Change-Manager oder Abteilungen, zum Lösen von Herausforderungen des fortschreitenden Wandelprozesses unterstützend beizutragen. Insbesondere die Formulierung von Teilzielen wie auch die Planung und Umsetzung von strategisch geleiteten Vorhaben sollte als **Wir-Leistung** verstanden werden.

Um große Transformationsprozesse in sozialen Gebilden bewältigen zu können, ist die Neudefinition von **Zielen** unerlässlich. Indem bisher geltende Ziele und Verhaltensweisen hinterfragt, neu bestimmt, ausgehandelt, vereinbart, erprobt und angepasst werden, werden Prozesse ausgelöst, die eine Veränderung von Organisationsstrukturen und Organisationskulturen befördern können. Die Auseinandersetzung mit neuen Anforderungen sowie das Zulassen neuen Handelns beinhalten Spannungspotential. Nicht zu unterschätzen ist das Beharrungsvermögen einer Organisation (vgl. Scherm und Pietsch 2005, S. 277).

Tiefgreifende Veränderungen der Organisationskultur brauchen **Zeit**. Neue Verhaltensweisen und Abläufe müssen erlernt, erreichte Veränderungen gefestigt werden. Große Transformationen sind in langfristigen Zeiträumen von mindestens 10 Jahren zu denken (vgl. Kotter 2015, S. 121). Stehen Prozessabläufe hingegen unter Zeitdruck, wird dies mit hoher Wahrscheinlichkeit zu Überforderung und schließlich zum Scheitern aussichtsreicher Ansätze führen. Transformationen erfordern offensichtlich eine gewisse Reifezeit – und Geduld. Es bleibt kritisch zu hinterfragen, ob es transformativem Wandel überhaupt möglich ist, komplexe Probleme und spannungsgeladene Zusammenhänge zielgenau zu umreißen und zu einem stabilisierbaren Ende zu führen. Wandel wird von Change Managern zunehmend als permanenter Prozess verstanden.

Es braucht gute **Argumente**, tiefgreifende Verhaltensänderungen anzustoßen. Verhalten aber setzt eine eigene Haltung voraus. Die Klärung der eigenen Haltung ist eine unabdingbare Voraussetzung eines jeden Geschäftsführers, der sich in Veränderungsprozesse begibt. Nur aus einer eigenen Haltung heraus kann Verhalten sichtbar gemacht werden, wird sich Überzeugungskraft entfalten, kann der eigene Standpunkt gestützt werden. Aus den Begegnungen mit 40 Spitzenführungskräften haben Johannes Steyrer und Wilfried Heupl den persönlichen Eindruck gewonnen, dass zwei Verhaltensmerkmale bei der Gestaltung großer Transformationsprozesse besonders dienlich sein könnten: Bescheidenheit und Entschlusskraft (vgl. Steyrer und Heupl 2011, S. 83).

Entschlusskraft meint eine **Konsequenz** im Handeln, richtige Entscheidungen auch auszuführen. Es gilt bei Prozessen dafür Sorge zu tragen, dass getroffenen Entscheidungen auch eine Umsetzung folgt. Halt(ung) zu bewahren zeigt sich in der Entschlusskraft, nicht jedem Trend hinterherzulaufen. Wandel sollte nicht zum modernen Selbstzweck werden. Eine Abwägung ist erforderlich, ob eine angestrebte Änderung wirklich erstrebenswert ist. Beispielsweise stehen der Verheißung fluider Strukturen als eine Organisationsform der Zukunft gute Gründe gegenüber, eine bestehende Grundstruktur nicht vorschnell aufzugeben. Einzuräumen ist, dass ein Betriebsumfeld, das durch zunehmende Komplexität und Wandel gekennzeichnet ist, flexible und anpassungsfähige Organisationsstrukturen benötigt. Der Organisationstheoretiker Karl Weick spricht im Rückgriff auf Kurt Lewin heute schon von «chronisch aufgetauten Systemen» (vgl. Kühl 2015, S. 44).

Es wird im 21. Jahrhundert eine permanente Aufgabe der Unternehmensführung sein zu überprüfen, ob die gewählten Strategiemodelle noch zeitgemäß und flexibel genug sind, auf schnelle Veränderungen zu reagieren, ausgehend von dem Wissen, dass gemäß Chandler die Struktur der Strategie folgt.[86]

In einer sich stetig schneller drehenden Welt braucht es aber auch **Haltepunkte**, die Menschen bei der Entwicklung neuer Wege Rückhalt geben. Es sollte genauestens bedacht sein, welche Strukturbausteine ein Betrieb als stabilisierendes Fundament braucht, um aus einer gewissen Substanz heraus Neues erproben und nach erfolgreicher Testphase in den Betrieb übernehmen zu können (vgl. Scherm und Pietsch 2005, S. 338). Systeme brauchen eine verlässliche Basis (Standbein) und zugleich auch den Entwicklungsspielraum (Spielbein) zur Gestaltung neuer Wege.

Kotter prägt im Zusammenhang mit der Fragestellung, wie transformative Prozesse zum Erfolg geführt werden können, den Begriff **Leadership**. Leadership ziele auf eine visionäre Entschlusskraft der Unternehmensführung ab und reduziere sich nicht auf das Verwalten von Betrieben. Leadership sei auf die Beteiligung von Mitarbeitern ausgerichtet, will motivieren und inspirieren und übernehme letztlich die Verantwortung für die festgelegte Kursausrichtung (vgl. Kotter 2015, S. 22). Leadership berge das Potential, Wandel zu erzeugen und sinnvolle Veränderungen zu bewirken, oftmals in großem Ausmaß (vgl. ebenda). Kotter betont die gewichtige Rolle eines Leaders, des «Anführenden», den Menschengruppen möglicherweise brauchen, um großen Veränderungsprozessen zu folgen. Die Geschichte zeugt von Anführern, die Massen mit ihren Visionen zu begeistern und zu manipulieren wussten, nicht immer zum Vorteil der Menschheit. Machtvolle Eigenheiten prägen das Wesen großer Führer, sie reichen von cholerisch bis charismatisch, von dominant bis feinfühlend führend.[87] Ihre

---

86 „Structure follows Strategy" (Chandler. In: Westermann 2006, S. 14).

87 Bezogen auf die Unternehmensführung sind in der Literatur vielfältigste Formen des Führens beschrieben, so kann eine Unternehmensführung z.B. auch

Visionen reichen vom erträumten Weltfrieden bis hin zu verursachten Weltkriegen. Es ist eine gewisse Vorsicht geboten, sobald es um Führungsansprüche geht. An Führungsanspruch und Entschlusskraft mangelt es dem Leadership-Modell von Kotter kaum, etwas mehr Bescheidenheit und Demut vor den Grenzen der Beherrschbarkeit würden sowohl Konzept als auch Autor guttun. Nicht auszuschließen ist, dass eine Vielzahl von Change-Prozessen scheitern, da die leitenden Akteure den überschätzenden Versprechungen der Kotter-Philosophie folgen.

Kotter räumt ein, dass weder autoritäre Führung noch kleinteiliges Mikromanagement entscheidende Kräfte freisetzen, um zu erwartende Widerstände durchbrechen zu können. Es sei die Vision, die essenziell ist (vgl. Kotter 2015, S. 59–60). Mit der Auffassung, dass eine Vision, Mission und Leitbilder die Grundvoraussetzung für erfolgreiche Veränderungsprozesse sind, stimmen zahlreiche Experten überein[88]. Eine gute Vision gibt die Richtung des Wandels vor, sie motiviert und hilft, Handeln zu koordinieren. Die bescheidenen Erfolgsquoten von Change-Prozessen als auch die Bestsellerzahlen zahlreicher Change- und Leadership-Ratgeber spiegeln indes die offensichtliche Ratlosigkeit und Überforderung vieler Unternehmer wider als auch die Notwendigkeit, den Herausforderungen der Unternehmensführung als Geschäftsführender mit wohlüberlegten Lösungsansätzen entgegenzugehen. „Ich muss bei mir anfangen, bevor ich bei den anderen beginne. Ich brauch' eine klare Vorstellung. Ich brauch' eine Vision, ich brauch' eine Perspektive" (Steyrer und Heupl 2011, S. 79).

Einmal mehr wird offenbar, wie bedeutsam bei der Prozessgestaltung eine klare Vision, Leitbilder und Leitsätze sind, von denen aus eine zukunftsweisende Ausrichtung der Organisation erfolgen kann.

Der gewichtigste Kritikpunkt an Kotters Stufenmodell ist:

Die Gestaltungsmacht des Leaderships wird für die falschen Ziele und Visionen missbraucht.

---

aggressiv, partizipatorisch, korrosiv, indoktrinär erfolgen (vgl. Wöhrle 2001, S. 43). Bate umschreibt die Spannbreite der Führungsformen von deutlich kraftvoll (deformativ) über vermittelnd/versöhnend im Dialog bis hin zum erziehenden (akkulturativ) (vgl. ebenda, Wöhrle 2001, S. 56–60).

88 Vgl. z.B. Kapitel Grundorientierung Zukunft (Klein 2011, S. 67–96) oder Friedag und Schmidt 2004, S. 33–34: „Die Zielfindung steht im Spannungsfeld zwischen der Vereinbarung eines Leitziels (was wir erreichen wollen), der Ableitung eines Leitbildes (wie wir gesehen werden wollen, wenn wir unser Leitziel erreicht haben), der Definition einer Leitkennzahl (woran wir messen wollen, wie wir uns unserem Leitziel nähern) und dem unternehmerischen Tun."

So schlussfolgert Kotter als Konsequenzen für das Unternehmen der Zukunft im 21. Jahrhundert, in einem immer „schnelllebigeren und wettbewerbsintensiveren" (Kotter 2015, S. 149) Umfeld auf die „Kraft des potentiellen Wachstums" (ebenda, S. 153) zu setzen. Ungebremster Wachstumswahn, das Streben nach Gewinnmaximierung sowie das Überleben im globalen Konkurrenzkampf aber sind klassischen Treiber und Wettbewerbsstrategien, die unsoziales, rücksichtsloses Verhalten noch verstärken.

Ein transformativer Kurswechsel des 21. Jahrhunderts sollte von neuen, zukunftsfähigen Visionen, Leitbildern und Zielen geprägt sein. Leadership ist ein kraftvolles Führungsinstrument, welches die Verhaltensweisen von Menschen, den Verhaltenskodex der Wirtschaft in zukunftsverträgliche Bahnen zu lenken vermag. Leader der Transformation können die ökonomische Unvernunft mit planetarischen Leitplanken begrenzen, Leader der Transformation können alternative Kräfte bündeln, Leader der Transformation sollen mit klaren Leitbildern und überzeugenden Argumenten aufzeigen, wohin zukunftsweisendes Leadership führen kann. So ausgerichtet können die Führungsansätze einen wertvollen Beitrag zum Erhalt unserer Lebensgrundlage leisten.

<u>Zusammenfassend kann für das Kapitel Prozesse festgehalten werden:</u>

XVI. Change Management unterscheidet Wandel erster Ordnung (Kurskorrekturen) und Wandel zweiter Ordnung (Transformationen)

XVII. Stufenweises Vorgehen mit dem PDCA-Zyklus

XVIII. Don'ts: Fehlender Realismus, die Überschätzung der technokratischen Steuerbarkeit, die Vorgabe von Lösungen sowie mangelnde Methodenkompetenz als auch fehlende externe Beratung können Ursachen für das Scheitern von Prozessen sein.

XIX. Dos: Realitätssinn, Kommunikationsfähigkeit, Dialogbereitschaft, Beteiligung und Wir-Leistung, Neudefinition von Zielen, Geduld und Zeit, eine klare Haltung, verantwortungsbewusstes Verhalten sowie das Handeln in Bescheidenheit und Demut sind bei großen Vorhaben wie Transformationsprozessen hilfreiche Tugenden.
Entschlusskraft und Leadership, ausgerichtet auf zukunftsweisende Strategietypen, können bei der Gestaltung von Transformationsprozessen unterstützend wirken.

Um das Herausfiltern von Wissen und Methoden, die eine eigene Lösungsfindung befördern, geht es in dieser Untersuchung. Patentrezepte und wohlgemeinte Ratschläge hingegen sollen als solche enttarnt und mit Vorsicht betrachtet werden. Sie können zur Bildung der eigenen Meinung als ein Mosaikstein mitgedacht werden, letztlich aber wird ein aussichtsreicher Prozess und Lösungsweg nur reifen, wenn die einzelnen Schritte sorgfältig abgewogen und auf die individuellen Anforderungen abgestimmt werden. Handlungshinweise wie die Dos and Don'ts des Change Managements beschreiben Erfahrungswerte, die als Orientierungshilfe auf dem eigenen Weg dienen können.

5 Wieviel Mensch braucht die Umwelt?

„Es ist gewiss, dass der Planet ohne den Menschen, der Mensch aber bis auf weiteres nicht ohne den Planeten [...] existieren kann" (Schmid 2008, S. 62).

5.1 Wie zahlreich sind die Dinge, die es nicht braucht

In Anlehnung an Sokrates Ausspruch „Wie zahlreich sind doch die Dinge, deren ich nicht bedarf!" (Weischedel 1975, S. 33) folgt dieses Kapitel zunächst der Fragestellung, was der Mensch wirklich zum Leben braucht.

Diese Frage stellt sich für viele Menschen offensichtlich nicht. Auch wenn unübersehbar scheint, welchen Schaden die Menschheit mit ihrem Verhalten anrichtet, ist kein grundlegender Wandel in Sicht. Die Übernutzung begrenzter Ressourcen, die Ausbeutung der Umwelt, der Wachstumswahn der Wirtschaft und das Konsumverhalten in den Industrienationen und Schwellenländern scheinen ungebremst.

Es scheint, als seien viele Menschen mit oberflächlichen Sorgen und Statussymbolen derart befasst, dass der Blick auf Wesentliches ausgeblendet wird. Das Verhalten des Menschen scheint machtvoll beeinflusst, von Sinnlosigkeit bedrängt, von Gewohnheiten geprägt zu sein. Allein die heutigen technischen Möglichkeiten haben ein „Übermaß an Macht" (Schmid 2008, S. 45) erreicht. Technischer Fortschritt verheißt den Menschen Nutzen und dringt tief in die alltäglichen Gewohnheiten ein. Welchen Nutzen aber hat beispielsweise eine permanente Erreichbarkeit, die bei Menschen nachweislich zu Überlastung und Burn-Out führt?

„Wenn Information und Kommunikation jedes Maß übersteigen, wird es für die Lebensführung zur Pflicht, sie zu reduzieren und den Raum der Reflexion wiederzugewinnen" (ebenda, S. 148). Hier ist die Entscheidungshoheit des Einzelnen gefragt, sich der Flut sinnloser Informationen und Produkte nicht ungeschützt auszusetzen. Auch wenn es mühsam anmutet, gegen den Strom zu schwimmen, schenkt der Gedanke ein wenig Trost, dass selbst geübte Schwimmer zunehmend Zeit und Kraft aufwenden müssen, im Treiben des technischen Fortschritts eine selbstbestimmte Richtung zu wählen. Zu stark und zu mächtig sind der Sog und das im Menschen angelegte Schwarmverhalten, getrieben von manipulativen Marketingmechanismen und enormen Machtinteressen.

Die sinnlose Anhäufung zuweilen unnützer materieller Werte geht weit über die sinnvolle Abdeckung der Grundbedürfnisse hinaus, „immer mehr Menschen können in anderen Tätigkeiten als dem Geldverdienen keinen Sinn mehr erkennen, weil sie von wahren Wünschen und Idealen immer mehr entfremdet sind“ (Felber 2014, S. 30). Die Frage, ob eine Anhäufung von materiellem Reichtum als Lebensinhalt für ein erfülltes Leben ausreicht, ist längst beantwortet. Was aber können gehaltvolle Inhalte eines guten Lebens sein?

Philosoph Wilhelm Schmid fragt seine Leser in dem Werk «Einführung in die Lebenskunst» nach den Gestaltungsparametern, die ein schönes Leben ausmachen und verweist leicht polemisch auf tieferliegende, unerfüllte Bedürfnisse, die mit oberflächlichem Materialismus nicht zu befriedigen seien: „Wer die exzessive Verschwendung nötig hat, um Lüste zu genießen, hat keine inneren“ (Schmid 2015, S. 142). Haltlos werde derjenige, der sich „in jeden Genuss stürzt und sich nichts versagt“ (ebenda, S. 47). Wahren Lebensgenuss verbindet Schmidt mit einem Leben, das bejahenswert gestaltet ist. Sein ökologischer Lebensstil ist durchdrungen vom sinnlichen Erleben in Achtsamkeit. Er zielt auf einen bewussten Gebrauch der Sinne ab.

Sinnliches Erleben kann in einer zunehmend digitalisierten Welt an Bedeutung gewinnen. Im Netz unpersönlicher Informationstechnologien gewinnt „Persönliches erneut an Bedeutung“ (ebenda, S. 147). Kulturtechniken wie das Theaterspielen, Tanzen, Musik machen, kreatives Schreiben oder Gestalten umgibt die Aura einer besonderen, sinnlichen Erfahrung (vgl. ebenda, S. 149). Die Kraft einer unmittelbaren ästhetischen Erfahrung, eigenen Wünschen und Werten eine Gestalt zu geben, eine kritische Auseinandersetzung mit gesellschaftsrelevanten Themen in künstlerischer Art und Weise, das persönliche Erleben von Konzerten oder Theatervorstellungen, die Teilhabe an geteilter Emotion als auch das zutiefst erfüllende Erlebnis, Sinnvolles zu tun, sich für Mitmenschen zu engagieren, sich für den Erhalt der Artenvielfalt der Tierwelt einzubringen, die Natur zu schützen; all diese Formen stellen Beispiele dar, wie dem unbefriedigenden Materialismus und einer zunehmenden Entkopplung des Persönlichen in der digitalen Welt zu entgehen wäre.

Hier werden wesentliche Gemeinsamkeiten kultureller Bildung und BNE sichtbar. Beide Methoden wirken sinnstiftend, persönlichkeitsfördernd, nachhaltig sozialisierend. Beide Handlungsansätze befördern ein wertebasiertes Kulturverständnis. Beide Bildungsformen setzen auf Partizipation und Angebotsvielfalt, sie vermitteln relevante Inhalte über aktives Tun in Gemeinschaft, sie fördern Selbst-Erfahrungen durch Erleben. Die Gestaltungskraft von Bildung zur Ausbildung einer Nachhaltigkeitskultur wird im weiteren Verlauf der Untersuchung noch Thema sein.

Welche Möglichkeiten sich den Menschen bieten, Zukunftsfähigkeit mitzugestalten, wird zum Abschluss von Teil A) anhand des konzentrischen Wirkungskreises illustriert.

5.2 Der konzentrische Wirkungskreis

Der konzentrische Wirkungskreis beschreibt anhand von fünf Einflussbereichen, was jeder Einzelne für das (Über)Leben der Menschheit auf dem Planeten tun kann. Das Modell folgt der Grundausrichtung «Think global - work local», macht übergreifende, kosmopolitische Zusammenhänge sichtbar und verortet eine nachhaltige Lebensweise bei den Menschen vor Ort – in ihren jeweiligen Wirkungsfeldern: bei sich selbst, Zuhause, im nahen Umfeld, in der Stadt und Region. Veranschaulicht wird die Handlungsoption, sich zivilgesellschaftlich zu engagieren, denn der Partizipation jedes Einzelnen kommt bei der Umsetzung globaler und nationaler Ziele eine besondere Bedeutung zu. Nachhaltigkeit lebt von der Beteiligung, sei es privat, in der Familie, bei der Arbeit oder im täglichen Zusammenleben.

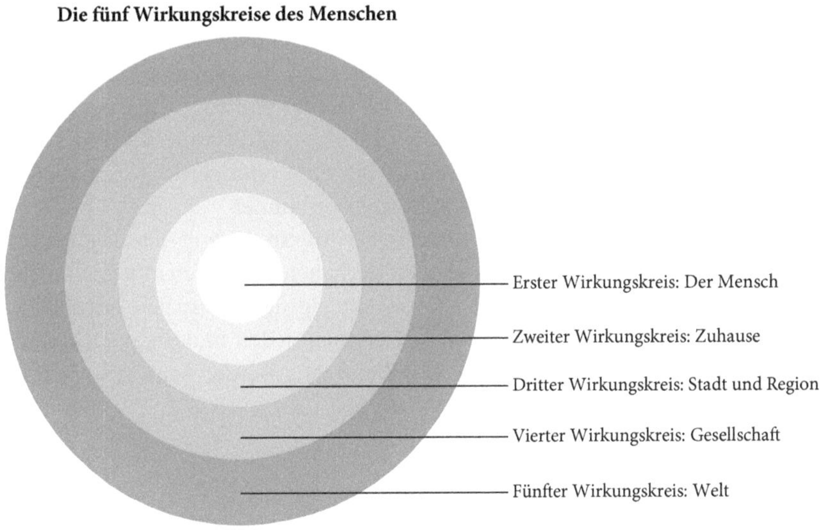

Abb. 9: Die fünf Wirkungskreise des Menschen. Eigene Darstellung. (vgl. Schmid 2008: S. 77–122).

Nachfolgend werden die einzelnen Wirkungskreise näher erläutert.

5.2.1 Erster und zweiter Wirkungskreis: Der Mensch und sein Zuhause

Zur Realisierung einer zukunftsweisenden Lebensweise setzt Schmid auf den Menschen selbst. Ein erster Handlungsansatz liegt sozusagen vor der eigenen Haustür. Auf das, worauf der Einzelne selbst Zuhause Einfluss nehmen kann, sollte der Mensch zuerst schauen und hier beginnen, Bezugsquellen von Energie, den Einsatz ressourcenschonender Technik, den eigenen Ressourcenverbrauch, Abfallvermeidung oder die Beschaffung von Lebensmitteln zu hinterfragen. Schon im ersten Wirkungskreis stehen den Menschen eine Vielzahl an Möglichkeiten zur Verfügung, Beiträge zum Erhalt des Planeten zu leisten. Es geht insbesondere darum, Gewohnheiten bewusst zu hinterfragen und neue Verhaltensweisen unter ökologischen Gesichtspunkten anzugehen.

Typische Fragen könnten lauten: Wie wohne ich? Welche Energieträger nutze ich? Welche Fahrzeuge habe ich? Welche Fahrten und Reisen tätige ich? Wie komme ich zur Arbeit? Wie ist mein Einkaufsverhalten? Wie ernähre ich mich? Esse ich viel Fleisch? Achte ich bei Produkten auf Gütesiegel? Welche Besitztümer leiste ich mir?

Der Leser ist eingeladen, einmal seinen eigenen CO_2-Fussabdruck zu errechnen.[89] Umgerechnet auf die Weltbevölkerung würden bei dem Wert des Verfassers 2,7 Erden (4.7 gha[90]) benötigt. Klimaneutrales Leben auf unserem Planeten wäre bei einen Wert von 1.7 gha möglich, der Durchschnittswert in Deutschland liegt bei 5.2 gha, der Weltdurchschnitt bei 2.8 gha (vgl. Brot für die Welt 2017). Deutlich wird: Klimaneutral zu leben ist nur mit veränderten Lebensweisen möglich und mit deutlichen Einschränkungen verbunden.

Die eigenen Gewohnheiten zu hinterfragen ist ein Anfang. Das Wissen um die Notwendigkeit eines zu verändernden Verhaltens allein reicht jedoch nicht, um Veränderungsprozesse anzugehen. Um die eigene Lebensweise wirklich zu verändern, braucht es den handelnden Menschen. Jeden Einzelnen. Es braucht die Einsicht, dass der Mensch selbst gestaltend tätig werden kann (vgl. Schmid 2015, S. 183).

---

89 Unter dem Suchbegriff «CO_2 Fußabdruck berechnen» sind zahlreiche, kostenfreie Rechner zu finden, u.a. des Bundesministeriums oder des Evangelischen Werks für Diakonie und Entwicklung.

90 Die Maßeinheit gha steht für «globale Hektar» und umfasst die biologisch produktive Fläche weltweit (vgl. Brot für die Welt 2017).

Es wird niemand kommen, auf den es sich zu warten lohnt, der schon richtet, was wirklich gebraucht wird. Es ist der Mensch selbst, der über die Möglichkeiten verfügt, in seinem eigenen Wirkungskreis, ganz gleich ob Zuhause, in der Kommune, in der Gesellschaft oder dem Weltgeschehen Einfluss zu nehmen.

Auf die Frage «Was kann ich tun?» lautet deshalb die einfache Antwort des Bundesministeriums: „Mitmachen!" (Bundesministerium für wirtschaftliche Zusammenarbeit und Entwicklung 2015b, S. 26).

Einen Erfolg der Agenda 2030 macht das Bundesministerium mitunter an den Beiträgen der Bürger fest. Jeder Einzelne, die lokale Initiative, das zivilgesellschaftliche Engagement werden in der Summe einen gewichtigen Erfolgsfaktor ausmachen. Die Staatsmächte werden Veränderungsprozesse nicht allein verordnen können. Politik aber kann Ziele setzen, zur Mitgestaltung anraten und nachhaltige Entwicklung strategisch befördern: „Nachhaltigkeit verlangt, Verantwortung wahrzunehmen – sowohl für die heute Lebenden als auch für künftige Generationen, national wie international. Hierauf zielt die nationale Nachhaltigkeitsstrategie. Sie bietet einen Maßstab für die notwendige langfristige Orientierung. Damit kann sie Motor für den gesellschaftlichen und politischen Fortschritt sein" (Meilensteine der Nachhaltigkeitspolitik 2014, S. 23).

Zur fortgeschrittenen Stunde sei Tatkraft gefragt, resümiert der Wissenschaftler Reinhold Leinfelder: „Wir müssen die Welt von morgen heute mitgestalten" (Befund TW04 Expertenvortrag Leinfelder, Reinhold 2016, S. 16). Das Anthropozän-Konzept fordert zur Übernahme persönlicher Verantwortung für die Zukunft auf (ebenda). Der Weg vom (Ge)Wissen zum verantwortlichen Handeln bleibt letztlich jedem Menschen selbst überlassen. Erst durch eine Ausrichtung auf selbst gesteckte, erreichbare Ziele beginnt die Übernahme persönlicher Mitverantwortung. Der Bezug zum eigenen Leben kann ein wirksamer Hebel sein, denn eine bewusste Lebensführung ist vom Sinn des Lebens geprägt. Es sind sinnvolle Tätigkeiten, gemeinwohlorientierte Aufgaben, Ehrenämter, die Mitarbeit in sinnstiftenden Initiativen, ethisch inspirierte Impulse, die Übernahme politischer Verantwortung oder ökologische Lebensweisen, die wertvolle Dienste für die Menschheit leisten und jedem einzelnen Lebenssinn schenken.

Eine bewusste Lebensführung wird allerdings nicht ohne Verzicht auskommen können, positiver formuliert bedeutet dies: Ein «schlankes Leben» (vgl. Schmid 2015, S. 166) zu führen, kann ein Beitrag zu einer maßvollen Lebensweise sein. Wie bereits im Kapitel «Prozesse» herausgearbeitet, werden Transformationen Entschlossenheit und Zeit brauchen, für eine langfristig wirksame Ausbildung eines Lebensstils „bedarf es [zudem] der regelmäßigen, nachhaltigen Einübung veränderter Gewohnheiten und Verhaltensweisen“ (ebenda, S. 139).

Ob die Aufforderung der Bundesregierung mitzumachen im Wirkungsfeld soziokultureller Akteure bereits Anklang gefunden hat, wird Bestandteil der vorliegenden Untersuchung sein. Und ganz gleich, welche Bestandssituation diese Arbeit vorfinden wird, sie möchte „Lust auf die Beteiligung an der Zukunftsgestaltung machen“ (Befund TW04 Expertenvortrag Leinfelder, Reinhold 2016, S. 12).

5.2.2 Dritter Wirkungskreis: Stadt und Region

Das Engagement für eine bewusstere Lebensweise im ersten und zweiten Wirkungskreis birgt die Chance, dass diese Impulse auch auf das Umfeld, in dem die Menschen leben, ausstrahlen. Auch in der Stadt und angrenzenden Region stellen sich, nur in einem größeren Maße, Fragen der Energieversorgung von Kommunen, der Bezug von Produkten aus der Region, die Entsorgung bzw. das Recycling von Wertstoffen, der Erhalt von Naturschutzräumen, kurzum: Fragen einer nachhaltigen Entwicklung der Stadt und Region. Exemplarisch seien hier die hessischen Städte Alheim[91], Frankfurt[92] oder Darmstadt[93] genannt, die sich eine kommunale Nachhaltigkeitsstrategie auferlegt haben.

Ein zentraler zivilgesellschaftlicher Akteur[94], der insbesondere auf kommunaler und regionaler Ebene aktiv ist, ist die Lokale Agenda. Sie unterstützt die

---

91 Das kleine nordhessische Städtchen Alheim ist im Jahr 2016 mit dem Nachhaltigkeitspreis «Deutschlands nachhaltigste Gemeinde» ausgezeichnet worden. Im Zusammenhang mit Erneuerbarer Energie, Bildung, Flüchtlingshilfe und bürgerlicher Mitmachkultur ist die Gemeinde mehrfach ausgezeichnete Modellkommune (vgl. Stiftung Deutscher Nachhaltigkeitspreis 2016).

92 Im Rahmen der UN-Dekade Bildung für nachhaltige Entwicklung ist auch die Stadt Frankfurt ausgezeichnet worden: „Herzstück des Frankfurter Programms ist das Netzwerk „Nachhaltigkeit lernen in Frankfurt“, das unter Beteiligung unterschiedlichster Akteure aus Institutionen, Unternehmen und der Zivilgesellschaft 2008 gegründet wurde. „Umweltlernen in Frankfurt am Main e.V.“ koordiniert die Aktivitäten zu BNE in der Stadt“ (Deutsche UNESCO-Kommission e. V. (DUK) 2014, S. 8).

93 Der Masterplan «Darmstadt weiterdenken – Masterplan 2030+» stellt sich Fragen zukünftiger Stadtentwicklung unter nachhaltigen Gesichtspunkten wie soziale Gerechtigkeit, wirtschaftliche Entwicklung, Verkehr, Ökologie, Kultur (vgl. Stadt Darmstadt).

94 Weitere zivilgesellschaftliche Initiativen wären an dieser Stelle zu nennen, die sowohl auf kommunaler und regionaler Ebene, aber auch auf Landes- und Bundesebene aktiv sind. Dies sind z.B. der Naturschutzbund Deutschland (NABU), Greenpeace oder

Umsetzung der Agenda 2030 und dessen 17 SDG vor Ort. Mit der Beschlussfassung der Deutschen Nachhaltigkeitsstrategie wurden 2016 vier neue Regionale Netzstellen (RENN) gegründet. Die Regionale Netzstelle Nachhaltigkeitsstrategien West (RENN.west) ist bei der Landesarbeitsgemeinschaft Agenda 21 NRW e.V. angesiedelt. Der Zuständigkeitsbereich umfasst vier Bundesländer, darunter auch die Länder Nordrhein-Westfalen und Hessen. Ausgehend von der Annahme, dass „eine nachhaltige Entwicklung in Deutschland nur durch akteurs- und themenübergreifende Zusammenarbeit gelingen kann“ (Regionale Netzstellen Nachhaltigkeitsstrategien (RENN.west)), forciert die zivilgesellschaftliche Initiative eine aktive Vernetzungs- und Informationspolitik mit dem Ziel, nachhaltige „Entwicklung in unserer Region gelebte Praxis werden zu lassen“ (Regionale Netzstellen Nachhaltigkeitsstrategien (RENN.west)).

Im dritten Wirkungskreis sind auch die bereits beschriebenen Bildungsangebote für nachhaltige Entwicklung (BNE) verortet.

Ebenfalls zum dritten Wirkungskreis zählen die Arbeitsstätten der Menschen. Unternehmen tragen eine Mitverantwortung zur Sozialisierung der Gesellschaft. Ein Unternehmen besitzt eine „Sozialisierungsfunktion, da es als Ort gesellschaftlichen Lernens fungiert und deshalb eine Mitverantwortung für Bildung und Entwicklung einer Gesellschaft trägt“ (Baumast und Pape 2013, S. 59).

Es wird Bestandteil der Untersuchung sein zu prüfen, welche Bezugspunkte hinsichtlich einer nachhaltigen Betriebsführung in soziokulturellen Zentren auszumachen sind. Auch diese Betriebe werden sich den Fragen stellen müssen, wie es mit der Energieeffizienz, der Beschaffung von Waren, den leitenden Werten, der strategischen Ausrichtung, dem Engagement für das Gemeinwohl, der sozialen Verantwortung für Mitarbeiter sowie der Vernetzung bestellt ist.

Einen besonderen Fokus legt die vorliegende Untersuchung auf die strategische Ausgestaltung nachhaltiger Entwicklung. Anhand eines Praxisbeispiels soll für den dritten Wirkungskreis nachgezeichnet werden, wie die Entwicklung und Umsetzung einer Nachhaltigkeitsstrategie auf regionaler Verbandsebene für gemeinnützige Betriebe gelingen kann. Ausgewählt wurde das prämierte Nachhaltigkeitskonzept norddeutscher Jugendherbergen.

Bürgerenergiegenossenschaften. Ebenso sollte auch der Bund für Umwelt und Naturschutz Deutschland (BUND) an dieser Stelle schon Erwähnung finden. Die Aktivitäten werden im vierten Wirkungskreis (Gesellschaft) kurz beispielhaft skizziert.

5.2.2.1 Praxisbeispiel: Nachhaltigkeitsstrategie norddeutscher Jugendherbergen

Die Nachhaltigkeitsstrategie des DJH-Landesverbands Unterweser-Ems e.V. wurde im Februar 2014 nach vierjährigem Prozessverlauf veröffentlicht[95] und noch im gleichen Jahr mit dem 2. Platz des Deutschen Nachhaltigkeitspreises in der Kategorie «Deutschlands nachhaltigste Unternehmen mittlerer Größe im Jahr 2014» ausgezeichnet worden. Die Begründung der Jury konkretisiert die Entscheidung:

„Der Landesverband hat partizipativ mit den Jugendherbergen ein Nachhaltigkeitskonzept erarbeitet, mit denen ihre Existenz langfristig gesichert und die Marke gestärkt werden soll. (…) Das Konzept ist mit Zielen und Kennzahlen unterlegt, die Fortschritte werden in einem Nachhaltigkeitsbericht transparent berichtet. Das Nachhaltigkeitskonzept ist einzigartig in Deutschland und hat Pilotcharakter für 14 Landesverbände und 520 Jugendherbergen" (Deutsches Jugendherbergswerk 2014).

Basierend auf einem bereits bestehenden QM-System, welches Qualitätsstandards, ein kontinuierlich fortzuschreibendes Handbuch, einen Qualitätsbeauftragten sowie ein jährliches Audit beinhaltet, wurden in drei Projektphasen zunächst die Entwicklungsziele ermittelt, dann getestet, ausgewertet, ggf. weiterentwickelt und schließlich in allen Betrieben umgesetzt. Gefördert wurde das Modellprojekt mit Mitteln der Deutschen Bundesstiftung Umwelt (DBU), eine Evaluation erfolgte durch die Fachhochschule Koblenz[96].

„Dieser Change Management-Prozess bedeutet für uns eine systematische Auseinandersetzung und Neufokussierung in allen Unternehmensbereichen – darunter Einkauf, Verpflegung, Bau, Energie, Personalentwicklung, Marketing und Management" (DJH Landesverband Unterweser-Ems e.V. 2014, S. 7). Relevante Nachhaltigkeitsthemen wurden lokalisiert und mit Kennzahlen belegt. Die nachfolgende Tabelle veranschaulicht exemplarisch die Verknüpfung der Themen und Kennzahlen.

---

95 Die Dokumentation des Modellprojektes ist unter dem Titel «Nachhaltigkeitsbericht Deutsches Jugendherbergswerk Landesverband Unterweser-Ems e.V. Februar 2014. Erlebnis Nachhaltigkeit» kostenfrei online einzusehen (vgl. DJH Landesverband Unterweser-Ems e.V. 2014).

96 Fachbereich Sozialwesen unter der wissenschaftlichen Leitung von Prof. Dr. Armin Schneider.

Tab. 12: Relevante Nachhaltigkeitsthemen und Kennzahlen der JHB Unterweser-Ems. Eigene Darstellung. In Anlehnung an (DJH Landesverband Unterweser-Ems e.V. 2014)

Relevante Nachhaltigkeitsthemen und Kennzahlen der JHB Unterweser-Ems		
Relevante Nachhaltigkeitsthemen	**Kurzbeschreibung**	**Beispiele für Kennzahlen**
Standards im Qualitätsmanagement	Für jeden Betrieb werden Nachhaltigkeitsindices ermittelt, um Entwicklungen darstellen zu können. Einsatz eines Umweltmanagementsystems	➔ Ermittlung CO_2-Fußabdruck alle 2 Jahre ➔ Verbrauchserfassung ➔ Umsetzung der TOP20+ Maßnahmen zur Energieeffizienz ➔ Nachhaltigkeitsindex
Einkauf	Frisch, teilweise bio und fair gehandelt und wenn möglich aus der Region	➔ Bio-Zertifizierung ➔ 100 % Bio bei Kaffee, Tee, Nudeln, Reis, Honig, Gemüse ➔ 100 % fair gehandelter Kaffee ➔ Bio-Wein ➔ Saisonale Produkte
Energie	CMS Standard EE01	➔ 100 % regenerative Energie
Standards bei der Bewirtschaftung	Vermeidung von Portionsverpackungen	➔ Ein Veggie-Day pro Woche
	Mülltrennung	➔ Ausschließlich MSC-zertifizierter Fisch
	Einsatz von Energiesparlampen	➔ LED (>90 %) ➔ Wasserspararmaturen (>50 %) ➔ Mülltrennungssystem

Das Beispiel veranschaulicht: Um Entwicklungsschritte eines Betriebes nachvollziehbar zu machen, braucht es Indikatoren, die eine Aussage darüber erlauben, wie sich ein Unternehmen entwickelt. Auf den Punkt der Indikatoren und Kennzahlen wird im Verlauf der Arbeit noch zurückzukommen sein. Es stellt sich die Frage, ob auch soziokulturelle Zentren mit Kennzahlen arbeiten und ob diese im Zusammenhang mit relevanten Nachhaltigkeitsthemen stehen.

5.2.3 Vierter Wirkungskreis: Gesellschaft

Der vierte Wirkungskreis zielt auf die Bündelung zivilgesellschaftlichen Engagements ab. Hier geht es um die Formung allgemeiner Regelungen, über das individuelle Engagement hinaus. Dieser Wirkungskreis arbeitet und denkt strukturgebend. Strukturell.

Die Übernahme zivilgesellschaftlicher Verantwortung ist auch Bestandteil der Agenda 2030. In SDG 17 wird die Zielsetzung formuliert, mehr Zivilcourage und Initiative für nachhaltige Entwicklung zu befördern. Politische Haltung mit Tatkraft ist gefragt, um aus dem Kanon vielfältigster Aufgaben und Herausforderungen der Agenda 2030 Primarziele zu benennen, die von besonderer Relevanz für die Zivilgesellschaft sind.

Der RNE hat in dem DNK mit der Aufnahme von sieben[97] Anforderungen mit dem Wirkungsfeld „Gesellschaft" einen deutlichen Schwerpunkt gesetzt. Offensichtlich scheinen gesellschaftsbezogene Themen beim nachhaltigen Wirtschaften noch entwicklungsbedürftig. Der Kodex bezieht sich auf Arbeitnehmerrechte, Chancengleichheit, Qualifizierung, Menschenrechte, Gemeinwesen, politische Einflussnahme sowie Gesetz- und richtlinienkonformes Verhalten. Es wird Bestandteil der Untersuchung sein zu prüfen, ob dieser gesellschaftsbezogene Handlungsbedarf auch bei soziokulturellen Zentren besteht, so beinhaltet der Erhebungsbogen u.a. die Fragestellung, wie es um die Qualifizierung oder Gesundheitsförderung der Mitarbeiter in soziokulturellen Zentren bestellt ist. Ebenso werden freiwillige Einsätze, das gesellschaftliche Engagement und die politischen Aktivitäten z.B. auf Verbandsebene erfasst.

Die Betrachtung der Verbandsarbeit erfolgt ausgehend von der Sachlage, dass es in den machtvollen Auseinandersetzungen von Politik und Wirtschaft weitere Gegenspieler und Fürsprecher der eigenen Positionen auf Augenhöhe braucht. Die Zivilgesellschaft organisiert sich deshalb in Verbandsstrukturen, um ihren Anliegen Gehör zu verschaffen. Bei der Interessenvielzahl einer Gesellschaft Menschen zu überzeugen, sich für eine Sache zu engagieren, ist eine Herausforderung, der manch inhaltlich wertvolle Initiative strukturell nicht gewachsen ist. Die Konkurrenz der Mitstreiter für ehrenamtliches, zivilgesellschaftliches Engagement ist groß und die Menschen, die sich engagieren, scheint begrenzt zu sein. Es ist davon auszugehen, dass Mitglieds- und finanzstarke Verbände ihre Interessen kraftvoller vertreten können – und bei Vertretern aus Wirtschaft und Politik eher Gehör finden werden.

Der Bund für Umwelt und Naturschutz Deutschland (BUND) verfügt über eine breite Mitgliedschaft, große Lobby und gute Argumente, die den Diskurs zur Nachhaltigkeitspolitik in Deutschland maßgeblich prägen, so hat beispielsweise die 1996 veröffentlichte Studie «Zukunftsfähiges Deutschland» „bleibende

97 Sieben von insgesamt 20 Kriterien.

Spuren in der Nachhaltigkeitsdebatte hinterlassen" (oekom e.V. – Verein für ökologische Kommunikation 2017, S. 7).

2008 publizieren BUND und Misereor gemeinsam die Folgestudie «Zukunftsfähiges Deutschland in einer globalisierten Welt«, welche ebenfalls einen Meilenstein des deutschen Nachhaltigkeitsdiskurses markiert.[98]

2017 erfolgt die Herausgabe von «Zukunftsfähiges Deutschland, Wann, wenn nicht jetzt?», die „Orientierung bieten soll auf dem Weg zur Zukunftsfähigkeit" (ebenda, S. 13).

Der Glaube daran, dass eine Veränderung gesellschaftlicher Verhaltensweisen mit der Zielausrichtung auf mehr ökologisches Bewusstsein möglich ist, prägt die strategisch angelegte, zivilgesellschaftliche ökumenische Initiative, die als weiteres Praxisbeispiel ausgewählt wurde. Veranschaulicht wird die gezielte Umsteuerung der Kaufkraft und Minderung des Ressourcenverbrauchs anhand des Beispiels «Zukunft einkaufen wirkt!».

5.2.3.1 *Praxisbeispiel: Zukunft einkaufen wirkt!*

«Zukunft einkaufen» ist eine ökumenische Beratungs- und Netzwerkstelle, die bundesweit alle kirchlichen Organisationen und Einrichtungen von Diakonie und Caritas dabei unterstützt, ihren Einkauf auf ökologisch und fair produzierte Waren umzustellen. Auf Initiative des Instituts für Kirche und Gesellschaft der Ev. Kirche von Westfalen startete das bundesweit ökumenisch angelegte Projekt im Jahr 2009. Unterstützt von der Deutschen Bundesstiftung Umwelt wurden in einer dreijährigen Startphase erste Erfahrungen mit Maßnahmen in Einrichtungen gesammelt und überzeugende Argumente und Grundlagen für eine Fortsetzung und dauerhafte Implementierung des Pilotprojektes zusammengetragen. Konzipiert und erprobt wurde ein Verbesserungsprogramm zu einer nachhaltigen Veränderung der Beschaffungspraxis. Die Umsetzung von «Zukunft einkaufen» erfolgt anhand eines ausgearbeiteten Leitfadens in fünf Schritten.[99]

In der Broschüre „Zukunft einkaufen wirkt! Aus der Praxis für die Praxis. Gute Beispiele von ‚Zukunft einkaufen'. Erfahrungen und Anregungen" (Institut für

98 Das Wuppertaler Institut für Klima, Umwelt, Energie hat die Ergebnisse in der Publikation «Wegmarken für einen Kurswechsel» anschaulich zusammengefasst.

99 Erstens: Bestandsaufnahme – sich einen Überblick verschaffen. Zweitens: Die Situation analysieren – Handlungsbedarf erkennen. Drittens: Das Verbesserungsprogramm „Ökofaire Beschaffung" – neue Standards setzen. Viertens: Beschaffung organisieren „mit System". Fünftens: „Zukunft einkaufen" weitersagen! – die Kommunikationsstrategie (vgl. Institut für Kirche und Gesellschaft der EKvW 2013, S. 5).

Kirche und Gesellschaft der EKvW 2013) wurden im Abschlussbericht der DBU-Projektförderung Praxisbeispiele zur Orientierung und Anregung veröffentlicht. Der Bericht zeigt auch die Ziele und nächsten Schritte auf. Eine Überprüfung der im Dezember 2013 verfassten Perspektive und in Aussicht gestellten Maßnahmen fällt positiv aus: Alle skizzierten Vorhaben zur Fortführung des Projektes haben auch im April 2017 noch Bestand. Die heutige Initiative basiert auf gemeinsamen Zielen, einem gemeinsamen Leitfaden und klar gegliederten Standards der Netzwerkverbandpartner. Die Standards beziehen sich auf zwei zentrale Handlungsfelder, die für alle Mitgliedseinrichtungen gelten:

1. Ressourcenverbrauch reduzieren
2. Beschaffung umstellen

Eine zentrale Koordinierungsstelle mit Sitz in Nordrhein-Westfalen, ausgestattet mit hauptamtlichem Personal, bietet heute eine verlässliche Grundstruktur.

Eingebunden in ein Netzwerk mehrerer Bündnispartner von Diakonie und Caritas[100] fungiert die Koordinierungsstelle heute unter anderem als Einkaufsverbund und verhandelt Rahmenverträge mit Lieferanten, beispielsweise für den Papiereinkauf. Die zentrale Informationsplattform der Koordinierungsstelle ist die Homepage www.zukunft-einkaufen.de, die fortlaufend aktualisiert wird. Die regelmäßige Veröffentlichung von Informationen sowohl für Einrichtungen als auch Gemeindemitglieder, eine Bereitstellung von Arbeitshilfen, Fortbildungsangebote oder die Organisation von gemeinsamen Aktionstagen sind ebenfalls Aufgabenbestandteile der Koordinierungsstelle.[101]

Noch im Aufbau befindet sich die Vergabe eines eigenen Siegels.[102]

---

100 Weitere Informationen zu dem Netzwerk finden sich unter http://www.ekd.de/agu/ [Stand: 13.04.2017].

101 Zur Überprüfung des Handlungsbedarfs und für die Ermittlung von Optimierungspotentialen werden den Einrichtungen Checklisten und Arbeitshilfen bereitgestellt. Jährlich erscheint mindestens ein Newsletter, der über aktuelle Entwicklungen berichtet. Die Informationsbroschüre „Ökofairer Konsum geht jeden an" ist mittlerweile in der 4. Auflage erschienen und wird kostenfrei zur Auslage und Weitergabe an Gemeindemitglieder bereitgestellt, um auch dort umweltbewusstes Verhalten anzuregen. Geboten werden regelmäßige Fortbildungsangebote für Einrichtungsmitarbeiter. Die Mitgliedseinrichtungen werden eingeladen, sich an gemeinsamen Aktionstagen zu beteiligen, auf Anregung und Initiative des Nachhaltigkeitsrats der Bundesregierung. Bespiele für Aktionen finden sich auf der Homepage des Rats für Nachhaltige Entwicklung http://www.aktionstage-nachhaltigkeit.de/ [Stand: 11.04.2017].

102 Die derzeit einsehbare Checkliste zur Bestandsaufnahme definiert geforderte Mindeststandards. Erfasst werden sollen sowohl bereits erfüllte Anforderungen als auch

Tab. 13: Zentrale Handlungsfelder der Initiative Zukunft einkaufen. Eigene Darstellung

Zentrale Handlungsfelder der Initiative Zukunft einkaufen		
Relevante Nachhaltigkeitsthemen	**Kurzbeschreibung**	**Vorschläge für Kennzahlen**
Ressourcenverbrauch reduzieren	Sparsame Beleuchtungssysteme	➔ Heizen mit nachwachsenden Rohstoffen
Beschaffung umstellen	Abschluss von Rahmenverträgen mit Lieferanten, z.B. beim Papiereinkauf	➔ umwelt- und gesundheitsschonende Reinigungsmittel ➔ ökofaire Produkte ➔ 100 % recyceltes Papier ➔ Säfte aus regionalem und ökologischem Anbau ➔ Fair gehandelte Schokolade, Kaffee und Tee
Information	Homepage als zentrale Informationsplattform	➔ Bereitstellung von Checklisten und Arbeitshilfen
	Informationen komplexer Zusammenhänge werden auf max. zwei DIN A4 Seiten zusammengefasst und mit fachlich fundierten Hintergrundinformationen anerkannter Institute (z.B. Öko-Institut Freiburg) dargestellt	➔ Jährlicher Newsletter ➔ Bereitstellung einer kostenlosen Broschüre „Ökofairer Konsum geht jeden an" ➔ regelmäßige Fortbildungsangebote für Einrichtungsmitarbeiter ➔ Einladung zur Teilnahme an Aktionstagen ➔ Umweltfreundlicher Druck Gütesiegel Blauer Engel

Entwicklungsziele, die nachvollziehbar darstellen, dass eine Umsetzung weiterer Kriterien in Arbeit ist. Diese schrittweise Herangehensweise bereits auszuzeichnen kann zu einem «sich auf den Weg machen» ermutigen. Eine wertschätzende Anerkennung von Vorhaben dürfte für ein erstzunehmendes Gütesiegel allerdings auf Dauer nicht ausreichen.

Das Beispiel zeigt, dass zivilgesellschaftliches Engagement bewirken kann, innerhalb von wenigen Jahren Strukturen zur Unterstützung nachhaltiger Entwicklung auf Verbandsebene auszuformen, wenn diese Initiative strategisch und auf Dauer angelegt ist und gemeinschaftlich mitgetragen wird. Die Initiative «Zukunft einkaufen» kann für als Vergleichsmöglichkeit und Erfahrungsquelle dienen, welche Mittel und Maßnahmen es braucht, um Nachhaltigkeit im vierten Wirkungskreis zu befördern.

5.2.4 Fünfter Wirkungskreis: Die Welt

Im fünften Wirkungskreis sind die globalen Zusammenhänge der Weltgesellschaft in den Blick zu nehmen. „Das planetarische Bewusstsein, das dem erweiterten Bürgersinn zugrunde liegt, meint die Aufmerksamkeit auf all das, was über das Selbst, das eigene Haus, die eigene Stadt und Region, das eigene Land weit hinausgeht“ (Schmid 2008, S. 119).

Der Wohlstand, in dem die Industrienationen der «Ersten Welt» leben, hat den unschönen Makel, dass dies zulasten der « Dritten Welt» passiert.

Nationale Interessen allein werden zur Verbesserung der Verteilungsgerechtigkeit und zum Erhalt des Planeten nicht reichen. Das bereits aufgezeigte politische Bestreben der Vereinten Nationen, in Transnationalen Abkommen Zusammenhänge zu benennen und Lösungsstrategien zur Bekämpfung insbesondere von Armut (SDG 1) und Hunger (SDG 2), aber auch Gesundheit (SDG 3) und Frieden (SDG 16) zu vereinbaren, sind ein wichtiger Ansatz und Hebel, um diese höchst komplexen Herausforderungen anzugehen.

Die Notwendigkeit zu Handeln auf der fünften Wirkungsebene lässt sich an dieser Stelle nur unterstreichen. Im weiteren Verlauf der Untersuchung wird diese Ebene aber nur noch rahmengebend mitgedacht, ausgehend von der Annahme, dass der Untersuchungsgegenstand eher in den ersten Wirkungskreisen zu verorten ist.

<u>Zusammenfassend sind für das Wirkungsfeld ≥≥Gesellschaft≤≤ zwei Prüfkriterien festzuhalten:</u>

XX. Fünf Wirkungskreise (Mensch, Haus, Stadt und Region, Gesellschaft, Welt)

XXI. Mitmachen und Verantwortung (Zivilgesellschaftliches Engagement)

5.3 Zusammenfassung Teil A) Was es braucht, um Zukunftsfähigkeit zu gestalten

Das Leitmotiv nachhaltige Entwicklung durchdringt Bund, Länder, Kommunen, Kirchen und Bildungseinrichtungen. Gemeinsame, strategisch ausgerichtete Handlungsmuster sind auf mehreren Ebenen erkennbar. Menschen engagieren sich in ihren Wirkungskreisen in der Stadt und Region, am Arbeitsplatz, als Politiker oder im öffentlichen Dienst. Sie tun dies aus einem zivilgesellschaftlichen Verantwortungsbewusstsein heraus, oft auch ehrenamtlich. Es wird weitere Mitgestalter brauchen, um transformative Kräfte entfalten zu können.

Zur Beantwortung der Ausgangsfrage, ob Zukunftsfähigkeit gestaltbar sei, konnten in Teil A) der Untersuchung 21 Indikatoren in fünf Wirkungsfeldern ausgemacht werden, die im Zeitalter des Anthropozäns als Anhaltspunkte dienen können, wie ein jeder im Rahmen seiner Wirkungskreise zur Zukunftsfähigkeit beitragen kann. Die Schlagkraft liegt im ergänzenden Zusammenspiel der politischen, wirtschaftlichen, wissenschaftlichen und zivilgesellschaftlichen Akteure.

Die 21 Indikatoren beanspruchen nicht den Anspruch auf Vollständigkeit, sie sind geprägt von der Eingrenzung des Untersuchungsfeldes auf fünf relevante Wirkungsfelder und die Ausrichtung des Hauptaugenmerks auf strukturelle Zusammenhänge und Hintergründe, insbesondere von Non-Profit-Organisationen (NPO). Diese Schwerpunktlegung erfolgt vor dem Hintergrund des Untersuchungsgegenstands «soziokulturelle Zentren», die in ihrer Grundstruktur als kleine und mittlere Unternehmen (KMU) zu betrachten sind.

Im Rahmen der vorliegenden Arbeit stellen die generierten Kriterien eine Arbeitsgrundlage dar, auf die im weiteren Verlauf aufbauend Bezug genommen werden kann.

In dem jüngst veröffentlichten Sammelband politische Ökologie 148 bringt der gewählte Titel «Zukunftsfähiges Deutschland. Wann wenn nicht jetzt?» die derzeitige Sachlage auf den Punkt. Mit der DNS ist ein Instrument verabschiedet worden, welches die Umsetzung der Agenda 2030-Ziele in Deutschland möglich machen kann. Die Annahme menschlicher Verantwortung und der Entschluss mitzumachen markieren den Startpunkt zukunftsweisender Entwicklung.

Deutschland ist auf einem strategisch angelegten Weg, zukunftsfähiger zu werden, aber (noch) nicht zukunftsfähig. Diese These wird durch die Befunde aus Teil A) bekräftigt. Wie aber sieht es mit der Zukunftsfähigkeit soziokultureller Zentren aus?

Ausgehend von den herausgearbeiteten Indikatoren wird eine wesentliche Frage der weiteren Untersuchung sein, wie sich das Forschungsfeld soziokultureller Zentren in Bezug auf die ermittelten 21 Handlungsansätze zukunftsfähiger Gestaltung darstellt. Wo werden sich bereits bestehende Verbindungen aufzeigen lassen, welche Lücken werden sich offenbaren, welche Entwicklungsansätze lassen sich erschließen?

Teil B) der Untersuchung beschreibt zunächst das Design der Pilotstudie «Zukunftsfähigkeit gestalten!», bevor Teil C) sich dann der zentralen Fragestellung widmet:

Ist Zukunftsfähigkeit (k)ein Thema für soziokulturelle Zentren?

Fünf Wirkungsfelder und 21 Prüfkriterien sind in Teil A) ermittelt worden, die als Prüfraster eine zielgenauere Untersuchung der Zukunftsfähigkeit soziokultureller Zentren erlauben. Die nachfolgende Abbildung fasst alle Ergebnisse noch einmal abschließend zusammen:

Fünf Wirkungsfelder und 21 Prüfkriterien, um Zukunftsfähigkeit zu gestalten
Umwelt

I. Planetarische Leitplanken für die Wirtschaft und den Menschen
II. Eine rahmengebende Zielorientierung (17 SDG)
III. Kennzahlen, die eine Entwicklung nachvollziehbar machen (z.B. GRI)

Politik und Finanzen

IV. Politischer Wille in Deutschland: Nachhaltigkeit ist Leitmotiv (Agenda 2030 und Deutsche Nachhaltigkeitsstrategie)
V. Fünf Anforderungskategorien für KMU mit erweitertem Blick auf NPO (Umwelt, Politik & Finanzen, Strategie, Prozesse, Gesellschaft)
VI. Beratende und begleitende Expertise
VII. Regionale Strukturen und Vernetzung
VIII. Bildungsangebote
IX. Anreize und Auszeichnungen
X. Finanzmittel sind da – Stellschrauben justieren
XI. Konzentration auf neun Handlungsfelder (Mobilität, Ort und Unterkunft, Energieverbrauch und Beleuchtung, Beschaffung von Produkten und Dienstleistungen, Bewirtung, Abfall- und Wassermanagement, Kommunikation, Soziale Aspekte/Charity, Klimaschutz Kompensation)
XII. Leitfäden beinhalten Kurzbeschreibungen von Zielen und Maßnahmen, bieten weiterführende Empfehlungen, sind mitunter bewertet nach Relevanz und Wirksamkeit und nutzen Checklisten

Strategie

XIII. Nutzung neuer Strategietypen mit zukunftsfähiger Ausrichtung

XIV. Einsatz strategischer Planung: Ein zielgerichtetes Gestaltungsinstrument zur langfristigen, planvollen Steuerung von Betrieben unter Berücksichtigung der Prinzipien: Vermeiden von Schwächen/Aufbau von Stärken, Konzentration der Kräfte, Optimierung der Ressourcenbasis und einer Fokussierung auf neue Strategietypen mit zukunftsfähiger Ausrichtung sowie eines systematischen Durchdenkens und Festlegens von Zielen, Maßnahmen und Mitteln

XV. Anwendung eines strategischen Managementsystems mit nachhaltiger Stoßrichtung

Prozesse

XVI. Change Management unterscheidet Wandel erster Ordnung (Kurskorrekturen) und Wandel zweiter Ordnung (Transformationen)

XVII. Stufenweises Vorgehen mit dem PDCA-Zyklus

XVIII. Don'ts: Fehlender Realismus, die Überschätzung der technokratischen Steuerbarkeit, die Vorgabe von Lösungen sowie mangelnde Methodenkompetenz als auch fehlende externe Beratung können Ursachen für das Scheitern von Prozessen sein.

XIX. Dos: Realitätssinn, Kommunikationsfähigkeit, Dialogbereitschaft, Beteiligung und Wir-Leistung, Neudefinition von Zielen, Geduld und Zeit, eine klare Haltung, verantwortungsbewusstes Verhalten sowie das Handeln in Bescheidenheit und Demut sind bei großen Vorhaben wie Transformationsprozessen hilfreiche Tugenden.
Entschlusskraft und Leadership, ausgerichtet auf zukunftsweisende Strategietypen, können bei der Gestaltung von Transformationsprozessen unterstützend wirken.
Gesellschaft

XX. Fünf Wirkungskreise (Mensch, Haus, Stadt und Region, Gesellschaft, Welt)

XXI. Mitmachen und Verantwortung (Zivilgesellschaftliches Engagement)

Abb. 10: Fünf Wirkungsfelder und 21 Prüfkriterien, um Zukunftsfähigkeit zu gestalten. Eigene Darstellung.

Teil B) Design der Pilotstudie Zukunftsfähigkeit gestalten!

6 Forschungsdesign Pilotstudie «Zukunftsfähigkeit gestalten!»

Zur Generierung von Primärdaten und Informationen aus dem Forschungsfeld soziokulturelle Zentren ist im Rahmen der vorliegenden Dissertation eine Pilotstudie «Zukunftsfähigkeit gestalten!» initiiert worden, die nach eineinhalbjähriger Vorbereitung im Zeitraum April 2016 bis September 2017 umgesetzt wurde.

Das gewählte Forschungsdesign der Studie berücksichtigt die Grundkomponenten qualitativer Forschung, die Flick wie folgt zusammenfasst:

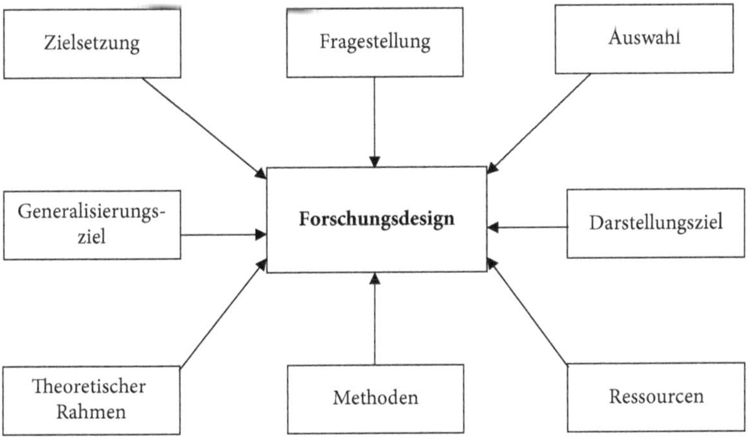

Abb. 11: Komponenten von Forschungsdesigns. (Flick 2014, S. 177).

Ausgangslage ist ein Blick auf den Untersuchungsgegenstand und den aktuellen Forschungsstand, aus dem sich die Notwendigkeit der Feldforschung ableitet. Es folgt eine kurze theoretische Rahmung der wissenschaftlichen Vorgehensweise verbunden mit dem Hinweis auf Kapitel sieben, wo das gewählte methodische Rüstzeug der Studie im Einzelnen beschrieben wird. Ausgehend von der Forschungsfrage, wie es bei soziokulturellen Zentren um nachhaltige Strukturen bestellt ist, erfolgt eine Eingrenzung des Forschungsfeldes:

Einerseits durch die Konzentration auf Untersuchungsteilnehmer aus Hessen und Nordrhein-Westfalen, andererseits durch die Anwendung des in Teil A) ermittelten Kategoriensystems. Unter dem Oberbegriff «Zukunftsfähigkeit» sind dort fünf Wirkungsfelder zukunftsfähiger Entwicklung (Umwelt, Politik & Finanzen, Strategie, Prozesse und Gesellschaft) sowie 21 Kriterien mit hoher Themenrelevanz zusammengetragen worden, die der vorgenommenen Feldforschung Bezugspunkte und Kontextanalysehilfen bieten.

Die Rolle des Forschenden im Zusammenhang mit der vorgenommenen Studie ist in diesem Kapitel ebenfalls kritisch zu beleuchten.

Das Forschungsvorhaben geht der Frage nach, ob sich aus der Untersuchung Erkenntnisse und Handlungsansätze ableiten lassen, die eine Zukunftsfähigkeit soziokultureller Zentren befördern können. Im Hinblick auf die Formulierung von Generalisierungszielen sei an dieser Stelle auf die beabsichtigte Bündelung relevanter Erkenntnisse in Teil D) der Dissertation verwiesen.

6.1 Soziokulturelle Zentren in Deutschland: Wurzeln, Sprossen und Triebe

Die Entstehungsgeschichte der soziokulturellen Bewegung ist eng mit Hilmar Hoffmann und Hermann Glaser verbunden: Als „Alternative Kultur" (Hoffmann 1981, S. 29) umschreibt der frühere Frankfurter Kulturdezernent Hilmar Hoffmann[103] Anfang der 70er den aufbegehrenden Gegenentwurf zur bislang vorherrschenden Hochkultur. Hoffmann ist mit seiner Utopie «Kultur für alle» als ein gedanklicher Vater der soziokulturellen Geburtsstunde anzuführen.

Im selben Atemzug sind Hermann Glasers Wortschöpfungen «Bürgerrecht Kultur» und «Soziokultur» sowie die wortgewandte Gestaltungskraft des Publizisten zu nennen, der die Perspektiven und Modelle der Neuen Kulturpolitik mit seinen Schriften[104] gemeinsam mit Karl-Heinz Stahl entscheidend prägt.

„Für Hermann Glaser war das Präfix ‚Sozio' stets eine Hilfskonstruktion, die solange gültig sein sollte, wie der affirmative und damit die gesellschaftlichen

---

103 Der Sozialdemokrat Hilmar Hoffmann war vor seiner zwanzigjährigen Amtszeit in Frankfurt (1970–1990), wo er unter anderem das erste kommunale Kino in Deutschland gründete und sich für die freie Kulturszene einsetzte, fünf Jahre Sozial- und Kulturdezernent in Oberhausen.

104 Vgl. gleichnamige Veröffentlichung, die neun Jahre nach seinem Buch «Die Wiedergewinnung des Ästhetischen. Perspektiven und Modelle einer neuen Soziokultur in einer Neuauflage» erschien (vgl. Glaser und Stahl 1983).

Verhältnisse nicht berücksichtigende Kulturbegriff vorherrschend sei" (Sievers 2015, S. 9).

Eine wesentliche Gestaltungsform der Neuen Kulturpolitik sind soziokulturelle Zentren. Hier verorten sich die Forderungen nach Kulturangeboten für ein breites Bevölkerungsspektrum zu bezahlbaren Preisen, hier finden neue Ausdrucksformen eine Probebühne, hier spiegelt sich in der Besucher- und Nutzerstruktur die gesamte Bandbreite der Gesellschaft[105] wieder – je nach Ort und Entwicklung der einzelnen Zentren mit unterschiedlicher Ausprägung.

Gerade um Kulturangebote für einkommensschwache Gruppen geht es Hilmar Hoffmann: „Jeder Bürger muss grundsätzlich in die Lage versetzt werden, Angebote in allen Sparten und mit allen Spezialisierungsgraden wahrzunehmen und zwar mit einem zeitlichen Aufwand und einer finanziellen Belastung, die so bemessen sein muss, dass keine einkommensspezifischen Schranken aufgerichtet werden" (Hoffmann 1981, S. 29). So ist es nicht verwunderlich, dass soziokulturelle Zentren seit ihrem Bestehen einen besonderen Fokus auf die Ansprache junger, finanzarmer Zielgruppen legen und durch die Bereitstellung von Versuchs- und Experimentierraum für neue, spartenübergreifende Kultur-, Kunst- und Ausdrucksformen als Wiege kultureller Bildung gelten.

Die einhelligen Rufe nach einer gesellschaftsorientierten Neuen Kulturpolitik finden Anfang der 1970er Jahre bundesweit Gehör und politische Mitstreiter, mitunter auch durch den damaligen Bundestagspräsidenten Walter Scheel, der nicht nur durch die Aushandlung eines Rahmenvertrages mit dem Auswärtigen Amt die Grundlage für eine gesicherte Zukunft der Goethe-Institute als Kulturmittler legte, sondern auch im Sinne eines erweiterten Kulturbegriffs innenpolitisch neue kulturelle Zugänge befürwortete: „Kultur ist kein Privileg mehr für wenige, sondern ein Angebot für alle. Wir dürfen nicht in Ehrfurcht vor Dürer, Bach und Beethoven sitzen bleiben; wir müssen Interesse aufbringen für brennende Fragen der Gegenwart, darunter Erwachsenenbildung, Bildungshilfe, Schulreformen, Umweltprobleme" (Scheel 1971, S. 86).

Die Suche nach neuen Lebensformen als auch die Selbstbestimmung eines neuen, kulturellen Selbstverständnisses sind als zentrale Treiber für die Entstehung der soziokulturellen Szene zu betrachten, die im Zuge der Neuen

105 Die Gesellschaft wird »älter – bunter – weniger« (»älter – bunter – weniger« Die demografische Herausforderung an die Kultur 2006) und ärmer, insbesondere was die Altersarmut und die ungleich größer werdende Kluft zwischen Arm und Reich betrifft: „Die großen Vermögen werden also immer größer, die Kluft zwischen Arm und Reich wächst. An Pikettys These kam 2014 niemand vorbei" (Oberhuber 2014).

Kulturpolitik die kulturelle Identität, die DNA von Gesellschaftsteilen, bis heute prägen. Aus der Innenansicht heraus betrachtet sind die Akteure die treibende Kraft.

„Anfang der 70er Jahre entstanden die ersten soziokulturellen Zentren im Zusammenhang mit den neuen sozialen Bewegungen. Sie wurden gegründet als Selbstverwaltete Kommunikationszentren, Kulturläden oder Bürgerhäuser, vielfach gegen den politischen Widerstand von Parteien und Kommunalverwaltungen. [...] In ihrer Entstehungsphase wollten soziokulturelle Zentren Modell sein für andere gesellschaftliche Arbeits- und Lebensformen. Ihr Selbstverständnis fand Ausdruck in Begriffen wie „Alternativkultur", „Gegenkultur" und „Gegenöffentlichkeit" zum bürgerlichen Kunstbetrieb" (Bundesvereinigung Soziokultureller Zentren: Definition soziokulturelles Zentrum 2016).

Primärer Gegenstand der vorliegenden Untersuchung sind die Strukturen soziokultureller Zentren und die Akteure, die diese gestalten. Dies beruht auf der Annahme, dass die gestalteten Angebote und bestehenden Strukturen Nutzergruppen sozialisieren, die Zentren demnach also Einfluss auf die kulturelle Identität einer Gesellschaft nehmen und diese prägen. Sowohl die bestehenden Strukturen, das Selbstverständnis der Akteure, die vermittelten Haltungen als auch die angewandten Methoden scheinen als Untersuchungsfeld einer Studie, die sich mit gesellschaftlichem Wandel und Transformationsprozessen befasst, durchaus ertragreich. Einzugrenzen ist, dass diese Arbeit auf die Methodik der Soziokultur nicht vertiefend eingehen wird.[106]

Wie stellt sich der Ist- und Entwicklungsstand soziokultureller Zentren heute dar?

Soziokulturelle Akteure leisten seit über 40 Jahren eine vielschichtige Kulturarbeit, deren Ausrichtung und Angebotsstruktur wie kaum eine andere Kulturinstitution geprägt ist von gesellschaftlichen Bedürfnissen, der Anpassung an regionale und lokale Anforderungen und veränderten Zielgruppen. Die vorherrschend freie Trägerschaft dürfte für die Ausgestaltung der Angebote hinsichtlich einer erforderlichen Flexibilität dienlich sein, „denn auf diese Weise erhält sich der Betrieb „soziokulturelles Zentrum" ein hohes Maß an Selbstorganisation" (ebenda).

„Heute sind soziokulturelle Zentren – unabhängig von veränderten gesellschaftlichen Ansprüchen, individuellen Standortwechseln und plakativen

---

106 Praxisformeln wie kulturelle Teilhabe, kulturelle Bildung und bürgerschaftliches Engagement werden nur punktuell in den Blick genommen, insbesondere im Zusammenhang mit der Ausformung von Nachhaltigkeitskultur.

Begrifflichkeiten – integraler Bestandteil der Kulturlandschaft in Ost und West. Sie bieten ihrem Publikum ein genreübergreifendes und lebensraumnahes „365-Tage"-Veranstaltungsprogramm, leisten einen Beitrag zur Förderung des künstlerischen Nachwuchses in den Sparten Theater, Musik, Literatur, Film und bildender Kunst und ermöglichen breiten Bevölkerungsschichten die aktive Teilhabe am kulturellen und politischen Leben" (ebenda).

Anerkennend äußert die Enquete-Kommission in ihrem Bericht: „Heute sind soziokulturelle Zentren ein fester Bestandteil der kulturellen Infrastruktur in Deutschland" (Deutscher Bundestag 2008, S. 133).

Die Handlungsempfehlungen der Kommission an die Länder und Kommunen, „soziokulturelle Zentren als eigenständigen Förderbereich in der Kulturpolitik zu identifizieren, zu institutionalisieren und weiterzuentwickeln" (ebenda, S. 137), werden von dem Dachverband der Zentren, der Bundesvereinigung Soziokultureller Zentren, in einer Stellungnahme als uneingeschränkt sinnvoll bewertet.

Es kann als zutreffend gelten, dass die Gestaltung des Generationswechsels eine Herausforderung soziokultureller Zentren darstellt (vgl. Blumenreich 2017), die von Bund und Ländern mit spezifischen Programmen und einer Kooperation von Hochschulen und soziokulturellen Zentren zur Weiterentwicklung der Studiengänge in den Kulturwissenschaften zu unterstützen wäre (vgl. Handlungsempfehlungen zwei und drei der Enquete-Kommission).

Im Hinblick auf eine zukunftsfähige Ausrichtung kann als durchaus förderlich erachtet werden, die Zusammenarbeit mit Ganztagsschulen aktiv zu fördern (Empfehlung vier für den Zuständigkeitsbereich der Länder), die Arbeit der Bundesvereinigung institutionell zu stützen (Empfehlung fünf, gerichtet an den Bund) und die Mittel des Fonds Soziokultur um mindestens 25 % zu erhöhen (Empfehlung sechs, adressiert an die Bundesregierung) (vgl. Deutscher Bundestag 2008, S. 137).

Leider bleibt bei über 500 Förderempfehlungen, die von der Kommission im Enquete-Bericht benannt wurden, die kritische Frage der Schwerpunktsetzung. Eine Priorisierung wird den Entscheidungsträgern überlassen, was wiederum zu der Annahme verleitet, dass es weiterhin erforderlich sein wird, für die Identifizierung eines eigenständigen Förderbereiches wesentliche Förderkriterien zu benennen, um auf der Grundlage einer eindeutigen Verortung der Handlungsfelder weitere Entwicklungsschritte angehen zu können. Es wird Bestandteil der Untersuchung sein, auszukundschaften, welche Themenschwerpunkte die Teilnehmer der Studie «Zukunftsfähigkeit gestalten!» für ihre Zentren lokalisieren und welche Vereinbarungen die Akteure zur institutionellen Sicherung der Betriebe mit den kulturpolitischen Entscheidungsträgern möglicherweise schon getroffen haben. Zu hinterfragen wäre, ob es der Handlungskraft einzelner obliegt, die Handlungsempfehlungen der Enquete-Kommission lokal voranzutreiben und welche Beiträge die Verbände auf Landes- und Bundesebene beisteuern können, den im Rahmen des Zukunftskongresses in Nordrhein-Westfalen 2015 geäußerten Wunsch der Weiterentwicklung zu befördern (vgl. These drei Hegemann, Lukas/Brackmann, J. 2015, S. 1).

Bundesweite Orientierungshilfen und empirische Vergleichswerte typischer Aufgabenfelder und Leistungen soziokultureller Zentren bietet insbesondere die Befragung der Bundesvereinigung Soziokultureller Zentren e.V. In Teil C) wird eine Auswahl aktueller Kennwerte der Zentren schlaglichtartig zusammengefasst. Diese Fakten helfen, die eigenen Befunde der Ausschnittbetrachtung in einen größeren Zusammenhang einordnen zu können. Zudem beruht die Entwicklung des eigenen Erhebungsbogens auf einer Analyse der Fragestellungen und Erhebungsbereiche der Bundesstatistik, da bei dem Design des Forschungsvorhabens deutlich wurde, dass im Hinblick auf Wirkungsfelder nachhaltigen Wirtschaftens wesentliche Fragestellungen dort bisher noch nicht erfasst werden.

6.2 Forschungsstand, Problemfeld, Forschungsfragen, Zielsetzung

Empirisch belegte Forschungsstudien zur Ausgestaltung nachhaltiger Strukturen soziokultureller Zentren liegen derzeit noch nicht vor.

Beiträge zu ausgewählten Grundlagen und strategischen Perspektiven nachhaltiger Entwicklung in Kulturmanagement und Kulturpolitik haben die Autoren Föhl, Glogner-Pilz, Lutz und Pröbstle im Jahr 2011 vorgelegt. Das Autorenteam wählt als Leitbild des Sammelbands die Formulierung «Grundorientierung Zukunft» und konstatiert in der Einführung, „dass die Umsetzung bzw. Operationalisierung des Leitbildes „nachhaltige Entwicklung“ in der Praxis überwiegend nur langsam voranschreitet“ (Föhl et al. 2011, S. 9).

Dies betreffe insbesondere eine kaum erkennbare Veränderung von gesellschaftlichen Verhaltensweisen, was angesichts des rasant voranschreitenden Klimawandels eine erstaunliche Tatsache darstelle (vgl. ebenda).

Die Autoren äußern die Vermutung, dass dies u.a. an fehlenden Kommunikations- und Übersetzungsmitteln liege. Die vorliegende Untersuchung beabsichtigt über die Verortung der Verantwortung in den Wirkungsfeldern der Menschen, das Thema nachhaltige Entwicklung in die Einflussbereiche soziokultureller Akteure zu transportieren, ausgehend von der Fragestellung: Welche zukunftsweisenden Wege können aus eigener Kraft heraus gestaltet werden?

Armin Kleins Lehrbuch «Der exzellente Kulturbetrieb» ist als weiteres Grundlagenwerk für eine nachhaltige Ausrichtung von Kulturbetrieben zu benennen. Bereits in der Erstauflage der Monographie 2007 weist Klein auf das fehlende Bewusstsein der Kulturakteure für nachhaltiges Handeln hin: „Der Begriff der Nachhaltigkeit [...] muss für den Kulturbetrieb ganz offensichtlich erst noch entdeckt werden – und zwar in allen seinen Konsequenzen!" (Klein 2007, S. 11).

Diese Erkenntnis hat auch nach 10 Jahren nichts an Aussagekraft und Aktualität verloren: Eine grundlegende Verhaltensänderung ist im gesamtdeutschen Kulturbetrieb auch im Jahr 2017 nicht feststellbar. Klein benennt als Grundbausteine: „Eine ausgearbeitete Mission und Vision [und] ein ausgearbeitetes strategisches Leitbild sind somit die wesentlichen Grundelemente eines zukunftsorientierten Kulturbetriebs" (Klein 2011, S. 69).

Als perspektiverweiternd, insbesondere zur begrifflichen Weite der Nachhaltigkeit, können die „Erkundungen über Mensch, Natur und Wachstum aus kulturpolitischem Anlass" (Rydzy und Griefahn 2014) betrachtet werden, auch vor dem Hintergrund, da sich Monika Griefhahn bereits seit 2002 (anfänglich noch gemeinsam mit Hildegard Kurt und Bernd Wagner) zum Thema Nachhaltigkeit in der Kulturpolitik und Soziokultur äußert. Die Autoren bringen unter anderem auch das Prinzip «Cradle-to-Cradle» (vgl. Rydzy und Griefahn 2014, S. 126) in den Diskurs ein, welches von Michael Braungart und William McDonough entwickelt und 2002 publiziert worden ist. Das Konzept zielt auf eine konsequente Öko-Effektivität bei der Produktion von Waren und Gütern und ist als Strategietyp mit Zukunftspotential zu betrachten.

Das Institut für Kulturpolitik in Hildesheim trägt in mehrfacher Hinsicht mit wissenschaftlichen Beiträgen und Untersuchungen zum Vermessen des weiten Feldes soziokultureller Arbeit bei, insbesondere im ländlichen Raum. So beinhaltet das 2013 verfasste Kulturentwicklungskonzept für das Peiner Land fünf Handlungsfelder[107] mit insgesamt 40 Handlungsempfehlungen und einem Kulturleitbild, welches durch gemeinsame Zielsetzungen eine vielfältige «Kultur vor Ort» sichtbar machen und kulturpolitisch befördern möchte. Auch wenn die einzelnen Ziele auf die spezifischen Anforderungen des Peiner Landes zugeschnitten sind, so ist doch die gewählte methodische Vorgehensweise durchaus mit der Pilotstudie zur Zukunftsfähigkeit soziokultureller Zentren vergleichbar. Auch die vorliegende Arbeit strebt an, zentrumsübergreifende

107 1. Kulturpolitik interkommunal gestalten, 2. Kultur professionalisieren, 3. Kultur finanzieren, 4. Kulturakteure vernetzen, 5. Kultur bekannt machen (vgl. Fink, Tobias/ Götzky, Doreen 2013, S. 6–7).

Ziele nachhaltiger Entwicklung zu generieren, diese in gemeinsamen Leitsätzen zu bündeln und Akteuren sowie kulturpolitischen Entscheidungsträgern Handlungsempfehlungen getreu dem Motto „In die Zukunft mit Kultur!" (Fink, Tobias/Götzky, Doreen 2013, S. 11) zur Verfügung zu stellen. Auch Beate Kegler widmet sich im Rahmen eines Promotionsvorhabens der «Soziokultur in ländlichen Räumen». Auszüge der Arbeit präsentiert sie erstmals 2015 im Rahmen der Tagung Update?! in Berlin. Sie reflektiert Projekte des Förderprogramms sozioK der Stiftung Niedersachsen. Die vorgestellten Erkenntnisse beziehen sich erwartungsgemäß auf Befunde im ländlichen Raum Niedersachsens, die für die vorliegende Untersuchung nachhaltiger Strukturen soziokultureller Zentren in Städten[108] wenig Anknüpfungspunkte bieten.

Deutlich wird: Qualitative Studien des Instituts für Kulturpolitik der Universität Hildesheim können mit wissenschaftlich fundierten Handlungsempfehlungen unterstützend dazu beitragen, Kulturplanung zu gestalten sowie Entwicklungsprozesse und zukunftsweisende Wege aufzuzeigen, beispielsweise in Form eines Gutachtens zur Zukunft der Bundesmusikförderung.[109]

Bereits abgeschlossen ist eine ebenfalls in Hildesheim entstandene Erörterung zu Programm- und Praxisformen der Soziokultur von Tobias J. Knoblich. In seiner Disputation vertritt er 2016 die These, dass „Vielfalt, nicht umfassend messbare Wirkungsgrade und andere Kontextfaktoren eine valide Bilanz des Feldes[110]" (Knoblich 2016b, S. 1) vereiteln.

Bei der Standortbestimmung soziokultureller Zentren zeigen sich gravierende Lücken, der Diskurs über Qualitätskriterien und eine zielgenaue Förderpolitik der Kultursparte Soziokultur hat bundesweit noch zu keinem einvernehmlichen Konsens geführt. Eigene Wege geht in diesem Zusammenhang der Landesverband Soziokultur Sachsen. Unter Mitwirkung von Knoblich[111] ist 2007 in Sachsen der bundesweit erste Kriterienkatalog Soziokultur veröffentlicht worden. Basierend auf den ermittelten Fakten einer Bestandsaufnahme[112] liegt der

---

108 Sieben von zehn untersuchten Zentren sind in Städten mit über 120.000 Einwohnern verortet (vgl. Befunde Phase 2, Ordner 2.3.2 2017, S. 10).

109 Patrick D. Föhl und Doreen Götzky haben 2013 im Auftrag der Friedrich-Ebert-Stiftung ein Gutachten zur Zukunft der Bundesmusikförderung erstellt, welches auf der Basis theoretischer und empirischer Grundlagen eine Verfahrenskonzeption in Form eines Fünf-Stufen-Modells zur Optimierung der Fördermittelvergabe vorlegt.

110 Bezug nehmend auf Institutionen und Projekte im Bereich Soziokultur.

111 Zu diesem Zeitpunkt noch Geschäftsführer des Landesverbandes Soziokultur Sachsen e.V.

112 Die im Zeitraum Mai 2011 bis Juni 2012 durchgeführte Untersuchung basiert auf einer statistischen Onlinebefragung, eingeflossen sind zudem Interview-Ergebnisse

Kriterienkatalog seit 2013 in einer fortgeschriebenen Form vor. Die Bestandsaufnahme untersucht die Organisationsstruktur, Mitarbeiter- und Besucherstruktur, beschreibt Arbeitsbereiche, Kooperationen und das Selbstbild der Akteure (vgl. Landesverband Soziokultur Sachsen 2013, Inhaltsverzeichnis). Der Kriterienkatalog bezieht sich auf rahmengebende Merkmale soziokultureller Zentren und soziokultureller Projekte und formuliert unter anderem „strukturelle Voraussetzungen, wie etwa eine Basisförderung" (ebenda, S. 7).

Mit Blick auf das eingegrenzte Untersuchungsfeld Hessen und Nordrhein-Westfalen wird auf die Befunde aus Sachsen in dieser Arbeit nicht weiter Bezug genommen, eine vergleichende Analyse der *Konstruktvalidität* dürfte aber durchaus spannend sein, insbesondere, da es sich um valide Aussagen zur Struktur soziokultureller Zentren handelt.

Ebendiese sollte auch Untersuchungsbestandteil eines Forschungsvorhabens der drei Landesarbeitsgemeinschaften Niedersachsen, Thüringen und Baden-Württemberg sein. Die Initiative startet 2014 mit dem Anspruch, interdisziplinär zu forschen. Die Forschungsfrage lautet: „Wie kann sich Soziokultur aufstellen, um den zu erwartenden gesellschaftlichen Herausforderungen (…) auch im Jahr 2030 aktiv begegnen zu können?" (LAGS Niedersachsen, LAG Soziokultur Thüringen, LAKS Baden-Württemberg, Institut für Kulturpolitik der Kulturpolitischen Gesellschaft 2016, S. 6). Untersucht werden sollen die Akteure, Konzepte, Strukturen und die Finanzierung. Das Besondere an dem Vorhaben sei, so die Initiatoren, „nicht nur wissenschaftlich, sondern auch mit künstlerischen Mitteln und durch künstlerische Prozesse zu erforschen" (ebenda).

Fünf Projektideen[113] sind im Jahr 2015 ausgewählt worden, die in das Forschungsprojekt «Weiterdenken. Soziokultur 2030» einbezogen werden sollten, vorbehaltlich einer Finanzierung des Vorhabens mit Bundesmitteln des Ministeriums für Forschung und Entwicklung, die bis heute nicht erfolgte.[114]

---

mit Geschäftsführern sowie eine Dokumentenanalyse. Insgesamt 48 soziokulturelle Zentren aus Sachsen haben an der Bestandsaufnahme teilgenommen (vgl. Landesverband Soziokultur Sachsen 2013, S. 37).

113 Einem bundesweiten Aufruf folgend sind insgesamt 131 Bewerbungen eingegangen, von denen eine Jury 14 Konzepte ausgewählt hat, die im Rahmen eines Symposiums am 25. und 26.11.2015 im Pavillon Hannover vorgestellt und diskutiert wurden.

114 Und dies, obwohl das Bundesministerium für Bildung und Forschung 2009 mit dem Forschungsprogramm „Forschung für nachhaltige Entwicklungen" dazu aufruft, Forschungsvorhaben zur Gestaltung zukunftsweisender Wege einzureichen. In einem Bericht der Hannoverschen Allgemeinen Zeitung über das Symposium deutete sich allerdings schon an, „dass es mit der finanziellen Ausstattung wohl nicht so toll aussieht" (LAGS Niedersachsen, LAG Soziokultur Thüringen, LAKS

Auf Landesebene realisiert wurden im Jahr 2015 gleich zwei Tagungen zum Thema Zukunft: die LAG Soziokultur NW veranstaltete am 06. und 07. März 2015 im ZAKK in Düsseldorf einen Zukunftskongress «Soziokultur Vorwärts und wohin!».

Die Stiftung Niedersachsen lädt in Kooperation mit der Kulturpolitischen Gesellschaft und der LAG Soziokultur Niedersachsen am 12. März 2015 zu einer Tagung «Update?! – Soziokultur heute und morgen» in die Niedersächsische Landesvertretung nach Berlin. Vorgestellt wird dort auch das umfangreiche «Handbuch Soziokultur».

In dieser Untersuchung kritisch analysiert werden der Zukunftskongress in Nordrhein-Westfalen und die begleitenden Veröffentlichungen, insbesondere im Hinblick auf Fragestellungen nachhaltiger Entwicklung. Die Teilnahme an der Tagung Update sowie das Handbuch Soziokultur dienen dieser Studie eher als Hintergrundinformationen.

Die vorgenannten Befunde und Aktivitäten können als Indiz dafür gewertet werden, dass soziokulturelle Akteure ein Interesse an Fragen zukünftiger Ausrichtung haben. Dies scheint nicht verwunderlich, da die bereits in Teil A) erörterten sozial-gesellschaftlichen Umbrüche oder auch zunehmenden Anforderungen an eine ökologisch verantwortungsbewusste Betriebsführung viele Zentren vor enorme Herausforderungen stellen dürften.

Die Pilotstudie «Zukunftsfähigkeit gestalten!» folgt dem erkenntnisleitenden Interesse, Handlungsansätze aufzuspüren, wie soziokulturelle Zentren sich drängenden Fragen nachhaltiger Entwicklung stellen. Die in Teil A) der Arbeit ermittelten 21 Indikatoren werden zur Überprüfung des Untersuchungsgegenstands herangezogen. Es wird zu fragen sein, wie sich soziokulturelle Zentren den Prüfkriterien gegenüber verhalten und inwiefern es möglich scheint, aus den ermittelten Befunden Gestaltungsvorschläge und Orientierungshilfen zur nachhaltigen Strukturoptimierung und zukunftsweisenden Ausrichtung soziokultureller Zentren zu generieren. Dies ist zugleich ein zentrales Zielvorhaben der vorliegenden Untersuchung, verbunden mit dem Anspruch, Erkenntnisse zu formulieren, die möglichst auch für weitere Einrichtungen anzuwenden sind. Wird es Übereinstimmungen bei den Befunden geben, die eine Übertragbarkeit zulassen?

Baden-Württemberg, Institut für Kulturpolitik der Kulturpolitischen Gesellschaft 2016, S. 80). Gehalt und wissenschaftliche Aussagekraft des Pilotprojektes sind durchaus kritisch zu sehen. Ohne nähere Hintergründe für die Ablehnung der Forschungsstudie zu kennen, bleibt fraglich, ob der gewählte künstlerische Schwerpunkt zur Untersuchung von Finanzen und Strukturen der methodisch passende Ansatz ist.

Angenommen wird, dass sehr viele Einrichtungen mit Fragen der Finanzierung befasst sind (Indikator X). Da auch soziokulturelle Zentren vor erheblichen Herausforderungen des Wandels stehen, sollten auch strategische Stoßrichtungen (Indikator XIII) sowie Change-Managementprozesse (Indikatoren XVI und XVII) von hoher Relevanz sein. Mit Blick auf die Wirkungskreise der Menschen (Indikator XX) dürfte deutlich geworden sein, dass im direkten Einflussbereich der Akteure zahlreiche gemeinsame Handlungsoptionen mit vermutlich hohem Optimierungspotential zu benennen sind, insbesondere in den neun ermittelten Handlungsfeldern Mobilität, Ort und Unterkunft, Energieverbrauch und Beleuchtung, Beschaffung von Produkten und Dienstleistungen, Bewirtung, Abfall-und Wassermanagement, Kommunikation, Soziale Aspekte/Charity, Klimaschutz Kompensation (Indikator XI).

Ebenso ist davon auszugehen, dass sehr viele Einrichtungen mit der Positionierung und Vernetzung ihrer Arbeit, in unterschiedlichster Ausprägung, befasst sind (Indikator VII).

Schließlich wird auch zu befinden sein, inwiefern sich die Aktivitäten, Angebote und Leistungen der soziokulturellen Zentren in eine rahmengebende Zielorientierung (Indikator II) einbinden lassen, im Kontext planetarer Leitplanken (Indikator I).

6.3 Methodenwahl: qualitative Sozialforschung zur Datenerhebung und qualitative Inhaltsanalyse zur Datenauswertung

Die Auswahl einer Methode hängt von dem Untersuchungsgegenstand und dem beabsichtigten Ziel einer Studie ab. Die vorliegende Arbeit möchte in Form einer Pilotstudie Wissen aus der soziokulturellen Theorie und Praxis generieren, die Erkenntnisse eingrenzen, das erfasste Wissen bündeln und Handlungsansätze für eine zukunftsfähige Ausrichtung soziokultureller Zentren veranschaulichen. Dies bedarf einer systematischen, ineinandergreifenden Vorgehensweise. Qualitative Forschungsmethoden haben sich für das Design von empirischen Pilotstudien bewährt. Entsprechend bedient sich die vorliegende Untersuchung der Methoden der *qualitativen Sozialforschung* (vgl. Flick 2014, S. 9) und *qualitativen Inhaltsanalyse* (vgl. Mayring 1993, S. 1).

Die zunächst erforderliche Datengewinnung stützt sich auf Methoden ***qualitativer Sozialforschung***, die eine praxisnahe Erforschung des soziokulturellen Feldes mit klar definierten wissenschaftlichen Standards bieten. Grundsätzlich gilt: „Messungen sollen möglichst *objektiv*, *zuverlässig* und *gültig* sein" (Diekmann 2017, S. 247). An diesen Gütekriterien qualitativer Sozialforschung haben sich die Methoden zu messen, so auch die *Befragung*, die in der Häufigkeit der Anwendung den höchsten Stellenwert in der Sozialforschung hat (vgl. ebenda, S. 435). Zulässig sind auch Mischformen mit „teilweise standardisierten und einigen weniger hochstrukturierten Fragen. So können in strukturierten Interviews zusätzlich offene Fragen (ohne Antwortvorgaben) berücksichtigt werden. In offenen Interviews kann zur Ergänzung ein strukturierter Fragebogen (…) vorgelegt werden" (ebenda, S. 438). Zur Ermittlung von Primärdaten werden in dieser Untersuchung *Fragebögen* zur Bestandserhebung der Gegenstände sowie *leitfadengestützte, teilstandardisierte Interviews* mit aktiven Experten und externen Fachleuten genutzt. Aus den verschiedenen Typen von Fragestellungen ist eine Auswahl getroffen worden, gefragt wird u.a. nach Strukturen, Handlungen, Häufigkeiten, Prozessentwicklungen oder Strategien der Beteiligten (vgl. Flick 2014, S. 138).

Ein weiteres Instrument qualitativer Sozialforschung ist die *teilnehmende Beobachtung*. Diese Methode findet bei der Teilnahme an Tagungen und Workshops Anwendung. Kritisch zu betrachten ist hier das Dilemma zwischen der Teilhabe am Feld und der Wahrung wissenschaftlicher Distanz (vgl. ebenda, S. 294), denn der Grad der Objektivität eines Messinstruments steht in einem unmittelbaren Zusammenhang mit der jeweiligen Person, die das Messinstrument anwendet (vgl. Diekmann 2017, S. 249). Die selektive Wahrnehmung des Forschenden schränkt die Zuverlässigkeit und Gültigkeit der Befunde ein. Zur Wahrung der wissenschaftlichen Qualität dient das Instrument der teilnehmenden Beobachtung in dieser Untersuchung primär der Generierung von Hintergrundinformationen.

Im Rahmen eines Zukunftsworkshops werden mit der Methode der *Gruppendiskussion* weitere Erkenntnisse generiert. „Bei der Auswertung der Daten ergeben sich häufig Probleme, (…) auch wegen der Schwierigkeit, Meinungen und Sichtweisen des einzelnen Gruppenmitglieds (…) auszumachen" (Flick 2014, S. 259). Um dieser Problematik vorzubeugen, wird der zweitägige Workshop aufgezeichnet und in zwei Protokollen ausführlich dokumentiert.

Ergänzt werden die Befunde mit der Analyse von Sekundärliteratur wie beispielsweise statistischen Erhebungen der Bundesvereinigung oder gesetzlichen Rahmungen wie dem Kulturfördergesetz NRW.

Die anschließend vorzunehmende Datenauswertung basiert auf Techniken der ***qualitativen Inhaltsanalyse***. Mayring definiert Spezifika und Merkmale sozialwissenschaftlicher Inhaltsanalyse, er empfiehlt eine systematische Vorgehensweise bei der Analyse sowie ein regel- und theoriegeleitetes Vorgehen mit dem Ziel, Rückschlüsse auf bestimmte Aspekte ziehen zu können (vgl. Mayring 1993, S. 12–13). Als zentrale Grundvoraussetzungen betrachtet er eine vorangestellte Fragestellung, eine Begriffs- und Kategorienfindung sowie die Nennung des Analyseinstrumentariums, welches zur Anwendung kommen soll. Bestandteil der qualitativen Analyse sind zudem ein Rückbezug der Ergebnisse auf die Fragestellung und die Interpretation der Befunde (vgl. ebenda, S. 20). Diesen Handlungsempfehlungen folgend erfährt die gesamte Untersuchung eine deutliche Eingrenzung durch das gewählte *Kategoriensystem*, welches den Aufbau der Arbeit in fünf themenrelevante Schwerpunkte (Umwelt, Politik & Finanzen, Strategie, Prozesse und Gesellschaft) strukturiert. Als ein Auswertungsansatz der Fragebögen wird die Methode der *Häufigkeitsanalyse* Anwendung finden. Bestimmte Elemente des Materials werden ausgezählt und in ihrer Häufigkeit mit dem Auftreten anderer Elemente verglichen (vgl. ebenda, S. 13). Punktuell wird von dem methodisch unterstützenden Hilfsinstrument der *Explikation*, auch *Kontextanalyse* genannt, Gebrauch gemacht. Dies ist insbesondere bei der Einbettung des Untersuchungsgegenstands in einen größeren Zusammenhang der Fall, z.B. bei der Herausarbeitung von Bezugspunkten zur Nachhaltigkeitsstrategie. Die hierfür erforderlichen, zusätzlichen Hintergrund-Informationen sind insbesondere in Teil A) erörtert worden und können, gebündelt in 21 Indikatoren, zur Analyse in Teil C) herangezogen werden. Zur Auswertung von Beobachtungen, die bei der Teilnahme von Tagungen[115] getroffen wurden, wird die *Kontingenzanalyse* angewandt. Die Häufigkeitsverteilung bei der Nutzung zuvor bestimmter Begriffe lassen Rückschlüsse auf die Signifikanz von Themen zu, insbesondere auch, wenn gesellschaftlich relevante Themen wie nachhaltige Entwicklung keine messbare Aufmerksamkeit bei Zukunftswerkstätten soziokultureller Zentren ausmachen.

Am Ende einer Studie sollten die *Resultate der Forschung* sowie *Schlussfolgerungen und Relevanz für die Praxis* benannt werden (vgl. Kuckartz 2016, S. 220). Die Forschungsergebnisse durchlaufen einen analytischen *Reduktionsprozess* mit dem Ziel und Zweck, Starthilfen, Wegweiser und Positionslichter in Form von Handlungsansätzen zu bündeln, die der Praxis dann zur weiterführenden Anwendung dienen sollen. Die vorgenommene Materialreduzierung lässt sich anhand eines Trichters visualisieren, durch dessen Trichterkopf das gesamte Material läuft und in Essenzen verdichtet wird (vgl. Mayring 1993, S. 70).

Gütekriterien der qualitativen Inhaltsanalyse sind *Bestätigbarkeit, Zuverlässigkeit, Glaubwürdigkeit* und auch *Übertragbarkeit* (vgl. Kuckartz 2016, S. 202). Ein Vergleich der erzielten Ergebnisse mit anderen Untersuchungen kann zur

---

115 Z.B. bei der Teilnahme an der LAG Soziokultur NW Zukunftswerkstatt: Vorwärts und wohin!, die am 05. und 06. März 2017 im ZAKK in Düsseldorf stattgefunden hat.

Beurteilung der Aussagekraft beitragen. Sowohl die Überprüfung der sogenannten *korrelativen Gültigkeit* von Befunden sowie eine Einordnung der Erkenntnisse im Kontext ähnlicher Konstrukte, auch *Konstruktvalidität* genannt, finden in dieser Untersuchung Berücksichtigung. „Konstruktvalidität verlangt, dass das von einem Messinstrument erfasste Konstrukt mit möglichst vielen anderen Variablen in theoretisch begründeten Zusammenhängen steht und hieraus Hypothesen ableitbar sind, die einer empirischen Prüfung standhalten" (ebenda, S. 258).

Die Methoden sind Bewertungsbestandteil der vorgenommenen Analyse von Leitfäden und Ratgebern in Kapitel 2.5, Auswertungsgrundlage der Initialberatungen in Kapitel 8.5 und Basis des konstruierten Grundgerüsts Z 21 in Kapitel 9.2.

6.4 Gestaltung der Pilotstudie «Zukunftsfähigkeit gestalten!» in drei Phasen

Folgende Leistungsmerkmale beinhaltet das Pilotprojekt «Zukunftsfähigkeit gestalten!»:

In **Phase 1** (April – September 2016) wird auf der Grundlage eines Erhebungsbogens und einer Energieberatung für jede Einrichtung ein Energiereport erstellt, der sowohl Hinweise auf die energetischen Optimierungsmöglichkeiten als auch Vorschläge für konkrete Energieeffizienz-Maßnahmen zur dauerhaften Senkung der Energiekosten beinhaltet. Zudem werden zum Projektauftakt mit einem kurzen Fragebogen die Wünsche und Erwartungen der Teilnehmer erfragt. Eine Überprüfung, ob die Studie die Teilnehmererwartungen erfüllt hat, wird Bestandteil des Fazits sein.

Der Einstieg mit Energieeffizienzmaßnahmen ist durchaus als bewährt zu bezeichnen. „Von den drei Nachhaltigkeitsstrategien ist die Effizienzstrategie die bislang wohl geläufigste und diejenige, die von Unternehmen am häufigsten ein- und umgesetzt wird" (Baumast und Pape 2013, S. 362).

Dass das Thema Ressourcenverbrauch auch Betriebe des Kultursektors gleichermaßen angeht, darauf weist das Grundsatzprogramm der Kulturpolitischen Gesellschaft hin.[116]

---

116 Gemäß Grundsatzprogramm der Kulturpolitischen Gesellschaft beinhaltet Nachhaltigkeit in der Kulturpolitik neben Fragen zur kulturellen Infrastruktur, der Innovationsfähigkeit, dem Veränderungs-Potenzial und einem Publikum der Zukunft vor allem auch Fragen zum Ressourcenverbrauch (vgl. Kulturpolitische Gesellschaft 2012, S. 4).

Als weitere Indikatoren für die Gestaltung von Zukunftsfähigkeit gelten beratende und begleitende Expertise (Indikator VI). Sowohl eine externe, prozessbegleitende Beratung als auch die fachkundige Durchführung der Energieaudits durch kompetente Fachberater werden Bestandteil der Pilotstudie sein, um qualitativen Ansprüchen standhalten und aussagekräftige – auf den Kulturbetrieb zugeschnittene Effizienzmaßnahmen – erfassen zu können. Die Zusammenarbeit mit Experten ist bei Energieaudits üblich und auch im Kulturbereich erprobt: „Die Experten nehmen hierzu den Kulturbetrieb aus Energiegesichtspunkten genau unter die Lupe. Sie decken bei solchen Beratungen schnell die größten Einsparmöglichkeiten auf und entwickeln erste Lösungsansätze," erklärt Florian Unger, Leiter des Projektes im Energiereferat der Stadt Frankfurt am Main (Stromsparteam 2016).[117]

Die vorliegende Pilotstudie wählt mit der Durchführung eines Energieaudits in Phase 1 einen niederschwelligen Ansatz und Einstieg. Eine Zusammenarbeit mit der EnergieAgentur.NRW, die in Kooperation mit dem Green Club Index erfolgt, eröffnet für die Teilnehmer den Anreiz einer Auszeichnung mit dem Green Club Label (Indikator IX).

Die Durchführung der Initialberatungen erfolgt bis zu den Sommerferien 2016, um sich noch rechtzeitig für den Erhalt des Green Club Label zu empfehlen, dessen Vergabe am 27. August 2016 in Köln im Rahmen der c/o pop vorgesehen ist.

Erste Untersuchungsergebnisse des Pilotprojektes sollen im Rahmen einer Fachtagung «**Nachhaltigkeit – (k)ein Thema für die Kultur?!**» im September 2016 in Wetter (Ruhr) vorgestellt werden. Im Rahmen der Tagung, die von der EnergieAgentur.NRW und dem Kulturzentrum Lichtburg e.V. gemeinsam angeboten wird, stellt die EnergieAgentur.NRW auch das Energieeffizienz-Projekt Green Club Index vor.

Phase 2 (Oktober – März 2017) lenkt den Fokus auf weitere Handlungsfelder nachhaltiger Ausrichtung. Es erfolgt eine Online-Erhebung zu fünf Wirkungsfeldern nachhaltiger Entwicklung (Umwelt, Politik & Finanzen, Strategie, Prozesse und Gesellschaft) (vgl. Indikator V). In einem **zweitägigen Zukunftsworkshop** im März 2017 im Schlachthof in Wiesbaden werden eine GAP-Analyse (vgl. Indikator XIV: Vermeiden von Schwächen/Aufbau von Stärken) durchgeführt und Zukunftsbilder der Zentren visualisiert, mit dem besonderen Augenmerk auf eine nachhaltige Tragfähigkeit. Am zweiten Workshoptag steht

117 Das Programm beinhaltet ergänzend zur Energieberatung auch eine Förderung technischer Optimierungsmaßnahmen zur Ressourceneinsparung.

eine Diskussion zur These «Kennzahlen machen nachhaltige Entwicklung sichtbar» (vgl. Indikator III) auf der Tagesordnung. Die inhaltliche Ausgestaltung des Workshops erfolgt durch ein Leitungsteam, welches aus dem externen Berater Walter Spruck, Gerhard Schulz (Vorstand Schlachthof Wiesbaden) sowie dem Verfasser als wissenschaftliche Leitung besteht. Ausgerichtet wird der Zukunftsworkshop auf die Zielgruppe Geschäftsführer und Vorstände von soziokulturellen Zentren.

In **Phase 3** (April 2017 – September 2017) werden die Ergebnisse des Pilotprojektes dann im Rahmen der wissenschaftlichen Begleitung zusammengeführt. Die Veröffentlichung der Erkenntnisse soll Akteuren der freien Kulturszene und kulturpolitischen Entscheidungsträgern Orientierungspunkte und Handlungsansätze für eine nachhaltige Ausrichtung soziokultureller Zentren zur Verfügung stellen (vgl. Indikator XX – Einspeisen der Informationen in die Wirkungskreise des Menschen), möglicherweise als Leitfaden, der Kurzbeschreibungen von Zielen und Maßnahmen beinhaltet, weiterführende, bestenfalls priorisierte Empfehlungen umfasst und eine Checkliste bietet (vgl. Indikator XII).

„Sicher ist Nachhaltigkeit mehr als Energieeffizienz" (Spruck 2016, S. 2), betont Walter Spruck und willigt ein, seine Expertise bei der Pilotstudie «Zukunftsfähigkeit gestalten!» einzubringen. Es werden mehrere Förderpartner gewonnen, so erklären sowohl die Landesarbeitsgemeinschaft soziokultureller Zentren Nordrhein-Westfalen (LAG NW) als auch die Landesarbeitsgemeinschaft der Kulturinitiativen und soziokulturellen Zentren Hessen (LAKS Hessen) ihre Bereitschaft, die Studie finanziell zu fördern. Die EnergieAgentur.NRW unterstützt fachkundig beratend und zeichnet sich verantwortlich für die Initialberatungen in Nordrhein-Westfalen. Die Initiatoren des Green Club Index ergänzen das Angebot mit Fachworkshops z.B. zur Getränkekühlung und Beispielen aus der Beratungspraxis in Clubs und Spielstätten. Marcus Müller, Klima-Netzwerker der EnergieAgentur.NRW, benennt folgende Gründe für die Unterstützung des Pilotprojektes: „Die EnergieAgentur.NRW unterstützt das Pilotprojekt, da es als Modellvorhaben in NRW und Hessen über das 2011 gestartete Projekt der EnergieAgentur.NRW (Green Club Index) hinausgeht und neben der klassischen Erhebung von Verbräuchen, dem Aufspüren von Energieeffizienzpotentialen zur Senkung von Energiekosten sowie der Sensibilisierung von Mitarbeiterinnen und Mitarbeitern, den Fokus auf die wissenschaftliche Begleitung und Evaluation richtet unter dem Fokus einer nachhaltigen Entwicklung und Übertragbarkeit auf andere Zentren" (Müller 2015).

Bernd Hesse, Geschäftsführer der LAKS Hessen, verspricht sich von dem Projekt „wichtige Erkenntnisse und Umsetzungsschritte für die beteiligten

Einrichtungen wie die Akteure. Und eine Sensibilisierung und einen Wissenstransfer in die gesamte Szene und den politischen Raum" (Hesse 2016a).

Wolfgang Schneider, Leiter des Instituts für Kulturpolitik der Universität Hildesheim, unterstreicht die Notwendigkeit, das weite Feld der freien Kulturszene im Hinblick auf eine nachhaltigere Ausgestaltung wissenschaftlich zu erforschen: „Ein Phänomen der „Neuen Kulturpolitik" ab Mitte der 1970er in der alten Bundesrepublik ist die Soziokultur. Die Zentren blicken nun auf Jahrzehnte einer gelungenen, aber ganz und gar nicht gesicherten Institutionalisierung in der kommunalen Kulturlandschaft. Die Frage der Nachhaltigkeit ist wegen der prekären Praxis evident" (Schneider 2014).

6.5 Auswahl der Untersuchungsteilnehmer: Feldgrenzen NRW und Hessen

Eine Eingrenzung des Forschungsfeldes erfährt die Pilotstudie «Zukunftsfähigkeit gestalten!» durch die Konzentration auf Mitgliedseinrichtungen der LAG NW und LAKS Hessen. Von den insgesamt 66 soziokulturellen Zentren und Initiativen in freier Trägerschaft der LAG NW (vgl. LAG Soziokultur NW 2016) und 33 Kulturinitiativen und soziokulturellen Zentren der LAKS Hessen (vgl. LAKS Hessen e.V. 2016) nehmen schließlich 13 soziokulturelle Zentren an der Studie teil[118], sieben aus Hessen und sechs aus Nordrhein-Westfalen.[119]

Ausgehend von den Forschungsergebnissen der Grazer Studie sind eine gezielte Ansprache und Einbindung der Unternehmensführung als wesentliche Erfolgsfaktoren zur Implementierung strategischer Prozesse zu benennen: „Zur Sicherstellung des Projekterfolges ist aber […] die Unterstützung der Geschäftsführung unabdingbar. Dies ist durch die Mitarbeit bzw. dauerhafte Einbindung der Geschäftsführung in das Projekt sicherzustellen. Die […] Erarbeitung und Umsetzung einer Unternehmensvision und -strategie (gehört) immer zur Kernaufgabe einer Geschäftsführung, kann also nie völlig delegiert werden" (Fresner, J./Engelhardt, G./Wolf, P. 2006, S. 43). Top down werden nachhaltige Entwicklungsprozesse nicht zu verordnen sein. Gerade die Beteiligung und WIR-Leistung (Indikator XIX) können als prozessfördernd ausgemacht werden. Vor

---

118 Muster der Teilnahmebestätigung siehe (Befund Phase 1, Ordner 1.0 2016).

119 Das Erhebungsverfahren bietet theoretisch die Option, die Befunde nach Ländern differenziert auszuwerten. In Abwägung der Aussagekraft der je Bundesland vorliegenden Befunde wurde auf eine Vergleichsgruppenbetrachtung verzichtet, auch um die qualitative Aussagekraft der Gesamterhebung zu erhöhen.

diesem Hintergrund ist eine Mitwirkung der Mitarbeiter, z.B. der Haustechniker, bei der Energieberatung vor Ort vorgesehen.

Die Erfahrungen des Grazer Forscherteams decken sich mit den Erkenntnissen, die der Berater Walter Spruck im Rahmen des Hessener Energieeffizienz-Projektes 2014 bei Kulturbetrieben ausmachte. Die Erfahrungen in Hessen zeigen: NE ist an Voraussetzungen und Bedingungen des Gelingens geknüpft:

- Die Leitung muss es wollen.
- Das Engagement muss von selbst kommen.
- Ein Verantwortlicher muss den Prozess begleiten.
  (Befunde Experten B9 2015)

Diese Erfahrungswerte stützen die Entscheidung, die Teilnahme an der Pilotstudie für interessierte Geschäftsführende, Vorstände und Mitarbeitende nach dem Prinzip der Freiwilligkeit auszuschreiben, in der Durchführung wohlwollend unterstützt durch externe Anstöße und regelmäßige Motivationsbotschaften[120] der Projektleitung. Welche Beweggründe letztlich das Mitmachen befördert haben (Indikator XXI), soll ebenfalls Untersuchungsbestandteil der Studie sein.

6.6 Kritische Analyse der Ressourcen: Teilnehmer und Forscher

Das Mantra „Keine Leute, keine Zeit, kein Geld“ (Spruck 2017) schwebe über den Kulturschaffenden, insbesondere wenn es um Veränderungsprozesse gehe, die über das alltägliche Tun hinausgehen, gibt der Berater Walter Spruck zu bedenken. Dies sind denkbar schlechte Voraussetzungen für ein Vorhaben, welches beabsichtigt, Veränderungsprozesse in der Kulturszene anzustoßen, die Eigenleistungen erfordern, Personalressourcen binden und möglicherweise mit Investitionen (energetische Sanierung, Neuanschaffung von ressourcenschonenden Elektrogeräten, u.ä.) verbunden sind. Ob die Untersuchungsbefunde diese kritische Einschätzung bestätigen werden?

Auch der Verfasser steht als Geschäftsführer eines soziokulturellen Zentrums vor der Aufgabe, nachhaltige Entwicklungsprozesse im Betrieb zu befördern. Diese Nähe zum Thema ist einerseits positiv zu betrachten, die langjährige Arbeit im soziokulturellen Feld erleichtert Zugänge zu und Verständnis für die

---

120 In der Vorbereitung- und Durchführungsphase des Projektes (Zeitraum September 2015 – Mai 2017) sind insgesamt 12 Statusberichte verschickt worden. Ein Statusbericht ist exemplarisch angefügt (vgl. Befunde Phase 1, Ordner 1.0 2016).

Herausforderungen der agierenden Akteure. Zudem kann ein bestehendes, vertrautes Netzwerk eingebracht werden.

Kritisch zu betrachten ist vor diesem Hintergrund aber die Nähe zum Forschungsgegenstand, noch dazu, da der eigene Betrieb Bestandteil der Forschungsstudie ist. Wie soll in dieser Konstellation eine klare Trennung von externer Forschung und wissenschaftlicher Distanz bei gleichzeitiger Mitwirkung als Forschungsgegenstand gewahrt bleiben? Einer unscharfen Rollenteilung droht die Vermischung der Handlungsebenen, eine wissenschaftlich unsaubere Arbeitsweise könnte die Folge sein. Eindeutiger wäre, sich ausschließlich auf die Rolle der wissenschaftlichen Leitung zu konzentrieren. „Die Frage der Balance "des Feldforschers" zwischen Nähe und Distanz, Inklusion und Exklusion ist nicht mit einfachen Rezepten zu lösen" (Przyborski, Aglaja und Monika Wohlrab-Sahr 2014, S. 46). Ohne Nähe wird man von den Zusammenhängen zu wenig verstehen, ohne Distanz wird keine wissenschaftlich angemessene Reflektion der Befunde möglich sein (vgl. ebenda).

Es ist Bestandteil des Berufsalltags als Geschäftsführer eines Kulturbetriebes, Perspektivenwechsel zu vollziehen und auftretende Herausforderungen mit unterschiedlichen Methoden zu lösen. Eine fehlende Distanz des Forschenden ist in der vorliegenden Untersuchung nicht gegeben. Der wissenschaftliche Qualitätsanspruch bleibt gewahrt. Das methodische Rüstzeug, mit dem das Forschungsfeld untersucht wird, wird im Folgenden dargestellt.

7 Methodisches Rüstzeug für die Feldforschung

7.1 Gespräche und leitfadengestützte Interviews

Zur Vorbereitung der Studie sind mehrere Vor- und Hintergrundgespräche geführt worden, die zur vertiefenden Einarbeitung in die Thematik hilfreich gewesen sind.[121] Primär sind bei den Vorgesprächen Fragen der Orientierung, Abgrenzung und Ausgestaltung des Forschungsvorhabens leitend gewesen.

Im Verlauf der Untersuchung erfolgten weitere Reflexionsgespräche, die sowohl telefonisch als auch persönlich durchgeführt wurden. Insbesondere der Austausch über den Verlauf der Pilotstudie «Zukunftsfähigkeit gestalten!» und die Abstimmung nächster Handlungsschritte im entstandenen Kernteam[122] sind Tenor und Inhalt der Reflexionsgespräche. Alle Gespräche sind entweder als Ergebnis- oder Gedächtnisprotokoll dokumentiert. Nur ein geringer Teil der Dokumente wird in die Untersuchung einfließen. Dies ist dann der Fall, wenn die Protokolle Aussagen mit besonderer Relevanz beinhalten oder die Besprechungen zum Fortgang der Untersuchung entscheidend beigetragen haben. Die Gespräche sind als «Hintergrundgespräche» gekennzeichnet.

Ausgehend von den im Exposé verfassten Forschungsfragen sind leitfadengestützte Interviews vorbereitet und geführt worden. Insgesamt wurden fünf leitfadengestützte Interviews durchgeführt. Die Auswahl der Experten zielte darauf ab, zusätzliche Meinungen, Positionen, Sichtweisen und Perspektiven zu erfassen, die über die Befunde der einzelnen Zentren hinausgehen, kulturpolitische Aspekte berücksichtigen, Vergleichsbetrachtungen ermöglichen und übergreifende Anknüpfungspunkte bieten.

---

121 Allein mit Walter Spruck, dem Mitinitiator der Pilotstudie «Zukunftsfähigkeit gestalten!», sind in dem Zeitraum Mai 2015 bis Dezember 2016 insgesamt 15 Gespräche geführt worden.

122 Das Kernteam der Pilotstudie besteht aus dem Berater Walter Spruck und dem Verfasser. Für die Ausgestaltung, Durchführung und Reflexion des Zukunftsworkshops zeichnen sich Walter Spruck, Gerhard Schulz und der Verfasser verantwortlich, punktuell unterstützt von Bernd Hesse. In Phase 2 der Studie erfolgten insgesamt drei persönliche Treffen, zwei Telefonkonferenzen sowie ein stetiger Austausch per Mail.

Interviewt wurden:

- je ein Vertreter der Landesverbände auf Vorstands- und Geschäftsführerebene (kulturpolitische Perspektive)
- ein freier Berater mit dem Arbeitsschwerpunkt Nachhaltigkeit in Kulturbetrieben (externe, spartenübergreifende Perspektive)
- ein NPO-Geschäftsführer und Initiator einer Nachhaltigkeitsstrategie auf Landesebene (Vergleichsbetrachtung)
- Geschäftsführung der Hessischen Nachhaltigkeitsstrategie (Kontextbetrachtung)
- ein Vorstand sowie ein Facility Manager eines soziokulturellen Zentrums (Hintergrundgespräch)
- Geschäftsführung der Bundesvereinigung (Entwicklungsperspektive).[123]

Alle Gespräche erfolgten kategoriengeleitet, das Hauptaugenmerk der ersten Gespräche konzentrierte sich zunächst auf die drei Dimensionen des Nachhaltigkeitsdreiecks (ökologische, ökonomische und soziale Dimension). Im fortschreitenden Untersuchungsverlauf wurden die Fragestellungen dann auf die fünf Handlungsfelder Umwelt, Politik & Finanzen, Strategie, Prozesse, Gesellschaft (Indikator V) zugeschnitten. Je nach Gesprächspartner erfolgte eine unterschiedliche Gewichtung der Themenschwerpunkte. Zur Veranschaulichung dienen die nachfolgenden Beispiele. Ausgewählt wurden sowohl Fragen des ersten Exposés (mit der Fokussierung auf die Dimensionen des Nachhaltigkeitsdreiecks) als auch Fragen, die sich aus der Umfeldanalyse des Forschungsgegenstandes (und der Ausrichtung auf fünf Wirkungsfelder)[124] ergeben haben:

Themenfeld Zukunftskongress

- Wie kam es zu der Themenauswahl der Foren und Werkstätten?
- Sind ökonomische Probleme auf dem Kongress gezielt ausgeklammert worden?
- Ein Ziel des Kongresses war, eine Positionsbestimmung für die Zukunft der Soziokultur vornehmen zu wollen. Welche Handlungsfelder und zukünftigen Herausforderungen sind im Rahmen des Kongresses markiert worden?

---

123 Die Gespräche mit der Bundesvereinigung erfolgten auf der Grundlage bereits verfasster Handlungsvorschläge und nicht anhand von Leitfragen.

124 Im Exposé zunächst formulierte Fragen zur Publikumsbindung, PR-Arbeit und Kulturentwicklungsplanung sind im Verlauf der Untersuchung zurückgestellt worden, zugunsten einer vertiefenden Erörterung der gewählten fünf Untersuchungskategorien.

Themenfeld Kulturpolitik & Gesellschaft

- Was erwarten Sie von Kultureinrichtungen der Zukunft?
- Welche Kulturangebote und Angebotsformen (neben kultureller Bildung und Interkultur) wird unsere Gesellschaft zukünftig besonders brauchen?
- Was kennzeichnet für Sie nachhaltiges Handeln?
- Welche Perspektive kann die Kulturpolitik der Soziokultur bieten?

Themenfeld Prozesse & Strategie

- Welche nachhaltigen Ziele hat sich Ihre Institution gesetzt?
- Sie haben ein vorhandenes System auf den Weg der Nachhaltigkeit gebracht. Welche strategischen Schritte haben gut funktioniert, an welchen Stellen gab es Widerstand, Barrieren, Probleme?
- Kennzeichnet nachhaltige Entwicklung nicht immer auch Spannungsfelder?

Themenfeld Gesellschaft

- Wie steht es in den Betrieben um die Qualifizierung oder Gesundheitsförderung der Mitarbeiter?
- Hat die Aufforderung der Bundesregierung, bei der Gestaltung nachhaltiger Entwicklung mitzumachen, im Wirkungsfeld soziokultureller Akteure bereits Anklang gefunden?
- Welche Beiträge leisten soziokulturelle Zentren für eine nachhaltige Entwicklung der Gesellschaft?

Themenfeld Umwelt

- Welche Erfahrungen können an Einrichtungen weitergegeben werden, die vor der Entscheidung stehen, einen nachhaltigen Strukturwandel anzustoßen?
- Sehen Sie Anknüpfungspunkte soziokultureller Zentren zur Nachhaltigkeitsstrategie?
- Wie können soziokulturelle Betriebe an dem Bestreben der Länder, nachhaltige Strukturen aufzubauen, partizipieren?

7.2 Transkription

Die leitfadengestützten Interviews und Hintergrundgespräche sind nach zuvor festgelegten Standards transkribiert worden.[125] In vier Unterpunkten sind Vorgaben zur Seitenformatierung, zu den Transkriptionsregeln, ein Beispieltext

125 Die verfassten Transkriptionsstandards sind der Arbeit als Anlage angefügt (vgl. Befunde Ordner Experten 2016).

sowie eine Zeichenübersicht zusammengefasst. Die gewählten Vorgaben orientieren sich primär an den Standards für die Transkription von Interviews und Gesprächsmitschnitten, die der Wissenschaftsdienstleister amanu empfiehlt (vgl. amanu the virtual office 2014).

Als allgemeine Transkriptionsregeln sind festgelegt:

- Es wird wörtlich transkribiert, also nicht lautsprachig oder zusammenfassend.
- Dialekte werden nicht transkribiert, sondern an die Schriftsprache angepasst.
- Die gesprochene Sprache wird leicht geglättet und an die Schriftsprache angepasst.
- Die Interpunktion wird an die Schriftsprache angepasst
  (vgl. ebenda, S. 1).

Der Definition von Bohnsack folgend wird bei den vorgenommenen Transkriptionen allen Personen eines Interviews ein Großbuchstabe zugewiesen (vgl. Bohnsack 2007, S. 6). Auf die Angabe des Geschlechts, so wie Bohnsack es empfiehlt, wird bei der Zuweisung zugunsten eher relevant erscheinender Chiffre-Angaben verzichtet, auf die in der kapitelabschließenden Zusammenfassung näher eingegangen wird. Dort werden auch die vorgenommenen Maßnahmen zur „Maskierung" (ebenda), wie Bohnsack die Verschlüsselung der Datensätze nennt, für alle generierten Befunde der Untersuchung erläutert. Bohnsacks Konventionen der Transkriptionsrichtlinien TiQ definieren ferner, dass es notwendig sei, „zum Auffinden und Zitieren von Transkriptstellen (…) eine durchlaufende Zeilennummerierung zu verwenden" (ebenda, S. 1). Hinweise des Wissenschaftsdienstleisters amanu zu diesem Aspekt fehlen, vielmehr gibt dieser vor, bei der Formatierung auf Seitenzahlen und auf Kopf-/Fußzeilen zu verzichten. Die Orientierung in einer derartigen Transkription wird unnötig eingeschränkt und erschwert. Als Standard für die Transkription im Rahmen der vorliegenden Untersuchung sind deshalb Seitenzahlen in der Fußzeile berücksichtigt. Zugunsten einer besseren Übersichtlichkeit sind die Dokumente in der Kopfzeile zudem mit spezifischen Angaben zum Dokument (insbesondere «Art», «Form» und «Gesprächspartner») versehen.

Die elementarste Aufgabe der Transkription ist die Erfassung des gesprochenen Wortes. Kommunikation hat darüber hinaus aber noch weitere Ebenen. Wenn Laute und Begleiterscheinungen wie (lacht laut auf), (räuspert sich) oder (verärgert) den Inhalt maßgeblich beeinflussen, werden diese Manifestationen ebenfalls transkribiert. Diese Verfahrensweise kann heute als Standard und gängige Praxis qualitativer Sozialforschung betrachtet werden. Sie ist mitunter auch Bestandteil der bereits angeführten Transkriptionsrichtlinien nach Bohnsack.

Diese Richtlinien umfassen neben Hinweisen auf unverständliche Äußerungen auch parasprachliche Ereignisse wie „lachend gesprochen" (Nohl 2006, S. 127).

Auch Betonungen und Dehnungen werden durch Unterstreichen des jeweiligen Wortes gekennzeichnet, insbesondere, wenn dies maßgeblich für das korrekte Textverständnis erscheint (Befunde Ordner Experten 2016, S. 2).

Für das Erfassen von nicht-verbalem Verhalten wie „Proxemik, Motorik, Mimik, Gestik, etc." (Knoblauch 2006) können ebenfalls Transkriptionshilfen zurate gezogen werden. Diese wären insbesondere für eine Analyse von Videodateien förderlich, finden in der vorliegenden Untersuchung aber keine Berücksichtigung, da nur Videosequenzen von zwei Vorträgen als Befunde einfließen, deren Aussagekraft durch Inhalt besticht und nicht durch non-verbale Vortragsweise.

Pudelko weist in seiner Handreiche zur Transkription auf die Option einer softwaregestützten Audiotranskription hin (vgl. Pudelko 2006, S. 9). Für die vorliegende Arbeit wurde das Audio-Spracherfassungsprogramm Dragon NaturallySpeaking mit dem Ziel angeschafft, die aufgezeichneten Texte programmgestützt zu transkribieren. Bereits im Zusammenhang mit der Installation bietet das Programm Trainingseinheiten und Anwendungsschulungen. Die durchaus erforderliche Einarbeitungszeit zur Nutzung des Programms sowie Probleme bei der Installation haben letztlich dazu geführt, auf eine softwaregestützte Audiotranskription zu verzichten.

7.3 Erhebungsbögen

In der vorliegenden Untersuchung sind insgesamt drei Erhebungsbögen eingesetzt worden. Der erste **Fragebogen «Auftakt Zukunftsfähigkeit!»** beinhaltet insgesamt fünf Fragen sowie ein Freifeld für Anmerkungen, Ergänzungen oder Fragen zum Pilotprojekt. Die Erhebung beabsichtigt die Erfassung der Teilnehmerwünsche und Erwartungen.[126] Die Zusendung erfolgte online zum Start der Pilotstudie, auch um die Online-Fragebogensystematik einzuführen, die noch ein weiteres Mal in Phase 2 zum Einsatz kommen sollte. Die Befunde dienen zum Projektende als Prüfkriterium, um auswerten zu können, ob das Projekt die Erwartungen der Teilnehmer erfüllt hat. Alle Teilnehmer der Pilotstudie haben die Befragung erhalten, sechs Rückmeldungen liegen als Befunde vor. Bestandteil der Auftakt-Erhebung ist auch die Frage, ob das Haus über eine aktuelle

126 Ein Blanko-Muster des Fragebogens «Auftakt Zukunftsfähigkeit!» ist als Anlage angefügt (siehe Befunde Phase 1, Ordner 1.1 2016).

Selbstdarstellung verfügt. Insgesamt acht Selbstdarstellungen liegen der Untersuchung als Sekundärdaten und Hintergrundinformationen vor.[127]

Phase 1: Fragebogen «Áuftakt Zukunftsfähigkeit»

Tab. 14: Phase 1: Fragenbogen Auftakt Zukunftsfähigkeit

Phase 1. Fragebogen «Auftakt Zukunftsfähigkeit »
Ziel: Zu Projektbeginn die Erwartungen der Teilnehmer erfragen, Bitte um Zusendung einer aktuellen Selbstdarstellung
Arbeitsmethode: Befragung
Umfang: Fünf Fragen plus ein Freifeld
Teilnehmer: Alle am Prozess Beteiligten (Geschäftsführer, Vorstand, Mitarbeiter)
Beispielfrage: Wann wäre die Teilnahme am dem Projekt für Ihr Zentrum ein Erfolg?
Die Antworten dienen zur abschließenden Überprüfung des Erreichten.

Den zweiten **Erhebungsbogen «sonstige Gebäude»** hat die EnergieAgentur. NRW verfasst und eingebracht.[128] Der fünfseitige Bogen erfragt Fakten zum Gebäude, Energieverbrauch, Heizsystem oder der Warmwasserzubereitung. Zudem erfolgt eine Abfrage, welche Maßnahmen geplant sind, die künftige Energieversorgung zu beeinflussen. Weiterhin können die Betriebe gewünschte Beratungsthemen nennen, die dann in der persönlichen Initialberatung im Zentrum vor Ort aufgegriffen werden.

Um eine vergleichbare Datengrundlage zu haben, wird der Erhebungsbogen sowohl bei den Zentren in Nordrhein-Westfalen als auch in Hessen eingesetzt. Insgesamt sieben Mal kommt der Erhebungsbogen in der Pilotstudie zur Anwendung.

Erhebungsbogen Nummer drei zielt auf die Erfassung von Wirkungsfeldern nachhaltiger Entwicklung, die über Fragen der Energieeffizienz, Verbrauchswerte und Gebäudebeschaffenheit hinausgehen. Der **Erhebungsbogen «Zukunftsfähigkeit gestalten! »** greift die fünf Themenschwerpunkte des gewählten Kategoriensystems auf, um bei der Auswertung des Datenmaterials eine klare Zuordnung der Befunde vornehmen zu können.[129] Die fünf Themenfelder Umwelt, Politik &

127 Die Darstellungen der Häuser sind unter Befunde, Phase 1, Ordner 1.2 einsehbar.

128 Ein Muster des Erhebungsbogens «sonstige Gebäude» ist als Anlage angefügt (siehe Befunde Phase 1, Ordner 1.3 2016).

129 Ein Muster des Erhebungsbogens « Zukunftsfähigkeit gestalten! » ist als Anlage angefügt (siehe Befunde Phase 2, Ordner 2.1 2016).

Finanzen, Strategie, Prozesse und Gesellschaft werden ergänzt mit einführenden Fragen zur Organisationsstruktur der Zentren. Die Erhebung umfasst insgesamt 50 Fragen sowie ein Freifeld für Anmerkungen, Ergänzungen und Fragen.[130] Der Versand erfolgte online. Insgesamt zehn Zentren haben den Erhebungsbogen «Zukunftsfähigkeit gestalten!» ausgefüllt.[131] Im Erhebungsbogen wird erfragt, ob die Einrichtung über ein schriftliches Leitbild verfügt. Insgesamt vier Zentren stellen ihre Leitbilder für die Untersuchung zur Verfügung.[132]

---

130 Vor der Erstellung des Erhebungsbogens erfolgte eine Analyse des statistischen Berichts der Bundesvereinigung Was zählt!? Die Erhebung der Bundesvereinigung umfasst acht Bereiche (A-H). Sie erfolgt auf der Grundlage des Haushaltsjahres 2013. Ein Abgleich der Themen und Untersuchungsgegenstände führte zu folgenden Feststellungen: die Untersuchung des Bundesverbands erfasst unter C.3 lediglich die Anzahl der Ehrenamtlichen und freiwillig Engagierten, die geleisteten Stunden pro Jahr werden nicht abgefragt. Diese Zahl würde die Leistungskraft des Ehrenamtes allerdings noch deutlicher machen. Unter F. sind alle Einnahmenformen vollständig erfasst. Wünschenswert im Hinblick auf die Liquidität der Zentren wäre noch eine Erfassung der Barmittel und Rücklagen. Vorgesehen ist, Finanzkennzahlen der Erhebung Zukunftsfähigkeit mit den bundesweiten Durchschnittswerten zu vergleichen. Unter G.2 werden Ausgaben für investive Maßnahmen erfasst, allerdings schränkt die vorgegebene Unterteilung in nur drei Kategorien (Bau, Technik, Gebäude) ein. Investitionen in nicht-technische Ausstattungen (z.B. Instrumente) können nicht angegeben werden. Für die Erhebung Zukunftsfähigkeit wurde demzufolge ein Kennwert für alle Investitionen erfasst. Unter H.1 wird die Entwicklung der finanziellen Situation abgefragt (verbessert, stabilisiert, verschlechtert), abschließend werden Pläne, Perspektiven und Visionen erfasst. Schwerpunkt der Erhebung sind die Themen Interkultur und Inklusion. Nicht erfasst werden (im Hinblick auf eine nachhaltige Ausrichtung) insbesondere Maßnahmen der Positionierung und Vernetzung, Anzahl der Vereinsmitglieder (Wirkungsfeld Gesellschaft), Maßnahmen zur umwelt- und ressourcenschonenden Ausrichtung (Wirkungsfeld Umwelt), Förderverein oder Förderkreis sowie Barmittel und Rücklagen (Wirkungsfeld Finanzen). In dem Erhebungsbogen Zukunftsfähigkeit finden diese Fragen Berücksichtigung.

131 Alle zehn Erhebungsbögen sind unter Befunde, Phase 2, Ordner 2.1 hinterlegt.

132 Die vier Leitbilder sind unter Befunde, Phase 2, Ordner 2.2 abgelegt. Die CD-ROM enthält zudem eine Zusammenfassung der Leitbilder.

Tab. 15: Phase 2: Fragenbogen Erhebungsbogen «Zukunftsfähigkeit gestalten!»

Phase 2: Erhebungsbogen «Zukunftsfähigkeit gestalten!»
Ziel: Erhebung von Daten zur Organisationsstruktur und fünf Wirkungsfeldern, erbeten wird die Zusendung eines Leitbildes (wenn vorhanden).
Arbeitsmethode: Kategoriengeleitete Befragung, punktuelle Vergleichsbetrachtung mit Statistik-Befunden der Bundesvereinigung für soziokulturelle Zentren
Umfang: 50 Fragen sowie ein Freifeld
Zielgruppe: Geschäftsführer, Vorstand
Fragen: (je Kategorie eine Beispielfrage)
Umwelt: Gibt es in Ihrer Einrichtung Personen oder Arbeitsgruppen, die sich mit dem Thema Klima- und Umweltschutz beschäftigen?
Politik & Finanzen: Wie hoch ist Ihr jährliches Budget für Investitionen?
Strategie: Nutzen Sie für die Steuerung Ihres Betriebes strategische Entscheidungshilfen, z.B. Kennzahlen? Wenn ja, bitte nennen Sie die für Sie relevanten Messwerte.
Prozesse: Haben Sie in Ihrem Betrieb mit wiederkehrenden Engpässen zu tun?
Gesellschaft: Ist Ihre Einrichtung in lokale & regionale Netzwerke eingebunden? Wenn ja, wer sind die Netzwerkpartner?

Die Erstellung und Datengenerierung der beiden Erhebungen «Auftakt Zukunftsfähigkeit » und «Zukunftsfähigkeit gestalten!» ist systemgestützt mit dem Programm GrafSat (Version 4.8) durchgeführt worden. Vor dem Einsatz der Erhebungen sind je Bogen drei PreTests durchgeführt worden.

Arbeitsgrundlage zur Entwicklung der Fragebögen sind, ebenso wie bei den leitfadengestützten Experteninterviews, die im Exposé formulierten Forschungsfragen. Diese wurden im Verlauf des Forschungsdesigns auf das Kategoriensystem zugeschnitten und um Forschungsfragen, die sich aus der Umfeldanalyse in Teil A) ergeben haben, ergänzt.

Ziel ist, mithilfe der Erhebungsbögen Primärdaten soziokultureller Zentren zu generieren, die eine qualitative Inhaltsanalyse der Betriebe in Bezug auf die fünf Wirkungsfelder und 21 Indikatoren ermöglichen. Ausgehend von einem Datenmaterial, dass in dieser Form bisher noch nicht erhoben wurde, strebt die Untersuchung an, Lücken und Perspektiven aufzeigen und Handlungsansätze ableiten zu können.

7.4 Expertise externer Beratungen

Beratende und begleitende Expertise kann als ein hilfreiches Instrument zur nachhaltigen Entwicklung von NPO betrachtet werden (Indikator VI). Die

Forschungsstudie «Zukunftsfähigkeit gestalten!» bindet das Wissen von Fachberatern ein, insbesondere bei der Energieeffizienz-Beratung in Phase 1 der Studie. Zudem erfolgt die Konzeption und Durchführung der Studie in enger Zusammenarbeit mit dem Berater Walter Spruck.

Externe Expertise bieten auch weitere Qualifizierungsmaßnahmen des Green Club Label und der EnergieAgentur.NRW, die im Studienverlauf angeboten wurden. Alle drei Expertise-Formen werden im Folgenden kurz erläutert.

Initialberatungen vermitteln Basiswissen, sie helfen, technische Abläufe zu beurteilen. Sie sollen den Betreiber in die Lage versetzen, die richtigen Hebel zu finden, um Energierationalisierungsmaßnahmen umzusetzen (Befunde Phase 1, Ordner 1.3 Datei 10-I 2016, S. 1). Die Beratungsprotokolle, die dieser Untersuchung zugrunde liegen, sind von folgenden externen Fachberatern und Förderpartnern erstellt und ermöglicht worden:

- zwei Energieberatern[133] der EnergieAgentur.NRW, gefördert mit Mitteln des Landes Nordrhein-Westfalens,
- einem Projektingenieur[134] der RKW Hessen GmbH, gefördert durch das Hessische Ministerium für Wirtschaft, Energie, Verkehr und Landesentwicklung im Rahmen der Hessischen Initiative für Energieberatung im Mittelstand,
- einem Dipl. Wirt.-Ingenieur und Energieberater[135] (HWK), beauftragt von dem Energiereferat der Stadt Frankfurt, gefördert durch das Climate KIC Programm der EU,
- einem Berater[136] des Instituts für Nachhaltigkeit in Kultur und Tourismus, gefördert mit Mitteln der LAKS Hessen.

Ausgangspunkt von sieben Initialberatungen ist der von der EnergieAgentur.NRW entwickelte Erhebungsbogen «sonstige Gebäude», mit dem zunächst grundlegende Daten der Ausgangslage (Ist-Zustand, Träger, Betriebszeiten, Gebäude, technische Anlagen, Energieverbräuche, Energiekosten, Lüftung, Heizsystem, Warmwasseraufbereitung) erfasst werden.[137] In zwei weiteren Fällen erfolgt die Erhebung der Ausgangslage von den jeweils beauftragten Ingenieuren.

133 Christian Dahm, Matthias Kabus.

134 Bodo Brückner.

135 Thomas Möller.

136 Walter Spruck.

137 Das Initial-Beratungsprotokoll eines Zentrums (N11) liegt als Anlage nicht vor. Die Handlungsempfehlungen sind in diesem Fall aus dem GCI-Datenblatt (N11-D) entnommen worden.

Jeder Bericht zur Initialberatung, in dem die wichtigsten Befunde noch einmal in Form von Handlungsempfehlungen schlagwortartig zusammengefasst werden, basiert auf einer Analyse der Energiekenndaten[138], einer mehrstündigen Begehung der Gebäude sowie einem Gespräch mit Vertretern der Zentren (Geschäftsführern, Facility Managern). Die Maßnahmenvorschläge sind nach Priorität geordnet, mit der sie umgesetzt werden sollten. Insgesamt 70 Maßnahmenempfehlungen für neun soziokulturelle Zentren (davon vier Betriebe aus Hessen, fünf Betriebe aus NRW) liegen der vorliegenden Studie als Datenbasis zugrunde. Zusammengetragen wurden die Befunde in Phase 1 der Pilotstudie im Zeitraum April bis September 2016. Die Maßnahmenempfehlungen der Initialberatung dienen als Grundlage, sich für eine Auszeichnung mit dem Green Club Index (GCI) zu empfehlen. Insgesamt sechs GCI-Datenblätter sind im Rahmen der Untersuchung erstellt worden.[139]

Primäres Ziel der Initialberatung ist, auf der Grundlage einer Ist-Analyse individuellen Handlungsbedarf für einzelne Zentren aufzuzeigen. Die Studie beabsichtigt, diese Empfehlungen betriebsübergreifend zu analysieren und mit Erfahrungswerten weiterer Energieeffizienz-Untersuchungen ins Verhältnis zu setzen. Für eine Vergleichsbetrachtung lassen sich Kennwerte einer bereits 2012 durchgeführten Beratung des Green Club Index für Clubs und Spielstätten nutzen. Aus dieser Beratung ermittelte Hotspots werden mit den Ergebnissen der Pilotstudie «Zukunftsfähigkeit gestalten!» verglichen und zu zehn Energieeffizienzmaßnahmen verdichtet.

Die Konzeption und Durchführung der Pilotstudie «Zukunftsfähigkeit gestalten!» erfolgt in Zusammenarbeit mit dem externen Berater Walter Spruck. In Kapitel 6.4 ist die Entstehung der Zusammenarbeit beschrieben, an dieser Stelle werden die Zuständigkeiten dargestellt. Als Mitinitiator der Studie zeichnet sich Walter Spruck verantwortlich für den Impuls, eine Energieeffizienzberatung im soziokulturellen Feld anzustoßen. Die inhaltliche und konzeptionelle Weiterentwicklung des Angebotes, welches schließlich zur gemeinsamen Pilotstudie «Zukunftsfähigkeit gestalten!» führt, erfolgt im Dialog und steten Austausch mit dem Verfasser. Walter Spruck fungiert über die gesamte Projektlaufzeit

138 Die zentrenspezifischen Kennwert-Daten (wie z.B. Verbrauchswerte, beheizte Fläche, Volllastbenutzstunden von Räumen) werden in der vorliegenden Untersuchung keine Berücksichtigung finden. Sie sind ausschließlicher Bestandteil der individuellen Initialberatung. Die Bögen sind dennoch als Befunde auf der CD-ROM angefügt, um auf die dort angegebenen Vergleichswerte der EnergieAgentur.NRW (z.B. Vergleichskennwert Stromkosten ct/kWh oder Stromverbrauch) Bezug nehmen zu können.

139 Die GCI-Datenblätter sind unter Befunde, Phase 1, Ordner 1.4 hinterlegt.

sowohl als Ansprechpartner für die Hessischen Teilnehmer sowie Koordinator und z.T. auch ausführender Berater der Initialberatungen in Hessen. Als Teil des Leitungsteams wirkt er bei der Konzeption und Durchführung des zweitägigen Zukunftsworkshops mit. Zudem verfasst er mehrere Statusberichte zum Projektverlauf, die z.T. auch für eine externe Berichterstattung eingesetzt werden. Walter Spruck bringt als Berater einen wertvollen externen Blick auf das Forschungsfeld ein, zudem erlauben seine weiteren Beratungstätigkeiten im kulturellen Feld wertvolle Denkanstöße und Querverweise auf typische Herausforderungen, denen er in der Kultur spartenübergreifend begegnet. Seiner Wahrnehmung nach befinden sich soziokulturelle Akteure hinsichtlich personeller Engpässe, Zeitmangel und finanzieller Nöte in *guter* Gesellschaft mit Theatern und Kinos, mit Museen und anderen Kultureinrichtungen (Spruck 2017). Sollte dieser Erfahrungswert zutreffen, kann dies ein wertvolles Indiz dafür sein, dass die Indikatoren und Befunde der vorliegenden Studie auch weitere NPO interessant sein könnten.

Im Verlauf der Untersuchung können **Qualifizierungsmaßnahmen** der Green Club Initiative (GCI) in die Studie «Zukunftsfähigkeit gestalten!» eingebunden werden. Unter der Leitung von Jakob Bilabel und ausführenden Mitarbeit von Sanjoy Göhlsdorf erfolgt zeitgleich zur Studie Zukunftsfähigkeit ein GCI-Qualifizierungsprogramm, an dem insgesamt acht Clubs und Spielstätten aus Nordrhein-Westfalen[140] teilnehmen. Auch den Zentren der Pilotstudie «Zukunftsfähigkeit gestalten!» stand eine Teilnahme an den Green Club Index-Workshops (GCI-Workshops) offen.[141] Ziel der GCI-Workshops ist eine themenbezogene Auseinandersetzung mit energieeffizienzrelevanten Themen, z.B. zu klimafreundlichen Kühlgeräten[142] oder Hilfestellungen für eine Umstellung auf LED. Ergänzt werden die mehrstündigen Tagesworkshops mit Impulsvorträgen und Präsentationen, die anhand konkreter Beispiele aus der Beraterpraxis Energieeffizienzmaßnahmen in Clubs und Spielstätten veranschaulichen. Fachliches Wissen in gebündelter Form wird hier vom Green Club Index in Zusammenarbeit mit der EnergieAgentur.NRW geboten. Bestandteil des GCI-Programms sind zudem auch Initialberatungen der Betriebe vor Ort. Die Referenten und Experten der GCI-Workshops und Initialberatungen sind u.a. Mitarbeiter von

140 Darunter auch ein soziokulturelles Zentrum.

141 Diese Einladung wird jedoch nur vom Verfasser und Walter Spruck wahrgenommen. Dieser Punkt ist bei der Auswertung der Studie noch einmal zu reflektieren.

142 Vgl. Befund TW10 Öko-Institut e.V. 2016.

Öko-Institut e.V.[143] sowie zertifizierte Energieberater[144], die sowohl Impulsberatungen als auch umfangreiche Gutachten erstellen. Als eine weitere Qualifizierungsmaßnahme kann zudem noch eine dreistündige Mitarbeiterschulung betrachtet werden, die von Energieberatern der EnergieAgentur.NRW erstmalig im Rahmen einer Aktionswoche zur Nachhaltigkeit angeboten wird. Dieses Qualifizierungsangebot bietet sich als zusätzliches Beratungsmodul an, idealerweise aufbauend auf eine zuvor durchgeführte Initialberatung. Auf der Basis bereits verfasster Maßnahmenempfehlungen kann eine Umsetzung der Vorschläge mit der Belegschaft konkretisiert werden. Zudem lassen sich über die Einbindung der Mitarbeiter weitere Vorschläge und praxisnahe Lösungsmodelle für Energiesparmaßnahmen erfassen. Im Hinblick auf die bereits deutlich gewordene Bedeutung einer Mitarbeiterbeteiligung (Indikator XIX) ist die Erweiterung der Beratung um eine Mitarbeiterschulung unbedingt empfehlenswert.

7.5 Teilnehmende Beobachtung an Tagungen und Workshops

In dem Zeitraum März 2015 bis Februar 2018 nimmt der Verfasser im Rahmen der vorliegenden, qualitativen Untersuchung an insgesamt fünfzehn Tagungen und Workshops teil. In allen Fällen zielt die teilnehmende Beobachtung darauf ab, Hintergrundinformationen aus dem weiten Feld nachhaltiger Entwicklung zu generieren. Dabei beschränken sich die Tagungen und Workshops nicht auf Angebote aus dem Untersuchungsfeld soziokulturelle Zentren, dies ist nur bei drei Tagungen der Fall: Zum einen bei der Zukunftswerkstatt der LAG Soziokultur NW mit dem Titel «Soziokultur Vorwärts und Wohin!», zum zweiten bei der Tagung der Stiftung Niedersachsen zum Projekt sozioK mit dem Titel «sozioK. Update?! – Soziokultur heute und morgen» und drittens bei dem LAG-Soziokultur NW Kongress „Heute reden wir nur über Geld" im Bahnhof Bochum-Langendreer.

Eine teilnehmende Beobachtung erfolgte zudem beim zweitägigen Zukunftsworkshop, der in Phase 2 der Pilotstudie «Zukunftsfähigkeit gestalten!» initiiert wurde. Die dort eingesetzte Methode der Gruppendiskussion wird im folgenden Kapitel noch näher ausgeführt.

143 Rasmus Prieß.

144 Z.B. Dipl. Ingenieur Andre Fastenrath, Frank Meyer zur Heide SMART ET, Gerald Königsberg Königsberg Consulting.

Alle weiteren Veranstaltungen dienen der Perspektivenerweiterung und ermöglichen dem Verfasser, externe Expertise aus den gewählten Kategorien und Wirkungsfeldern nachhaltigen Wirtschaftens (Umwelt, Politik & Finanzen, Strategie, Prozesse und Gesellschaft) in den Diskurs miteinzubringen. Zur besseren Orientierung im Wirkungsfeld Umwelt erfolgt eine Teilnahme an zwei Veranstaltungen der Deutschen Bundesstiftung Umwelt (DBU). Als teilnehmender Beobachter angemeldet ist der Verfasser bei einer zweitägigen Fachtagung «Bildung für Nachhaltigkeit in Zeiten großer Herausforderungen», wo insbesondere die Themen Transformation und BNE einen gewichtigen Stellenwert haben.

Zudem erfolgte ein Besuch der «Woche der Umwelt», ebenfalls ausgerichtet von der DBU. Die dortige Ausstellung und teilnehmende Beobachtung an ausgewählten Fachvorträgen zeigt überblickartig bundesweite Aktivitäten im Themenfeld Umweltschutz.

Um Fragen der Energiewende und die erforderliche transformative Kraft geht es in dem Kinofilm «Power to Change. Die Energierebellion». Eine Sondervorstellung und anschließende Diskussion mit dem Mitproduzenten und Protagonisten des Films Edwin Kraus erfolgt im Rahmen der Aktionswoche «Klimawandel vor Ort» in Wetter. Auch die bereits in Kapitel 8.4 beschriebene Mitarbeiterschulung erfolgt in dieser Themenwoche.

Um politische, gesellschaftliche sowie ökonomische Zusammenhänge geht es bei den beiden Vorträgen zur Bürgerenergiegenossenschaft und zur Gemeinwohlökonomie, beide ebenfalls in Wetter initiiert im Rahmen einer «Woche der Nachhaltigkeit»[145].

Dass insgesamt vier themenrelevante Veranstaltungen in Wetter angeboten werden, veranschaulicht das Interesse des Kulturbetriebes, sich mit Fragestellungen nachhaltiger Entwicklung bewusster zu befassen. Dies hängt mit der Entscheidung des Vorstands zusammen, nicht nur die vorliegende Pilotstudie zu ermöglichen, sondern darüber hinaus auch programmatische Impulse zu setzen.

Die Teilnahme des Verfassers an zwei Green-Club-Index Workshops zum Themenfeld Energieeffizienz ermöglicht, die selbst generierten Befunde im Rahmen der Studie «Zukunftsfähigkeit gestalten!» in Relation zu setzen. Zudem bieten die GCI-Vorträge in gebündelter Form fachlich fundiertes Wissen zu Effizienzmaßnahmen und bereits vorhandenen Leitfäden, auf die in der Arbeit Bezug genommen werden kann. Dies gilt auch für die Informationsveranstaltung zur Organisation nachhaltiger Kulturveranstaltungen, die für die Kulturregion Südwestfalen angeboten wird. Die Impulse der Tagungen und Workshops

145 Das Programmheft ist angefügt (Befund Phase 1, Ordner 1.5 2016).

finden punktuell in der vorliegenden Arbeit Berücksichtigung. Ein Großteil der erfassten Informationen aber dient ausschließlich als Hintergrundinformation und Orientierungshilfe bei der Ausgestaltung der vorliegenden Untersuchung.

7.5.1 Datenmaterial für die Inhaltsanalyse

Die Tagungen und Workshops sind sehr unterschiedlich dokumentiert. Der Verfasser hat einzelne Vorträge stichpunktartig festgehalten. Diese Notizen dienen als Gedankenstütze. Mehrere Tagungen und Workshops haben eigene Dokumentationen (z.B. Protokolle, insbesondere aber auch Präsentationen der Referenten) veröffentlicht, auf die dann in der Studie als Sekundärliteratur zurückgegriffen werden kann. Die Vorträge und Präsentationen im Rahmen des Green Club Index sind ebenfalls mit Präsentationen der Referenten dokumentiert, allerdings sind diese Manuskripte unveröffentlicht. Sofern auf diese Dokumente Bezug genommen wird, werden diese der Materialsammlung angefügt. Mehrere Veranstalter haben eine Nachlese zusammengestellt, wo z.B. Presseberichte oder Nachbetrachtungen von Tagungsteilnehmern veröffentlicht wurden. Tagungsbestandteile von sozioK. sind in einem umfangreichen Handbuch publiziert worden. Zwei Beiträge sind per Videomitschnitt dokumentiert und (in Auszügen) transkribiert.

7.6 Zukunftsworkshop und Gruppendiskussion

Für die Gestaltung von Zukunftsworkshops stehen eine Vielzahl von Ansätzen zur Verfügung. Die klassische Methode der Zukunftswerkstatt (vgl. Jungk und Müllert. In: LAG 21 NRW 2015, S. 4) geht in drei Schritten vor: Zunächst erfolgt die Kritik, dann die Entwicklung einer Utopie und schließlich die Phase der Verwirklichung. Grundsätzlich sollen der Untersuchungsgegenstand, das beabsichtigte Ziel und die zur Verfügung stehenden Ressourcen im Fokus der Methodenauswahl stehen. Der klassische Handlungsrahmen einer Zukunftswerkstatt ist für den Zukunftsworkshop ungeeignet, da in dem begrenzten Zeitrahmen von zwei Workshoptagen eine Verwirklichung der Zielsetzungen nicht zu leisten ist. Zudem ist zu berücksichtigen, dass die Beteiligung der Mitarbeiter das Gelingen von Change-Prozessen befördert und unbedingt ermöglicht werden soll, um nicht Gefahr zu laufen, an der Vorgabe von Lösungen zu scheitern (vgl. Indikatoren XVIII und XIX). Es muss demzufolge eine Arbeitsmethode gewählt werden, die die Ergebnisse des Workshops in die Zentren überführt und dort eine Diskussion und Einbindung der Belegschaft erfährt.

Zielgruppe des Workshops sind Vorstände und Geschäftsführer soziokultureller Zentren. Diese werden bewusst angesprochen, da es bei Fragen zukunftsfähiger Ausrichtung zunächst einmal erforderlich ist, eine eigene Haltung und Zielvorstellungen zu entwickeln (vgl. Indikator XIX). Für die vorliegende Untersuchung sind deshalb Methoden zu wählen, die auf die Arbeitsebene Vorstand/Geschäftsführer ausgerichtet sind.

Ein Ziel des Zukunftsworkshops ist es, die Expertise der Teilnehmer zu gewinnen.

Der Zukunftsworkshop wird durch einen umfangreichen, 50 Fragen umfassenden Online-Erhebungsbogen vorbereitet. Bereits in der Designphase der Pilotstudie ist berücksichtigt, dass im Rahmen des Zukunftsworkshops erste Befunde der Erhebung präsentiert und als Orientierungshilfen in den weiteren Diskurs eingebracht werden. Für diesen Workshopbestandteil ist ebenfalls Raum vorgesehen.

Die Zielsetzungen und Inhalte des Workshops hat das Leitungsteam verhandelt. Aus einer Fülle an Ideen und Arbeitsfeldern erfolgt schließlich eine Einigung auf die drei Themenschwerpunkte:

1. Nachhaltige Entwicklung in soziokulturellen Zentren
2. Entwicklung eines gemeinsamen Leitbildes
3. Kennzahlen machen nachhaltige Entwicklung sichtbar

Die methodische Ausarbeitung des Workshops ist Aufgabe der wissenschaftlichen Leitung. Die Entscheidung fällt auf einen Methodenmix. Beide Workshoptage beinhalten in ihrer Grundstruktur Impulsreferate, Arbeitsphasen der Teilnehmer in Kleingruppen, die sich an zuvor überlegten Fragen orientieren, Ergebnispräsentationen im Plenum sowie eine anschließende Diskussion der Befunde. Die Ausarbeitung von Handlungszielen ist nicht mehr Workshop-Bestandteil, konzeptionell berücksichtigt aber ist das Angebot an die Akteure, die einrichtungsbezogenen Erkenntnisse mit in den eigenen Betrieb zu nehmen, dort mit dem Team zu diskutieren, als priorisierte Handlungsansätze festzuschreiben und den Teilnehmern des Zukunftsworkshops zurückzumelden. Sieben Zentren machen von diesem Angebot Gebrauch, die Handlungsfelder sind im Protokoll des zweiten Workshoptages[146] dokumentiert.

Die Methode der Gruppendiskussion dient als Arbeitsgrundlage für die interaktiven Bestandteile des Workshops. Die Qualität dieser Arbeitsphase ist maßgeblich von der Interaktion der Teilnehmer geprägt, die Befunde aus verschiedenen Gesichtspunkten kritisch hinterfragen, beleuchten und zu eigenen

146 Das Protokoll des zweiten Workshoptages ist unter Befunde, Phase 2, Ordner 2.3.4 Ergebnisse hinterlegt.

Annahmen und Hypothesen verdichten. Seit den siebziger Jahren gehört die Gruppendiskussion zum Instrumentarium qualitativer Sozialforschung. Sie eignet sich besonders zur Ermittlung kollektiver Orientierungsmuster (vgl. Lamnek LAG 21 NRW 2015, S. 4). Und eben dies ist als ein wesentliches Ziel des Workshops anzusehen: Die Kompetenz der Teilnehmer, den enormen Wissens- und Erfahrungskontext der Vorstände und Geschäftsführer einzubinden, um derzeit fehlende, betriebsübergreifende Orientierungshilfen in Leitsätzen zu entwerfen. Die methodische Vorgehensweise sowie die Ergebnisse der Gruppendiskussion sind vollständig protokolliert und stellen für die vorliegende Untersuchung einen gewichtigen Befund dar.

Das Leitungsteam enthält von der wissenschaftlichen Leitung einen Detailablaufplan, indem zu den einzelnen Tagesordnungspunkten Auszüge aus den Vorgesprächen als Hintergrundwissen ergänzt werden. Zudem erfolgen zu jedem Punkt Ausführungen zur gewählten Methodik, Angaben zu erforderlichem Material, notwendige Arbeitshilfen, Leitfragen, beabsichtigtes Ergebnisziel und voraussichtliche Dauer des Tagesordnungspunktes. Ein Auszug aus dem Detailablaufplan soll die Arbeitsweise illustrieren.[147]

147 Der vollständige Detailablaufplan ist unter Befunde, Phase 2, Ordner 2.3.2 Ablauf zu finden. Erfahrungswerte der Grazer Pilotstudie zu den durchgeführten Workshops und Tagungen, dokumentiert im Abschlussbericht, haben als Orientierungshilfe bei der methodischen Ausgestaltung des Zukunftsworkshops gedient.

Tag 1: Detailablaufplanung für Leitungsteam (Auszug)

Workshop Zukunftsfähigkeit!

13. –14. März 2017 im Schlachthof Wiesbaden

Thema Tag 1: **Nachhaltige Entwicklung in soziokulturellen Zentren**

Dauer: 11.00 -17.00 Uhr
Ort: Schlachthof Wiesbaden, Murnaustr. 1, 65189 Wiesbaden
Teilnehmer: 16
Moderation: Gerhard Schulz, Walter Spruck und Christian Müller-Espey

14.45 - 15.15 Uhr

- **Delta Wunsch und Wirklichkeit: Von Widerständen und Aufbrüchen Wunsch, Wirklichkeit und Grenzen**

ONLINE-Erhebung Input: Christian

Leitfragen: Welche Widerstände und Grenzen stehen einer Umsetzung im Weg? Wie kann ich die Umsetzung NE in meinem Betrieb ermöglichen?

Methodik: Partnerarbeit in Kleingruppen (9 Häuser)

IST

Ausgangspunkt

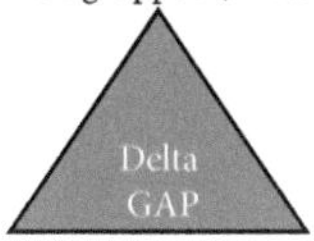

SOLL

Entwicklungsziele

Aufgabe: Widerstände und Lücken ausmachen, Lösungsvorschläge zum Erreichen der Ziele entwickeln. Je Lücke, Widerspruch oder Lösungsvorschlag wird eine rote Karteikarte beschrieben.

Material: rote Karteikarten, Stifte
Ergebnisziel: je Haus max. 9 Aspekte (rote Karten)
Zielführende Hilfsfragen:

- Was verhindert nachhaltige Entwicklung?
- Was ist dein GAP?
- Woran scheiterst du?
- Welche Lösungsansätze siehst du?

Methodik: Reproduktion, vertiefende Überprüfung der Gedanken im Dialog mit Partner, Visualisierung von IST, SOLL und GAP. Anregung: Auf Assoziationen bei Prozess achten, ist z.B. eine Übertragung in ein passendes Bild möglich?

Gestaltungsfreiheit bei der Darstellung betonen, Kreativität

Dauer: 30 Min.

Abb. 12: Auszug Detailablaufplan für Leitungsteam Workshop Zukunftsfähigkeit!

Die Teilnehmer erhalten mit der Einladung einen Ablaufplan, der über die Tagesordnungspunkte und Arbeitsmethodik (z.B. Kleingruppenarbeit, Ergebnis-Präsentation im Plenum) informiert.[148]

Als Ergebnisziel des Zukunftsworkshops wird angestrebt, gemeinsam mit den Teilnehmern einen ersten Entwurf relevanter Leitsätze zu verfassen sowie Kennzahlen zusammenzutragen, die in soziokulturellen Zentren Anwendung finden können.

7.7 Zusammenfassung Teil B) Untersuchungsgegenstände und Instrumente im Überblick

Die Dissertation basiert auf der Konzeption und Durchführung der qualitativen, nicht repräsentativen Studie «Zukunftsfähigkeit gestalten!». Untersuchungsgegenstand sind 13 soziokulturelle Zentren (NPO-Kulturbetriebe) aus Deutschland aus zwei Bundesländern Hessen und Nordrhein-Westfalen. Berücksichtigt werden sowohl Primärquellen (z.B. Befragungen, Beobachtungen) als auch Sekundärquellen (Analyse bereits vorhandener Daten, z.B. Selbstdarstellung).

Die Datenerhebung der Untersuchung «Zukunftsfähigkeit gestalten!» umfasst:

Fünfzehn teilnehmende Beobachtungen an Tagungen und Workshops
(Tagung oder Workshop 01 = TW01)[a]

TW01	Zukunftswerkstatt Soziokultur Vorwärts und Wohin! 06.-07.03.2015, LAG Soziokultur NW, ZAKK Düsseldorf.
TW02	sozioK. Update?! – Soziokultur heute und morgen, 12.03.2015, Stiftung Niedersachsen in der Vertretung des Landes Niedersachsen beim Bund, Berlin.
TW03	Zukunft erhalten und gestalten! Informationsveranstaltung zur Organisation nachhaltiger Kulturveranstaltungen, 21.04.2015, Kulturregion Südwestfalen, Kreishaus Lüdenscheid.

148 Die Tagesordnung ist Bestandteil der Workshop-Ausschreibung und unter Befunde, Phase 2, Ordner 2.3.1 Ausschreibung einsehbar.

TW04	DBU-Tagung Umweltbildung: Bildung für Nachhaltigkeit in Zeiten großer Herausforderungen, 19.-20.01.2016, DBU-Zentrum für Umweltkommunikation, Osnabrück.
TW05	Woche der Umwelt 2016, Ausstellung und Fachprogramm im Park von Schloss Bellevue am 7. und 8. Juni 2016 in Berlin.
TW06	Green Club Initiative Workshop inkl. Präsentation erster Zwischenergebnisse der Studie «Zukunftsfähigkeit gestalten!» am 27.08.2016 in Köln im Rahmen der c/o Pop.
TW07	Filmvorstellung «Power to Change. Die Energierebellion» am 11.09.2016 und anschließende Diskussion mit einem Mitproduzenten und Protagonisten des Films Edwin Kraus im Rahmen der Aktionswoche Klimawandel vor Ort in Wetter.
TW08	Mitarbeiterschulung der EnergieAgentur.NRW am 12.09.2016 in der Lichtburg im Rahmen der Aktionswoche Klimawandel vor Ort in Wetter.
TW09	Vortrag zur Bürgerenergiegenossenschaft (BEG) und Gemeinwohlökonomie (GWÖ) von Rolf Weber am 14.09.2016 im Rahmen der Aktionswoche Klimawandel vor Ort in Wetter.
TW10	Green Club Initiative Workshop am 10.11.2016 Utopia Wuppertal, ein Themenschwerpunkt sind u.a. Kühlgeräte.
TW11	Zukunftsfähigkeit!: Workshop zu den Themen Leitbilder und Kennzahlen am 13.-14.03.2017, Schlachthof Wiesbaden (Gruppendiskussion).
TW12	Gemeinwohlökonomie – Vortrag von Christian Felber mit anschließender Diskussion am 20.06.2017, Lichtburg Wetter.
TW13	Mitgliederversammlung Bundesvereinigung Soziokultureller Zentren e.V. am 22.11.2017 in Erlangen.
TW14	BNE-Partnernetzwerk am 21.02.2018 im Umwelt Bundesamt in Dessau.
TW15	LAG-Soziokultur NW Kongress „Heute reden wir nur über Geld“ am 22.02.2018 im Bahnhof Bochum-Langendreer.

[a] Generiertes Datenmaterial der Tagungen und Workshops sind unter Befunde TW abgelegt.

Tab. 16: Übersicht Erhebungsbefunde. Eigene Darstellung

Übersicht Erhebungsbefunde											
		Phase 1 1.1 1.2 1.3 1.4				**Phase 2 2.1 2.2 2.3**			**Phase 3 3.1 3.2 3.3**		
TN	**Leitfadeninterviews**	**Auftakt Online Fragebogen**	**Selbstdarstellung**	**Initialberatung Energie**	**Datenblatt GCI**	**Erhebungsbogen Zukunftsfähigkeit Online**	**Leitbild**	**Workshop Wiesbaden**	**Handlungsfelder**	**Prozessentwicklung**	**Auszeichnung GCI**
1		1-A	1-S	1-I	1-D	1-E		GF1-W	1-HF		
2	V2-LI FM2-LI	2-A	2-S	2-I		2-E	2-L	V2-W PR2-W	2-HF		
3		3-A	3-S		3-D	3-E		GF3-W V3-W	3-HF	3-PE	
4			4-S	4-I		4-E	4-L	GF4-W	4-HF		
5				5-I	5-D			GF5-W			
6						6-E		GF6-W PR6-W	6-HF	6-PE	
7						7-E		V7-W			
8		LV8-A						LV8-W			
9	B9-LI							B9-W			
10		10-A	10-S	10-I		10-E					10-GCI
11			11-S		11-D	11-E	11-L	GF11-W V11-W	11-HF		11-GCI
12		12-A	12-S	12-I	12-D	12-E		GF12-W	12-HF	12-PE	12-GCI
13				13-I							13-GCI
14				14-I	14-D	14-E		WL14-W			14-GCI
15	LV15-LI 15-LI		15-S				15-L				
16	EX16-LI										
17	EX17-LI										
18	EX18-LI										
18	**8**	**6**	**8**	**8**	**6**	**10**	**4**	**16**	**7**	**3**	**5**

Für mehrere Phasen wurden Zusammenfassungen der Einzelbefunde (z.B. 1.1, 2.1, 2.2 oder 2.3) erstellt, auf die dann primär Bezug genommen wird. Alle Befunde sind in ausgedruckter u. digitaler Form angefügt.

Legende Funktion
B = Berater
EX = Experte
FM = Facility Management
GF = Geschäftsführer
LV = Landesverband
PR = Public Relation
V = Vorstand
WL = Wissenschaftliche Leitung

Legende Befund
A = Auftakt
E = Erhebungsbogen
D = Datenblatt GCI
GCI = Green Club Index Auszeichnung
HF = Handlungsfelder
I = Initialberatung
L = Leitbild
LI = Leitfadeninterview
PE = Prozessentwicklung
S = Selbstdarstellung
W = Workshop

7.7.1 Chiffre-Systematik

Die Chiffrierung der Untersuchungsteilnehmer berücksichtigt mehrere Informationen. Insgesamt erfolgen bis zu drei verschlüsselte Zuordnungen, ergänzt um den Hinweis, in welchem Ordner der Befund abgelegt ist. Die gewählte Chiffre-Systematik gibt Auskunft über die Funktion und die Befundart, ohne eine eindeutige Identifikation der Untersuchungsteilnehmer preiszugeben. Die folgenden Beispiele illustrieren die gewählte Kennzeichnung und Ablage der Befunde:

Tab. 17: Chiffre-Systematik. Eigene Darstellung

Beispiel	Funktion	TN-Nummer	Befund	Hinweis zur Ordnerablage[a]
3-A		3	A = Auftakt	Phase 1, Ordner 1.1
V6-E	V = Vorstand	6	E = Erhebungsbogen	Phase 2, Ordner 2.1
GF10-W	GF = Geschäftsführung	10	W = Workshop	Phase 2, Ordner 2.3

[a] Eine Verwendung der Daten im Rahmen der Ergebnisdarstellung erfolgt mit dem Hinweis auf die Datenquelle und der Seiten- bzw. Zeilenangabe, z.B. (Befunde Phase 2, Ordner 2.1 6-E, S. 11).

7.7.2 Faktische Anonymisierung

Es existieren drei Stufen für die Anonymität von Mikrodaten. Für die vorliegende Untersuchung wird eine faktische Anonymität gewählt, eine Zwischenstufe der absoluten und formalen Anonymität. „Formale Anonymität ist gewährleistet, wenn die für diesen Datenbestand üblichen Zuordnungsmöglichkeiten der Datensätze zu den Merkmalsträgern nicht mehr möglich sind" (Höhne 2010, S. 10). In der Übersicht sind die eingesetzten Untersuchungsinstrumente und die generierten Befunde zusammengefasst. Es ist erkennbar, dass fast alle Merkmalsträger im Verlauf der Studie mehrfach mit unterschiedlichen Erhebungsmethoden der qualitativen Sozialforschung untersucht worden sind. Dies ist bei der Planung des Forschungsdesigns konzeptionell so angelegt worden, um über den Forschungszeitraum von 18 Monaten (April 2016 – September 2017) von jedem Teilnehmer mehrere Befunde generieren zu können. Einerseits, um den Gegenstand zu durchdringen, andererseits aber auch, um Prozesse nachzeichnen zu können. Die Spannweite der Bezugspunkte ist sehr unterschiedlich, sie reicht von 2 Befunden (TN 7) bis zu 10 Befunden (TN 2). Das gewählte Setting führt bei der Auswertung der Daten im Hinblick auf die Gewährleistung der Anonymität zu der Frage, welche Form durch die bestehenden, mehreren Bezugspunkte eingehalten werden kann. Es ist davon auszugehen, dass sich mit der Anzahl der Befunde je Teilnehmer und der gewählten Kennzeichnung der Bezugspunkte wie z.B. Teilnahme am Workshop oder Auszeichnung Green Club Label die Wahrscheinlichkeit erhöht, dass über die Summe der Einzeldaten Rückschlüsse auf die Teilnehmer der Untersuchung möglich sind. Eine formale Anonymität ist unter diesen Rahmenbedingungen nicht mehr eindeutig gegeben.

Durch die vorgenommene Chiffrierung kann aber von einer **faktischen Anonymität** bei der Auswertung der Einzeldaten ausgegangen werden. „Faktische Anonymität ist dann gewährleistet, wenn der Aufwand für eine Zuordnung den Nutzen durch einen Informationsgewinn bei einer eventuellen erfolgreichen Zuordnung übersteigt" (ebenda). Da eine Deanonymisierung der Daten eine Zusammenführung der unterschiedlichen Erhebungsbestandteile voraussetzt sowie eine Beschaffung alternativer Quellen erfordert, übersteigt dieser Aufwand den letztlichen Informationsgehalt einer möglichen Zuordnung. Die vorgenommene Chiffrierung der Befunde bewahrt demnach eine faktische Anonymität, lässt aber in der gewählten Form eine Vielzahl an Auswertungsmöglichkeiten zu, insbesondere das Nachzeichnen von Zusammenhängen einzelner Untersuchungsobjekte sowie eine kontextbezogene Einordnung von Aussagen. Ausgehend von der Hypothese, dass es mittels der konzipierten Pilotstudie möglich ist, zukunftsweisende Veränderungsprozesse anzustoßen, besteht auf der Grundlage des generierten Datenmaterials die Möglichkeit, Einzelfallauswertungen vorzunehmen. Von dieser Option wird bei der nun folgenden Analyse punktuell Gebrauch gemacht, insbesondere mit der Absicht, eventuelle Entwicklungsprozesse nachzeichnen zu können.

Teil C) Zukunftsfähigkeit – (k)ein Thema für soziokulturelle Zentren?

8 Wer im Feld forscht wird fündig – Fundstücke und Entwicklungsstände

Die übergeordnete Leitfrage dieser Untersuchung lautet:
Ist Zukunftsfähigkeit (k)ein Thema für soziokulturelle Zentren?Ausgehend von fünf Wirkungsfeldern, 21 Indikatoren und hergeleiteten Fragestellungen wird es Aufgabe von Teil C) sein zu untersuchen, wie sich der Forschungsgegenstand diesen Fragen und Kriterien gegenüber verhält. Ziel der Arbeit ist nicht, Patentrezepte auszustellen noch idealtypische, schablonenartige Lösungswege vorzugeben. Diese Don'ts des Change Managements (vgl. Indikator XVIII) werden im weiteren Untersuchungsverlauf gemieden, da diese eher zum Scheitern von Change-Prozessen führen. Wie aber können Untersuchungsergebnisse beschaffen sein, die einer zukunftsweisenden Entwicklung dienlich sind?

Gerhard Schulz äußert sich zu dieser Frage wie folgt: „Veränderung – besser – Entwicklungen sind willkommen, wo sie notwendig sind. Aber nicht alles wird besser, wenn es verändert wird" (Befunde Phase 2, Ordner 2.1, S. 8). Zu fragen sei, wozu die Entwicklung diene, wie und wodurch ein Vorteil bzw. eine Verbesserung entstehe als auch was passiert, wenn nichts geändert würde (Befunde Phase 2, Ordner 2.1, S. 8).

Diese Fragen eint eine gemeinsame Voraussetzung. Um beurteilen zu können, welche Entwicklungsschritte notwendig sind oder nicht, braucht es gefestigte Entscheidungsgrundlagen. Urteilskraft kann nur erlangen, wer sich zuvor ein Bild davon gemacht hat, wie es aktuell sowohl innerhalb des Untersuchungsfeldes als auch im Umland ausschaut. Die beste Grundlage für eine realistische Einschätzung der Lage ist die Untersuchung der realen Begebenheiten selbst. Unmittelbar, direkt, beobachtend, fragend, vor Ort. Möglichst praxisnah ist deshalb das Forschungsdesign konzipiert, nah dran an den leitenden Akteuren und Betrieben und hoffentlich deshalb auch nah dran an wahren Bedürfnissen, Nöten und notwendigen Handlungsalternativen.

Es ist nicht selbstverständlich, dass über ein Dutzend Akteure der soziokulturellen Szene über einen Zeitraum von achtzehn Monaten im Rahmen der Pilotstudie «Zukunftsfähigkeit gestalten!» wertvolle Ressourcen eingebracht haben, denn Zeit ist ein begrenztes Gut in der Szene, wie folgende Anmerkung eines Untersuchsteilnehmers verdeutlicht: „Selbst für das Ausfüllen dieser Fragebögen gibt es ein Zeitproblem" (Befunde Phase 2, Ordner 2.1, 3-E, S. 8).

Ideenreichtum, langjährige Erfahrungswerte und Offenheit hingegen sind in einer solchen Vielfalt und Fülle vorzufinden, dass es eine Freude und Verantwortung zugleich ist, die generierten Befunde als Arbeitsbasis zu haben und mit weiterführendem Nutzen für die Teilnehmer und potentiellen Zielgruppen auszuwerten.

Die zur Anwendung kommenden Instrumente der qualitativen Sozialforschung und qualitativen Inhaltsanalyse gewährleisten zwar keine Garantie auf die Qualität der Erträge, erfüllen aber den Anspruch wissenschaftlicher Standards, haben sich für die Feldforschung als praxistauglich bewährt und können, eine methodisch sorgfältige Nutzung vorausgesetzt, die Urteilskraft mit belegten Befunden stärken. Veränderungsprozesse lassen immer auch Widerstände erwarten, diese werden auch im soziokulturellen Feld aufzuspüren sein. Gut begründete Argumente können helfen, gefühlte Behauptungen zu entkräften und Positionen mit Überzeugungskraft ins Feld zu führen.

Hilfreich für Entscheidungsprozesse wird sein, nach der Analyse der Befunde eine Bewertung des Entwicklungsstands vorzunehmen. Ohne der Debatte zum Thema Kennzahlen und Indikatoren (vgl. Indikator III) vorzugreifen, werden einleitend zwei Instrumente vorgestellt, die in leicht modifizierter Form in der Untersuchung zur Anwendung kommen werden.

Für einen schnellen Statusüberblick bietet sich der Einsatz einer Ampelsymbolik an.

Eine alternative, etwas differenziertere Methode zur Darstellung des Entwicklungsstands ist eine Unterscheidung von vier Stufen: Erste Schritte (0–25 %); Fortgeschritten (26–50 %); Erfahren (51–75 %); Vorbildlich (76–100 %). Um auch hier eine schnelle Übersichtlichkeit zu erlangen, erfolgt die Bewertung über die Angabe einer gerundeten Punktzahl, also z.B. 20, 50 oder 90 Punkte. Eine zusätzliche Option dieser Methode ist, dass mit dieser Symbolik auch Negativkriterien darstellbar wären, wie dies bei frühen Formen der Gemeinwohl-Matrix der Fall war (vgl. Gemeinwohl-Matrix 4.1 Felber 2014, S. 42–43). Zur Bewertung des Entwicklungstandes werden in der vorliegenden Untersuchung folgende Statusindikatoren angewandt:

Bewertungssystem: Der Entwicklungsstand auf einen Blick

20	40	60	80
Erste Schritte (0-25 %)	Fortgeschritten (26-50 %)	Erfahren (51-75 %)	Vorbildlich (76-99%)

Abb. 13: Bewertungssystem: Der Entwicklungsstand auf einen Blick. Eigene Darstellung.

Zur Überprüfung, inwiefern die Durchführung der Studie «Zukunftsfähigkeit gestalten!» für die Teilnehmer als Erfolg zu bewerten ist, sind zum Auftakt die Erwartungen und Wünsche erfragt worden. Eine Auswertung der Befunde erfolgt im abschließenden Fazit.

Tab. 18: Auswertung Online-Erhebung: Auftakt Zukunftsfähigkeit

AUSWERTUNG ONLINE-ERHEBUNG: AUFTAKT ZUKUNFTSFÄHIGKEIT![a]
Wenn Sie drei Wünsche frei hätten: Was würden Sie sich für Ihr Zentrum wünschen?
Höchste Priorität: «finanzielle Sicherheit» nannten alle. Hohe Priorität: «Personalentwicklung und bessere personelle Ressourcen» Einzelnennungen siehe.[b]
Haben Sie Erwartungen an das Projekt «Zukunftsfähigkeit gestalten!», wenn ja, welche?
Höchste Priorität: «fachliche Impulse, konkrete Vorschläge für Einsparpotential Austausch über gemeinsame Erkenntnisse»[c] Hohe Priorität: «Fundierte Argumentationshilfen zur Sensibilisierung der Szene, der politisch Verantwortlichen, unserer Gesellschaft» Weitere Erwartungen siehe.[d]
Wann wäre die Teilnahme an dem Projekt für Ihr Zentrum ein Erfolg?
Erfolgskriterium 1: «Konkrete Lösungsvorschläge zur energetischen Optimierung und dauerhaften Reduzierung der Betriebskosten» **Erfolgskriterium 2:** «Anerkennung und Akzeptanz von Nachhaltigkeitsthemen»[e] **Erfolgskriterium 3:** «Stärken, motivieren, durchhalten, entwickeln»

[a] Online-Erhebung vom 09.05.2016, verschickt per Mail an alle angemeldeten Teilnehmer (16) zum Auftakt der Pilotstudie «Zukunftsfähigkeit gestalten!» Stand: 02.05.2016. N = 6 (zweimal NRW, viermal Hessen), Rücklaufquote: 37,5 % (vgl. Befunde Phase 1, Ordner 1.1 Auswertung).

[b] Umfassende Sanierung und Modernisierung, Unabhängigkeit von Energielieferanten (Eigenversorgung), Viele Besucher, die zufrieden sind. Eine angenehme, komfortable Aufenthaltsqualität. Mehr Zeit für Wesentliches. 100 % Nutzung von erneuerbaren Energien. Verzicht auf Flyer und Plakate. Technische Ausstattung der Veranstaltungslocations mit ökologisch nachhaltiger Technik.

[c] Als Impulse wurden z.B. genannt: Ist-Analyse, um festzustellen, welche Einsparpotentiale möglich wären in den Einrichtungen; Hinweise und Lösungsvorschläge auf/für bestehende Versäumnisse.

[d] Je zweimal genannt wurden: Nennungen Fördermittel sowie strategische, ökologischere Gestaltung.

[e] Z.B. Erstellung eines human-ökologischen Leitbilds, Integration lokaler BNE-Angebote

8.1 Wirkungsfelder, Schlaglichter und Kenntnislücken soziokultureller Zentren

Die vorliegende Untersuchung erfolgt kategoriengeleitet. Dieses Kapitel folgt der Frage, welche Wirkungsfelder soziokulturelle Zentren in Deutschland kennzeichnen. Der Statistikbericht «Ganz genau! Soziokulturelle Zentren in Zahlen 2017», den die Bundesvereinigung Soziokultureller Zentren e.V. seit 1992 in regelmäßigen Abständen erhebt, sollte hierzu nähere Informationen bieten. Die empirischen Daten der Mitgliedseinrichtungen beziehen sich auf das Geschäftsjahr 2015. An der Befragung haben 255 von insgesamt 530 Mitgliedseinrichtungen aus 15 Bundesländern teilgenommen (vgl. Bundesvereinigung Soziokultureller Zentren e.V. 2017, S. 3).

Legt man die gewählten fünf Kategorien als Cluster zugrunde, werden in dem Statistikbericht einerseits die derzeitigen Betrachtungsschwerpunkte soziokultureller Zentren sichtbar. Deutlich wird aber auch, welche Wirkungsbereiche im Zusammenhang einer zukunftsfähigen Ausrichtung sowohl bei der Erhebung als auch bei der Außendarstellung unberücksichtigt bleiben.

Die nachfolgende Abbildung zeigt, welchen Kategorien sich die insgesamt 53 Fragen der Erhebung „Was zählt?!" zuordnen lassen.

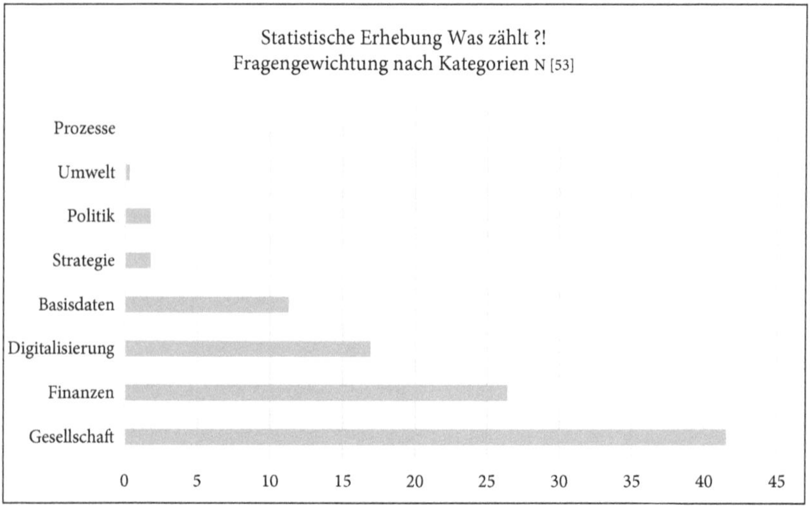

Abb. 14: Statistische Erhebung „Was zählt!?" – Gewichtung und Kategorien. Eigene Darstellung.

Schwerpunkte der derzeitigen Erhebung und Berichterstattung des Statistikberichtes der Bundesvereinigung sind die Wirkungsfelder Gesellschaft (42 %) sowie Finanzen (26 %).[149] Folgende Schlaglichter weisen die beiden Wirkungsfelder Gesellschaft und Finanzen auf:

Wirkungsfeld Gesellschaft
Die Darstellungen zum Wirkungsfeld Gesellschaft können in die Handlungsfelder Angebote, Akteure, Räume, Zielgruppen und Gemeinwohl-Merkmale unterteilt werden.

<u>Schlaglichter der Angebote sind:</u>

- „Mehr als 294.000 Veranstaltungen in soziokulturellen Einrichtungen verzeichnen jährlich 12 Mio. Besuche" (Bundesvereinigung Soziokultureller Zentren e.V. 2017, S. 17).
- Einzelveranstaltungen wie Konzerte, Lesungen oder Theateraufführungen machen nur ein Viertel aller Veranstaltungen aus. Drei Viertel sind kontinuierliche und offene Angebote (ebenda, S. 19).
- „43 % der Einzelveranstaltungen (ohne Fremdveranstaltungen) waren selbst konzipierte Formate oder eigene Produktionen" (ebenda, S. 21).

<u>Schlaglichter bei den Akteuren und Räumen sind:</u>

- „61 Prozent [der Akteure] arbeiten rein ehrenamtlich[…], in 27 Prozent aller Einrichtungen werden die gesellschaftlichen und kulturellen Angebote rein ehrenamtlich organisiert" (ebenda, S. 27).
- „85 % stellen ihre Räume anderen Akteuren zur Verfügung" (ebenda, S. 45).

<u>Schlaglichter zur Zielgruppe:</u>

- „50 % der soziokulturellen Zentren und Initiativen arbeiten mit Kindern und Jugendlichen" (Bundesvereinigung Soziokultureller Zentren e.V. 2017, S. 9).
- „66 % haben einen interkulturellen Schwerpunkt" (ebenda, S. 9).

<u>Schlaglichter Gemeinwohl-Merkmale:</u>

- „Fast 90 % der Einrichtungen sehen Bildungsangebote zur kulturellen Teilhabe als ein prägendes Element ihrer Praxis an" (ebenda, S. 12).

---

149 Das Handlungsfeld Digitalisierung ist Themenschwerpunkt der statistischen Erhebung gewesen. In dieser Untersuchung werden die Herausforderungen im Zusammenhang der fortschreitenden Digitalisierung ausgeklammert.

- o Über die Hälfte der Einrichtungen sehen bürgerschaftliches Engagement als zentrales Thema ihrer Arbeit an (Was zählt!? Soziokulturelle Zentren in Zahlen 2015, S. 14).

Wirkungsfeld Finanzen

Schlaglichter aus dem Wirkungsfeld Finanzen sind:

- o „49 % ihres Finanzbedarfs erwirtschaften soziokulturelle Zentren selbst" (Bundesvereinigung Soziokultureller Zentren e.V. 2017, S. 35).
- o „Etwa 80 % der hauptamtlich Beschäftigten werden untertariflich bezahlt" (ebenda).
- o „Die deutliche Erhöhung der institutionellen Förderung gegenüber der Projektförderung ist ein Schritt in die richtige Richtung" (ebenda, S. 6).

Aus den generierten Daten leitet die Bundesvereinigung nachfolgende politische Forderungen ab:

Wirkungsfeld Politik

Schlaglichter Politische Forderungen:

- o „Soziokulturelle Zentren leisten gesellschaftlich unverzichtbare Arbeit. Sie benötigen dafür mehr öffentliche Unterstützung als bisher. Das heißt:
  - Größeres Engagement der Länder
  - Stärkere institutionelle Förderung
  - Personalkostenzuschüsse
  - Zuschuss für Bau und Investitionen" (ebenda, S. 7).

Die hier zusammengefassten Sekundärdaten (Forderungen, Schlaglichter und bundesweiten Merkmale) soziokultureller Zentren helfen bei der Auswertung der erhobenen Primärdaten, die Befunde können vergleichend betrachtet und in einen bundesweiten Kontext gebracht werden. Deutlich zeigt sich bei der statistischen Erhebung, dass drei wesentliche Wirkungsfelder nachhaltigen Wirtschaftens keine Berücksichtigung finden. Es fehlen sowohl Bezugspunkte zur Umwelt (0,3 %), auch zur Steuerung von Prozessen werden keine näheren Angaben gemacht (0 %), wenngleich der Bericht mehrere Entwicklungsströme ausweist oder auch vorenthält.[150] Zudem fragt der Bericht nicht danach, mit welcher

---

150 Benannt werden sowohl die Erhöhung der institutionellen Förderung um 6 % als auch die Abnahme der Vergütung in Anlehnung nach TVöD um 7 %. Auch erfolgte die Vergleichsbetrachtung des besorgniserregenden Rückgangs der Zuschüsse für Bau und Investitionen um 6,8 Millionen (vgl. Bundesvereinigung Soziokultureller Zentren

Strategie die Zentren gedenken, zukünftigen Herausforderungen zu begegnen, lediglich die Frage nach dem Selbstverständnis der Zentren kann mit 2 % dem Wirkungsfeld Strategie zugeordnet werden.

Abbildung 17 veranschaulicht, dass durch eine vorgenommene Ausschnittbetrachtung wesentliche Wirkungsfelder ausgeklammert werden, die im Zusammenhang mit nachhaltiger Entwicklung stehen. Es ist Aufgabe und Herausforderung des Forschungsdesigns zugleich, mit der Pilotstudie «Zukunftsfähigkeit gestalten!» Lücken der derzeit noch unberücksichtigten Wirkungsfelder im Rahmen der qualitativen Feldstudie zu schließen. Möglicherweise können Bestandteile der Untersuchungsreihe perspektivisch auch für eine bundesweite Datenerhebung relevant sein.

Unter dem spezifischen Prüfraster der Zukunftsfähigkeit ist festzustellen: Eine bundesweite, rahmengebende Zielorientierung besteht nicht, weder zur Deutschen Nachhaltigkeitsstrategie, noch zu Zielsetzungen der Agenda 2030, nicht zu einzelnen Zielvorgaben der Vereinten Nationen (17 SDG) und auch nicht zu planetarischen Leitplanken. Aktuell werden auf Bundesebene keine langfristig angelegten, strategischen Zielplanungen und Vorgehensweisen erfasst, wie die Bundesvereinigung gedenkt, zukünftige Herausforderungen anzugehen. In Kapitel 8.3 wird ein vertiefender Blick auf die Landesebene des Forschungsfeldes geworfen, welche Pläne, Gesetze, Modellprojekte, Ziele, Schwerpunkte und Mittel dort aktuell rahmengebend bestehen.

Kapitelabschließend erfolgt auf der Grundlage der in Teil C) eingeführten Systematik eine zusammenfassende Bewertung des Entwicklungsstands zu den Themenbereichen Wirkungsfelder, Schlaglichter und Kenntnislücken.

Die statistische Erhebung der Bundesvereinigung Soziokultureller Zentren e.V. konzentriert sich aktuell auf die Wirkungsfelder Gesellschaft 40
(42 %) und Finanzen (26 %) und leitet aus diesen insbesondere finanzpolitische Forderungen ab (Indikator V). Zukunftsfähigkeit befördern kann ein erweiterter Blick auf die bestehenden Kenntnislücken, eine Erweiterung der zusätzlich zu erhebenden Befunde inklusive anschließender Ausarbeitung eines Strategieplans, diese Lücke systematisch zu schließen (Indikatoren XIII und XIV).

---

e.V. 2017, S. 6). Hingegen unerwähnt bleiben der Besucherrückgang um 1,5 Millionen (von 13,5 Millionen auf 12 Millionen) sowie die enorme Zunahme der Zentren mit interkulturellem Schwerpunkt um 20 % (von 46 % auf 66 %) innerhalb von zwei Jahren (vgl. Was zählt!? Soziokulturelle Zentren in Zahlen 2015, S. 11 und S. 5).

Schlaglichter soziokultureller Zentren weisen bundesweite Kernkompetenzen und zentrale, einrichtungsübergreifende Angebotsbereiche aus (Indikator XX).

Rahmengebende Zielorientierungen zur Deutschen Nachhaltigkeitsstrategie, Agenda 2030, den Vereinten Nationen (17 SDG) oder planetarischen Leitplanen (vgl. Indikatoren I, II und IV) werden auf Bundesebene nicht ausgewiesen. Unter zukunftsweisenden Gesichtspunkten besteht hier noch nicht genutzter Entwicklungsbedarf.

Kenntnislücken bei der bundesweiten Erhebung bestehen aktuell bei den Wirkungsfeldern Umwelt, Entwicklung und Strategie. Die vorliegende Untersuchung erfasst erstmals in dem eingegrenzten Forschungsfeld Befunde zu diesen Bereichen. Je nach Aussagekraft der Erhebung können Bestandteile der Befragung perspektivisch auch bundesweit von Interesse sein (Indikator V).

8.2 Erkundungen im kulturpolitischen Feld: Nachhaltigkeitskultur im Blick?

„Eine Orientierung am Leitprinzip der Nachhaltigkeit verlangt, Nachhaltigkeit in allen Politikfeldern zur Geltung zu bringen" (Meilensteine der Nachhaltigkeitspolitik 2014, S. 19).

Das Politikfeld Umwelt wählt zur nachhaltigen Entwicklung einen strategischen Ansatz, wie die angestrebte bundesweite Implementierung von BNE oder die Nachhaltigkeitsstrategie Hessen (vgl. Kapitel 2.4) zeigen. Welche Einblicke gewähren Erkundungen im kulturpolitischen Umfeld des Untersuchungsgegenstands? Welche Instrumente nutzen kulturpolitische Entscheidungsträger zur Gestaltung kultureller Infrastruktur und wie verhalten sich diese unter zukunftsfähigen Aspekten? Wie ist es um das Bewusstsein einer Nachhaltigkeitskultur im kulturellen Feld bestellt?

Grundsätzlich ist die Infrastrukturpolitik als eine Aufgabe „der öffentlichen Hand" (Gabler Wirtschaftslexikon 2014) zu betrachten. So sieht es auch der Enquete-Bericht «Kultur in Deutschland», wo der Begriff «kulturelle Infrastruktur» als «öffentliches Gut» definiert wird, deren Sicherung in öffentlicher Verantwortung liegt (vgl. Fink, Tobias/Götzky, Doreen 2013, S. 61). „Die Idee des Staates ist eine Struktur, (…) ein Modell, an dem wir uns orientieren können und müssen, wenn wir einen empirischen Staat so einrichten wollen, daß er nicht untergeht" (Picht 1992, S. 23). Zur Gestaltung von Strukturen braucht die öffentliche Hand Instrumente, hierfür nutzt sie bewährte Methoden, wie sie Platon schon 400 v. Chr. zur Modellierung seines „idealen Staates" entwickelte: Gesetze.

Diese Grundstruktur unserer Demokratie, mit Gesetzen und Ausführungsbestimmungen den Handlungsrahmen eines Staates festzulegen, hat bis heute Bestand und gilt auch für kulturpolitisches Handeln in Deutschland.

Um die Kulturförderung auf eine verlässliche und verbindliche Grundlage zu stellen, ist kulturpolitischen Entscheidungsträgern die Ausgestaltung eines Kulturfördergesetzes möglich.[151] Bündelbar wären Handlungsschwerpunkte, Themenfelder oder Förderbereiche zudem in einem Kulturförderplan, wenngleich dieses strategische Steuerungsinstrument in kulturpolitischen Kreisen erst zögerlich Anwendung findet.[152] „Planung war als Begriff und Prozess in der Kulturpolitik lange Jahre ein Unwort. […] Planung wurde als einengend und gegen die Freiheit der Kunst gerichtet empfunden“ (Vorstand der Kulturpolitischen Gesellschaft e.V. III/2017, S. 66). Ob der Kulturförderplan und das Kulturfördergesetz in NRW auch für soziokulturelle Zentren von Bedeutung sind und sich hier Aspekte nachhaltiger Entwicklung ausmachen lassen, wird Untersuchungsbestandteil des nachfolgenden Kapitels sein.

Welche Merkmale sollte eine zeitgemäße, kulturpolitische Rahmung aufweisen? Dieter Hasselbach vertritt die Auffassung, Fördermittel sollten im öffentlichen Interesse eingesetzt werden, er formuliert pointiert: „Öffentliche Gelder dürfen nur fließen, wo öffentliche Ziele verfolgt werden“ (Hasselbach 2014, S. 43). Förderungen sollten auf gesellschaftsrelevante Zielsetzungen ausgerichtet und möglichst partizipativ modelliert sein. Zudem sollten gesellschaftliche Veränderungen Berücksichtigung finden, auf die mit entsprechenden Programmen und Fördermodellen reagiert werden kann.

Ein bereits bestehender Handlungsansatz, kulturelle Infrastruktur in dieser Weise auszurichten, ist das Konzept aktivierender Kulturpolitik. Mit seinem „Plädoyer für eine aktivierende Kulturpolitik“ hat Oliver Scheytt, Vorsitzender der Kulturpolitischen Gesellschaft, bereits im Jahr 2008 eine Gestaltungsform zeitgemäßer Kulturpolitik in den Diskurs eingebracht. Ausgerichtet auf den individuellen Kulturbürger beinhaltet die Methodik eine Anleitung zur Steuerung komplexer Anforderungen unter Einbeziehung von Partnern über Netzwerke.

151 „Bislang gibt es nur in zwei Bundesländern ein spartenübergreifendes Kulturfördergesetz und zwar seit 2014 in NRW und seit 1993 in Sachsen“ (Zimmermann 2016). Auf das Kulturfördergesetz und den Kulturförderplan in NRW wird das nachfolgende Kapitel eingehen.

152 2012 verabschiedet z.B. der Freistaat Thüringen ein Kulturkonzept, aus dem im Jahr 2013 eine Auswahl von zwei Modellregionen zur Erarbeitung von interkommunalen Kulturentwicklungskonzeptionen hervorging (vgl. Thüringer Ministerium für Bildung, Wissenschaft und Kultur 2012).

„Aktivierende Kulturpolitik operiert […] nicht mit Blick auf die Bereitstellung von Ressourcen und die Gestaltung von Recht, sondern setzt […] vor allem auf die Gestaltung von Relationen und das Zusammenspiel aller Kulturakteure, das sich als die wichtigste Zukunftsressource im Kulturstaat Deutschland erweist" (Scheytt 2008, S. 37). Deutlich wird hier die gemeinsame Verantwortung von Akteuren, Kulturbetrieben und Politik, aber auch die gegenseitige Abhängigkeit voneinander. Aktivierende Kulturpolitik ist ein Gestaltungsinstrument, das mithilfe partizipativer Entscheidungsprozesse (Krainer 2010, S. 90) auch nachhaltigen Wandel befördern kann. Eine wesentliche Voraussetzung ist, dass Kriterien der Nachhaltigkeit auch Eingang in die Entscheidungsprozesse finden.

Wie aber steht es mit dem kulturpolitischen Gestaltungswillen? Hat die Kulturpolitik das Thema Nachhaltigkeit auf der Agenda?

Betrachtet man den kulturpolitischen Diskurs der vergangenen fünfzehn Jahre in Deutschland, so wird deutlich, dass sich die Themenbereiche Kultur und Nachhaltigkeit fast zeitgleich mit der Beschlussfassung der nationalen Nachhaltigkeitsstrategie durch den Bundestag im Jahr 2002 zunächst annähern[153], in der folgenden Dekade aber nicht zusammenfinden, wie der nachfolgende Exkurs zum Thema **Nachhaltigkeitskultur** ausführen wird.

Aus der Bandbreite der Begrifflichkeiten schälen sich das relativ neue Konstrukt «Nachhaltigkeitskultur» sowie die von der Deutschen UNESCO-Kommission favorisierte Wortkombination «kulturelle Nachhaltigkeit» und eine damit verbundene Erweiterung der Dimensionen „vom magischen Dreieck zum magischen Viereck" (Stahmer 2010, S. 59) heraus. Kritische Stimmen raten, auf die Wortkombination «kulturelle Nachhaltigkeit» zu verzichten und favorisieren den modernen Begriff einer «Nachhaltigkeitskultur» (vgl. ebenda, S. 74), der eher auf kulturelle Verhaltensweisen und praxisnahe Transformationsprozesse im Alltag zu schauen scheint. Das Kompositum Nachhaltigkeitskultur klingt vielsagend, es impliziert das Selbstverständnis, dass Kultur und Kulturakteure Beiträge zu einer gesellschaftlichen Transformation zu mehr Nachhaltigkeit leisten können. Das letzte Wort bei der Begriffsbestimmung sollte allerdings der Gehalt haben, ohne den eine Debatte über Begriffe unnütz und sinnentleert scheint und sich in Worthülsen verliert, anstatt tatsächliche Wirkungskraft zu entfalten und reale Beiträge zur Ausprägung einer Nachhaltigkeitskultur einzubringen.

Sicherlich gibt es mittlerweile „eine Reihe von Einzelaufsätzen und wissenschaftlichen Arbeiten (Davide Brocchi, Hildegard Kurt, Sacha Kagan u.a.), die

153 Insbesondere mit der 2002 veröffentlichten Publikation Kunst – Kultur – Nachhaltigkeit: Die Bedeutung von Kultur für das Leitbild Nachhaltige Entwicklung, herausgegeben von Hildegart Kurt und Bernd Wagner.

jedoch nicht darüber hinauskommen, die Notwendigkeit zu beschwören, dass Nachhaltigkeit eine kulturelle Dimension hat" (Goehler 2012, S. 15).

Es braucht Tatkraft, die schwerwiegende Lücke der Deutschen Nachhaltigkeitsstrategie, die bisher fehlende „kulturelle Dimension der Nachhaltigkeit" (Deutsche UNESCO-Kommission 2016, S. 1), zu schließen. Was könnte hilfreicher sein als erfolgreiche Praxis? Es braucht wirkungsvolle Taten und eine überzeugende Aufbereitung derselben, um die Relevanz einer Nachhaltigkeitskultur und deren Transformationskraft deutlicher zu machen. Zu unscharf ist die Debatte bisher, zu wenig fundiert scheinen die bisherigen Untersuchungsbefunde, zu ungenau sind die Bemühungen um eine eindeutige Begrifflichkeit und Positionierung. Förderlich dürften auch Erkenntnisse darüber sein, warum Menschen nicht nachhaltig handeln. Larissa Krainer ist eine von vielen Mitstreitern, „die sich dafür stark machen, erkennen zu wollen, nach welchen kulturellen Mustern nicht-nachhaltiges Verhalten funktioniert und wie ein Wandel hin zu einer Kultur erzielt werden kann, die die Chance birgt, nachhaltig zu sein" (Krainer 2010, S. 94). Das UNESCO-Weltaktionsprogramm weist hochwertiger Bildung (SDG 4.7)[154] bei dem angestrebten Transformationsprozess eine Schlüsselkompetenz zu. Bis Ende 2019 legt das Programm weltweit den Fokus auf fünf Handlungsfelder, um BNE in allen Politikbereichen und sämtlichen Lern- und Lehrumgebungen dauerhaft strategisch zu verankern. Das Programm setzt auf die verstärkte Ansprache und Mobilisierung der Jugend sowie auf die Förderung nachhaltiger Entwicklung auf lokaler Ebene (Deutsche UNESCO-Kommission 2018b). Die Leiterin des hessischen Referats Nachhaltigkeitsstrategie bestätigt im Experteninterview die Zielsetzung, die Jugend in allen Facetten der Nachhaltigkeit jetzt mitnehmen zu wollen (Befund EX16 2017, S. 2).

Bildungspartnerschaften zur Bündelung der Kräfte scheinen an der Zeit, noch aber spielen Kultur und kulturelle Bildung im BNE-Wirkungsfeld nur eine „marginale Rolle" (Keuchel 2018, S. 24). Kulturelle Bildungsakteure sorgen sich um eine Funktionalisierung ihrer Disziplin, die von einer ergebnisoffenen Arbeitsweise geprägt ist. BNE hingegen ist strategisch angelegt, arbeitet curricular und zielgerichtet.

---

154 Ziel von SDG 4.7 ist die Sicherstellung bis 2030, dass alle Lernenden die notwendigen Kenntnisse und Qualifikationen zur Förderung nachhaltiger Entwicklung erwerben, unter anderem durch Bildung für nachhaltige Entwicklung und nachhaltige Lebensweisen, Menschenrechte, Geschlechtergleichstellung, eine Kultur des Friedens und der Gewaltlosigkeit, Weltbürgerschaft und die Wertschätzung kultureller Vielfalt und des Beitrags der Kultur zu nachhaltiger Entwicklung (vgl. Deutsche UNESCO-Kommission 2018a).

Doch sollten, bei aller Ergebnisoffenheit, planetarische Grenzen nicht auch für die kulturelle Bildung gelten? Natur und Mensch in das Zentrum des eigenen Handelns zu stellen und eben nicht mehr losgelöst zu agieren, darum geht es im Kern bei den bereits aufgezeigten Alternativmodellen zukunftsfähiger Wirtschaftsweisen[155], die ein Umdenken voraussetzen und neue Verhaltensweisen erfordern. Bisher sei die Haltung der Kulturschaffenden und kulturpolitischen Entscheidungsträger gegenüber den BNE Bemühungen, Nachhaltigkeitsprinzipien auch in der Kultur zu verankern, eher als ablehnend und hinhaltend ignorant zu beschreiben, diagnostiziert der Generalsekretär des Rates für nachhaltige Entwicklung, Günther Bachmann. Kulturpolitik laufe der erforderlichen Ausbildung einer Nachhaltigkeitskultur hinterher, äußert er Anfang des Jahres 2018 in einem Artikel zur Nachhaltigkeitskultur kritisch. „Im Kulturpolitischen Alphabet des Deutschen Kulturrates fehlt das Stichwort Nachhaltigkeit" (Bachmann 2018, S. 20), diese Feststellung gilt darüber hinaus auch für die begriffliche Bestimmung einer Nachhaltigkeitskultur.[156]

Ist es also einem bisher vorherrschenden Unabhängigkeitsstreben der Kulturakteure mitgeschuldet, dass die gesellschaften Transformationsprozesse zu mehr Nachhaltigkeit noch am Anfang stehen? Ließen sich bei genauerer Betrachtung nicht eine gemeinsame Sprache, verbindende Positionen, Grundsätze und neue Formen einer Zusammenarbeit kultureller Bildung und Bildu

ng für nachhaltige Entwicklung entdecken, möglicherweise unter dem gemeinsamen Oberbegriff Nachhaltigkeitsskultur?

Eine kulturelle Ausdrucksfreiheit innerhalb planetarischer Grenzen sollte möglich sein. Für beide Bereiche wären eine Allianz auf Augenhöhe (vgl. Keuchel 2018, S. 24) und ein verstärkt gemeinsames Handeln und Eintreten für die Sache empfehlenswert, unter Wahrung der jeweiligen Stärken und Potentiale und unter Berücksichtigung aufspürbarer verbindender Anknüpfungspunkte, denn beide Bildungsarten arbeiten partizipativ, lebensweltnah, haptisch, wollen neue Sichtweisen erschließen, setzen auf das praktische Tun, das Erleben und Verstehen über die Ansprache der Sinne, in unterschiedlicher ästhetischer Ausprägung. Die Ausrichtung auf lebensweltnahe Themen ist beispielsweise Teilen der deutschen Theaterlandschaft nicht fremd, das Theater knüpft an die

155 Vgl. Modelle Kapitel 1.3: ökologisch-soziale Marktwirtschaft, Ökologische Ökonomie und Gemeinwohlökonomie.

156 Ein prüfender Blick auf das mehr als 200 Schlüsselwörter beinhaltende kulturpolitische Alphabet bestätigt diese Feststellung. In der Kurzübersicht zur Kulturpolitik fehlen eine Kommentierung oder Begriffsbestimmung zur Nachhaltigkeit und auch zur Nachhaltigkeitskultur bisher (vgl. Zimmermann 2018b).

„Lebenswelten von unterschiedlichen sozialen, gesellschaftlichen und kulturellen Gruppierungen an und entwickelt und erprobt neue Themenfelder, Spielweisen und Zuschauergewohnheiten“ (Heinicke 2017, S. 43). Dies gilt sowohl für Staats-, Stadt- und Landestheater (vgl. ebenda, S. 43) sowie insbesondere auch für die freie Theaterszene, die sich eher der soziokulturellen Szene verbunden fühlt. Stellvertretend sei ein Auszug der Selbstdarstellung von Zentrum 12 zitiert, der die Haltung und Arbeitsweise auf den Punkt bringt: „Wir bringen das Theater dorthin, wo es gebraucht wird“ (Befunde Phase 1, Ordner 1.2 12-S, S. 1). Der Bedarf für eine ästhetisch-künstlerische Auseinandersetzung mit Lebensformen der Nachhaltigkeitskultur scheint gegeben.

Es kann sich als perspektiverweiternd herausstellen, BNE-Lehrpläne um typische Ausdrucksmittel kultureller Bildung zu erweitern, Lehrinhalte kritisch zu reflektieren, zu interpretieren, zu überzeichnen, zu karrikieren oder auch zu spiegeln. Good Practise Beispiele einer ästhetischen Vermittlung von Nachhaltigkeitskultur können gemeinsam interdisziplinär entdeckt, in Laboren und Experimentierräumen erprobt und schließlich verbreitet, vermittelt und gelehrt werden.

Jeder praxisnahe Untersuchungsansatz kann hier wertvolle Beiträge leisten, denn „das stärkste Motiv für die Veränderung von Praxis ist stets – Praxis: Erst die konkrete Erfahrung weckt und verstärkt die Lust, die Lebenswelt weiter zu verändern, sich mit Gleichgesinnten zu vernetzen und Andersgesinnte zu überzeugen“ (Leggewie, Claus/Welzer, Harald: 2009, S. 210). Auf die Ansprache der Lebenslust zielt auch die Anregung des Geschäftsführers des Deutschen Kulturrates und Herausgebers von Politik & Kultur, ein Umdenken vom Verzicht zum Gewinn sei erforderlich: „Der Mensch ist ein lustbetontes Wesen. Etwas zu tun, dass Freude macht, das nicht den Verzicht, sondern den Gewinn betont, animiert zum Mitmachen“ (Zimmermann 2018a, S. 17). Lösungsbeispiele, wie dies denn umsetzbar wäre, bleibt Zimmermann in seinem Statement schuldig.

Der deutsche Soziologe Karl Heinz Hörning wird hier konkreter und stellt fest: „Das Problem besteht im Fehlen alltagstauglicher Lösungen“ (Hörning 2010, S. 338). Er verfolgt den Ansatz, die „Entwicklungsbedingungen, unter denen Menschen in sozialen und kulturellen Welten aufwachsen und dabei ihre Fähigkeiten, Fertigkeiten und eben auch kulturellen Kompetenzen erlangen und einüben können“ (ebenda, S. 336) verstärkt in den Fokus zu rücken. Nachhaltigkeit entwickele sich über Erkundungen im Alltag, als „offener Such-, Lern- und Erfahrungsprozess“ (ebenda, S. 342).

Die Gestaltung der eigenen Lebensweise gerät also zunehmend in den Fokus, davon sind auch Claus Leggewie, Politikwissenschaftler und langjähriger Direktor des Kulturwissenschaftlichen Instituts Essen und der Soziologe Claus Welzer überzeugt. Beide setzen auf die transformative Kraft der Gesellschaft: „Die

Revolution kann nur eine Kulturrevolution des Alltags sein: das Private ist politisch" (Leggewie, Claus/Welzer, Harald: 2009, S. 227).

Antworten auf die Frage, wie eine revolutionierte Alltagskultur denn konkret aussehen würde, dürften sehr unterschiedlich ausfallen. Forderungen nach neuen Lebensmodellen, lustvollen Erkundungen bei maßvoller Lebensweise stehen die Trägheit der Wohlstandsgesellschaft und Besitzstandswahrung gegenüber. Die Gestaltung von Zukunftsfähigkeit ist gekennzeichnet von allgegenwärtigen „Aporien, unauflösbaren […] Widersprüchen" (Haderlapp, Thomas/Trattnigg, Rita 2010, S. 350) und lässt Widerstände erwarten, denn ein Verlassen der Komfortzone macht zu allem Überfluss auch noch Mühe. Es wird enorme transformative Kräfte brauchen, der Bequemlichkeit und Ignoranz entgegenzuwirken, um das große Ziel der Nachhaltigkeit zu erreichen, „nicht hier auf Kosten von dort zu leben und im Heute nicht auf Kosten von Morgen" (Goehler 2012, S. 10).

Entwicklungsprognosen sind schwer abzuschätzen. Festzustellen ist, dass Alternativmodelle wie beispielsweise Felbers Gemeinwohlökonomie innerhalb von nur sieben Jahren enormen zivilgesellschaftlichen Zuspruch erfahren, wohl auch aufgrund dessen, dass seine Wirtschaftsweise den Blick auf das «Wohl aller» (vgl. Felber 2014, S. 35), auf das Gemeinwohl, richtet. Seiner Auffassung nach könnten Sinn, Werteorientierung und ethisches Handeln Motive von morgen sein, in die zu investieren lohnenswert scheint (ebenda, S. 79). Auch die Otto-Studie aus dem Jahr 2009 hält ethischen Konsum als gesellschaftliche Entwicklungsprognose für „am wahrscheinlichsten" (DJH Landesverband Unterweser-Ems e.V. 2014, S. 14), so könnte sich eine zukünftige Lebensweise an den Indikatoren „Bio, fair, regional, regenerativ, energieeffizient, gesund, schadstoffarm, klimaneutral, …" (ebenda, S. 13) festmachen lassen.

Welzer formuliert die Losung, den Blick auf das Naheliegende, Überschaubare zu lenken: „Große Probleme erfordern kleine Lösungen, komplexe Probleme erfordern einfache Lösungen" (Leggewie, Claus/Welzer, Harald: 2009, S. 107). Im Leitbild der Fachhochschule Eberswalde klingt dies so: „Wir setzen das Prinzip globaler Verantwortung im lokalen Handeln um" (Baumast und Pape 2013, S. 201).

Es bleibt nicht absehbar, wohin die vom Menschen verursachte planetare Schieflage führen wird. Tatsache ist: Der Mensch ist nicht Leidtragender der weltweiten Probleme, er ist die Ursache, weshalb weltweit Leid zu ertragen ist. Die Umwelt hat im Zeitalter des Anthropozäns das Nachsehen, wenngleich wahrscheinlicher scheint, dass sich dieser Zustand für den Menschen in das Gegenteil verkehren wird. Denn klar ist: Die Umwelt braucht den Menschen nicht.

„Da die ökologische Problematik offenkundig anthropogen ist, vom Menschen verursacht" (Schmid 2008, S. 59), ist eine Lösung auch nur vom Menschen selbst zu verrichten. Die Suche nach Nachhaltigkeit wäre demnach verfehlt, „wenn es nicht gelänge, die Nachhaltigkeit mitten in uns selbst, in unserer Lebenshaltung und Lebensform anzusiedeln“ (Schmid 2015, S. 163).

Um eben diese Frage geht es in der vorliegenden Untersuchung: Welche Beiträge leisten die Betreiber und Nutzer soziokultureller Zentren zum Erhalt des Lebensraumes und zur Ausprägung einer Nachhaltigkeitskultur? Die gesellschaftliche Nähe und Verortung der Zentren dürften zu der Hypothese verleiten, dass existenzielle Fragen der Lebenshaltung und Lebensform in dem Wirkungsfeld Soziokultur Thema sind. Wer, wenn nicht die Soziokultur, ist nah dran an den gesellschaftlichen Bedürfnissen? Sie ist, aus der Entstehungsgeschichte heraus betrachtet, schon immer ein Spiegel und Ausdruck gesellschaftlicher Gruppen gewesen, die sich für ihre Ziele eingesetzt und stark gemacht haben. Was liegt also näher als die Frage, wie die Beiträge zur Nachhaltigkeitskultur in der soziokulturellen Praxis konkret aussehen? Eröffnen sich hier möglicherweise neue Perspektiven, lassen sich hier Fürsprecher für die Ausprägung einer nachhaltigen Lebensweise gewinnen, sind hier bereits nachhaltig wirkende Aktivitäten zu entdecken? Welche Verbindungen lassen sich zum BNE-Weltaktionsprogramm der UNESCO aufspüren?

Und schließlich stellt sich auch die legitime Frage:

Welche Beitragsmittel und Strukturen werden benötigt, um die kulturelle Identität einer Gesellschaft nachhaltig zu prägen und wie können die dafür notwendigen Leistungsträger perspektivisch in die Nachhaltigkeitsstrategie der Länder und des Bundes implementiert werden? Etwas deutlicher geworden scheint in diesem Exkurs, dass ein kultureller Wandel hin zu mehr Nachhaltigkeit praxisnahe, alltagstaugliche Lösungsmodelle erfordert.

Festzustellen ist, dass sich im kulturellen Feld seit dem Jahr 2014 zunehmend mehr Workshops, Pilotvorhaben, Forschungsstudien und Zukunftswerkstätten mit Fragen zukünftiger Ausrichtung befassen.[157] Im März 2015 lädt beispielsweise die Landesarbeitsgemeinschaft Soziokultur NW in Kooperation mit dem Ringlokschuppen Mülheim und dem Kulturzentrum zakk zum zweitägigen Zukunftskongress Soziokultur – Vorwärts und Wohin! nach Düsseldorf.[158]

Im Einladungstext heißt es, dass die soziokulturellen Akteure in Nordrhein-Westfalen ihre Zukunft nicht dem Zufall überlassen möchten. Avisiert wird der

157 Vgl. hierzu insbesondere Kapitel 6.2.

158 Die letzte größere Debatte in Nordrhein-Westfalen zu diesem Thema liegt bereits zwölf Jahre zurück. Auch weitere Landesverbände befassen sich zeitgleich mit Fragestellungen zur zukünftigen Ausrichtung, z.B. die Tagung «Update?! – Soziokultur heute und morgen» im März 2015 der Stiftung Niedersachsen in Kooperation mit der Kulturpolitischen Gesellschaft und der Landesarbeitsgemeinschaft Soziokultur in

Anspruch, eine Positionsbestimmung für die Zukunft vorzunehmen. Es wird Bestandteil von Kapitel 8.10 sein, die Inhalte, Thesen und Herangehensweisen zukunftsweisender Ausrichtung kritisch zu überprüfen.

Die konsequente Ausrichtung auf Bundesebene mit der Beschlussfassung der Agenda 2030 und der Deutschen Nachhaltigkeitsstrategie 2017 zieht indes immer größere Kreise. Die Einbindung der Länder in eine bundesweite, gesamtstrategische Ausrichtung zeigt Wirkung und lässt weitere Impulse und Wellenschläge in den Politikfeldern erwarten. Elf von sechzehn Bundesländern haben bereits Nachhaltigkeitsstrategien formuliert. Es ist absehbar, dass diese aufgezeigte Entwicklung vor dem kulturpolitischen Feld nicht haltmachen wird. Der kulturpolitische Handlungsdruck wächst, zugleich eröffnen sich aber auch Chancen für das Politikfeld.

Als ein erstes Anzeichen kann der Fonds Nachhaltigkeitskultur angeführt werden, initiiert vom Deutschen Bundestag. Die Mittelvergabe des neu aufgelegten, 7,5 Millionen schweren Fonds wird dem RNE anvertraut. Dieser startet im September 2017 einen bundesweiten Aufruf in der Kulturszene, in den kommenden drei Jahren Projekte zur Alltagskultur (z.B. Essen, Mobilität, Bauen/Wohnen) einzureichen.[159] „Der Fonds soll die Rolle von Kultur und Kulturakteuren bei der nachhaltigen Entwicklung der Gesellschaft stärken und eine gesellschaftliche Transformation zu mehr Nachhaltigkeit anstoßen“ (Rat für Nachhaltige Entwicklung 2017a). Der gewählte Ansatz setzt genau dort an, wo eine direkte Einflussnahme aussichtsreich scheint: In der alltäglichen Praxis, im direkten Wirkungskreis eines jeden Einzelnen (vgl. Indikator XX). Der Fonds Nachhaltigkeitskultur vereint weitere Indikatoren zur Gestaltung von Zukunftsfähigkeit: Er ist sowohl Anreiz (Indikator IX), unterstreicht die These der vorhandenen Finanzkraft (Indikator X) und setzt konsequent auf zivilgesellschaftliches Engagement (Indikator XXI).

Niedersachsen, die sich mit Fragen zur Zukunft der Soziokultur in Zeiten demografischen Wandels befasst, eine Bestandsaufnahme, Diskurse und Perspektiven anstrebt und erste Antworten mit dem Handbuch Soziokultur liefern möchte. Da die vorliegende Untersuchung sich auf Nordrhein-Westfalen und Hessen konzentriert, finden die niedersächsischen Befunde nur in sehr begrenztem Maße Berücksichtigung, beispielsweise bezugnehmend auf die kritische Nachbetrachtung von Pius Knüsel oder den Beitrag von Wolfgang Schneider. Primär diente die Teilnahme des Verfassers an der Tagung der Orientierung im Themenfeld.

159 Gefördert werden Projekte gemeinnütziger Akteure zur Nachhaltigkeitskultur bis zu einer Höhe von je 50.000 Euro und einer Laufzeit von maximal einem Jahr. Projektvorhaben mit besonders transformativem Potential erhalten zudem die Möglichkeit, sich um eine Förderung in Höhe von bis zu 250.000 Euro zu bewerben.

Jüngste Entwicklungen bestätigen, dass das kulturpolitische Feld die Impulse aufgreift, so teilt der Geschäftsführer des Deutschen Kulturrates und Herausgeber von Politik & Kultur, Olaf Zimmermann, im ersten Newsletter des neuen Jahres am 1. Januar 2018 mit: „Das Thema Nachhaltigkeit wird ein kulturpolitisches Schwerpunktthema 2018" (Zimmermann 2018c).

Ebenso hat die Bundesvereinigung Soziokultureller Zentren auf der Mitgliederversammlung in Erlangen im November 2017 beschlossen, die „Entwicklung von Nachhaltigkeitskultur in soziokulturellen Zentren" (Befund TW13 2017, S. 8) in den kommenden drei Jahren (Zeitraum 2018 bis 2020) als thematischen Schwerpunkt zu setzen. Es scheint der Zeitpunkt gekommen, dass sich die Politikfelder Kultur und Nachhaltigkeit erneut annähern. Ziel dieser Untersuchung wird sein, bestehende Bezugspunkte am Beispiel des Forschungsgegenstandes soziokulturelle Zentren zu veranschaulichen und in Teil D) Handlungsansätze zur Beförderung von Nachhaltigkeitskultur aufzuzeigen.

Kapitelabschließend erfolgt eine kurze Zusammenfassung der erörterten kulturpolitischen Gestaltungsinstrumente sowie eine Bewertung des Entwicklungsstandes zur kulturpolitischen Zukunftsfähigkeit im Fokus einer Nachhaltigkeitskultur.

Die Gewährleistung einer kulturellen Infrastruktur ist Aufgabe der öffentlichen Hand. Merkmale zukunftsweisender Kulturpolitik könnten partizipatives Gestalten, die Berücksichtigung von Verantwortung sowie kooperatives und politikfeldübergreifendes Agieren sein, zudem eine zielgerichtete Verwendung der zur Verfügung stehenden Mittel im öffentlichen Interesse. Gestaltungsinstrumente zur Umsetzung stellen z.B. Gesetze, Förderpläne oder Modellprojekte dar.

Kulturpolitik steht im Hinblick auf die Ausformung nachhaltiger
Infrastrukturen und einer Nachhaltigkeitskultur noch in den Anfängen 25
und kommt auf Bundesebene nicht über den Entwicklungsstand erster Schritte hinaus (Indikator IV).

Das öffentliche Interesse für Nachhaltigkeit nimmt zu, auch im kul-
turpolitischen Feld. Sowohl der Kulturrat sowie die Bundesvereinigung 25
Soziokultureller Zentren haben Nachhaltigkeit zum Schwerpunktthema benannt (Indikator IV).

Das Weltaktionsprogramm sieht vor, BNE in allen Politikbereichen
und sämtlichen Lern- und Lehrumgebungen dauerhaft strategisch zu 40
verankern. Das Programm setzt auf die verstärkte Ansprache und Mobilisierung der Jugend sowie auf die Förderung nachhaltiger Entwicklung auf lokaler Ebene (Indikator VIII).

Der neu aufgelegte Fonds Nachhaltigkeitskultur ist Anreiz (Indikator IX), 30 Beispiel für die Finanzkraft (Indikator X) und Chance zugleich, dass sich die Felder Kultur und Nachhaltigkeit annähern (Indikator IV). Der Fonds fördert zivilgeschaftliches Engagement (Indikator XXI) und setzt auf die praxisnahe Transformation von Alltagskultur lokal vor Ort (Indikator XX).

Noch stehen neue Formen einer Nachhaltigkeitskultur, die auf Praxislösungen im zivilgesellschaftlichen Alltag setzen, am Anfang. Diese 15 gilt es auch in der soziokulturellen Szene stufenweise (Indikator XVII) zu entdecken, zu erproben, auszuwerten und zu verstetigen. Erfahrungswerte erprobter und bewährter neuer Formen sollten geteilt werden (Indikator XII).

8.3 Kulturfördergesetz und -plan in NRW/Modellprojekt Soziokultur in Hessen

Im folgenden Kapitel werden die kulturpolitischen Rahmenbedingungen soziokultureller Zentren in Nordrhein-Westfalen und Hessen beleuchtet.

Das Land Nordrhein-Westfalen ist in der Ausrichtung kulturpolitischen Handelns auf gesellschaftliche Veränderungen nicht unerfahren. Schon Mitte der 80er Jahre sind neue Modelle und Handlungsbedarfe für die kommunale Kulturpolitik auf Landesebene in dem Diskursprojekt «Kultur 90» öffentlich verhandelt worden. In diese Debatte hat sich auch die LAG Soziokultur NW als stellvertretendes Sprachrohr für die soziokulturelle Szene in Nordrhein-Westfalen eingebracht und unter anderem im Jahr 1990 für die Arbeit der Geschäftsstelle der LAG NW einen institutionellen Zuschuss vom Land NRW erwirkt, der bis heute Bestand hat. In der kulturpolitischen Szene wird dieses Projekt rückblickend als ein herausragendes Beispiel betrachtet (vgl. Kulturpolitische Gesellschaft 2013).

Bis zum Inkrafttreten eines Gesetzes zur Förderung und Entwicklung der Kultur, der Kunst und der kulturellen Bildung in Nordrhein-Westfalen (Kulturfördergesetz NRW – KFG) am 01.01.2015 (vgl. Ministerium für Familie, Kinder, Jugend, Kultur und Sport des Landes Nordrhein-Westfalen 2015, S. 23) und der Beschlussfassung eines ersten Kulturförderplans für die Periode 2016 bis 2018 am 15. Dezember 2016 aber hat das Land Nordrhein Westfalen, ausgehend von den ersten Debatten «Kultur 90», weitere dreißig Jahre gebraucht.

Sowohl bei der Entwicklung des Gesetzes als auch des Planes wurden die Akteure der Szene maßgeblich eingebunden und beteiligt, auch hier hat die LAG NW ihre Positionen stellvertretend für derzeit 66 soziokulturelle Zentren und

Initiativen in freier Trägerschaft[160] eingebracht und immerhin mit § 11 (2) Förderung der Freien Szene und der Soziokultur eine gesetzliche Berücksichtigung erwirkt: „Das Land unterstützt beispielgebende Vorhaben von soziokulturellen Zentren und sonstigen Einrichtungen, die im Bereich der Soziokultur tätig sind und die einen Beitrag zur Teilhabe aller an der Kultur leisten" (ebenda, S. 12).

Im **Kulturförderplan** erhält die Szene entsprechend ein eigenes Handlungsfeld VI Förderung der Freien Szene und der Soziokultur (§ 11 KFG) (vgl. Ministerium für Familie, Kinder, Jugend, Kultur und Sport des Landes Nordrhein-Westfalen 2016, S. 38). Im Plan sind mehrere Förderbereiche festgeschrieben worden, die soziokulturelle Zentren sowohl mittelbar als auch indirekt betreffen. So hat das Land Nordrhein-Westfalen für den Zeitraum 2016 bis 2018 einerseits eine Förderung im Rahmen der Konzeptförderung zur künstlerischen Profilierung in Höhe von 330.000 Euro gewährt (vgl. ebenda, S. 40).

Zudem sichert der Kulturförderplan die institutionelle Förderung der Landesarbeitsgemeinschaft soziokultureller Zentren Nordrhein-Westfalen (LAG NW) in Höhe von 140.900 Euro sowie über das Handlungsfeld I Förderung der kulturellen Infrastruktur regelmäßige, allgemeine Projektfördermittel in Höhe von insgesamt 810.000 Euro[161]. Die Vergabe der Projektfördermittel erfolgt zweimal jährlich eigenständig über einen Projektbeirat[162] der LAG NW.

Darüber hinaus enthält der Kulturförderplan mehrere Handlungsfelder, von denen auch die spartenübergreifend arbeitende soziokulturelle Szene partizipiert, z.B. Handlungsfeld IV Förderung der kulturellen Bildung[163].

---

160 „Bis zu 50 weitere Einrichtungen und Initiativen sind in das Netzwerk der LAG kooperierend eingebunden" (Bundesvereinigung Soziokultureller Zentren 2018).

161 Die Projektfördermittel der LAG Soziokultur beinhalten im Geschäftsjahr 2018 folgende Budgets: allgemeine Projektförderung 130.000 Euro, Stadttheater und Soziokultur: 70.000 Euro, Kulturelle Bildung 250.000 Euro, Flucht und Migration 360.000 Euro (Befund TW15, Budget LAG NW 2018 2018, S. 1). Die Mittel für die Konzeptförderung: 320.000 Euro (Zeitraum 2016–18) werden nicht über die LAG NW abgewickelt, sondern über die Bezirksregierungen.

162 Bestehend u.a. aus Vertretern der Zentren, der LAG Soziokultur NW Geschäftsführung, Künstlern, Journalisten.

163 Dieser Etat ermöglicht mit über 24 Millionen Budget die Verwirklichung zahlreicher Projekte zur Kinder- und Jugendförderung (z.B. Leseförderung), die Kinder und Jugendliche zur Teilnahme und Mitgestaltung von kulturellen Angeboten einladen und oftmals in enger Kooperation mit den Kommunen durchgeführt werden (z.B. Kulturrucksack) (vgl. Ministerium für Familie, Kinder, Jugend, Kultur und Sport des Landes Nordrhein-Westfalen 2016, S. 31–33).

Auch bei den gewählten kulturpolitischen Schwerpunktzielen finden sich Anknüpfungspunkte und weitere, unmittelbare Fördermöglichkeiten für die Zentren, so werden diese bei der Umsetzung von Schwerpunkt 2.1 Individuelle Künstlerinnen- und Künstlerförderung als Netzwerkpartner ebenfalls genannt (vgl. ebenda, S. 10).

Unter dem Gesichtspunkt Nachhaltigkeit weist der Kulturförderplan Anknüpfungspunkte auf, die auch für soziokulturelle Zentren interessant sein dürften, so wird zu vorgenanntem Schwerpunktziel eine Förderung interdisziplinärer Projekte in Aussicht gestellt, die themenbezogen im Kontext der großen gesellschaftlichen Herausforderungen (z.B. Klimawandel, Zuwanderung) stattfinden (vgl. ebenda).

Zudem widmet sich ein Handlungsfeld 3.7 Kultur und gesellschaftlicher und struktureller Wandel (§§ 12, 14, 15 KFG) auch jenen Herausforderungen, die Gegenstand der vorliegenden Untersuchung sind. Festzuhalten ist, dass bei den ausgewiesenen „wesentlichen Nachhaltigkeitsmaßnahmen“ (ebenda, S. 42) soziokulturelle Zentren nicht namentlich aufgeführt werden, obschon eindeutige Bezugspunkte z.B. zu VII.2 Interkulturelle Kunst- und Kulturarbeit: Zukunftsakademie/Projektförderungen Interkultur/Kultur und demografischer Wandel gegeben wären.

Hinzuweisen ist zudem auf die Ankündigung einer weiteren, wesentlichen kulturpolitischen Nachhaltigkeitsmaßnahme: Die Landesregierung wird zukünftig auch besonderen Wert auf die verstärkte Evaluation der Nachhaltigkeitsbemühungen legen. Besonderes Augenmerk gilt dem Übertragungseffekt, auch Spill-Over-Effekt genannt, und der Fortsetzung der Forschungszusammenarbeit zu diesem Thema mit europäischen Partnern wie dem Arts Council England (vgl. ebenda).

Es scheint nicht abwegig, dass die sehr erfolgreiche Arts Council Verfahrensweise, eine öffentliche Förderung an nachhaltige Entwicklung zu koppeln, perspektivisch auch für Deutschland ein kulturpolitisches Steuerungsmodell werden könnte.

Welche Aussagen beinhaltet der Plan noch, um die kulturelle Infrastruktur in Nordrhein-Westfalen zu stützen? Er stärkt insbesondere das Recht von Kommunen, auch in Haushaltssicherungen Kulturangebote vorhalten zu können. Bestandteil des Kulturförderplans ist zudem die Beschlussfassung, dass in NRW zukünftig nur noch (Landes)Kulturbetriebe öffentliche Zuwendungen erhalten, die eine kulturelle Nachwuchsförderung aufweisen können. Allein dieses Beispiel der Kopplung von Zuwendungen an bestimmte kulturpolitische Erwartungen (in diesem Beispiel Bildungsangebote zur Nachwuchsförderung) veranschaulicht die im vorherigen Kapitel angeführte Steuerungsfunktion, die auch weitere nachhaltig wirkende Maßnahmen befördern könnte.

Die Ziele und Maßnahmen des Kulturförderplans sollen als Handlungsrahmen und Orientierungsmarken dienen, eine Fortschreibung über das Jahr 2018 hinaus ist vorgesehen, mit einer durchaus aussichtsreichen Perspektive. Ministerin Pfeiffer-Poensgen bewertet die Absicht der neuen Landesregierung, den Kulturetat bis 2020 um 50 % auf 300 Millionen anzuheben, als starkes Signal für die Kultur in Nordrhein-Westfalen. Bereits im Haushaltsjahr 2018 beträgt die Steigerung zum Vorjahr 10,5 %, mit 224 Millionen Euro ist dies bereits der höchste Kulturetat in der Geschichte des Landes (vgl. Ministerium für Kultur und Wissenschaft 2017).

Im Vergleich der Sparten spielen die mittelbaren Zuwendungen für die Soziokultur in Nordrhein-Westfalen im Geschäftsjahr 2018 mit 0,57 %[164] allerdings immer noch eine eher untergeordnete Rolle, trotz rund 2,3 Mio. Besuchern jährlich (vgl. LAG Landesarbeitsgemeinschaft Soziokultureller Zentren NRW e.V. 2018, S. 9). Zum Vergleich: 42 % der öffentlichen Ausgaben des Landes für Kultur im Jahr 2013 vereinnahmt die Sparte Theater und Musik, 22,6 % sind für die Finanzierung der Museen erforderlich und 12,6 % für den Erhalt der Bibliotheken (vgl. Statistische Ämter des Bundes und der Länder, S. 49).

Nach der Betrachtung des Kulturförderplans und des Kulturfördergesetzes in Nordrhein-Westfalen und den dort ausgewiesenen kulturpolitischen Bezugspunkten zur Nachhaltigkeit erfolgt nun ein Blick auf den **kulturpolitischen Rahmen in Hessen**. Unter welchen Bedingungen agieren soziokulturelle Zentren auf Landesebene? Lassen sich hier möglicherweise auch kulturpolitische Nachhaltigkeitsaktivitäten entdecken?

Werfen wir zunächst einen kurzen Blick auf die Landesvertretung der Betriebe. Im Oktober 1984 wird die LAKS Hessen gegründet. Der Geschäftsführer, Bernd Hesse, vertritt heute 33 Mitgliedseinrichtungen mit jährlich ca. einer Million Nutzern. In seinem Artikel «Aufbruchstimmung» konzentriert er den Blick auf den aktuell spannendsten Prozess: die Landesförderung (Hesse 2014, S. 34). Im Ländervergleich ist der Landesetat in Hessen „beschämend gering ausgestattet" (ebenda), der Etat stagniert seit 2003 bei lediglich 350.000 Euro, trotz einer stetig gewachsenen Anzahl an Einrichtungen und zunehmenden Herausforderungen. Neue politische Konstellationen in Form einer schwarz-grünen Regierung haben in Hessen im Jahr 2015 erste kulturpolitische Impulse gesetzt. Angekündigt wird

164 Gesamtsumme 2018 (Institutionelle Förderung, Konzeptförderung, Projektförderung): 1,28 Millionen.

ein Masterplan Kultur[165], der Landesetat wird 2015 zunächst um 100.000 Euro und ab dem Jahr 2016 auf 700.000 Euro erhöht.[166] Hessens Minister für Wissenschaft und Kunst, Boris Rhein (CDU), hat zudem die Bereitschaft erklärt, bei der Vereinfachung der Fördermittelzuweisung zu unterstützen. Gemeinsam mit dem Landesverband ist ein Modellprojekt aufgelegt worden, dessen Umsetzung über den Zeitraum von fünf Jahren derzeit erprobt wird.

Die Landesregierung in Hessen hat zwar einen Masterplan Kultur angekündigt, zunächst aber im Jahr 2016 das Modellprojekt Soziokultur gestartet. Eine Zielsetzung des Modellvorhabens ist, das Vergabeverfahren der Landesförderung auf neue Füße zu stellen. Der Kunst- und Kulturminister Boris Rhein (CDU) erläutert: „Unser Ziel ist die es, die Landesförderung effektiv und mit größter Nähe zu den Kulturakteuren vor Ort einzusetzen. Hierfür setzen wir auf unseren Partner, die LAKS, und ermöglichen so ein transparentes Förderverfahren, das erstmals größtmögliche Selbstverantwortung der Kulturschaffenden ermöglicht“ (Hesse 2016b, S. 30).

Wesentliche Neuerungen sind, dass die LAKS seit dem Haushaltsjahr 2016 mit der Vergabe der Landesmittel betraut ist und eine „so genannte Strukturförderung“ (ebenda) eingeführt wird, die den hessischen Zentren ermöglicht, die Mittel nicht mehr projektbezogen, sondern bedarfsorientiert sowohl für Programmarbeit, Betriebs- und Personalkosten oder auch Qualifizierungsmaßnahmen einzusetzen. Die Zuwendungen erfolgen in Form einer Festbetragsfinanzierung auf der Grundlage eines neuen Budgetierungsmodells, welches eine möglichst solidarische Verteilung der Mittel anhand mehrerer Kennzahlen gewährleisten soll. Als Indikatoren für die Schlüsselzuweisungen dienen unter anderem „die Anzahl der öffentlichen Veranstaltungen, die Ausgaben

165 Der in Aussicht gestellte Masterplan Kultur der neuen Landesregierung liegt aktuell noch nicht vor.

166 Dass dieser Betrag noch immer als gering bezeichnet werden kann, bestätigt ein Blick in den Kulturfinanzbericht 2016: Im Jahr 2013 beträgt der Landesanteil für Soziokultur lediglich 0,15 % der Gesamtaufwendungen des Landes Hessen für Kultur, die sich im Jahr 2013 auf insgesamt 228,2 Millionen belaufen (vgl. Statistische Ämter des Bundes und der Länder, S. 38). Zum Vergleich: Auf Theater und Musik entfallen in Hessen im Jahr 2013 über ein Drittel (35,8 %), weitere 19,4 % fließen in die Finanzierung der Museen und 13,8 % in die Finanzierung der Bibliotheken (vgl. ebenda, S. 47). Selbst die vorgenommene Verdopplung spielt keine erhebliche Rolle, im Vergleich zu anderen Sparten fällt die Landesförderung der Soziokultur marginal gering aus.

des Vorjahres, der Deckungsbeitrag durch eigene Einnahmen oder ein jährlich durch einen Förderrat zu vereinbarender Soziokulturfaktor" (ebenda, S. 31).

Wie ein vergleichender Blick nach Nordrhein-Westfalen zeigt, ist die nun in Hessen eingeführte Verteilung von Fördermitteln über die Landesarbeitsgemeinschaft nicht neu und bei der LAG Soziokultur NW bereits langjährig bewährte Vergabepraxis. Auch das gewählte Strukturfördermodell findet in anderen Bundesländern bereits Anwendung. Zu nennen wären hier insbesondere strukturfördernde Maßnahmen der LAGS Soziokultur in Niedersachsen, die auch eine Förderung von Personal-, Sach- und Betriebskosten in einer Größenordnung von mindestens 10.000 Euro zulassen, allerdings primär zur Stärkung soziokultureller Angebote im ländlichen Raum gedacht und projektbezogen ausgerichtet (vgl. LAGS Soziokultur Niedersachsen 2018).

Gänzlich neu hingegen ist das in Hessen entwickelte Budgetierungsmodell anhand festgelegter Indikatoren. Die Umsetzung und Erprobung des Modellprojektes Soziokultur in Hessen geht über den Untersuchungszeitraum der vorliegenden Dissertation hinaus, insofern wird eine Auswertung der erhofften Vorteile wie Planungssicherheit, höhere Wirksamkeit der Zuschüsse, Arbeitsentlastung durch vereinfachte Antragsstellungen sowie die Bereitstellung neuer, unterstützender Beratungsleistungen und Coaching nicht als Befund einfließen können. Festgehalten werden kann allerdings die Tatsache, dass mit Mitteln des Modellprojektes eine Förderung der Pilotstudie «Zukunftsfähigkeit gestalten!» und damit auch neue Beratungsleistungen ermöglicht worden sind.

Insbesondere die in Hessen entwickelten Schlüssel-Indikatoren zur möglichst fairen Zuweisung von Strukturfördermitteln sind unter dem Aspekt der Zukunftsfähigkeit von Relevanz, da es einerseits um die Justierung von Finanz-Stellschrauben (vgl. Indikator X) als auch um die Transparenz und Nachvollziehbarkeit von Zuweisungen anhand von Kennzahlen (vgl. Indikator III) geht, die insbesondere auch für eine Darstellung von nachhaltiger Entwicklung unabdingbar sind.

Kapitelabschließend soll noch erfasst werden, ob sich Verbindungslinien der soziokulturellen Zentren zu der in Kapitel 2.4 vorgestellten Nachhaltigkeitsstrategie Hessen[167] feststellen lassen. Das Untersuchungsergebnis ist ernüchternd: Hessische Kulturbetriebe sind an der Umsetzung der Landesstrategie nachhaltiger Entwicklung bisher nur marginal beteiligt. Vereinzelt hat es schon

167 Die Betrachtung der Bezugspunkte soziokultureller Zentren zur Nachhaltigkeitsstrategie eines Landes erfolgt exemplarisch im Forschungsfeld Hessen, keine Berücksichtigung finden in dieser Untersuchung mögliche Anknüpfungspunkte zur ebenfalls existierenden Nachhaltigkeitsstrategie in Nordrhein-Westfalen.

eine Zusammenarbeit gegeben, z.B. bei dem hessischen Programm Energieeffizienz Climate KIC, an dem auch die soziokulturellen Zentren Gallus Theater Frankfurt und Mollerhaus Darmstadt teilgenommen haben.[168]

Es wird Bestandteil der vorliegenden Untersuchung sein, im großen Spektrum nachhaltiger Entwicklungsmöglichkeiten Anknüpfungspunkte soziokultureller Zentren zur Nachhaltigkeitsstrategie Hessen herauszuarbeiten. Bezugnehmend auf das vorgenannte Energieeffizienz-Programm wird auf den Faktencheck in Kapitel 8.5 verwiesen, der typische Energieeffizienzmaßnahmen für soziokulturelle Zentren beinhaltet.

Eine Bewertung des Entwicklungsstandes der Kulturförderung durch die Länder Nordrhein-Westfalen und Hessen sieht unter dem Aspekt von Zukunftsfähigkeit wie folgt aus:

NRW verfügt als eines von zwei Bundesländern seit 2015 über ein Kulturfördergesetz (KFG) und seit 2016 über einen Kulturförderplan, der Förderschwerpunkte ausweist und alle drei Jahre fortgeschrieben wird. Handlungsfeld VI sieht einen eigenständigen Bereich zur Förderung der Freien Szene und der Soziokultur vor. Beide Vorhaben können als rahmengebende Förderinstrumente als vorbildlich bezeichnet werden. Sie ermöglichen den zielgerichteten Einsatz öffentlicher Mittel, auch unter nachhaltigen Gesichtspunkten, die ebenfalls im Förderplan Berücksichtigung finden (Indikatoren X, IV). 80

Der mittelbare Fördermittelanteil von Handlungsfeld VI beträgt jedoch nur 0,57 % des gesamten Landeskulturetats. Soziokulturelle Zentren und Akteure partizipieren zudem durch indirekte Zuwendungen aus anderen Fördertöpfen. Eine Justierung und Erhöhung der mittelbaren Förderungen wäre durchaus realistisch, zumal eine weitere Erhöhung der Kulturfördermittel in NRW bis 2020 bereits in Aussicht gestellt ist (Indikator X). 40

Unter nachhaltigen Gesichtspunkten weist der Kulturförderplan Anknüpfungspunkte auf, z.B. die Förderung interdisziplinärer thematischer Projekte zu großen gesellschaftlichen Herausforderungen wie Klimawandel oder Zuwanderung, förderfähig sind auch Vorhaben zum gesellschaftlichen und strukturellen Wandel. Bei eindeutigen Bezugspunkten zur interkulturellen Kunst- und Kulturarbeit besteht die Chance, mindestens eine namentliche Nennung soziokultureller Zentren, besser noch eine Erhöhung 40

168 Auftraggeber war das Hessische Umweltministerium, die Durchführung des EU-Projektes Climate KIC erfolgte in dem Zeitraum 2012 bis 14. Dies ist auch das Zeitfenster, in dem der Schwerpunkt der hessischen Landesstrategie auf dem Handlungsfeld «Energie» lag.

der mittelbaren Zuwendungen zu erwirken. Hervorzuheben ist eine Kopplung öffentlicher Zuwendungen an kulturelle Bildung und die Absichtserklärung, zukünftig besonderen Wert auf die verstärkte Evaluation der Nachhaltigkeitsbemühungen zu legen (Indikatoren III, IV, VIII und X).

Hessen hat ein mehrjähriges Modellprojekt Soziokultur verabschie-
det, dass erstmals eine Strukturförderung unter möglichst solidarischen 40
Vergabe-Indikatoren und eine Verwaltung von Fördermitteln über einen
Förderrat der LAKS Hessen vorsieht. Einen Masterplan Kultur hat die Landesregierung Hessen angekündigt, aber noch nicht umgesetzt (Indikator VII).

Die in Hessen entwickelten Schlüssel-Indikatoren sind derzeit noch
in der Erprobungsphase, unter dem Aspekt der Zukunftsfähigkeit aber 40
besonders interessant, insbesondere hinsichtlich der Anwendung von
Kennzahlen (Indikator III) bei der Mittelzuweisung, einer sich daraus ergebenden Transparenz und Darstellung von Entwicklung sowie der Chance, eine Justierung von Finanz-Stellschrauben (vgl. Indikator X) mit Messwerten gestützt zu begründen.

Der Anteil von 0,15 % an den Gesamtaufwendungen des Landes
Hessen für Kultur ist sehr gering und sollte, um wirklich strukturför- 20
dernd zu wirken, deutlich erhöht werden. Ausgewertete Erkenntnisse
der Erprobungsphase des Modellprojektes Soziokultur könnten eine valide Argumentationsgrundlage für die Budgetverhandlungen darstellen (Indikator X).

Unter dem Aspekt Zukunftsfähigkeit bleibt festzuhalten, dass die
soziokulturelle Szene in Hessen keine Bezugspunkte zum Leitmotiv 10
Nachhaltigkeit der Bundesregierung (Indikator IV) oder zur hessischen
Nachhaltigkeitsstrategie (Indikator VII) aufweist.

8.4 Kennzahlen machen nachhaltige Entwicklung sichtbar

Im Rahmen der Pilotstudie «Zukunftsfähigkeit gestalten!» erfolgt eine Abfrage, ob die Zentren für die Steuerung Ihrer Betriebe strategische Entscheidungshilfen, z.B. Kennzahlen, einsetzen. 50 % der Betriebe nutzen Kennzahlen. Die nachfolgende Abbildung zeigt, welche Messwerte derzeit zur Steuerung der Betriebe zur Anwendung kommen. Die Darstellung basiert auf den Nennungen im Rahmen des Erhebungsbogens.

Für den Zukunftsworkshop sind die Nennungen derzeit eingesetzter Kennzahlen von der wissenschaftlichen Leitung zusammengestellt und präsentiert worden. Da die vorliegende Untersuchung kategoriengeleitet erfolgt, sind die Angaben der Betriebe den entsprechenden Wirkungsfeldern zugeordnet worden. Die Abbildung stellt eine Zwischenstandbetrachtung dar.

Tab. 19: Kennzahlen soziokultureller Zentren. Eigene Darstellung. (Befunde Phase 2, Ordner 2.1.1 Grafikauswertung 2017, Frage 43)

Kennzahlen für soziokulturelle Zentren
Kennzahlen soziokultureller Zentren
Finanzen
Anteil öffentliche Förderung
Erwirtschafteter Eigenmittelanteil
Einnahmen/Ausgaben (GuV)
Monats- und Quartalszahlen (GuV)
Barmittel (Cashflow?)
SOLL-IST Abgleich von Veranstaltungskalkulationen und aller anderen Erträge und Aufwendungen
Strategie
ABC Analysen
Umwelt
Energieverbrauchszahlen Jährliche Erfassung Vergleichsbetrachtung der Verbräuche
Gesellschaft
Besucherstatistik
Mitgliederzahl

Walter Spruck führt im Rahmen des Workshops bildhaft in das Thema ein: „Männer mögen Werkzeuge. Wenn es ein Problem gibt, mache ich eine Maschine, um das Problem wegzukriegen. Und das ist auch so mit Kennzahlen – sie sind ein Werkzeug, mit einer gewissen Magie, aber eben nicht mehr als ein Werkzeug. Nutzen wir es" (Befunde Phase 2, Ordner 2.3.4 Ergebnisprotokoll Tag 2, S. 27).

In den Fokus der Debatte rückt die Frage, welche Messgrößen zu soziokulturellen Zenten passen. Gerhard Schulz beschreibt zunächst die Funktion von Messinstrumenten: „Tacho und Tankanzeige sind nützlich auf der Reise" (Befunde Phase 2, Ordner 2.3.4 Ergebnisprotokoll Tag 2, S. 27). Er vertritt, übertragen auf soziokulturelle Zentren, die Auffassung: „Jeder der einen Laden hat, Veranstaltungen macht, Löhne zahlt, einkaufen geht und Gagen zahlt sollte sich über seine Zahlen im Klaren sein" (Befunde Phase 2, Ordner 2.3.4 Ergebnisprotokoll Tag 2, S. 27). Er spricht sich dafür aus, „in der Kulturszene betriebswirtschaftliches Denken zu nutzen" (Befunde Phase 2, Ordner 2.3.4 Ergebnisprotokoll Tag 2, S. 28). Sein Plädoyer für Controlling zielt darauf ab, dass die Kenntnis über Relationen und zeitliche Verläufe dazu beitragen können, die Führung einer organisatorischen Einheit professioneller und besser im Blick zu haben. Sie helfen, Entwicklungen zu erkennen, Erfolge zu würdigen, Probleme sowie Risiken zu sehen und möglichst frühzeitig eingreifen und gegensteuern zu können (vgl. ebenda).

Das Vorstandsmitglied von Zentrum Nr. 12 bringt seine Erfahrungen in die Diskussion ein, mahnt zur Vorsicht im Umgang mit Kennzahlen und gibt zu bedenken, dass einige Leistungsmerkmale soziokultureller Zentren mit monetären Kennzahlen nicht messbar seien. „Es gibt andere, die Kennzahlen nicht nur als Methode verstehen sondern als den gesetzten Maßstab, an dem sich alles zu bewertet hat. Kennzahlen sind als Handwerkszeug unbedingt nötig und in dem Maße, in dem wir uns professionalisieren ist dies auch erforderlich, aber wir haben noch etwas anderes mitzuteilen. Und nur von dem, was wir mitzuteilen haben, leiten sich unsere Zahlen ab. Im Detail was das einzelne Zentrum angeht und im übergeordneten Sinne, was unser gesellschaftlicher Auftrag ist – was wir selbstverpflichtend als Teil der Zivilgesellschaft leisten wollen. Das lässt sich am Ende nicht mit Kennzahlen bemessen“ (Befunde Phase 2, Ordner 2.3.4 Ergebnisprotokoll Tag 2, S. 27–28).

Angesprochen auf die bestehenden Ziel- und Leistungsvereinbarungen des Zentrums, die auch Indikatoren beinhalten, erläutert die Geschäftsführerin von Zentrum Nr. 12 der wissenschaftlichen Leitung im Nachgespräch die Bestandteile der Vereinbarungen. Diese enthalten u.a. eine Zustandsbeschreibung der Gebäude, die Veranstaltungen sind in mehrere Produktgruppen (z.B. zeitgenössische Musik, Tanz) unterteilt, erfasst werden die Anzahl der Veranstaltungen und Besucher. Inhaltliche soziokulturell geprägte Ziele des Zentrums sind ebenso Bestandteil der Vereinbarung, zudem der Wirkungsradius. Anhand mehrerer Indikatoren wird beschrieben, wie das Angebot ausgestaltet sein kann und soll, wie z.B. preiswerte, spartenübergreifende Veranstaltungen zu bieten. Dargestellt wird auch der Verteiler der Programme. Mehrere Erhebungsinstrumente helfen, die vereinbarten Leistungen zu erfassen. Sie ergänzt abschließend, dass die Einrichtungen in ihrer Stadt aus eigener Initiative heraus angefangen haben, Benchmarking durchzuführen (Befunde Phase 2, Ordner 2.3.4 Ergebnisprotokoll Tag 2, S. 8).

Das Projektleitungsteam-Mitglied Gerhard Schulz erläutert den Zusammenhang nachhaltiger Entwicklung und Kennzahlen: „In der Genese des Workshops war die Überlegung: Wenn wir uns mit Nachhaltigkeit und Zukunftsfähigkeit auseinandersetzen und das nicht ausschließlich auf ökologische Aspekte reduzieren, dann könnte es eine sinnvolle Überlegung sein, die Methodik der Kennzahl zu nutzen, um Prozesse erkennbar zu machen“ (Befunde Phase 2, Ordner 2.3.4 Ergebnisprotokoll Tag 2, S. 28). Um eben diese Sichtbarkeit gehe es: „Kennzahlen könnten eine Hilfestellung sein, um den Prozess der Entwicklung einer Nachhaltigkeit im eigenen Haus oder auch in der Soziokultur allgemein transparent und nachvollziehbar zu machen“ (ebenda).

Messgrößen oder Kennzahlen helfen, bei Veränderungsprozessen die Distanz des GAP, also die Lücke des Ist-Zustands und des erwünschten Ziels, sichtbar zu machen.

Schon in der Vorbereitung des Zukunftsworkshops wurde deutlich, dass für eine Leistungsabbildung soziokultureller Zentren weder monetäre Finanzkennzahlen ausreichen, noch sollten vor dem Hintergrund einer nachhaltigen Ausrichtung Umweltaspekte dominieren. Ein Kennzahlenmix, orientiert an wesentlichen Handlungsfeldern, könnte demzufolge ein passendes Format für soziokulturelle Zentren darstellen, ganz im Sinne einer Balanced Scorecard, die eben nicht nur die finanzielle Entwicklung eines Betriebes mit Kennzahlen abbildet, sondern auch weitere Perspektiven beleuchtet, idealerweise auf nachhaltige Stoßrichtungen ausgerichtet (Indikator XV).[169] Wirkungsfelder nachhaltigen Handelns wie gesellschaftliches Engagement oder die Achtung der Umwelt sollten in einem solchen Systemmix Berücksichtigung finden. Eine derart gestaltete Instrumententafel erleichtert, nachhaltige Entwicklung im Überblick zu behalten, bei regelmäßigen Messungen könnten zudem Veränderungen, idealerweise Fortschritte, veranschaulicht werden. Die Ermittlung solcher Schlüsselkennzahlen dürfte auch für soziokulturelle Zentren förderlich sein, denn: „Schlüsselindikatoren sind ein wertvolles Instrument zur Unternehmenssteuerung. Sie sind eine Handvoll Kennzahlen, die über die wichtigsten Aspekte der Zukunftsfähigkeit Auskunft geben“ (Wallner & Schauer – Die Zukunftsberater/Denkstatt Umweltberatung und – Management 2003, S. 74).

Ein bedeutsamer Aspekt ist zudem: Kennzahlen machen nicht nur eine zukunftsweisende Ausrichtung sichtbar, sie erlauben auch, Bezugspunkte zu übergeordneten Kennzahlensystemen herzuleiten. In Teil A) der Untersuchung wurden mehrere Systeme[170] und globale Zielsetzungen[171] erörtert, verbunden mit der Forschungsfrage: Lassen sich für soziokulturelle Zentren Anknüpfungspunkte zu bestehenden Nachhaltigkeitssystemen ausmachen?

Die Betrachtung von Bezugspunkten zu bereits bestehenden Systemen bietet mehrere Vorteile. Zunächst kann überprüft werden, ob die eigenen Messwerte auch in anderen Systemen Berücksichtigung finden. Lassen sich für einzelne Parameter Nennungen in mehreren relevanten Systemen (GRI, SDG, DNK, GWÖ) ausmachen, erhöht sich die Wahrscheinlichkeit, dass diesen Indikatoren eine gewisse Relevanz beizumessen ist, auch im Hinblick auf die Wirkungskraft.

---

169 Vgl. Kapitel 3.4.

170 Vgl. insbesondere Kapitel 1.: GWÖ, Kapitel 1.4: GRI, Kapitel 2.4: DNK, Kapitel 3.5: EMAS.

171 Vgl. Kapitel 1.4: SDG.

Bei der Fülle zur Verfügung stehender Kennzahlen sollte diesen eine besondere Beachtung zu Teil werden. Die GRI bietet beispielsweise eine Gewichtung und Differenzierung in Kernkennzahl und Zusatzset. Die nachfolgende Abbildung ergänzt die bisher genutzten Kennzahlen soziokultureller Zentren um eine Auswahl möglicher Bezugspunkte.

Tab. 20: Kennzahlen soziokultureller Zentren und Bezugspunkte (Auswahl). Eigene Darstellung[a]

Kennzahlen soziokultureller Zentren und Bezugspunkte (Auswahl)	
Kennzahlen soziokultureller Zentren	**Bezugspunkte**
Finanzen	
1.1 Anteil öffentliche Förderung	öffentliche Finanzzuflüsse (Kernkennzahl GRI) GWÖ Matrix E1: Sinn und gesellschaftliche Wirkung der Produkte und Dienstleistungen
1.2	Investitionen in energetische Optimierung der Infrastruktur (Kernkennzahl GRI, GWÖ Matrix B3)
1.3 Einnahmen/Ausgaben (GuV)	Einnahmen, Betriebskosten (Kernkennzahl GRI)
Erwirtschafteter Eigenmittelanteil	
Monats- und Quartalszahlen (GuV)	
Barmittel (Cashflow?)	
SOLL-IST Abgleich von Veranstaltungskalkulationen und aller anderen Erträge und Aufwendungen	
Strategie	
2.1 ABC Analysen	DNK Kriterium 1: Strategische Analyse DNK Kriterium 2: Wesentlichkeit
2.2	SDG 13: Maßnahmen zum Klimaschutz (insbesondere 13.2: Klimaschutzmaßnahmen in die nationalen Politiken, Strategien und Planungen einbeziehen) DNK Kriterium 3: eindeutige, messbare, überprüfbare Ziele GWÖ Matrix A3 Ökologische Nachhaltigkeit in der Zulieferkette
Umwelt	
3.1 Energieverbrauchszahlen Jährliche Erfassung Vergleichsbetrachtung der Verbräuche	Energieverbrauch (Kernkennzahl GRI, DNK Kriterium 11, GWÖ Matrix E3)

(continued on next page)

Tab. 20: (continued)

Kennzahlen soziokultureller Zentren und Bezugspunkte (Auswahl)	
3.2	SDG 7: Erneuerbare Energie (insbesondere 7.1: Anteil erneuerbarer Energie deutlich erhöhen, 7.2: Steigerungsrate der Energieeffizienz verdoppeln) DNK Kriterium 13 Klimarelevante Emissionen GWÖ Matrix E3 Reduktion ökologischer Auswirkungen
3.3	SDG 12.5: Abfallaufkommen durch Vermeidung, Verminderung, Wiederverwertung und Wiederverwendung deutlich verringern, SDG 12.7: in der öffentlichen Beschaffung nachhaltige Verfahren fördern)
3.4	SDG 11: Nachhaltige Städte und Gemeinden (insbesondere 11.6: Umweltbelastungen pro Kopf senken)
Gesellschaft	
4.1	SDG 4: Hochwertige Bildung (insbesondere 4.7: BNE, nachhaltige Lebensweisen, Wertschätzung kultureller Vielfalt und des Beitrags der Kultur zu nachhaltiger Entwicklung) DNK Kriterium 16 Qualifizierung von Mitarbeitern GWÖ Matrix C3 Förderung des ökologischen Verhaltens der Mitarbeitenden
4.2	Beschaffung (Kernkennzahl GRI, DNK Kriterium 11, GWÖ Matrix A1) SDG 12: Verantwortungsvoller Konsum (insbesondere 12.1: nachhaltige Konsum- und Produktionsmuster)
4.3	Aktivitäten für das Gemeinwesen (Kernkennzahl GRI, DNK Kriterium 18, GWÖ Matrix E2), SDG 17: Partnerschaften, um die Ziele zu erreichen (insbesondere 17.17: Bildung wirksamer Partnerschaften)
4.4	Ethische Standards, Leitbild DNK Kriterium 20
	Aktivitäten von Bürgerbeteiligung (Kernkennzahl GRI)
	Mitarbeiter unter Tarifvereinbarung (Kernkennzahl GRI, DNK Kriterium 15)
Besucherstatistik	
Mitgliederzahl	

[a] DNK (vgl. Rat für Nachhaltige Entwicklung und Bertelsmann Stiftung 2014), GRI-Bezugspunkte (vgl. S. 273 Baumast und Pape 2013), GWÖ-Matrix (vgl. S. 42 Felber 2014), 17 SDG (vgl. Bundesministerium für wirtschaftliche Zusammenarbeit und Entwicklung 2017).

Die Darstellung zeigt, dass mehrere Kennzahlen eindeutige Bezugspunkte zu bereits bestehenden Systemen aufweisen, deutlich wird aber auch, dass es Bezugspunkte zu soziokulturellen Zentren gibt, die noch mit Kennzahlen zu erfassen wären. Die Abbildung erhebt keinen Anspruch auf Vollständigkeit, illustriert aber, dass die bisherige Kennzahlen-Nutzung in soziokulturellen Zentren im Hinblick auf eine nachhaltige Entwicklung noch deutliche Lücken aufweist. Eine Zielsetzung der Untersuchung ist es, diese Lücken zu schließen.

Dass Optimierungsmaßnahmen durch externe Beratung angestoßen werden können, zeigt das nachfolgende Beispiel. Im Anschluss des Zukunftsworkshops in Phase 2 sind alle teilnehmenden Vorstände und Geschäftsführer gebeten worden, im Team vier Verbesserungsmaßnahmen zu formulieren und in einem Handlungsplan zu konkretisieren, wer die priorisierten Maßnahmen im Betrieb bis wann umsetzen soll. Zentrum Nr. 6 hat sich als Ziel gesetzt, Kennzahlen zu entwickeln, um finanzielle Prozesse im Unternehmen besser verstehen zu können. Nach acht Monaten wurde der Prozessstatus von dem Betrieb als fortgeschritten eingeschätzt.

Tab. 21: Statusbericht Zentrum 6-PE: Controlling (vgl. 6-PE Befunde Phase 3, Ordner 3.2 Prozessentwicklung)

Statusbericht Zentrum 6-PE: Controlling					
Priorität	**Ziel Wesentlich Realistisch**	**Was? Maßnahmen**	**Wer? Zuständigkeit**	**Bis Wann? Terminierung**	**Status**
Hoch	Aus Controlling lernen	finanzielle Prozesse im Unternehmen besser verstehen - Kennzahlen entwickeln: Relationen und zeitliche Verläufe beobachten - lernen bei kritischen Prozessverläufen gegenzusteuern		Ab April 17 kurzfristig, dauerhaft	13.11.17 40

Die Befunde dieses Kapitels, insbesondere das konstruierte Teilsystem mit den beiden Spalten Kennzahlen und Bezugspunkte, differenziert in relevante Wirkungsfelder, wird als Grundgerüst für die Gestaltung eines branchenspezifischen Berichtsformates dienen und im Verlauf der Arbeit um weitere Elemente ergänzt.

Zielsetzung ist der Entwurf eines Systemmodells, differenziert nach relevanten Handlungsfeldern, ergänzt um Messgrößen, Bezugspunkte, eventuell bereits bestehende Vergleichswerte und Beispielmaßnahmen. Ein solches System kann eine praxisnahe Orientierungshilfe für soziokulturelle Zentren darstellen.

Die Untersuchung strebt an, die Frage eines Teilnehmers des Zukunftsworkshops mit einem Handlungsvorschlag zu beantworten. Er sagte: „Am Ende des Workshops bleibt ein kleines Fragezeichen: Wo sind denn die Kennzahlen? Wer präsentiert sie denn jetzt? Welche Kennzahlen sind relevant? Antworten auf diese Fragen hätte er gern noch mit nach Hause genommen. Damit werden wir uns weiter beschäftigen müssen“ (Befunde Phase 2, Ordner 2.3.4 Ergebnisprotokoll Tag 2, S. 29).

Festzustellen ist, dass auch bei der Bereitstellung von Vergleichswerten, die eine Gegenüberstellung des eigenen Entwicklungsstandes mit branchenähnlichen Betrieben erlauben würden, enormer Handlungsbedarf besteht. Erstmals werden in der vorliegenden, kategoriengeleiteten Untersuchung branchenspezifische Vergleichswerte aus allen fünf Wirkungsfeldern[172] erhoben, somit auch zu Kennzahlen, die bisher noch nicht von der Bundesvereinigung statistisch erfasst wurden. In den folgenden Kapiteln wird auf diese Kennzahlen und Referenzwerte gesondert hingewiesen. Ausgehend von dieser Arbeitsgrundlage und Ausschnittbetrachtung aus zwei Bundesländern wäre es perspektivisch sinnvoll, die zweijährlich vorgenommenen statistischen Erhebungen der Bundesvereinigung zu nutzen, um bundesweite Vergleichswerte zu generieren. Die in Kapitel 8.1 bereits ausgemachten Daten- und Kenntnislücken könnten mit einer Überarbeitung der Erhebung und zukünftigen Berücksichtigung relevanter Nachhaltigkeitsaspekte perspektivisch behoben werden.

Kapitelabschließend nun die zusammenfassende Bewertung des Entwicklungsstands zum Themenbereich Kennzahlen.

50 % der Zentren nutzen für die Steuerung der Betriebe keine Kennzahlen. 50 % hingegen arbeiten bereits mit Kennzahlen. Diese konzent- 25
rieren sich allerdings primär auf monetäre Finanzkennzahlen. Relevante Wirkungsfelder nachhaltiger Betriebsführung wie z.B. ressourcenschonende Betriebsführung, nachhaltige Prozessentwicklung, Leistungen für das Gemeinwohl oder die Übernahme gesellschaftlicher Verantwortung werden über Kennzahlen nicht erfasst (vgl. Indikator III).

Bei den Zentren, die bereits Kennzahlen nutzen, bestehen keine ausgewiesenen Bezugspunkte zu übergeordneten Kennzahlensystemen. 0
Eine Gewichtung der Kennzahlen erfolgt ebenfalls nicht. Hier liegt ein enormes Entwicklungspotential brach, da sowohl Anknüpfungspunkte zu Kernkennzahlen und Zusatzsets der GRI als auch Verbindungen zur DNS und den 17 SDG hergestellt werden könnten (vgl. Indikator III).

172 Vgl. Kapitel 2.3.

Branchenspezifische Vergleichswerte, ausgerichtet auf wesentliche 20
Handlungsfelder nachhaltigen Wirtschaftens, stehen für soziokulturelle Zentren derzeit nur in Teilbereichen, insbesondere in den Wirkungsfeldern Gesellschaft und Finanzen, zur Verfügung. Die statistische Erhebung der Bundesvereinigung stellt ein geeignetes Instrument dar, diese Datenlücke perspektivisch zu schließen. (Indikator III)

8.5 Zukunftsfähige Betriebsführung? Ein Faktencheck

Auf Baustellen ist es für gewöhnlich eher ungemütlich, zugig und kalt. Veranstaltungen in soziokulturellen Zentren erinnern zuweilen an eben solche Zustände. Oftmals in ehemaligen Industriebrachen, leerstehenden Scheunen oder ausgedienten Gebäuden untergekommen, stehen soziokulturelle Zentren infrastrukturell vielfach im Schatten großer Kulturimmobilien. Glanzvoll erstrahlen Prachtbauten der Hochkultur in Großstädten wie Dortmund, Hamburg oder Berlin. Niemals zuvor in der Geschichte der Bundesrepublik Deutschland scheint die Investitionsbereitschaft in Kulturimmobilien höher als heute, deren dauerhafte Instandhaltungs- und Betriebskosten die bereits überstrapazierten öffentlichen Haushalte zusätzlich belasten. Allein die Betriebskosten des Dortmunder U belaufen sich auf 10 Millionen Euro pro Jahr (vgl. WAZ NewMedia GmbH & Co. KG 2011).

Die Zeiten scheinen günstig. Das Planen, Bauen und Betreiben von Kulturimmobilien erfährt zunehmende Beachtung, wie die Publikation «Die Kulturimmobilie»[173] und das Thema des Loccumer Kolloquiums «Kulturimmobilien – die Kathedralen des 21. Jahrhunderts?»[174] im Jahr 2017 belegen. In Loccum berichten auch zwei (Sozio-) Kulturimmobilien aus Hannover und Bautzen über bereits erfolgte Investitionen und langfristig gedachte Umbauten von Betriebsstrukturen. Handelt es sich hierbei um Einzelfälle? Ein erster Blick auf das Forschungsfeld nach Hessen zeigt, dass eine intensive Auseinandersetzung mit den Betriebsbedingungen und den kulturpolitisch Verantwortlichen im Kulturzentrum Schlachthof in Wiesbaden gar zu einem Neubau führte.

In einem vorbereitenden Expertengespräch stellt Vorstandsmitglied und Mitbegründer des soziokulturellen Zentrums Gerhard Schulz folgende These auf: Sollten zum heutigen Standpunkt soziokulturelle Zentren an ihren nachhaltigen Standards bewertet werden, so würde der überwiegende Teil der Einrichtungen nicht mehr bestehen. Auch der eigene Betrieb habe in dieser Beziehung in den alten Gebäuden nicht ressourcenschonend gearbeitet. Über

173 Vgl. Transcript-Verlag 2017.
174 Vgl. Loccumer Kolloquium 2017.

diese Arbeitsweise aber sind sie mit der jetzt erreichten Ausstattung weit hinaus (Befunde Experten 2-LI, S. 2).

Wie aber steht es nun genau um die Betriebsführung der Zentren? Die Ausgangslage dieses Untersuchungsbestandteils ist relativ klar umrissen, da soziokulturelle Betriebe von mehreren Gemeinsamkeiten gekennzeichnet sind. Alle untersuchten Zentren bewirtschaften Räume, die zu heizen, zu belüften, zu beleuchten sind. Im gastronomischen Bereich sind Getränke zu kühlen, in allen Zentren arbeiten Menschen, die durch bewusstes Verhalten zu einem geringeren Ressourcenverbrauch beitragen können.

Indikator XI der vorliegenden Untersuchung konzentriert den Blick der Betriebsführung auf neun Handlungsfelder (Mobilität, Ort und Unterkunft, Energieverbrauch und Beleuchtung, Beschaffung von Produkten und Dienstleistungen, Bewirtung, Abfall- und Wassermanagement, Kommunikation, Soziale Aspekte/Charity, Klimaschutz Kompensation). Anhand dieser Einzelkriterien wird der Sachstand der Einrichtungen im Folgenden untersucht. Fakten zum Gebäude, Energieverbrauch, Heizsystem oder der Warmwasserzubereitung sind über die Initialberatung in Phase 1 erhoben worden. Ergänzt werden die Befunde mit Rückmeldungen der Betriebe aus dem Erhebungsbogen Phase 2.

Im Folgenden werden die generierten Befunde zu den neun Handlungsfeldern zusammengeführt.

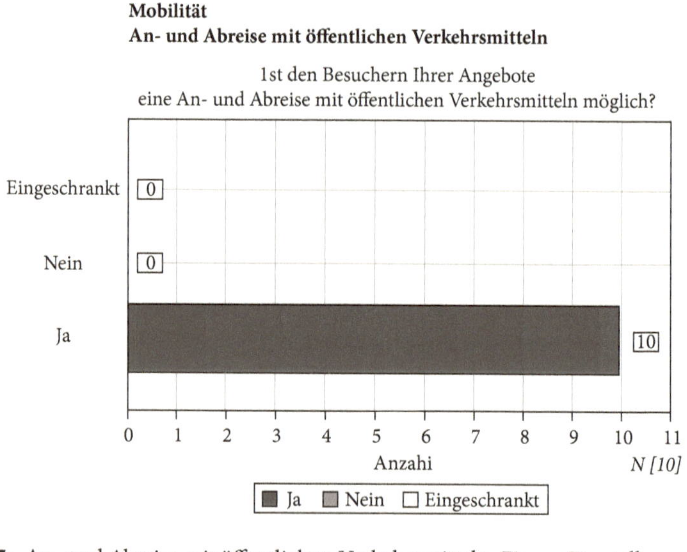

Abb. 15: An- und Abreise mit öffentlichen Verkehrsmitteln. Eigene Darstellung. (Befunde Phase 2, Ordner 2.3.4 Ergebnisprotokoll Tag 1, S. 10).

Entwicklungsbedarf zeichnet sich bei der Frage ab, ob die Zentren ihre Besucher aktivieren, die An- und Abreise zu Veranstaltungen mit öffentlichen Verkehrsmitteln in Betracht zu ziehen. Lediglich 30 % der Einrichtungen machen immer auf die Nutzung öffentlicher Verkehrsmittel aufmerksam (Befunde Phase 2, Ordner 2.1.1 Grundauswertung 2017, Frage 10).

Im Zusammenhang mit dem Handlungsfeld Mobilität wurden die Betriebe nach weiteren Maßnahmen, die zum Umwelt- und Klimaschutz beitragen, befragt. Vereinzelt kommen E-Bikes als Betriebsfahrzeuge zum Einsatz, auch eine Teilnahme an Car-Sharing wurde genannt (Befunde Phase 2, Ordner 2.1.1 Grundauswertung 2017, Frage 12). Ergänzt wurde diese Auflistung im Rahmen des Zukunftsworkshops mit dem Hinweis auf ein Kombi-Ticketangebot: „Schon seit vielen Jahren wird ein Kombi-Ticket (auch für Online-Tickets) geboten" (Befunde Phase 2, Ordner 2.3.4 Ergebnisprotokoll Tag 2, S. 3).

Kombi-Tickets scheinen bei den untersuchten Zentren, bis auf eine Ausnahme, bisher noch ohne Relevanz zu sein. Eine verpasste Chance, insbesondere bei der sehr guten Ausgangslage, da alle Betriebe mit öffentlichen Verkehrsmitteln erreichbar wären.

Untersucht wurde in Phase 2 der Pilotstudie zudem, welche Energieeffizienz-Maßnahmen aus Sicht der Akteure bereits ansatzweise Berücksichtigung finden. Immerhin 40 % der untersuchten Betriebe gaben an, den Transportbedarf zu reduzieren.

Welche der folgenden Maßnahmen finden in Ihrem Zentrum ansatzweise Berücksichtigung? (Mehrfachwahl möglich/dargestellt wird ein Ergebnisauszug)

Reduzierung des Transportbedarfs	4 (40,00%)
Nennungen (Mehrfachwahl möglich!)	108
geantwortet haben	10
ohne Antwort	0

(vgl. Befunde Phase 2, Ordner 2.1.1 Grundauswertung 2017, Frage 11).

Gebäude, Energieverbrauch und Beleuchtung

Die Datenerhebung zu diesen Faktoren erfolgte in Phase 1 der Pilotstudie im Rahmen einer Initialberatung. Primäres Ziel dieses Beratungsangebotes ist es, auf der Grundlage einer Ist-Analyse individuellen Handlungsbedarf für jedes teilnehmende Zentrum aufzuzeigen. Der fünfseitige Erhebungsbogen «sonstige Gebäude» (vgl. Kapitel 7.3) erfasst Fakten zum Gebäude, Energieverbrauch, Heizsystem und der Warmwasserzubereitung. Neun Initialberatungen mit insgesamt 70 Maßnahmenempfehlungen liegen als Befunde zur Auswertung dieser

Handlungsfelder vor. Eine Darstellung einzelner Auszüge der Energieberatungen ist in dieser Arbeit nicht vorgesehen. Die Einzeluntersuchungsbefunde sind primär für die Zentren relevant, eine Detailauswertung wäre zu kleinteilig[175] und für den beabsichtigten Zweck auch nicht erforderlich. Die Studie sieht vor, die Maßnahmenempfehlungen betriebsübergreifend zu analysieren und mit Erfahrungswerten weiterer Energieeffizienz-Untersuchungen ins Verhältnis zu setzen.[176]

Für eine Vergleichsbetrachtung lassen sich Kennwerte einer bereits 2012 durchgeführten Beratung des Green Club Index für sechs Clubs und Spielstätten in Nordrhein-Westfalen, darunter auch ein soziokulturelles Zentrum, nutzen. Im Rahmen eines Green-Club-Index Workshops sind die Erkenntnisse präsentiert worden. Die Energieberater lokalisieren bei Clubs und Spielstätten fünf Hotspots:

Wo liegen die Hot Sports?

- Lüftung und Heizen
- Energiebezug
- Organisation und Faktor Mensch
- Beleuchtung
- Kühlung

Abb. 16: Wo liegen die Hot Spots? (Befund TW06 2016, Folie 4)

175 Lediglich eine Auswahl besonders aussagekräftiger Energiekenndaten werden, unter dem Aspekt branchentypische Vergleichswerte zu generieren, in der Untersuchung Berücksichtigung finden.

176 Die Einzelbefunde sind in der CD-ROM-Materialsammlung aber enthalten und können dort eingesehen werden (vgl. Befunde Phase 1, Ordner 1.3). Alle Handlungsempfehlungen der Initialberatungen sind in einer Datei zusammengefasst und Befund-Bestandteil.

Der Hotspot «Energiebezug»[177] zielt einerseits auf eine pro-aktive Optimierung der Verträge, da günstigere Tarife oft möglich wären, aber erst auf Nachfrage Berücksichtigung finden. Vergünstigungen hängen insbesondere mit dem speziellen Energiebedarfsprofil und Betriebszeiten zwischen 22:00 und 06:00 Uhr zusammen. Zudem zeigen die Energieberater anhand von Vergleichsbetrachtungen, dass Grünstrom nicht zwangsläufig teurer sein muss (Befund TW06 2016, Folie 5). Als ein Resultat des Green Club Index-Projektes kann benannt werden, dass im Projektverlauf drei Clubs zu Grünstromanbietern wechselten (ebenda, Folie 3). Der Energiebezug stellt einen typischen Indikator für nachhaltige Entwicklung dar, vorgenannte Betriebe könnten also z.B. Aussagen über den Energiebezug in einem Report veröffentlichen. In ihrem Fall würde der Indikator dann lauten: Bezug von 100 % Ökostrom.

Das Green Club Index-Projekt misst dem Faktor Mensch im Hinblick auf klimaschonende Maßnahmen großes Potential bei. Allein durch eine Optimierung des Nutzerverhaltens können enorme Energieeffizienz-Einsparungen erfolgen, ebenso durch den Einsatz von Hilfsmitteln wie z.B. Vorschaltgeräte wie Funksteckdosen oder Zeitschaltuhren (ebenda, Folie 16). Bestandteil der Beratungen sind Hinweise auf typische Kennwerte. Orientierungshilfen bieten z.B. folgende Referenzwerte:

Kühltemperatur:

8–10 Grad C für helles Bier und alkoholfreie Getränke.
6–8 Grad C für Wein, Schnaps, Sekt.
1 Grad C Absenkung = 6 % Einsparung bei Heizkosten.
2–3 Grad C Absenkung außerhalb der Nutzungszeiten = 10 % Einsparung der Heizkosten.

Für die Erfassung der in Kapitel 8.4 genannten Kennzahl «Energieverbrauchszahlen» benennen die Experten zum einen die Berechnungsgröße und ergänzen diese mit Vergleichswerten. Diese Verfahrensweise bietet sich im Prinzip für alle Kennzahlen an, da Referenzwerte helfen, die eigenen Verbrauchswerte besser analysieren und vergleichen zu können. Eine Kennzahl, die in der Statistik der Bundesvereinigung Soziokultureller Zentren e.V. derzeit noch nicht erhoben wird, unter nachhaltigen Gesichtspunkten aber durchaus Aussagekraft haben

177 Es erfolgt an dieser Stelle zunächst nur eine exemplarische Erläuterung der Hotspots «Energiebezug» und «Faktor Mensch». Beispiele für die weiteren Hotspots sind Bestandteil der Untersuchungsergebnisse der Initialberatung aus Phase 1.

könnte, ist die Frage nach dem Energiebezug der Zentren. Diese könnte perspektivisch eine nachhaltige Entwicklung soziokultureller Zentren bundesweit ausweisen.[178] Die nachfolgende Darstellung fasst die beiden Kennzahlenvorschläge in der erweiterten Systematik beispielhaft zusammen.

Tab. 22: Erweiterte Kennzahlensystematik für soziokulturelle Zentren. Eigene Darstellung

Erweiterte Kennzahlensystematik für soziokulturelle Zentren **Mit Angabe der Berechnungsgröße und Vergleichswert**		
Umwelt	**Berechnung**	**Vergleichswert**
Energieverbrauchszahlen Jährliche Erfassung Vergleichsbetrachtung der Verbräuche	Heizöl (in l) Strom (in mwh)	Wärmebedarf: 150 kWh/m^2 im Jahr Strombedarf: 75 kWh/m^2 im Jahr
Energiebezug soziokultureller Zentren	%-Anteil der Zentren mit Strombezug aus erneuerbarer Energie	Studie Zukunftsfähigkeit

Zum Abschluss der im Jahr 2012 durchgeführten Initialberatung sind alle sechs Teilnehmer mit dem Green Club Index ausgezeichnet worden. Zeitgleich zu Phase 1 der Studie «Zukunftsfähigkeit gestalten!» haben in Nordrhein-Westfalen, auf Initiative des Green Club Index, erneut acht Clubs und Spielstätten, darunter ebenfalls wieder ein soziokulturelles Zentrum, eine Initialberatung durchgeführt. Die dort erzielten Erkenntnisse bestätigen die bereits ermittelten fünf Hotspots. Auch die acht Teilnehmer der zweiten Beratungsinitiative sind 2017 mit dem Green Club Label ausgezeichnet worden. Insgesamt basieren die fünf Hotspots somit auf Erfahrungswerten von dreizehn Clubs und Spielstätten, darunter zwei soziokulturelle Zentren. Neun weitere Erfahrungswerte aus Phase 1 der Pilotstudie «Zukunftsfähigkeit gestalten!» und dem Untersuchungsfeld soziokulturelle Zentren können nun ergänzend eingebracht werden. Erneut werden die bereits erfassten fünf Hotspots bestätigt, darüber hinaus lassen die Untersuchungsbefunde eine differenzierte Auswertung in Form von zehn Energieeffizienzmaßnahmen zu.

178 In Ermangelung bundesweiter Vergleichswerte wird unter dem Unterpunkt «Beschaffung» der %-Anteil der untersuchten Zentren ausgewiesen, die ihren Strom aus erneuerbaren Energiequellen beziehen.

Zehn Energieeffizienzmaßnahmen (als zwei getrennte Wörter)

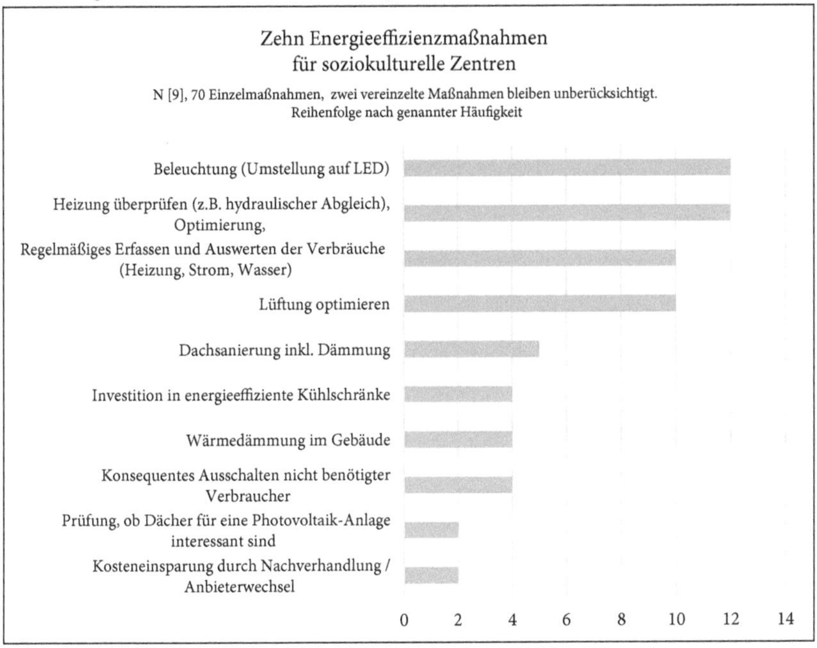

Abb. 17: Zehn Energieeffizienzmaßnahmen für soziokulturelle Zentren. Eigene Darstellung.

Folgende Beispiele illustrieren exemplarisch, welche Nennungen der Abbildung zugrunde liegen. Eine vollständige Übersicht aller siebzig Maßnahmenempfehlungen ist in der Anlage angefügt (Befunde Phase 1, Ordner 1.3, S. 2–5).

Tab. 23: Maßnahmenempfehlungen Initialberatung soziokulturelle Zentren (Auszug). Eigene Darstellung

Maßnahmenempfehlungen Initialberatung soziokulturelle Zentren (Auszug)
Maßnahme
Beleuchtung (Umstellung auf LED) (12 Nennungen, 11 x 1.Priorität, 1 x 3.Priorität) Umstellung auf LED-Leuchtmittel bei nahezu sämtlichen Lampen empfohlen. Außenbeleuchtung -- Büro -- Flur -- Café Einsparpotential ca. 70 – 80 %. Austausch der Grundbeleuchtung im Saal durch LED. Prüfung und ggf. Realisierung einer Probenbeleuchtung für die Bühnenbereiche. Ersatz der Halogen-Strahler durch LED-Strahler im Empfang (24 %).
Heizung überprüfen (z.B. hydraulischer Abgleich), optimieren bzw. erneuern (insgesamt: 12 Nennungen, 9 x 1.Priorität, 3 x 2.Priorität) Unterstützung des seitens des Vermieters geplanten hydraulischen Abgleichs der Wärmeversorgung. Prüfung des Einsatzes einer Strahlungsheizung oder Konvektoren zur Verbesserung der Heizsituation im Saal. Überprüfung der Heizwasserleitung zum Warmlufterzeuger im Foyer/Gangbereich, ggf. Erneuerung der Umwälzpumpe. Heizenergieverbrauch durch verbessere Temperaturregelung. Absenken der Raumtemperaturen außerhalb der Betriebszeiten.
Lüftung optimieren (10 Nennungen, 5 x 1.Priorität, 4 x 2.Priorität, 1 x 3.Priorität) Prüfung und Realisierung einer Nachtlüftung des Kühlschiffs durch eine gezielte Steuerung der Lüftungsanlage. Lüftungsanlage bedarfsgerecht und auf Betriebszeiten ausgelegt nutzen.
Dachsanierung inkl. Dämmung (5 Nennungen, 3 x 1.Priorität, 2 x 2.Priorität) Dachsanierung der Ausstellungshalle (20 % Einsparpotential). Prüfung und ggf. Realisierung einer Dachbegrünung auf dem Spielhaus.
Investition energieeffiziente Kühlschränke (4 Nennungen, 3 x 1.Priorität, 1 x 2.Priorität) Insgesamt sind 13 Stk. Getränkekühlschränke mit Glasfront im Betrieb, die von den Lieferanten beigestellt werden. Hier wäre eine sukzessive Umrüstung auf bessere Leistungsklassen sinnvoll.
Prüfung, Photovoltaik-Anlage auf dem Dach (2 Nennungen, 2 x 1.Priorität) 250 qm Dachfläche zur Verfügung. Prüfung, ob für Photovoltaik-Anlage interessant. Annahme: ca. 20–25 qm für Eigenverbrauch, sollte die Bürgerschaft bei den Investitionskosten unterstützen, wäre auch eine größere Anlage wirtschaftlich und ökologisch sinnvoll.

Die vorgenommene Einzelauswertung der Maßnahmen erlaubt durch die erfasste Anzahl der Nennungen erstmals eine Priorisierung der Hotspots. Deutlich wird, dass insbesondere bei der Umstellung auf LED, einer Überprüfung der Heizung, dem Erfassen und Auswerten der Verbräuche sowie einer Optimierung der Lüftungsanlage erhöhter Handlungsbedarf bei soziokulturellen Zentren auszumachen ist.

Im Gegensatz zu den bisher vorliegenden, nicht gewichteten fünf Hotspots bietet die nun vorgenommene Erweiterung auf zehn Energieeffizienzmaßnahmen eine wesentlich differenziertere Beratungsmöglichkeit. Da die Befunde sich ausschließlich aus dem Untersuchungsfeld soziokulturelle Zentren generieren, stehen somit erstmals Orientierungswerte dieser Branche zur Verfügung, die nicht nur den Energieberatern sondern auch den Betrieben als Kennwerte und konkrete Handlungsempfehlungen zur zukünftigen Anwendung bereitstehen. Wenngleich diese Arbeitshilfe nicht den Anspruch stellt, als Leitfaden (vgl. Indikator XII) zu fungieren, so kann diese, in Kombination mit einer Initialberatung, allein durch die Gewichtung der relevanten Handlungsfelder den Einstieg in nachhaltige Entwicklung aus Sicht des Verfassers zukünftig enorm erleichtern.

Untersucht wurde in Phase 2 der Pilotstudie zudem, welche Energieeffizienz-Maßnahmen aus Sicht der Akteure bereits ansatzweise Berücksichtigung finden. Die Nennungen ergeben folgendes Bild:

Welche der folgenden Maßnahmen finden in Ihrem Zentrum ansatzweise Berücksichtigung? (Mehrfachwahl möglich/dargestellt wird ein Ergebnisauszug)[179]

Einsatz von LED-Beleuchtung	9	(90,00%)
Nutzung von Energiesparlampen	8	(80,00%)
Nutzung von Kennzahlen zur Überprüfung von Verbrauch	2	(20,00%)
Nennungen (Mehrfachwahl möglich!)	108	
geantwortet haben	10	
ohne Antwort	0	

(vgl. Befunde Phase 2, Ordner 2.1.1 Grundauswertung 2017, Frage 11)

Es ist festzustellen, dass sich die im Rahmen der Initialberatungen ermittelte Effizienzmaßnahme mit höchster Priorität (Beleuchtung: Umstellung auf LED) auch bei der Online-Befragung der Akteure ein halbes Jahr später als Maßnahme mit sehr hoher Berücksichtigung (90 %) bestätigt. Hingegen zeichnet sich bei einer weiteren Effizienzmaßnahme mit hohem Wirkungsgrad (regelmäßiges Erfassen der Verbräuche) deutlicher Handlungsbedarf ab. Nur 20 % der untersuchten Betriebe nutzen zur Überprüfung der Verbräuche Kennzahlen.

179 Folgende Einzelnennungen sollen im Zusammenhang mit den Handlungsfeldern Gebäude und Energieverbrauch noch ergänzt werden: Betrieb einer Solaranlage auf dem Dach, Einsatz von Bewegungsmeldern, manuelle Regelung von Heizung und Lüftung (vgl. Befunde Phase 2, Ordner 2.1.1 Grundauswertung 2017, Frage 12).

Beschaffung von Produkten und Dienstleistungen

Soziokulturelle Betriebe, freie Theater und Kulturinitiativen haben in ihrem täglichen Geschäft in vielfältigster Weise mit dem Thema Beschaffung zu tun. Sie kaufen Technik, Leucht- und Bühnenstoffe, IT- und Bürobedarf, beziehen Energie oder Waren für die Gastronomie. Sollte eine verstärkte nachhaltige Ausrichtung der Zentren angestrebt werden, wäre die Anpassung des eigenen Einkaufsverhaltens ein wirkungsvoller Schritt.

Welche der folgenden Maßnahmen finden in Ihrem Zentrum ansatzweise Berücksichtigung? (Mehrfachwahl möglich/dargestellt wird ein Ergebnisauszug)

Nutzung von Recyclingpapier	9 (90,00%)
Nutzung umweltschonender Reinigungsmittel	8 (80,00%)
Einkauf unter ökologischen Gesichtspunkten	6 (60,00%)
Einsatz von Akkus statt Einwegbatterien	6 (60,00%)
Einsatz von Elektrogeräten mit Niedrig-Energieeffizienz	5 (50,00%)
Einsatz umweltfreundlicher Druckerkartuschen im Büro	3 (30,00%)
Nennungen (Mehrfachwahl möglich!)	108
geantwortet haben	10
ohne Antwort	0

(vgl. Befunde Phase 2, Ordner 2.1.1 Grundauswertung 2017, Frage 11).

Die Nutzung von Recyclingpapier und die Anwendung umweltschonender Reinigungsmittel sind zwei Handlungsbereiche, die eine besonders hohe Berücksichtigung (90 %) aufweisen. Dem Einkauf unter ökologischen Gesichtspunkten wird mit 60 % ebenfalls eine größere Aufmerksamkeit zu Teil. Optimierungsbedarf besteht insbesondere bei dem Einsatz umweltfreundlicher Druckerkartuschen. Investitionen in energieeffiziente Kühlschränke ist eine von zehn Effizienzmaßnahmen, die – generiert aus Befunden soziokultureller Zentren – eine Übertragung auf alle Elektrogeräte erlaubt. Wäre es nicht denkbar, alle zukünftigen Investitionen in technische Ausstattungen unter dem Gesichtspunkt der Energieeffizienz vergleichend zu prüfen? Hier sind Entwicklungsbedarf und Potential gleichermaßen zu erkennen.

Hinsichtlich des Strombezugs kann als Auswertungsergebnis festgehalten werden, dass immerhin 60 % der Betriebe Strom aus erneuerbaren Energiequellen nutzen.

Welche der folgenden Maßnahmen finden in Ihrem Zentrum ansatzweise Berücksichtigung? (Mehrfachwahl möglich/dargestellt wird ein Ergebnisauszug)[180]

Nutzung von Strom aus erneuerbaren Energiequellen	6 (60,00%)
Nennungen (Mehrfachwahl möglich!)	108
geantwortet haben	10
ohne Antwort	0

(vgl. Befunde Phase 2, Ordner 2.1.1 Grundauswertung 2017, Frage 11).

Bewirtung

Welche der folgenden Maßnahmen finden in Ihrem Zentrum ansatzweise Berücksichtigung? (Mehrfachwahl möglich/dargestellt wird ein Ergebnisauszug)

Bezug von Fair-Trade gehandelten Produkte	5 (50,00%)
Bezug von Bioprodukten aus der Region	3 (30,00%)
Nennungen (Mehrfachwahl möglich!)	108
geantwortet haben	10
ohne Antwort	0

(vgl. Befunde Phase 2, Ordner 2.1.1 Grundauswertung 2017, Frage 11).

Das Thema Beschaffung erscheint noch entwicklungsbedürftig. Immerhin berücksichtigen 50 % der Zentren beim Einkauf Fair-Trade gehandelte Produkte. Kapitel 8.9 wird zeigen, dass sich soziokulturelle Zentren durch eine regionale Vernetzung Vorteile erhoffen. Hinsichtlich einer Positionierung von Themen, z.B. ethischem Konsum, würde sich anbieten, mit Produzenten von Bioprodukten aus der Region gemeinsame Aktionen zu initiieren, um die Produktionswege kurz zu halten, durch den Bezug von regionalen Bio-Produkten die Qualität des Angebotes zu verbessern und durch gegenseitige Werbung voneinander zu profitieren.

180 Folgende Einzelnennungen sollen im Zusammenhang mit den Handlungsfeldern Gebäude und Energieverbrauch noch ergänzt werden: Betrieb einer Solaranlage auf dem Dach, Einsatz von Bewegungsmeldern, manuelle Regelung von Heizung und Lüftung (vgl. Befunde Phase 2, Ordner 2.1.1 Grundauswertung 2017, Frage 12).

Abfall-und Wassermanagement

Welche der folgenden Maßnahmen finden in Ihrem Zentrum ansatzweise Berücksichtigung? (Mehrfachwahl möglich/dargestellt wird ein Ergebnisauszug)

Wertstoff-Trennung	9 (90,00%)
Mehrweg statt Einweg	9 (90,00%)
Nennungen (Mehrfachwahl möglich!)	108
geantwortet haben	10
ohne Antwort	0

(vgl. Befunde Phase 2, Ordner 2.1.1 Grundauswertung 2017, Frage 11).

Deutlich wird bei diesem Befund, dass die untersuchten Zentren sowohl bei der Wertstoff-Trennung als auch beim Mehrweg-Verfahren eine gleichermaßen hohe Berücksichtigung von 90 % zurückmelden. Dieses Untersuchungsergebnis bestärkt in der Annahme, dass es möglich ist, Umweltschutzmaßnahmen im Betrieb aus eigener Kraft heraus durch bewusstes Verhalten als Standard zu implementieren.

Kommunikation

Die Sichtbarmachung nachhaltiger Initiative ist sowohl auf Landes- als auch Bundesebene zunehmend Thema. „Die Nachhaltigkeitskonferenz sieht auch weiterhin einen großen Bedarf, Bürgerinnen und Bürger für einen nachhaltigen Lebensstil zu begeistern. Dazu muss der komplexe Begriff Nachhaltigkeit verständlich vermittelt und greifbar gemacht werden" (Hessisches Ministerium für Umwelt, Klimaschutz, Landwirtschaft und Verbraucherschutz (HMUKLV) 2017b).

In der von Bund, Ländern und Kommunen gemeinsam beschlossenen Deutschen Nachhaltigkeitsstrategie wird unter dem Punkt «Nachhaltigkeitskommunikation» das Ziel gefasst, „die Bekanntheit der Nachhaltigkeitsaktivitäten […] in der breiten Öffentlichkeit weiter zu erhöhen und das gesellschaftliche Bewusstsein für die Bedeutung einer nachhaltigen Entwicklung zu stärken" (Die Bundesregierung 2016, S. 43).

Soziokulturelle Zentren sind gesellschaftlich verankert, sie verzeichnen im Jahr 12 Mio. Besuche.[181] Die Ansprache potentieller Zielgruppen mit Aspekten

181 Vgl. Schlaglichter soziokulturelle Zentren Kapitel 8.1.

nachhaltigen Lebens zu verbinden bietet die Chance, weitere Menschen für das Thema zu sensibilisieren. Vereinzelt beginnen Betriebe, die sich bereits mit Fragen nachhaltiger Entwicklung auseinandersetzen, bei der PR-Arbeit Veränderungsprozesse einzuleiten. Zentrum Nr. 6 beschreibt beispielsweise im Online-Erhebungsbogen „Change Management im Bereich Presse- und Öffentlichkeitsarbeit" (Befunde Phase 2, Ordner 2.1 2017, S. 8) als eine aktuelle Herausforderung.

Dieses Vorhaben ist im Rahmen des Zukunftsworkshops noch einmal konkretisiert und anschließend in drei spezifizierten Handlungsansätzen mit hoher Priorität ausdifferenziert worden:

1. Externe Kommunikation verbessern (Priorität: hoch; Zeithorizont: kurzfristig, mittelfristig)
2. [...]
3. Zielgruppenansprache überprüfen (mittelfristig, Priorität: hoch; Zeithorizont: mittelfristig)
4. Veranstaltungsprogramm weiterentwickeln (Priorität: hoch, Zeithorizont: mittelfristig)
   (Befunde Phase 2, Ordner 2.3.4 Ergebnisprotokoll Tag 2, S. 8).

Eine Nachfrage zum Entwicklungstand der Vorsätze zum Abschluss von Phase 3 hat ergeben, dass die einzelnen Handlungsfelder sich innerhalb von acht Monaten sehr unterschiedlich ausgeprägt haben. Die höchste Aufmerksamkeit und den zugleich größten Statusfortschritt verzeichnet die Überprüfung der Zielgruppenansprache. Das Haus hinterfragt, ob es noch mit den richtigen Zielgruppen in Kontakt steht und möchte sowohl eine verstärkte Ansprache der Jugend als auch den Erhalt des Generationsmix berücksichtigen. Das Zentrum schätzt sich in diesem Punkt als erfahren ein. Ausgehend von diesem Erfahrungswert arbeitet der Betrieb an der Weiterentwicklung des Programms, überprüft die bestehende Programmstruktur, die Formate und Veranstaltungsanzahl auch unter den Aspekten, was leistbar ist und wo ggf. fokussiert werden muss. Der nachfolgende Statusbericht veranschaulicht, in welcher Form die Maßnahmen erfasst und fortgeschrieben werden. Das Ziel, die externe Kommunikation zu verbessern konnte im Betrachtungszeitraum nur erste Fortschritte verzeichnen. Die gewählte Reihenfolge, zunächst die Zielgruppen und das Programm zu überprüfen und zu verbessern, ist die richtige Wahl, da Kommunikationsmaßnahmen erst effektiv ausgerichtet werden können, wenn die Adressaten und zu bewerbenden Formaten klar formuliert sind.

Tab. 24: Statusbericht Zentrum 6-PE: Zielgruppen und Programmentwicklung (vgl. 6-PE Befunde Phase 3, Ordner 3.2 Prozessentwicklung)

Statusbericht Zentrum 6-PE: Zielgruppen und Programmentwicklung					
Priorität	**Ziel Wesentlich Realistisch**	**Was? Maßnahmen**	**Wer? Zuständigkeit**	**Bis Wann? Terminierung**	**Status**
Hoch	Zielgruppen-ansprache überprüfen	- ist TN6 (noch) mit den richtigen Zielgruppen in Kontakt? – bietet TN6 den verschiedenen Zielgruppen das richtige Programm an? - Verbesserung der Zielgruppenansprache - Zielgruppe Jugend - Erhalt des Generationenmix - Anpassen des Programmangebots		Ab April 17 mittelfristig	13.11.17 60
Hoch	Veranstaltungs-programm weiterentwickeln	- Programmstruktur überprüfen - Struktur optimieren: Handlungsbedarf erkennen, Ansatzpunkte identifizieren - macht TN6 genug oder zu viele Veranstaltungen? - muss TN6 sich von Formaten verabschieden? - was kann TN6 machen/ wieviel ist leistbar/wo muss fokussiert werden?		Ab April 17 mittelfristig	13.11.17 40

Es wäre wünschenswert, wenn der Betrieb bei der Veränderung von Kommunikationsweisen, der Zielgruppenansprache und der Weiterentwicklung des Veranstaltungsprogramms auch nachhaltige Themen berücksichtigt.

In der Auftakt-Onlineerhebung wurden die Zentren um eine Rückmeldung gebeten, ob sie über eine aktuelle Selbstdarstellung verfügen. Nur ein Zentrum hat diese Frage mit Nein beantwortet (Befunde Phase 1, Ordner 1.1 2016). Acht Zentren haben ihre Selbstdarstellungen zur Verfügung gestellt (Befunde Phase

1, Ordner 1.2), die einen Einblick gewähren, wie sich die Häuser präsentieren. Gleichwohl die Darstellungen sehr unterschiedliche Schwerpunkte setzen, lassen sich fünf übergreifende Themenfelder ausmachen. Diese sind Informationen zu Historie, Konzept, Struktur, Programm und Nutzergruppen (vgl. Selbstdarstellung Befunde Phase 1, Ordner 1.2). Festzustellen ist, dass die Begriffe «Umwelt» oder «Nachhaltigkeit» bei den Selbstdarstellungen keine Themen sind, mit denen sich die Zentren in Verbindung bringen. Nur in wenigen Ausnahmen finden diese in den Darstellungen Erwähnung, in einem Fall ist das Handlungsfeld Umweltschutz als Vereinszweck benannt: „Zweck des Vereins ist (laut Satzung) die Förderung von Bildung und Erziehung, Kunst und Kultur, des Umweltschutzes …" (Befunde, Phase 1, Ordner 1.2, S. 1). In einem zweiten Fall wird „Bildung nachhaltig agierender Netzwerke" (ebenda) als Zielsetzung beschrieben. Ein weiterer Betrieb hat angegeben, Aktionswochen zum Thema Klimaschutz durchzuführen (Befunde Phase 2, Ordner 2.1.1 Grundauswertung 2017, Frage 12).

Im Zukunftsworkshop formulierten die Teilnehmer schließlich den Leitsatz: „Auch für die Umwelt gilt: Tue Gutes und sprich darüber!" (Befunde Phase 2, Ordner 2.3.4 Ergebnisprotokoll Tag 2, S. 21).

Möglicherweise könnte dieses Leitmotiv die Kommunikation nachhaltiger und umweltrelevanter Aspekte befördern, vorausgesetzt, dem wohlklingenden Vorhaben folgen auch Taten, die zu kommunizieren wären. So wie ein Vorstandsmitglied die Haltung und Arbeitsweise seines Zentrums beschreibt, könnten durchaus Chancen für eine Weiterentwicklung der PR-Arbeit um Aspekte nachhaltiger Entwicklung bestehen: „Wir machen Entwicklung zur Routine und legen großen Wert auf Wissenstransfer und die Umsetzung von Wissen in Aktion" (Befunde Phase 2, Ordner 2.1.1 Grundauswertung 2017, Frage 37).

Soziale Aspekte/Charity

Die Übernahme sozialer Verantwortung wird in Kapitel 8.9 erörtert. Zu dem Aspekt Charity liegen keine Angaben der Zentren vor.

Klimaschutz Kompensation

Aus den generierten Befunden ergibt sich der Stand, dass derzeit ein Betrieb anstrebt, klimaneutral zu veranstalten und hierfür die Kompensation entstehender Emissionen durch Ausgleichszahlungen berücksichtigt (Befunde Phase 2, Ordner 2.1.1 Grafikauswertung 2017, Frage 12). Der Ratgeber für klimaneutrale Veranstaltungen der EnergieAgentur.NRW[182] offenbart in der soziokulturellen

182 Vgl. Kapitel 2.5.

Szene enormes Entwicklungspotential, diese zeigen sich schon bei den fehlenden Grundvoraussetzungen, da nur 20 % der hier untersuchten Betriebe derzeit ihre Verbräuche kennzahlengestützt erfassen. Im Zusammenhang mit der Frage «Ist die finanzielle Situation nachhaltig unsicher?» wird in Kapitel 8.6 zu erörtern sein, ob soziokulturelle Zentren Zusatzkosten für freiwillige Kompensationen überhaupt leisten können.

Zum Abschluss des Kapitels erfolgt eine Bewertung des Entwicklungsstands der neun Handlungsfelder anhand kurzer Zusammenfassungen der Befunde und einer daraus abgeleiteten Eingruppierung mithilfe der gewählten Statusindikatoren.
Festzuhalten ist, dass energieeffizientes Verhalten z.B. durch Mitarbeiterschulungen verbessert werden kann. Konkrete Gestaltungsmöglichkeiten des Faktors Mensch im dritten Wirkungskreis[183] werden deutlich.

Entwicklungsstand Mobilität
Weder beim Einsatz von Kombitickets (10 %) noch bei dem Hinweis
auf die Nutzung öffentlicher Verkehrsmittel (30 %) können die unter- 20
suchten Zentren im Handlungsfeld Mobilität punkten, trotz optimaler Voraussetzungen: Alle Betriebe sind mit öffentlichen Verkehrsmitteln erreichbar. Nennungen wie Car-Sharing oder E-Bikes sind als Einzelfälle zu betrachten, wenig aussagekräftig ist ein erhobener Befund zur Reduzierung des Transportbedarfs. Zusammenfassend dürfte der Entwicklungsstand im Handlungsfeld Mobilität auf der Grundlage der vorgenannten Befunde in die Kategorie «Erste Schritte» einzuordnen sein (Indikator XI).

Gebäude, Energieverbrauch und Beleuchtung
Dem Einsatz von LED-Beleuchtung kommt mit 90 % eine überdurch-
schnittlich hohe Aufmerksamkeit zu. Bei der regelmäßigen Über- 90
prüfung von Verbrauchswerten ist noch großer Entwicklungsbedarf auszumachen.

Nur 20 % der Betriebe erfassen die Verbräuche von Heizung, Strom 20
und Wasser kennzahlengestützt.

Ein erweitertes Kennzahlensystem, welches sowohl Berechnungsgrö-
ßen als auch Vergleichswerte beinhaltet, erleichtert die Anwendung von 60
Kennzahlen. Zehn Energieeffizienzmaßnahmen bieten erstmals eine differenzierte und priorisierte Orientierungshilfe für soziokulturelle Zentren und Berater (Indikator XI).

183 Vgl. Kapitel 5.2.2.

Beschaffung von Produkten und Dienstleistungen

50 % der untersuchten Betriebe berücksichtigen bei der Beschaffung Fair-Trade Produkte. Bei dem Bezug von Bio-Produktion (30 %) stellt sich der 40
Entwicklungsbedarf noch deutlich höher dar. Gerade in der regionalen Vernetzung aber sind Chancen auszumachen, die im Sinne einer zukunftsweisenden Ausrichtung für soziokulturelle Zentren aus eigener Kraft heraus gestaltbar wären. 60 % der Betriebe beziehen bereits Strom aus erneuerbaren Energien. (Indikator XI).

Bewirtung

Wenngleich bereits 50 % der untersuchten Betriebe angeben, bei der Beschaffung Fair-Trade gehandelte Produkte zu berücksichtigen, ist 40
beim Bezug regionaler Bio-Produkte (30 % gaben an, Bioprodukte bei der Bewirtung vorzuziehen) noch deutliches Entwicklungspotential festzustellen. Insbesondere mit der Aussicht, durch regionale Vernetzungen Synergieeffekte für alle Beteiligten zu erwirken (Indikator XI).

Abfall-und Wassermanagement

Sowohl bei der Wertstoff-Trennung als auch beim Mehrweg-Verfahren ist eine gleichermaßen hohe Berücksichtigung von 90 % festzustellen. 90
Dieses Untersuchungsergebnis bestärkt in der Annahme, dass es möglich ist, Umweltschutzmaßnahmen im Betrieb aus eigener Kraft heraus als Standard zu implementieren (Indikator XI).

Kommunikation

In der Gesamtbetrachtung ist festzustellen, dass die «Kommunikation nachhaltiger Themen» aktuell noch kein Thema für soziokulturelle Zen- 10
tren ist. Nur in wenigen Ausnahmen bringen die Zentren sich in den Selbstdarstellungen mit den Themen Nachhaltigkeit oder Umwelt in Verbindung. Lediglich ein Zentrum berichtet von dem Vorsatz, die externe Kommunikation effizienter gestalten zu wollen (Indikator XI).

Soziale Aspekte/Charity

Die Übernahme sozialer Verantwortung wird in Kapitel 8.9 erörtert. Der Charity-Aspekt ist bei den Zentren nicht untersucht worden, Aussagen zum Entwicklungsstand können nicht getroffen werden (Indikator XI).

Klimaschutz Kompensation

Ein Betrieb stellt sich der Herausforderung, klimaneutrale Veranstaltungen durchzuführen. Derzeit fehlende Voraussetzungen (nur 20 % 10
der Betriebe erfassen die Verbräuche, Zusatzaufwendungen für Ausgleichszahlungen) bieten diesem Handlungsfeld aktuell noch wenig Aussicht auf Entwicklung (Indikator XI).

8.6 Ist die finanzielle Situation nachhaltig unsicher?

Die Zukunft soziokultureller Zentren ist alles andere als nachhaltig. „71 % der Einrichtungen haben oder hatten finanzielle Schwierigkeiten" (Soziokulturelle Zentren in Zahlen 2011–2013, S. 13). Über zwei Drittel der Zentren sind im Jahr 2012 mit ökonomischen Problemstellungen derart belastet, dass vermutlich viele drängende Fragen, darunter auch Handlungsnotwendigkeiten einer nachhaltigen Ausrichtung, von akuten Finanzproblemen überlagert werden. Oftmals in alten Fabrikhallen, Bahnhöfen oder Scheunen untergebracht, die eher selten energetisch saniert sind, sorgen hohe Energieverbräuche und steigende Betriebskosten bei vielen soziokulturellen Einrichtungen für zunehmenden Kostendruck. Doch auch der gesellschaftliche Druck wächst, verantwortungsbewusster als bisher mit den begrenzten ökonomischen und ökologischen Ressourcen umzugehen.

Diese Befundlage des vorletzten Statistikberichtes der Bundesvereinigung gilt es in dem folgenden Kapitel unter dem Hauptaugenmerk der gegenwärtigen finanziellen Situation zu überprüfen. Hat dieses Szenario weiterhin Bestand? Die aktuelle statistische Erhebung beschreibt eine spürbare Erhöhung der institutionellen Förderung als Schritt in die richtige Richtung, die Bundesvereinigung fordert dennoch eine verbesserte, öffentliche Unterstützung in Form noch stärkerer institutioneller Förderung, Personalkostenzuschüsse sowie Zuschüsse für Bau und Investitionen.[184]

Eine substanzielle Sicherung der Einrichtungen in Deutschland scheint auch nach 40 Jahren noch nicht erreicht. Der kulturelle Gegenentwurf zur klassischen Hochkultur, vielfach in den 1970er-Jahren im Zuge der Neuen Kulturpolitik gegründet, hat einen Kultureinrichtungsboom ausgelöst, der offenbar „auf Kosten der nachfolgenden Generationen" (Knubben, Thomas/Schneidewind, Petra 2007, S. 18) erfolgt. Sollte sich die finanzielle Situation also als nachhaltig unsicher herausstellen, wäre zu fragen, wann der Zeitpunkt gekommen ist, tragfähige kulturelle Infrastrukturen zu schaffen, idealerweise unter Berücksichtigung zukunftsweisender Kriterien. Um die finanzielle Situation der Zentren unter nachhaltigen Gesichtspunkten besser beurteilen zu können, sind diese anhand eines darauf ausgerichteten Fragenkatalogs[185] befragt worden. Die vorliegende Untersuchung nimmt eine Ausschnittbetrachtung soziokultureller Zentren aus Nordrhein-Westfalen und Hessen vor, die an der Pilotstudie «Zukunftsfähigkeit gestalten!» teilgenommen haben. Punktuell erfolgen Vergleichsbetrachtungen mit bundesweit erhobenen Statistiken der Bundesvereinigung.

---

184 Vgl. Kapitel 8.1 Schlaglichter soziokultureller Zentren.

185 Der zusätzlich zum aktuellen Stand auch Engpässe, Entwicklungen und Vertragslaufzeiten erfasst.

Einen ersten Überblick über die Einnahmeformen soziokultureller Zentren bietet die statistische Befragung der Bundesvereinigung Soziokultureller Zentren.

Die Erhebung unterscheidet sechs wesentliche Finanzsäulen der Mitgliedseinrichtungen.[186] Ausführend erläutert der Verband den mehrdimensionalen Finanzierungsmix: „Die finanzielle Förderung erfolgt – in den einzelnen Bundesländern unterschiedlich – institutionell oder projektbezogen. Sie obliegt zumeist den Kommunen und Ländern. Weitere Finanzmittel fließen aus Stiftungen und Fonds (z.B. Fonds Soziokultur). Daran schließt sich die Europäische Union und letztlich der Bund an. Der Anteil der Einnahmen durch Sponsoring ist im Durchschnitt sehr gering" (Bundesvereinigung Soziokultureller Zentren 2016).

Ergänzend anzumerken ist hinsichtlich der Struktur der Gesamteinnahmen, dass sich die Fremdquellen sehr unterschiedlichen Ressorts zuordnen lassen, sowohl die institutionelle Förderung als auch die Projektfördermittel. Im Land Nordrhein-Westfalens sorgen beispielsweise primär die Kommunen sowie das Ministerium für Kultur, Jugend, Soziales und Bildung des Landes NRW für eine institutionelle Förderung in Höhe von jährlich 11 Mio. Euro. Weitere Förderungen stammen aus Projektmitteln der EU, des Bundes, des Landes, der Kommunen, Stiftungen und weiterer Zuwendungsgeber. Gering ist der Anteil an Zuschüssen für Personal (0,3 Mio. Euro) und für Baukosten (0,4 Mio. Euro) (vgl. LAG Landesarbeitsgemeinschaft Soziokultureller Zentren NRW e.V. 2018, S. 19).

Deutliches Entwicklungspotential zeigt sich in NRW bei dem Förderbereich Kulturelle Bildung: „Obwohl die kulturelle Bildung aktuell zu einem der zentralen Angebotsfelder der Soziokulturellen Zentren in NRW zählt, beträgt der Anteil der Förderung aus dem Ressort Bildung für alle Einrichtungen nur 0,25 Mio. Euro" (ebenda).

Diese Feststellung bekräftigt den in Kapitel 8.3 erörterten Untersuchungsbefund, dass insbesondere das Handlungsfeld IV Kulturelle Bildung des Kulturförderplans, von dem die spartenübergreifend agierende soziokulturelle Szene unmittelbar partizipiert, noch Zuwendungssteigerungen zulassen dürfte, insbesondere vor dem Hintergrund, da der Kulturetat in Nordrhein-Westfalen in den kommenden Jahren weiter erhöht wird.

---

186 Die Untersuchung des Bundesverbands Soziokultureller Zentren, veröffentlicht am 21. Mai 2015, erfasst unter Punkt (F) folgende Einnahmeformen: F.1: Institutionelle Förderung, F.2: Projektbezogene Förderung, F.3: Förderung von Baukosten und Investitionen, F.4: Personalkostenförderung, F.5: eigenerwirtschaftete Mittel, F.6: Einnahmen aus Gastronomie.

Das Kapitel untersucht die nachhaltige Tragfähigkeit der Finanzstrukturen soziokultureller Zentren. Grundsätzlich kann davon ausgegangen werden, dass eine Finanzstabilität in direktem Zusammenhang steht mit einer verlässlichen, institutionellen Grundabsicherung. Wenn zudem weitere Finanzierungssäulen das Einnahmegerüst stützen und die Betriebe auf einen ausgewogenen, mehrdimensionalen Einnahmenmix bauen können, kann von einer substanziell gesicherten Finanzgrundlage gesprochen werden. Im Folgenden werden einzelne Finanzbausteine näher analysiert.[187]

Vorangestellt sei noch, dass die Ausgangsfrage «Ist die finanzielle Situation nachhaltig unsicher?» pauschal kaum zu beantworten sein wird. Zu unterschiedlich sind die einzelnen Finanzstrukturen der Zentren ausgeprägt, zu variantenreich die Ressorts, aus denen soziokulturelle Zentren ihre Einnahmen generieren, zu individuell die Herangehensweise, für ein auskömmliches Budget zu sorgen. Die nachfolgende Abbildung zeigt, wie unterschiedlich allein die Höhe der institutionellen, öffentlichen Förderung der untersuchten Betriebe ausfällt.

Tab. 25: Anteil institutionelle, öffentliche Förderung. (Befunde Phase 2, Ordner 2.1.1 Grafikauswertung 2017, Frage 24)

Anteil institutionelle, öffentliche Förderung

Nennung	Anzahl
1 - 9 %	2
10 - 15 %	2
16 - 20 %	1
21 - 25 %	0
26 - 30 %	2
31 - 35 %	0
36 - 40 %	2
mehr als 40 %	1
Summe	10

N [10]

187 Schwerpunkte der Erörterung sind die institutionelle Förderung und eigenerwirtschaftete Mittel. Bezug genommen wird zudem auf die bereits lokalisierten Förderengpässe Bau & Investitionen sowie Personalkostenförderung. Keine Berücksichtigung finden Einnahmen aus der Gastronomie.

Wie verhält sich diese länderspezifische Ausschnittbetrachtung zur bundesweiten Förderquote? Bundesweit beträgt die institutionelle Förderung 36 % (vgl. Bundesvereinigung Soziokultureller Zentren e.V. 2017, S. 35).

Dieser Referenzwert zeigt, dass die Förderung der untersuchten Zentren in Hessen und Nordrhein-Westfalen in sieben von zehn Betrieben unterdurchschnittlich ausfällt, wo hingegen drei Zentren eine überdurchschnittliche öffentliche Förderung erhalten.

Die Aussagekraft einer Bezugsgröße, die sich nur auf den Untersuchungszeitraum von einem Jahr bezieht, ist begrenzt. In der vorliegenden Betrachtung wird deshalb der Zeitraum auf drei Jahre erweitert. Rückblickend kann für den Zeitraum der letzten drei Jahre eine positive Entwicklung der institutionellen Förderung soziokultureller Zentren festgestellt werden. Wie die nachfolgende Abbildung zeigt, ist bei den Untersuchungsteilnehmern eine Steigerung der öffentlichen Förderung zu diagnostizieren.

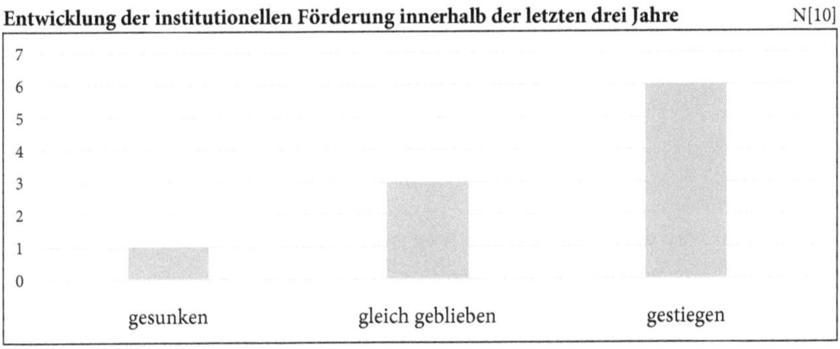

Abb. 18: Entwicklung der institutionellen Förderung innerhalb der letzten drei Jahre. Eigene Darstellung. (Befunde Phase 2, Ordner 2.1.1 Grafikauswertung 2017, Frage 27).

Diese positive Tendenz bestätigt sich auch länderübergreifend: die bundesweite institutionelle Förderung soziokultureller Zentren betrug im Jahr 2014[188] noch 30 %. Innerhalb von zwei Jahren ist demzufolge eine bundesweite Steigerung

188 Datengrundlage des vorletzten Statistikberichts der Bundesvereinigung Soziokultureller Zentren ist das Geschäftsjahr 2014 (vgl. Was zählt!? Soziokulturelle Zentren in Zahlen 2015).

von 6 % auszumachen. Bei der Betrachtung der zur Verfügung stehenden Finanzmittel ist aber nicht nur die Förderquote von Bedeutung. Aus dem Blickwinkel nachhaltiger Strukturen sind sowohl die Vertragslaufzeiten als auch Vereinbarungen zur dynamischen Entwicklung der Mittel relevant. Im Statistikbericht der Bundesvereinigung werden zu diesen Aspekten keine Erhebungen vorgenommen. Die Befunde der vorliegenden Studie verdeutlichen, weshalb die Betrachtung dieser Vertragsbestandteile insbesondere für eine nachhaltige Entwicklung bedeutsam ist.

Wie wird die öffentliche Förderung gewährt?

Abb. 19: Wie wird die öffentliche Förderung gewährt? Eigene Darstellung. (Befunde Phase 2, Ordner 2.1.1 Grafikauswertung 2017, Frage 25).

90 % aller Fördervereinbarungen sind befristet und bieten somit nur eine sehr begrenzte Planungssicherheit. Hinzukommt, das sowohl Tarifsteigerungen des Personals als auch die Berücksichtigung dynamischer Anpassungen in den Fördervereinbarungen keinerlei Berücksichtigung finden. Bei 60 % der Zentren ist durch eine Deckelung der Zuwendungen die Fördersumme somit reziprok. Immerhin ein Vertrag sieht jährliche Nachverhandlungen vor, um real anfallende Kostensteigerungen bedarfsorientiert aufzufangen, wie die nachfolgende Auswertung zeigt.

Sind in Ihren institutionellen Fördervereinbarungen dynamische Entwicklungen berücksichtigt? (Mehrfachwahl möglich)

Keine schriftlich verfassten Fördervereinbarungen	3 (30,00%)
Dynamische Anpassung in Bezug auf Preissteigerungen	0 (0,00%)
Kostenübernahme von Tarifsteigerungen des Personals	0 (0,00%)
Deckelung der Zuwendungen für eine bestimmte Laufzeit	6 (60,00%)
Kürzungen der öffentlichen Fördermittel	1 (10,00%)
nur Projektförderung	1 (10,00%)
jährliche Nachverhandlungen mit Stadt (Erhöhungen)	1 (10,00%)
Nennungen (Mehrfachwahl möglich!)	12
geantwortet haben	10
ohne Antwort	0

(Befunde Phase 2, Ordner 2.1.1 Grundauswertung 2017, Frage 26)

Zwei weitere Indikatoren, die ebenfalls nicht in der Statistikerhebung der Bundesvereinigung erfasst werden, können wertvolle Hinweise zur Finanzsubstanz der Zentren geben. Untersucht werden das jährliche Gesamtbudget für Investitionen sowie die Frage, ob die Einrichtungen über finanzielle Rücklagen verfügen. Die Kennzahl zur Erfassung der finanziellen Rücklagen basiert auf dem %-Anteil an den Gesamtausgaben des Geschäftsjahres 2016. Zwei Aussagen lassen sich aus den Angaben der Zentren herauslesen:

1. 60 % der befragten Einrichtungen verfügen über keine finanziellen Rücklagen.
2. Bei 40 % der Betriebe beträgt die Rücklage 9,15 % (Mittelwert).

In Ermangelung von Vergleichsgrößen aus dem soziokulturellen Feld kann der erfasste Mittelwert von 9,15 % als erste Orientierungshilfe dienen (Befunde Phase 2, Ordner 2.1.1 Grafikauswertung 2017, Frage 32). Die Sorge von über 60 % der Zentren, bei ungeplant auftretenden Kosten in Liquiditätsprobleme zu geraten, ist aus finanzpolitischer Sicht besorgniserregend. Ein Mindestmaß an Rücklagensubstanz sollte in allen Betrieben gegeben sein. Es zeigt sich ein unmittelbarer Zusammenhang struktureller Unterfinanzierung und fehlender Rücklagen. Besteht diese Unterfinanzierung dauerhaft, kann diese auch zu Liquiditätsproblemen führen.

Vertiefend wurde deshalb erfragt, ob es bei den Betrieben in den letzten drei Jahren zu finanziellen Engpässen gekommen ist. So dies bei Zentren der Fall ist, wurde um eine Angabe von Hauptgründen gebeten.

Finanzieller Engpass in den letzten drei Jahren?

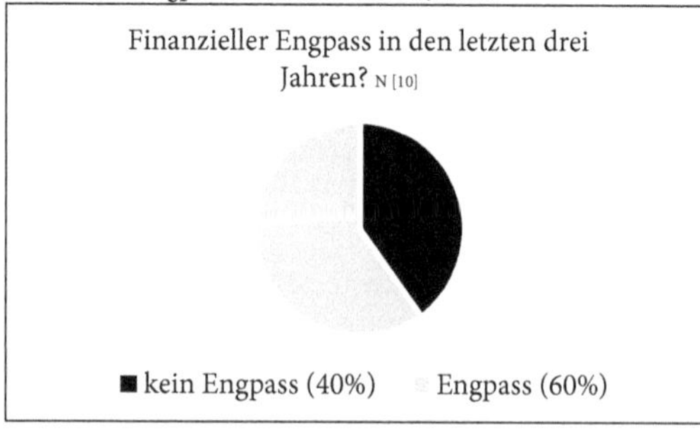

Abb. 20: Finanzieller Engpass in den letzten drei Jahren? Eigene Darstellung. (Befunde Phase 2, Ordner 2.1.1 Grafikauswertung 2017, Frage 28).

Drei Hauptgründe für Finanzengpässe sind benannt worden:

1. Nachhaltig unsichere Finanzen
2. Haushaltsprobleme der Kommunen & Länder
3. Kostensteigerungen bei geringer Förderung

Weitere Nennungen führen zu der Fragestellung, ob es sich hierbei um Einzelfälle handelt oder nicht auch Indizien ausgemacht werden können, die zur Ergründung der Ursachen für finanzielle Engpässe zielführend sein könnten. Einzelfall oder Indiz? Gründe für Finanzengpässe:

> **Zu wenig** (kalkuliert, geplant, Personal, Basisfinanzierung)
> **zu viel** (Programm, Aufgabenbereiche, Selbstausbeutung, Verwaltungsaufwand, Investitionskosten)
> (Befunde Phase 2, Ordner 2.1.1 Grafikauswertung 2017, Frage 28).

Auffallend ist, dass sich hier zwei Stellschrauben abzeichnen, die den Aufgabenbereichen Betriebsführung und Ressourcenmanagement zuzuordnen sind. Dieser Befund stärkt die These, dass eine Optimierung von Betriebsstrukturen und Prozessabläufen einerseits finanzielle Engpässe verringern und gleichzeitig nachhaltige Entwicklung befördern könnte.

Als Indikator zur Ermittlung des jährlichen Budgets für Investitionen wurde ebenfalls der %-Anteil an den Gesamtausgaben des Geschäftsjahres 2016 erfragt. Die finanzielle Investitionskraft der Zentren unterscheidet sich sehr, sie reicht von 1 % (Minimum) bis zu 15 % (Maximum). Der Mittelwert beträgt 6,5 % (Befunde Phase 2, Ordner 2.1.1 Grafikauswertung 2017, Frage 31). Dieser Indikator steht den Zentren nun ebenfalls erstmals zur Verfügung, die eigenen

Investitionsbudgets vergleichen zu können. Als weitere Kennzahlenvorschläge, die bisher nicht Bestandteil der statistischen Erhebung der Bundesvereinigung sind, sollen diese in der erweiterten Systematik festgehalten werden:

Tab. 26: Kennzahlen für soziokulturelle Zentren: Investitionsbudget und Rücklage

Kennzahlen für soziokulturelle Zentren: Investitionsbudget und Rücklage		
Finanzen	**Berechnung**	**Vergleichswert**
Investitionsbudget	%-Anteil Investitionen an den Gesamtausgaben eines Geschäftsjahres	1 % (Minimum) bis zu 15 % (Maximum). Der Mittelwert beträgt 6,5 %.
Rücklage	%-Anteil Rücklagen an den Gesamtausgaben eines Geschäftsjahres Einnahmen/Ausgaben	Mittelwert 9,15 %

Vertiefend gefragt wurde, welche Investitionen den Betrieben in den kommenden fünf Jahren bevorstehen. Zwei Investitionsschwerpunkte haben sich herauskristallisiert:

1. Technische Infrastruktur (insbesondere Beleuchtung und Ton)
2. Schrittweise Sanierung der Gebäude (in drei genannten Fällen durch die Eigentümerin – die Stadt)
   (Befunde Phase 2, Ordner 2.1.1 Grafikauswertung 2017, Frage 30).

Auf die Eigentümerproblematik wird an dieser Stelle nicht weiter eingegangen, exemplarisch soll aber der Hinweis eines Teilnehmers des Zukunftsworkshops illustrieren, dass die Einflussmöglichkeiten des Mieters auf Gebäudesanierungen begrenzt sind. Komplizierte Eigentümer- und Besitzverhältnisse führen bei Zentrum Nr. 6 dazu, dass die Geschäftsführung bei Effizienzmaßnahmen am Gebäude (insbesondere Heizung, Lüftung, Kühlung, Klima) nicht weiterkommt (Befunde Phase 2, Ordner 2.3.4 Ergebnisprotokoll Tag 2, S. 3).

Vor dem Hintergrund der ermittelten Befunde ist nicht verwunderlich, dass die Zentren mit konkreten Forderungen an kulturpolitische Entscheidungsträger herantreten, sowohl auf kommunaler als auch auf Landesebene.

Zwei zentrale finanzpolitische Forderungen richten die Zentren an die Verwaltung und Kulturpolitik Ihrer Kommune:

1. Finanzplanung durch mehrjährig geltende Fördervereinbarungen stabilisieren
2. Gebäude-, Sach- und Investitionskostenzuschüsse
   Weitere Forderungen einzelner Zentren lauten:

- Aufstockung des Personals
- Gemeinsame Gestaltung der kultur- und bildungspolitischen Arbeit der Region.

(Befunde Phase 2, Ordner 2.1.1 Grafikauswertung 2017, Frage 34).

Drei zentrale Erwartungen formulieren soziokulturelle Zentren an die Länder Nordrhein-Westfalen und Hessen.

1. Strukturelle Grundförderung
2. Gesellschaftspolitischen Wert von Kultur & Bildung erkennen, vertreten, stärken
3. Infrastrukturelle Voraussetzungen verbessern, z.B. durch Investitionsförderungen,
   Arbeitsbeschaffungsmaßnahmen zur Unterstützung des Generationswechsels (ebenda, Frage 35).

Diese Forderungen bestätigen signifikant zwei zentrale, bundesweite Engpässe:
Es fehlt den Einrichtungen an Finanzkraft, Investitionen in die Verbesserung der Infrastruktur vorzunehmen. Zudem wird zusätzliches Personal zur Gestaltung des Generationswechsels benötigt. Die Erkenntnis, dass der Generationswechsel eine Herausforderung soziokultureller Zentren darstellt kommt nicht überraschend. Bereits 2008 hat die Enquete-Kommission dem Bund und den Ländern empfohlen, den absehbaren Engpass mit spezifischen Programmen zu stützen.[189]

Der Engpass darf im kulturpolitischen Raum also seit über zehn Jahren als bekannt vorausgesetzt werden, dennoch ist es seitens der Bundesvereinigung weiterhin erforderlich, öffentliche Unterstützung zu fordern.[190]

Die Forderungen der Bundesvereinigung werden durch die vorliegende länderspezifische Untersuchung einmal mehr bekräftigt, dass diese die Nöte und Erwartungen der Zentren widerspiegeln. Investitionen in die Infrastruktur und auch Personalkostenzuschüsse sind Stellschrauben, die erhebliche Verbesserungen für soziokulturelle Zentren ermöglichen können.

Kritisch zu hinterfragen ist, warum die Empfehlungen der Enquete-Kommission als auch die Forderungen der Bundesvereinigung offensichtlich kein Gehör finden. Ein Indiz könnte sein, dass beide Handlungsfelder über die kulturpolitischen Verantwortungsbereiche hinausgehen. Ansprech- und Verhandlungspartner für eine öffentliche Unterstützung bei Investitionsförderungen wäre eher das

---

189 Vgl. Handlungsempfehlungen zwei und drei der Enquete-Kommission, Kapitel 6.1.

190 Vgl. Kapitel 8.1 Schlaglichter soziokultureller Zentren.

Wirtschaftsministerium, bei energetischen Sanierungsmaßnahmen das Umweltministerium, zuständig für Arbeitsbeschaffungsmaßnahmen ist das Arbeitsministerium. Zeigt sich hier ein grundsätzliches, kulturpolitisches Dilemma, nur unzureichend vernetzt zu sein?

Die Verhandlungen und Absprachen auf kommunaler Ebene führen die Zentren überwiegend eigenständig, allerdings birgt dieses vereinzelte Vorgehen auch deutliche Schwachstellen: Die Verhandlungspositionen auf kommunaler Ebene dürften aussichtsreicher sein, wenn die Zentren das Land als Förderpartner an ihrer Seite wüssten. Fördermaßnahmen zu landes- bzw. bundesweiten Herausforderungen soziokultureller Zentren zu schnüren, die letztlich nur noch einen ergänzenden Eigenanteil der Kommunen und Zentren erfordern, wären nachhaltig sinnvolle Vorhaben. Die Zentren würden nicht weiter als Bittsteller am Verhandlungstisch sitzen, sondern als Förderberechtigter mit einer bereits anteilig gesicherten Finanzgrundlage gestärkter und aussichtsreicher als bisher auftreten.

Die Erwartungen an die Länder sollten primär von den jeweiligen Landesgeschäftsstellen vertreten werden. Die Arbeitsschwerpunkte der Landesverbände werden von den Zentren wie folgt gesehen:

Die Landesverbände sind für die Zentren…

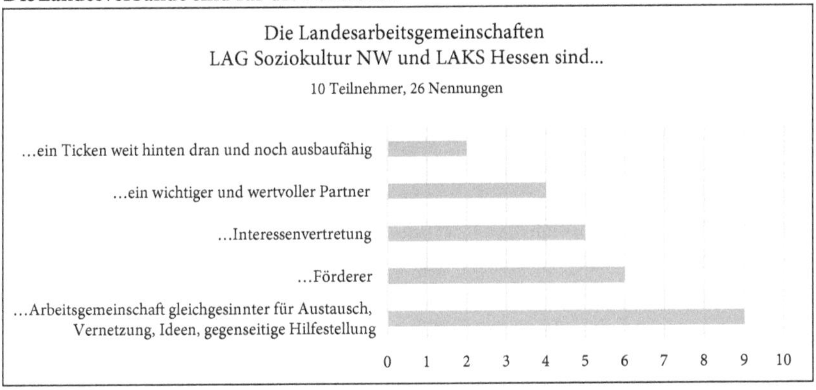

Abb. 21: Die Landesverbände sind für die Zentren … Eigene Darstellung. (Befunde Phase 2, Ordner 2.1.1 Grafikauswertung 2017, Frage 36).

Die Abbildung veranschaulicht, dass die Landesarbeitsgemeinschaften für die Zentren primär als Arbeitsgemeinschaft nach innen wirken und Raum für Austausch und gegenseitige Hilfestellung bieten. Die Rolle des Förderers betrachten die Zentren als zweite Schwerpunktaufgabe der Verbände.

Durch die Ausstattung mit eigenen Projektfördermitteln sind die Landesarbeitsgemeinschaften als direkter Förderpartner für die Zentren von Interesse. Erst an dritter Stelle steht die kulturpolitische Interessenvertretung. Vor dem Hintergrund gewichtiger Forderungen an die Landespolitik ist bei dieser Stellschraube noch Entwicklungspotential zu erkennen. Möglicherweise zielen die Nennungen « ein Ticken weit hinten dran und ausbaufähig » in diese Richtung.

„Eine Mitverantwortung für stabile Strukturen der Soziokultur trägt auch die Landeskulturpolitik" (Befunde Experten 2-LI, S. 4), bringt Gerhard Schulz im Experteninterview ein und erläutert die aktuelle Situation in Hessen. Es sei zwar als Erfolg zu bewerten, dass der Landesetat um 350.000 Euro gestiegen und damit verdoppelt wurde. Dies könne aber nur ein Anfang der nachhaltigen Unterstützung der Zentren sein, Hessen sei hier, im Vergleich zu anderen Bundesländern, noch in den Anfängen (vgl. ebenda).

Auf kommunaler Ebene macht Schulz die Weiterentwicklung des Schlachthofes auch daran fest, dass er nicht die Gespräche mit kulturpolitischen Sprechern der Fraktionen, sondern direkt mit Fraktionssprechern gesucht habe. Seiner Erfahrung und Auffassung nach finden die kulturpolitischen Sprecher in den Fraktionen wenig Gehör und erreichen für die Kultur nicht genug (vgl. ebenda, S. 2).

Der Geschäftsführer der Landesarbeitsgemeinschaft hat als „Ohr aus der Verbändelandschaft" (Befunde Phase 2, Ordner 2.3.4 Ergebnisprotokoll Tag 2, S. 28) an dem zweitägigen Zukunftsworkshop in Wiesbaden teilgenommen um herauszuhören, mit welcher Argumentationslinie nun die nächsten Schritte in der politischen Auseinandersetzung angegangen werden sollten. „Welche Argumentationslinien sind glaubwürdig, finden aber auch Gehör auf der anderen Seite?" (ebenda), fragt er. „Sind das möglicherweise eher Kennzahlen oder gesellschaftspolitische Argumentationslinien?" (ebenda). Auch er bekräftigt, dass die Verdopplung der Förderung in Hessen ein Erfolg sei, erforderlich wären aber ganz andere Dimensionen.

Eine erkenntnisleitende Fragestellung der vorliegenden Untersuchung lautet: Was können die Betriebe aus eigener Kraft heraus tun, um z.B. finanzielle Engpässe zu verringern?

Entwicklungspotentiale zeichnen sich beispielsweise bei einer Intensivierung der Förderverein- oder Förderkreisaktivitäten ab. Bürger engagieren sich in solchen Gremien zumeist ehrenamtlich, akquirieren Drittmittel oder unterstützen bei der Durchführung von Spendenveranstaltungen, deren Erlöse dann dem Vereinszweck zugutekommen. Aktuell sind 70 % der befragten Zentren auf diesem Fundraising-Feld nicht tätig.

Förderverein oder Förderkreis

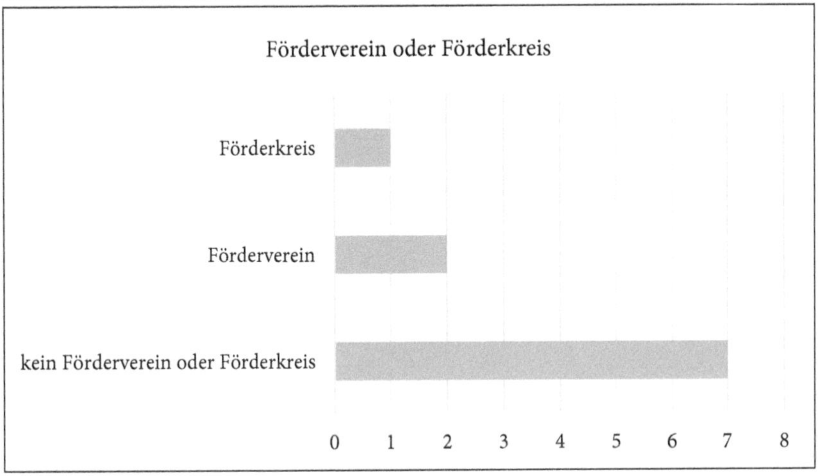

Abb. 22: Fördererverein oder Förderkreis. Eigene Darstellung. N [10] (vgl. Befunde Phase 2, Ordner 2.1.1 Grafikauswertung 2017, Frage 23).

Nicht erfragt wurde in der vorliegenden Untersuchung der %-Anteil Spendenmittel an den Gesamteinnahmen. Dies wäre aber eine geeignete Kennzahl, um eine Entwicklung dieses Handlungsfeldes ohne größeren Aufwand nachzuhalten, da in der Gewinn- und Verlustrechnung (GuV) der Anteil Spendeneinnahmen bereits buchhalterisch erfasst wird. Anzuregen wäre, auch den Anteil der Spendenmittel perspektivisch bundesweit zu erfassen.

Tab. 27: Kennzahl für soziokulturelle Zentren: Spendenmittel

Kennzahl für soziokulturelle Zentren: Spendenmittel		
Finanzen	**Berechnung**	**Vergleichswert**
Spendenmittel	%-Anteil an Gesamteinnahmen eines Geschäftsjahres	3 %

Für regelmäßige, verlässliche Einnahmen sorgen auch Mitgliedsbeiträge. Die Anzahl der Vereinsmitgliedschaften stellt sich bei den untersuchten Betrieben sehr unterschiedlich dar. Beispielsweise könnte eine Mitglieder-Werbekampagne zu einer Steigerung der Beiträge führen und so dauerhaft, verlässlich und aus eigener Kraft heraus die Finanzsituation verbessern.

Anzahl Vereinsmitglieder je Verein

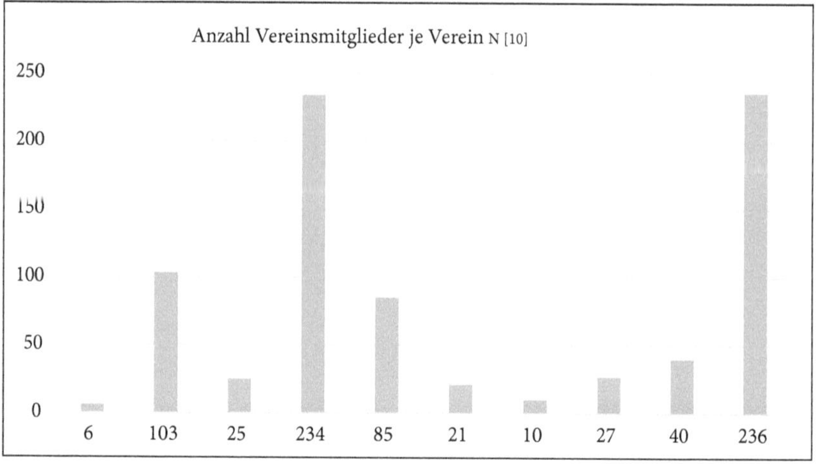

Abb. 23: Anzahl Vereinsmitglieder je Verein. Eigene Darstellung. (Befunde Phase 2, Ordner 2.1.1 Grafikauswertung 2017, Frage 23).

Eine wesentliche Einnahmesäule soziokultureller Zentren stellen die Eigeneinnahmen dar, denn bundesweit finanzieren sich die Betriebe zur Hälfte selbst.[191] Wie die nachfolgende Darstellung zeigt, liegen die Untersuchungsteilnehmer aus Nordrhein-Westfalen und Hessen mit einem Eigeneinnahmen-Anteil von 67 % noch deutlich über dem bundesweiten Durchschnitt.

191 Vgl. Kapitel 8.1 Schlaglichter soziokulturelle Zentren.

Eigeneinnahmen der Zentren im bundesweiten Vergleich[206]

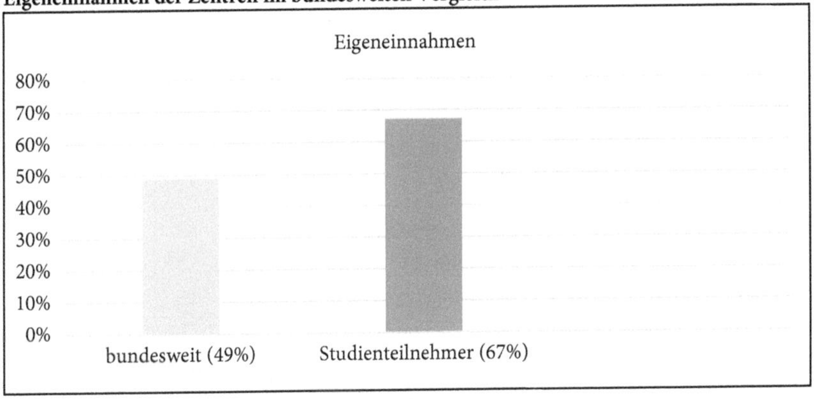

Abb. 24: Eigeneinnahmen der Zentren im bundesweiten Vergleich. Eigene Darstellung. (Befunde Phase 2, Ordner 2.1.1 Grafikauswertung 2017, Frage 29). Berechnungsgrundlage: Studie Zukunftsfähigkeit: %-Anteil an den Gesamteinnahmen des Geschäftsjahres 2016, N [9], Bundesweite Vergleichsbetrachtung Bundesvereinigung Soziokultureller Zentren e.V. 2017, S. 37.

Dieser Wert weist hinsichtlich der Finanzsituation auf eine offensichtlich spezifische Ausschnittbetrachtung und damit zusammenhängende, begrenzte Übertragbarkeit der Untersuchungsbefunde hin. Die Erwirtschaftung überdurchschnittlich hoher Eigeneinnahmen könnte allerdings auch Rückschlüsse auf die Arbeitsweise der Zentren zulassen und verleitet zu der Hypothese, dass ein Zusammenhang bestehen könnte zwischen selbstständig wirtschaftenden Betrieben und nachhaltiger Betriebsführung. Im Umkehrschluss hieße dies: Je höher eine verlässliche, institutionelle Förderung ausfällt, desto geringer könnte die Notwendigkeit sein, ressourcen- und budgetschonend zu wirtschaften. Dies würde wiederum für eine Kopplung öffentlicher Zuwendungen an nachweislich nachhaltige Entwicklung sprechen. Die nachfolgenden zwei Schaubilder fassen die finanzpolitische Lage der Zentren zusammen. Zunächst erfolgt ein Blick auf den aktuellen finanzpolitischen Entwicklungsstand der Zentren.

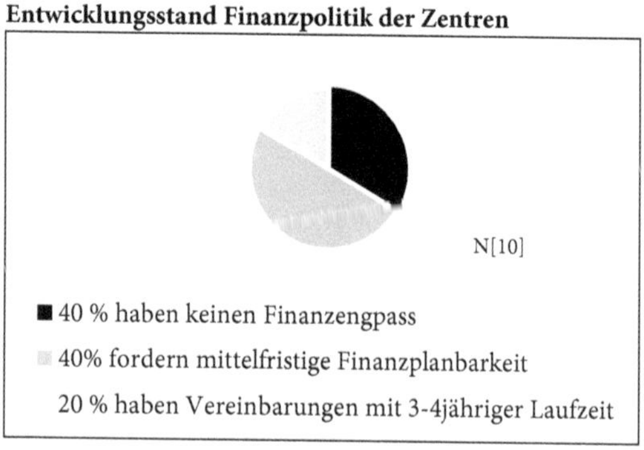

Abb. 25: Entwicklungsstand Finanzpolitik der Zentren. Eigene Darstellung. (Befunde Phase 2, Ordner 2.1.1 Grafikauswertung 2017, Frage 34).

Das zweite Schaubild zeigt eine Selbsteinschätzung der Betriebe, wie es um die finanzielle Situation der Betriebe in den kommenden fünf Jahren bestellt sein wird.

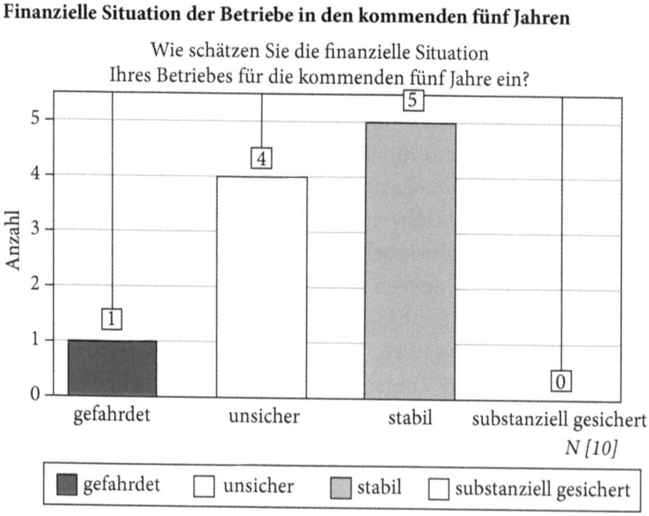

Abb. 26: Finanzielle Situation der Betriebe in den kommenden fünf Jahren. Eigene Darstellung. (Befunde Phase 2, Ordner 2.1.1 Grafikauswertung 2017, Frage 33).

Signifikant ist, dass trotz (oder gerade aufgrund) einer sehr hohen Eigenerwirtschaftungsquote keine einzige Einrichtung die finanzielle Situation der kommenden fünf Jahre als substanziell gesichert betrachtet.

Kapitelabschließend erfolgt eine Bewertung des Entwicklungsstands zur finanziellen Situation der untersuchten Betriebe und der aus der Erörterung ableitbaren Einschätzungen der gesamtdeutschen soziokulturellen Szene:

20 % der untersuchten Betriebe arbeiten auf einer finanzpolitischen Grundlage mit mehrjähriger Förderlaufzeit, diese befinden sich in einem Status, der als fortgeschrittenen zu bewerten ist (Indikator X). 40

40 % weisen keine finanziellen Engpässe auf und können somit hinsichtlich ihrer Finanzpolitik ebenfalls als fortgeschritten bezeichnet werden (Indikator X). 40

40 % der Betriebe hingegen haben durch ihre Forderung nach einer mittelfristigen Finanzplanbarkeit erste wichtige Schritte eingeleitet, die aus Sicht einer zukunftsweisenden Entwicklung in die richtige Stoßrichtung zielen (Indikator XIII). Diese Zentren stehen aktuell aber noch auf der untersten Stufe und weisen somit einen deutlichen finanzpolitischen Entwicklungsbedarf auf (Indikator X) 20

Die Ausgangsfrage des Kapitels, ob die finanzielle Situation der Betriebe nachhaltig unsicher ist, trifft auf den ersten Blick für 40 % der untersuchten Betriebe nicht zu. Bei differenzierter Betrachtung und Hinzunahme der Selbsteinschätzung der Betriebe bleibt die nachhaltige Unsicherheit, dass kein Betrieb in den kommenden fünf Jahren substanziell gesichert scheint. Ausgehend von diesem Befund ist der Status höchst bedenklich (Indikator X). 0

Hinsichtlich der Steigerung der Eigeneinnahmen bieten sich den Zentren eine Intensivierung der Förderkreis- und Förderverein-Aktivitäten oder das Einwerben zusätzlicher Mitgliedsbeiträge an (Indikator XXI). Insgesamt kann die überdurchschnittliche Eigeneinnahmen-Quote von 67 % als positiv bewertet werden (Indikator X). 65

Für Nordrhein-Westfalen zeichnet sich das Potential ab, bei der Fortschreibung des Kulturförderplans verstärkt Fördermittel aus dem Ressort Kulturelle Bildung (Handlungsfeld IV) einzufordern, da dies einen wesentlichen Angebotsschwerpunkt soziokultureller Zentren darstellt, aber derzeit nur unzureichend finanziell gefördert wird. Dem gehaltvollen Tun sollte nun eine stabile Finanzstruktur folgen (Indikator X). 30

Für Hessen kann mit dem initiierten Modellförderprojekt Soziokultur und einer damit verbundenen Basisfinanzierung ein bedeutsamer 30

Schritt in Richtung Zukunftsfähigkeit ausgemacht werden. Die Stoßrichtung stimmt (Indikator XIII), nun sollte der gut angelegte Pfad zum verlässlichen Versorgungsweg ausgebaut werden, durch eine erweiterte finanzielle Ausstattung des Förderinstruments (Indikator X).

Die kulturpolitischen Forderungen der Zentren insbesondere nach Zuwendungen bei Bau & Investitionen sowie Personalkostenzuschüssen 20
zur Gestaltung des Generationswandels sind als berechtigt anzusehen. Zu fragen wäre, wie eine Förderung der Zentren aussehen könnte, wenn der Arbeitsschwerpunkt der Landesverbände auf die kulturpolitische Interessenvertretung und ressort- bzw. ministeriumübergreifende Lobbyarbeit gelegt würde. Dies wäre ein empfehlenswerter Handlungsansatz, diese Aufgabenstellung auszubauen und sich sowohl auf Landes- und Bundesebene auf das Einwerben größerer Förderungen zu konzentrieren. Vor dem Hintergrund, dass nach nunmehr zehn Jahren noch immer keine spürbaren Maßnahmen erwirkt werden konnten, geht auch dieser Status nicht über den Bewertungsstand «erste Schritte» hinaus (Indikator X).

8.7 Vom Gründerbetrieb zum dynamischen Dienstleister mit Betriebsethik?

Untersuchungsgegenstand dieses Kapitels sind die Fragestellungen, unter welchen strukturellen Bedingungen soziokulturelle Akteure agieren, ob für die Steuerung ihrer Betriebe strategische Managementsysteme genutzt werden (Indikator XV), nach welchen strategischen Zielsetzungen sie ihr Handeln ausrichten (vgl. Indikator XIII), welche aktuellen Veränderungsprozesse die Betriebe durchlaufen und welche Engpässe sich hier zeigen. Beleuchtet wird die Anwendung der GAP-Analyse, die Betriebe dabei unterstützen kann, Lücken aufzudecken, Schwächen zu vermeiden und die Kräfte zu konzentrieren (vgl. Indikator XIV).

Schaut man auf die aktuellen Veränderungsprozesse der Betriebe, so zeigt sich eine erstaunliche Absichtserklärung: Soziokulturelle Akteure streben nach Strukturoptimierung. Die Entwicklungsrichtung weist vom Gründerbetrieb zum dynamischen Dienstleistungsunternehmen unter Wahrung der Betriebsethik.

Diese Absichtserklärung äußern 100 % der untersuchten Zentren. Alle weiteren Veränderungsprozesse haben im Vergleich zu diesem Ziel nur eine untergeordnete Relevanz. Dies betrifft sowohl Fragen des Generationswandels, der Konzeptarbeit oder auch Fragen nachhaltigen Wachstums. Allen z.T. prekären Arbeitsbedingungen zum Trotz scheinen die Akteure eine entscheidende Lücke im System erkannt zu haben und setzen Hebel in Bewegung und Kräfte ein, aus den kräftezehrenden, selbstausbeutenden Gründerjahren herauszuwachsen. Eine Zusammenfassung der Befunde zeigt die folgende Abbildung:

Aktuelle Veränderungsprozesse im Betrieb

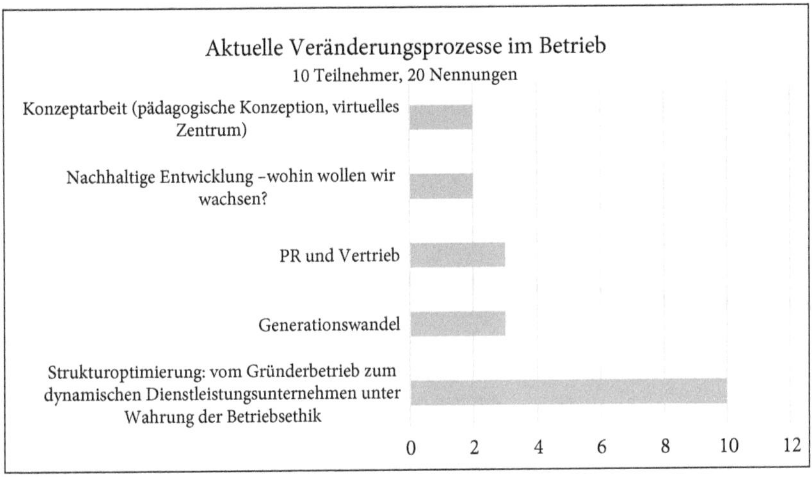

Abb. 27: Aktuelle Veränderungsprozesse im Betrieb. Eigene Darstellung. (Befunde Phase 2, Ordner 2.1.1 Grafikauswertung 2017, Frage 46).

Soziokulturelle Zentren streben an, sich von der Alternative zum dynamischen Dienstleister zu entwickeln – mit dem entscheidenden Zusatz: unter Wahrung der Betriebsethik. Was aber kennzeichnet die Ethik soziokultureller Zentren? Wofür stehen sie, welche Aufgaben beabsichtigen sie, als Dienstleister zu erfüllen? Diesen Fragen wird das Kapitel 8.10 Kurs auf Positionslichter vertiefend auf den Grund gehen.

Den Aufbruch in neue Denkweisen, Handlungsansätze und Ziele erschweren gewachsene Strukturen, an denen aus Prinzip und Gewohnheit festgehalten wird. Im doppeldeutigen Sinne des Wortes beinhaltet ein Aufbruch zu Neuem auch ein Bruch mit alten Mustern. Beide Seiten des Aufbruchs sollten im Zusammenhang mit Veränderungsprozessen genauer betrachtet werden. Widerstand ist zu erwarten, denn der Wille, Strukturen zu optimieren ist nicht unbedingt selbstverständlich, erläutert Schmid: „Institutionen und Strukturen sind von Natur aus träge, Selbstveränderung gehört nicht zu ihren vordringlichsten Aufgaben" (Schmid 2008, S. 8).

Doch über 40 Jahre erfolgreich Alternativen zu organisieren, schafft einen Erfahrungsschatz, dessen sich die Akteure möglicherweise gar nicht bewusst sind. 40 Jahre Gegenwartskultur professionalisieren die Strategie des Tuns. Tatkräftig, rebellisch, wild, frei und unabhängig, Räume besetzend, der spießigen Gesellschaft eine Nase zeigend, das eigene Ding machend. Unabhängige, schlanke Strukturen machen frei von Sachzwängen, sie befördern Kreativität, Effizienz und Wandelbarkeit. Institutionalisierte, feste Strukturen hingegen können zu Unbeweglichkeit, Trägheit und Starrsinn führen. Struktur um ihrer selbst willen bremst jede Form von Innovation und Veränderung. Auf institutionalisierter Ebene, abgekoppelt und losgelöst von Erfordernissen, Anforderungen und Bedürfnissen der Realität und Wirklichkeit, braucht es Aufmerksamkeit, den Zweck des eigenen Tuns nicht aus dem Blick zu verlieren.

Die kritische Auseinandersetzung mit der von Vielfalt geprägten Angebotsstruktur ist in diesem Zusammenhang unerlässlich: Fortschritt ist immanent, zur rechten Zeit ausgetretene Pfade zu verlassen, um Raum, Zeit und Kraft für neue Wege zu eröffnen. Die Ausrichtung auf eine nachhaltige Entwicklung ist ein Weg in die Zukunft. Soziokulturelle Zentren sind gut beraten, die eigenen Dienstleistungen kritisch zu reflektieren, bisher Aufgebautes und Erreichtes wertzuschätzen, Bewährtes zu verstetigen, Neues zulassen und zu erproben, um auch zukünftigen Generationen Gestaltungsräume bereitzustellen. So könnte ein zukunftsweisendes Strukturelement aussehen: gesellschaftliche Freiräume nachhaltig besetzen.

Einzug in die Debatte erhält an diese Stelle die Fragestellung nach dem ursprünglichen Leitmotiv der Gründergeneration, denn historisch gewachsene Erwartungen und Strukturen verpflichten. Dem ist entgegenzuhalten: Die Grundidee Hilmar Hoffmanns «Kultur für alle» trägt durchaus noch heute. Sie sollte sich allerdings den Anforderungen des 21. Jahrhundert stellen, den Aufbruch in das neue Jahrtausend wagen. Konkret, klar, differenziert benennen, was soziokulturelle Zentren heute kennzeichnet, wofür sie stehen, welche Leistungen sie für die Gesellschaft einbringen können und wollen, im Kontext gesamtgesellschaftlicher, kulturpolitischer Grenzen und Wandlungsprozesse.

Langfristige Zielplanungen sowie eine bereichsübergreifende Fokussierung von Tätigkeiten und Maßnahmen setzen strategisch ausgerichtete Verhaltensweisen voraus (vgl. Kapitel 3.2). Bereits nachgezeichnete Beispiele in dieser Untersuchung belegen, dass strategisches Vorgehen auch eine wesentliche Voraussetzung für nachhaltige Entwicklung darstellt (vgl. Kapitel 2.1). Strategische Weiterentwicklung kann ihre Wirkungskraft aber erst vollständig entfalten, wenn wesentliche **Ziele**, **Lücken** und **Engpässe** erkannt und mit aller Überzeugungskraft angegangen werden.

Wie die nachfolgende Abbildung zeigt, besteht ein ausdrücklicher Wunsch der untersuchten Betriebe nach systemgestützter und konzeptionell begründeter, strategischer Ausrichtung.

Wesentliche Ziele und Schritte in den kommenden fünf Jahren

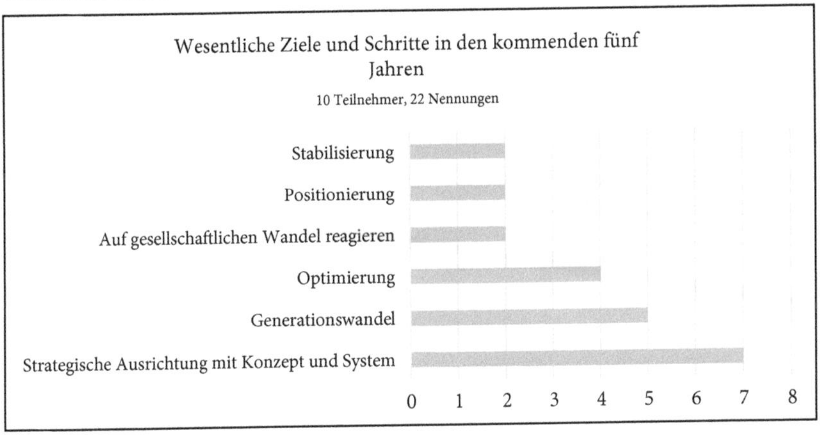

Abb. 28: Wesentliche Ziele und Schritte in den kommenden fünf Jahren. Eigene Darstellung. (Befunde Phase 2, Ordner 2.1.1 Grafikauswertung 2017, Frage 38)

Es zeichnet sich ein deutlicher Wunsch ab, Prozessabläufe innerbetrieblich zukünftig besser im Blick behalten und zielführend steuern zu wollen.

Ein Blick auf den IST-Stand zeigt, warum sich ein Großteil der Zentren das Ziel setzen, sich stärker strategisch mit Konzept und System auszurichten. Vier Befunde lassen sich aus den Antworten der Zentren auf die Frage, ob diese für die Steuerung ihres Betriebes ein strategisches Managementsystem nutzen, herauslesen: N [10]

1. 60 % der befragten Zentren nutzen kein strategisches Managementsystem.
2. Vier Betriebe nutzen vier verschiedene Systeme:
   - KPIs
   - QM: Produktbeschreibung mit Leistungszielen und Erfolgskontrollen/ Evaluierungen
   - Eine selbstentwickelte Mischung (u.a. Einbindung kollektiver Intelligenz)
   - Betriebswirtschaftliches Abrechnungssystem

3. Kein Betrieb nutzt eine Balanced Scorecard.
4. Kein Betrieb verfasst einen Nachhaltigkeitsbericht.
   (Befunde Phase 2, Ordner 2.1.1 Grafikauswertung 2017, Frage 44).

Deutlich zeigen sich hier System-Defizite der Betriebe. Weder die Balanced Scorecard noch eine nachhaltige Berichterstattung finden in den untersuchten Zentren Anwendung. Nachhaltige Entwicklung setzt eine nachvollziehbare, messbare Entwicklung von Verbesserungen voraus. Angeregt wird, perspektivisch eine Nachhaltigkeitsberichterstattung aufzubauen.

Tab. 28: Kennzahl für soziokulturelle Zentren: Nachhaltigkeitsbericht

Kennzahl für soziokulturelle Zentren: Nachhaltigkeitsbericht		
Strategie	**Berechnung**	**Vergleichswert**
Nachhaltigkeitsbericht	Anzahl der Zentren, die einen Nachhaltigkeitsbericht erstellen	0 %

Wie Kapitel 3.6 zusammenfassend zeigt, wäre die Balanced Scorecard in der erweiterten Systematik als SBS und SBSC auch als Nachhaltigkeitsmanagementsystem für KMU geeignet und empfehlenswert. Ebenso könnten eher traditionelle Methoden wie Umwelt- und Nachhaltigkeitskennzahlen oder Nachhaltigkeitsberichte zur Steuerung der Betriebsprozesse Anwendung finden. Die Erörterungen in Kapitel 3 zur strategischen Steuerung von Betrieben bieten in komprimierter Form Basiswissen über die Anwendungs- und Erweiterungsmöglichkeiten der Balanced Scorecard. Es zeigt sich allerdings im Verlauf der Untersuchung immer deutlicher, dass eine Annäherung an die Thematik über Nachhaltigkeitskennzahlen der praxisnähere und leistbarere Weg zu sein scheint. Soziokulturelle Zentren nutzen also nur bedingt Managementsysteme, streben aber perspektivisch ein zielgerichtetes, strategisches Vorgehen auf der Grundlage ethischer Werte an. Es wäre förderlich, auf dem Weg zum dynamischen Dienstleister die aktuellen Engpässe in den Blick zu nehmen und diese möglichst auszuräumen.

Zu dem im vorherigen Kapitel bereits erörterten Engpass der nachhaltigen Unsicherheit, dass kein Betrieb in den kommenden fünf Jahren substanziell gesichert scheint, gesellt sich ein zweites Defizit hinzu: 42 % aller Betriebe haben wiederkehrend personelle Engpässe.

Haben Sie in Ihrem Betrieb mit wiederkehrenden Engpässen zu tun?

personell	6	(42,00%)
finanziell	3	(21,00%)
Ja(ohne weitere Angabe)	2	(14,00%)
finanziell keinen Engpass	2	(14,00%)
saisonal bedingtes stärkeres Veranstaltungsaufkommen	1	(7,00%)
Nennungen (Mehrfachwahl möglich!)	14	
geantwortet haben	10	
ohne Antwort	0	

(Befunde Phase 2, Ordner 2.3.4 Ergebnisprotokoll Tag 1, S. 14).

Folgendes Schaubild, welches im Rahmen des Zukunftsworkshops als Befund präsentiert wurde, greift diese beiden typischen Engpässe auf und veranschaulicht die Verortung der Lücke zwischen Wunsch und Wirklichkeit:

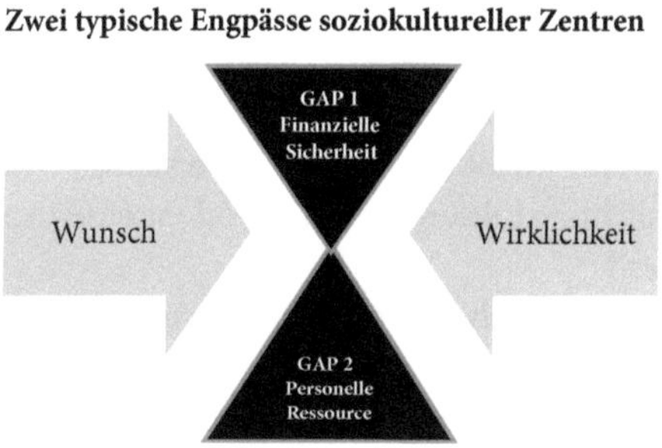

Abb. 29: Zwei typische Engpässe soziokultureller Zentren. Eigene Darstellung. (Befunde Phase 2, Ordner 2.3.4 Ergebnisprotokoll Tag 1, S. 13).

Die GAP-Analyse ist ein hilfreiches Instrument zur Lokalisierung von Lücken und Engpässen (vgl. Kapitel 7.6). Damit sind die Probleme zwar noch nicht gelöst, aber immerhin erkannt, benannt und gestaltbar.

Im Rahmen des Workshops Zukunftsfähigkeit haben die Vorstände und Geschäftsführer mithilfe der GAP-Analyse-Methode weitere Widerstände in ihren Betrieben aufgespürt. Auch unter nachhaltigen Gesichtspunkten sind deutliche GAPS der Zentren erkennbar. Ein Workshop-Teilnehmer beschreibt in diesem Zusammenhang die Vorgehensweise, wie innerbetrieblich mit der erfassten Lücke «Fehlen von Verantwortlichen, die sich im Betrieb für nachhaltige Themen einsetzen» umgegangen und erste Handlungsansätze entwickelt wurden, um diesem GAP zu entgegnen. „Es fehlt im laufenden Betrieb an Zeit für Raum- und Strategiearbeit. Eine Arbeitsgruppe Nachhaltigkeit steht noch ganz am Anfang. Es wurde im Unternehmen gefragt, wer Interesse hat, sich damit zu befassen. Es sind 5–6 Leute aus dem Bereich Booking, Technik, Geschäftsführung zusammengekommen. Wir haben eine Bestandsaufnahme zu verschiedenen Themen gemacht, z.B. Mensch, Technik, Veranstaltungen“ (Befunde Phase 2, Ordner 2.3.4 Ergebnisprotokoll Tag 2, S. 3).

Im nachfolgenden Kapitel 8.8 wird die Anwendung der GAP-Methodik exemplarisch illustriert und nachgezeichnet, ob durch die durchgeführte Betriebsanalyse im Rahmen des Zukunftsworkshops mit einer anschließenden Bewertung und eigenständigen Weiterführung der Methode Entwicklungsschritte in den Zentren angestoßen werden konnten.

Die Überprüfung der Angebote und Leistungen unter nachhaltigen Gesichtspunkten bietet soziokulturellen Zentren erkenntnisreiche Blicke auf bisher ungeahnte Chancen und Perspektiven. Welche Entwicklungspotentiale könnten aufgeschlossene, gesellschaftsnahe Akteure der soziokulturellen Szene entfalten, wenn sie aus einer gesicherten Substanz heraus ihre soziokulturellen Dienste für das Gemeinwohl erbringen würden? Welche Kräfte und Potentiale könnten freigesetzt werden, wenn soziokulturelle Zentren sich als Wirkungsstätte gesellschaftlicher Urbarmachung kulturellen Nährbodens einer Nachhaltigkeitskultur positionieren würden?

Im Spannungsfeld Aufbruch begegnen sich feste Strukturen und offene, neue Formen und Formate. Der Fixiertheit trotzt die Kraft der Flexibilität. Dem Trott fehlt der Reiz des Neuen. Gegenwärtigen Engpässen stehen Fragen zukünftiger Ausrichtung gegenüber. Dem idealistischen Bild der Alternative die professionelle Distanz des Dienstleisters. Der Selbstausbeutung sollen klare, leistbare Arbeitsfelder folgen. Sind neue Strategien mit alten Wächtern überhaupt möglich?

<u>Zusammenfassende Bewertung des Entwicklungsstandes:</u>
Wunsch und Aufgeschlossenheit der befragten soziokulturellen Akteure gegenüber Veränderungsprozessen sind gegeben. Alle untersuchten 40
Zentren streben innerhalb der kommenden fünf Jahre eine strategische Weiterentwicklung zum dynamischen Dienstleistungsunternehmen unter Wahrung der Betriebsethik an. Diese Ausrichtung kann als erkenntnisreicher Fortschritt bewertet werden, steht aber noch vor der Herausforderung der Umsetzung (Indikator XIII/XIV).

Die Zentren haben erkannt, dass eine systemgestützte, strategische
Ausrichtung die Weiterentwicklung der Betriebe unterstützen kann. 40

Lediglich 40 % der befragten Zentren nutzen bereits strategische Managementsysteme, allerdings vier verschiedene. Eine Überprüfung, ob diese bereits nachhaltige Stoßrichtungen berücksichtigen, wäre anzuregen. Ohne ein strategisches Managementsystem ist eine Umsetzung nachhaltig ausgerichteter Optimierungsprozesse kaum möglich (Indikator XV).

Kein Betrieb nutzt die Übersichtlichkeit der Balanced Scorecard, kein Betrieb verfasst einen Nachhaltigkeitsbericht. An diesen beiden Stellschrauben sollten die Betriebe auf dem Weg einer zukunftsweisenden Ausrichtung perspektivisch arbeiten (Indikator XV). Die Ermittlung von Nachhaltigkeitskennzahlen stellt einen ersten, leistbaren Schritt dar (Indikatoren III).

Die GAP-Analyse unterstützt bei der Lokalisierung von Lücken und Engpässen. Zu den bereits erfassten, strukturellen Engpässen Finanzen und Personal gesellen sich Anforderungen nachhaltiger Entwicklung hinzu, die durch eine Konzentration der Kräfte und Fokussierung auf Zukunftsfähigkeit den Blick auf Chancen und Potentiale eröffnen und Lücken schließen können (Indikator XIV). Als fortschrittlich ist zu bewerten, dass die Lücken bereits analysiert und erkannt sind.

8.8 Neue Strukturen mit alten Wächtern?

Ausgehend von folgenden Fragestellungen wird in diesem Kapitel erörtert, wie soziokulturelle Akteure Herausforderungen des Wandels angehen. Wählen die Akteure ein stufenweises Vorgehen analog des PDCA-Zyklus (Indikator XVII)? Welche Haltung haben sie gegenüber Veränderungen? Mit welchen Widerständen und Hemmnissen sind die Betriebe befasst? Welche Rolle spielen die Leitung und Führungsweise bei Prozessen des Wandels in soziokulturellen Zentren?

Inwiefern Veränderungsprozesse unterstützend befördert werden können, z.B. durch externe Impulse, Beratung oder die Anwendung der GAP-Analyse, wird ebenfalls in diesem Kapitel zu befinden sein (Indikator XIX). Möglicherweise lässt sich auf der Grundlage der Befunde eine Klassifizierung vornehmen, ob soziokulturelle Zentren vor Kurskorrekturen stehen oder Transformationsprozesse (Indikator XVI) zu bewältigen haben.

Die Offenheit, sich stetigen Veränderungen zu stellen und nach Lösungswegen zu suchen, diese transformativ zu gestalten, kann als eine Stärke der soziokulturellen Szene betrachtet werden.[192] Kann auf Dauer aber ein Wiederbeleben

192 Ebenso wie die Verortung und Nähe zum Sozialen und Gemeinwesen Stärken der Soziokultur kennzeichnen. Zu fragen wäre, ob der gemeinwohlorientierte Mehrwert

der gestrigen Programmatik ausreichen, um das Morgen zu gestalten? (vgl. Schneider 2015, S. 22). Sowohl die Akteure, die Landesarbeitsgemeinschaften als auch die Bundesvereinigung stellen sich den Fragen und Herausforderungen der Gestaltung von Transformationsprozessen, die in ihrer Bandbreite so vielfältig wie das Prinzip der Zentren scheinen. Geteiltes Leid wie untertarifliche Vergütung[193], fehlende Förderprogramme zur Gestaltung des Generationswandels als auch bedrohlich rückläufige Investitionsmittel für die Instandhaltung der Infrastruktur[194] eint viele Mitgliedszentren und hält die Akteure dennoch nicht auf, an neuen Formaten, Angeboten und Programmen zur Lösung gesellschafts- und zukunftsrelevanter Fragestellungen mitzuarbeiten. „Zu nennen sind hier insbesondere die Stiftung Niedersachsen mit ihrem Programm «sozioK change»" (Blumenreich 2017) oder auch das Programm der Kulturstiftung des Bundes «Trafo –Modelle für Kultur im Wandel», welches insbesondere auf den ländlichen Raum abzielt (ebenda) sowie das im Vorhabemodus verharrende Forschungsvorhaben der drei soziokulturellen Landesarbeitsgemeinschaften Niedersachsen, Thüringen und Baden-Württemberg mit dem Arbeitstitel Soziokultur 2030.[195]

Über 600 soziokulturelle Zentren in Deutschland bieten heute in den Städten, Gemeinden und auf dem Land ein vielschichtiges gesellschaftsrelevantes Kulturangebot, das von Gegenwärtigkeit und gegenwärtigen Engpässen geprägt ist. Sie stehen auf dem Prüfstand und vor der Herausforderung, Prozesse des Wandels einzuleiten und mitzugestalten. Eine gute Gelegenheit, der Gründergeneration für die geleistete Aufbauarbeit der vergangenen 40 Jahre zu danken, mit dem bevorstehenden Generationswechsel aber auch bestehende Strukturen und Prinzipien zu hinterfragen, zu reflektieren, sich im Geiste soziokulturellen Handelns neu und zukunftsweisend auszurichten. Im Rückblick auf den Gründergeist hebt Tobias J. Knoblich den Bezug der Soziokultur zum gesellschaftlichen Wandel noch einmal hervor: „Soziokultur möchte aus ihrer Programmatik heraus den Einfluss auf die Gesellschaft reformulieren […]. Sie steht in der Tradition einer kritischen, gesellschaftspolitisch wachen Kulturarbeit" (Knoblich 2016a, S. 62).

---

bisher deutlich genug herausgestellt wird? Welche Kosten kämen auf eine Gesellschaft zu, die eine solche Dienstleistung adäquat erhalten möchte?

193 „Nur ein Fünftel der Einrichtungen kann den Mitarbeiter/-innen tarifgerechte Gehälter zahlen" (Was zählt!? Soziokulturelle Zentren in Zahlen 2015).

194 Auch zur Durchführung energetischer Sanierung und Energieeffizienz-Maßnahmen. Alle genannten Befunde siehe Statistikbericht (Was zählt!? Soziokulturelle Zentren in Zahlen 2015).

195 Vgl. Kapitel 6.2.

Aufmerksame und gesellschaftsnah agierende soziokulturelle Akteure werden sich demzufolge drängenden Fragen nachhaltiger Entwicklung weder entziehen wollen noch können. Soziokultur ist „keine Kulturarbeit um ihrer selbst willen, wohl aber für, mit und durch die Menschen, die ihr Umfeld verstehen, verändern und bewusst gestalten wollen“ (ebenda).

Doch die treibende Kraft der Gründerjahre ist keinesfalls ein Selbstläufer, sie läuft Gefahr, im Generationswandel aus dem Blick- und Handlungsfeld zu geraten. Um bisherige Arbeitsweisen besser verstehen zu können, sind die derzeitigen Leiter befragt worden, wie sie zukünftigen Herausforderungen begegnen. Welche Verhaltensweisen lassen sich an die neue Generation weitergegeben? Ein erster Blick auf die Haltung der Akteure gegenüber Fragen zukünftiger Ausrichtung offenbart prozessförderliche Eigenschaften:

45) Wie begegnen Sie in Ihrem Betrieb Fragen zukünftiger Ausrichtung? (Mehrfachwahl möglich, dargestellt werden nur die meist genannten drei Antworten)

aufgeschlossen	7	(70,00%)
konzeptionell	7	(70,00%)
partizipativ-führend	7	(70,00%)
Nennungen (Mehrfachwahl möglich!)	60	
geantwortet haben	10	
ohne Antwort	0	

(Befunde Phase 2, Ordner 2.3.4 Ergebnisprotokoll Tag 2, S. 7).

Veränderungen gegenüber aufgeschlossen zu sein und diesen konzeptionell und partizipativ-führend begegnen zu wollen, entspricht in mehrfacher Hinsicht den Empfehlungen, die zum Gelingen von Prozessen beitragen können: Dialogbereitschaft, Methodenkompetenz, Beteiligung und Entschlusskraft (Indikatoren XVIII und XIX) sind Treiber, die eine Gestaltung von Zukunftsfähigkeit unterstützen.

Allerdings wird die Rolle und Führungsweise einer Leitung in der soziokulturellen Szene durchaus kontrovers diskutiert. Die Frage der Beteiligung von Mitarbeitern ist in diesem Zusammenhang nicht unwesentlich, nachhaltig ausgerichtete Betriebe schöpfen aus dem Spezialwissen der Mitarbeiter Anregungen und Entwicklungsvorschläge, wie ein Experte bei einem Vortrag auf der Woche der Umwelt in Berlin erläutert: „Mitarbeiter spielen eine ganz große Rolle, weil wir ein sehr ausgeprägtes kontinuierliches Verbesserungssystem haben. Ich will da nur eine Zahl nennen: 10 Verbesserungsvorschläge pro Kopf pro Jahr" (Befund TW05 Expertenvortrag 2016, S. 1). Beteiligung werde nicht dem Zufall überlassen, sondern ist als entscheidender Faktor identifiziert und systematisiert worden. Die Vorgehensweise sei relativ simpel: „Wir haben die Mitarbeiter gefragt: Ihr wisst doch am allerbesten, was an Euren Arbeitsplätzen nicht so richtig rund läuft. Die Mitarbeiter haben das mit ihren Teams und Vorgesetzten besprochen und haben festgestellt, dass man sehr viele Prozesse vereinfachen, verschlanken, [...] effizienter gestalten" (ebenda) kann.

Ein erzieltes Ergebnis dieser Beteiligungsform ist eine Recyclingquote von 99 %. Dies schont nicht nur die Umwelt, sondern auch das Budget, was wiederum finanzielle Spielräume schafft, um beispielsweise Verbesserungsvorschläge mit Ideenpunkten und Geldprämien zu belohnen (vgl. ebenda, S. 2). Betriebe gehen also pro-aktiv vor und setzen Anreize und Gratifikationen ein, um den Betrieb kontinuierlich weiterzuentwickeln (vgl. Indikator IX). Motivationsfördernde Maßnahmen können auch in soziokulturellen Zentren Wirkungskraft entfalten, in einem Hintergrundgespräch mit Gerhard Schulz spricht dieser in diesem Zusammenhang die Rolle der Leitungsfunktion an. Ein entscheidender Faktor für den Erhalt eines Zentrums, so Schulz, sei die Motivation der Mitarbeiter. Durch die hauptamtliche Mitarbeit sei jedem Mitarbeiter klar, was er durch seinen Einsatz für das Zentrum beitrage. Nicht nur durch den Erhalt des Angebotes, sondern auch den Erhalt seiner Arbeitsstätte (Befunde Experten 2-LI, S. 4).

Kontinuierliche Verbesserungsprozesse (KVP)[196] stehen als wirksames Instrument auch soziokulturellen Zentren zur Anwendung bereit, um einen Wandel 1. Ordnung einzuleiten und Kurskorrekturen im Unternehmen vorzunehmen.

Braucht es also einen motivierten und motivierenden Leiter, um Prozesse in KMU erfolgreich zu gestalten? Bei dem vorgenannten Experten-Beispiel handelt es sich um ein inhabergeführtes Unternehmen, in dem der Inhaber entschieden hat, dass er sein Unternehmen mit allen seinen Prozessen nachhaltig aufstellen will. Die Erfahrungen der Studie zur Sustainability Scorecard bestätigen, dass inhabergeführte Unternehmen zugänglicher und entscheidungsfreudiger für Prozesse nachhaltiger Entwicklung sind, da hier offensichtlich eine tiefere Verbundenheit der Leitung zum Betrieb vorliegt und die Verantwortungsbereitschaft höher ausgeprägt scheint.[197] Das Prinzip Leitung scheint in der Wirtschaft zu funktionieren, wie aber verhält sich dieses Thema bei soziokulturellen Zentren?

---

196 Vgl. Kapitel 4.3.

197 Vgl. Kapitel 3.6.

Ein Experteninterview mit einer Mitarbeiterin eines soziokulturellen Zentrums aus NRW zeigt, dass ein Geschäftsführer von der Belegschaft dort ausdrücklich erwünscht wird und dies gegen die Absicht des Vorstands, andere Organisationsmodelle zu schaffen. „Also damals wollte man einen ganz großen Schnitt machen [...] in der Aufstellung des Hauses, weg von der einen Geschäftsführungsperson, die verantwortlich ist, hin zu mehr Basisdemokratie, da hat die Belegschaft aber gemeinsam gesagt „Nein das wollen wir nicht". Und schließlich auch durchgesetzt" (Befunde Experten LV15-LI, S. 13).

Braucht es also auch in der Soziokultur eine Leitung, die letztlich die Entscheidung trifft, wohin die Reiseroute führen wird? Die Frage, ob es in einem Haus ab einer gewissen Größenordnung einen Kapitän braucht, wird von der Expertin mit Ja beantwortet. „Es braucht jemand oder es braucht mehrere, die zumindest bereit sind, die Verantwortung zu übernehmen und auch letztendlich Entscheidungen zu treffen. Es muss jemand da sein, der irgendwann sagt: Die Entscheidung ist gefällt, wir machen das so" (ebenda, S. 14).

Sie ergänzt, dass ein basisdemokratisches Ausfechten von Entscheidungen eben sehr zeitintensiv sei. Es gibt aber durchaus auch gegensätzliche Auffassungen, die beispielsweise zwei hauptamtliche Vorstände eines Kulturzentrums im Rahmen des Zukunftsworkshops vertreten: Sie wünschen sich beide wieder mehr Basisdemokratie und Beteiligung im Haus. Stellt das mehrheitlich gewählte Führungsinstrument der partizipativen Führung also einen gut gewählten Kompromiss dar? Der Geschäftsführer eines Landesverbands der Deutschen Jugendherbergen berichtet im Experteninterview von seinen Erfahrungen bei der Führung von Veränderungsprozessen und räumt zunächst ein: Eine Führung seines Filialsystems sei mit basisdemokratischen Konstruktionen nicht möglich. Es brauche irgendwann Entscheidungen, deshalb benutze er den Begriff der „partizipativen Führung" (Befunde Experten EX17-LI 2014, S. 7).

Zudem erweitert er den Blick auf übergeordnete Gremien, die bei Entscheidungen ebenfalls eingebunden werden sollten: „Die Führung ist nicht nur der hauptamtliche Geschäftsführer, der das implementieren wollte, [...] sondern Führen bedeutet auch, was oben drüber ist. Also die ehrenamtliche Aufsichtsratsstruktur. Die müssen dahinterstehen" (ebenda).

Genau aus diesem Grund sind zum Zukunftsworkshop gezielt auch Geschäftsführer und Vorstände eingeladen worden, denn nachhaltige Entwicklung ist Strategiearbeit und Strategieentwicklung ist eine Kernaufgabe von Führung.[198] Das eigene Rollenverständnis bei Veränderungsprozessen ist im Rahmen des

198 Vgl. Kapitel 3.6.

zweitägigen Workshops intensiv diskutiert worden. Ein wichtiges Motiv, sich als Vorstand ehrenamtlich für ein Zentrum einzubringen, sei für einen Teilnehmer das Ziel, Zivilgesellschaft zu fördern – auf ganz unterschiedliche Weise. Er finde gut, an dem Workshop zu zweit (Geschäftsführerin und Vorstand) teilgenommen zu haben. „Als Vorstand und Ehrenamtlicher kann man sich manchmal mehr die großen Gedanken über den Überbau machen, was politisch und gesellschaftspolitisch zu beachten ist" (Befunde Phase 2, Ordner 2.3.4 Ergebnisprotokoll Tag 2, S. 30). Er erachte es für wichtig, das, was soziokulturelle Zentren tatsächlich leisten würden für die Zivilgesellschaft, noch einmal genau zu reflektieren und neu zu formulieren. Aus diesem Fundus heraus könne er dann argumentieren, nicht aus der Bittsteller-Situation – sondern offensiv vertreten und politisch dafür streiten (vgl. ebenda).

Letztlich wird also die Haltung der Führungsebene eine entscheidende Rolle spielen, ob und wenn ja in welche Richtung sich Veränderungsprozesse in Betrieben ergeben. In einem Artikel der Verbandszeitschrift SOZIOkultur fasst Schulz den Zusammenhang und die Bedeutung von Haltung und Führung zutreffend zusammen: „Die Probleme der Gegenwart und die Wege in die Zukunft werden nur durch die Haltung und die Fähigkeiten der Führungspersonen sowie durch ihre Entscheidungen und Vorgehensweisen nachhaltig gemeistert" (Schulz 2017, S. 38).

Führung kommt eine gewichtige Rolle bei Veränderungsprozessen zu. Dies zeigt sich auch daran, dass dieser Indikator zwar über eine Kategorie entwickelt wurde, mitunter aber in alle fünf Kategorien hineinwirkt. Diese besondere Relevanz[199] lässt sich wie folgt verdeutlichen: Führung ermöglicht oder verhindert nachhaltige Entwicklung, indem sie Mitarbeiter einbindet und beteiligt oder einen Betrieb Top-down in einseitiger Weise führt. Führung befördert Prozesse nachhaltiger Entwicklung, indem sie Ressourcen bereitstellt, indem sie Mitarbeiter schult, indem sie Methoden an die Hand gibt, die Entwicklung unterstützen. Führung kann sich einerseits Herausforderungen nachhaltiger Entwicklung zuwenden, kann aber das Hauptaugenmerk auch auf andere Arbeitsfelder richten

199 Die Relevanz ist insbesondere an der «Anzahl der Bezugspunkte» auszumachen, die ein Indikator aufweist. Ebenso wie Führung wirken auch weitere Indikatoren kategorienüberleitend, so deckt beispielsweise die GAP-Analyse Lücken in allen Wirkungsfeldern auf und kann auf diese mit priorisierten Maßnahmen reagieren. Auch Kennzahlen oder strategische Stoßrichtungen wirken kategorienübergreifend, wohingegen der Energieverbrauch oder das Abfallmanagement primär einer Kategorie zuzuweisen sind.

und dadurch nachhaltige Entwicklung verhindern. Führung überprüft kulturpolitische Leitlinien und Aufträge des Betriebes und entwickelt zukunftsfähige Stoßrichtungen, oder Führung lässt dies. Führung schafft durch die Bereitstellung erforderlicher Ressourcen überhaupt erst die Möglichkeit der Betriebsentwicklung, oder Führung investiert die zur Verfügung stehenden Mittel in nicht nachhaltige Unternehmungen. Führung bedarf einer Haltung, die entweder die Übernahme von Verantwortung im eigenen Wirkungskreis anerkennt, oder diese ignoriert. Führung fungiert auch als Vorbildfunktion und geht mit gutem Beispiel voran, oder Führung lässt dies.

Ganz gleich, welche Führungsform soziokulturelle Zentren auf ihrem Weg der Zukunftsfähigkeit auch wählen, ob als basisdemokratisches Miteinander, partizipativ oder mit Hilfe von Anreizen der Mitarbeiterschaft: Entscheidend ist bei allen genannten Formen das Ziel, Entscheidungen zu treffen, um dann in die nächsthöhere Handlungsstufe zu gelangen: die Umsetzung von getroffenen Vereinbarungen. Die Wahl der Wege möge jedes Team selbst wählen, solange diese zu einem Ergebnis führen, denn „der Weg zur Nachhaltigkeit ist auch ein Ringen um den jeweils besten Weg, die Ziele zu erreichen“ (Rat für Nachhaltige Entwicklung und Bertelsmann Stiftung 2014, S. 6). Er verlangt Entscheidungen und die Fähigkeiten, diese auch umzusetzen.

Vertiefend gefragt nach den Erfahrungen und erprobten Methoden, wie Veränderungsprozesse erfolgreich umgesetzt werden könnten, antworten vier von zehn Zentren jedoch, dass sie bei Veränderungsprozessen keine Erfahrungswerte oder erprobten Methoden nutzen.

Als erprobt und erfolgreich eingeschätzte Methoden und Erfahrungen werden von sechs Studienteilnehmern folgende Einzelnennungen angegeben:

- Kreative Lösungen mit den vorhandenen Ressourcen: Erprobung und ggf. Modifizierung oder Rücknahme
- PDCA-Zyklus, Konzeption und zielgenaue Durchführung von Kampagnen
- ökonomische Erfahrung, „sich ständig neu zu erfinden“, denn wirtschaftliche Not macht erfinderisch
- Änderung von Regeln und Disziplin
- Beratung und Coaching
  (Befunde Phase 2, Ordner 2.1.1 Grafikauswertung 2017, Frage 48).

Als weiterer Befund kann aus einem Experteninterview die folgende Vorgehensweise ergänzt werden:

- Schritt für Schritt (Befunde Experten LV15-LI, S. 9)

Tab. 29: Kennzahl für soziokulturelle Zentren: PDCA-Zyklus

Kennzahl für soziokulturelle Zentren: PDCA-Zyklus		
Prozesse	**Berechnung**	**Vergleichswert**
PDCA-Zyklus	Kenntnis der Methode im Zentrum Anwendung der Methode im Zentrum	10 % der Studie Zukunftsfähigkeit

Auch hier finden sich gleich mehrere Handlungsweisen wieder, die die Aussicht auf eine erfolgreiche Gestaltung von Veränderungsprozessen erhöhen. Sowohl ein stufenweises Vorgehen nach dem PDCA-Zyklus (Indikator XVII) sowie die Berücksichtigung von Beratung und begleitender Expertise (Indikator VI) sind zur Anwendung empfehlenswert.

Wesensmerkmale der «alten Wächter» spiegeln sich auch bei Bedenken oder Hindernissen wider, die bei der Umsetzung von Veränderungsprozessen zu erwarten sind.

Hemmnisse und Widerstände bei Veränderungen

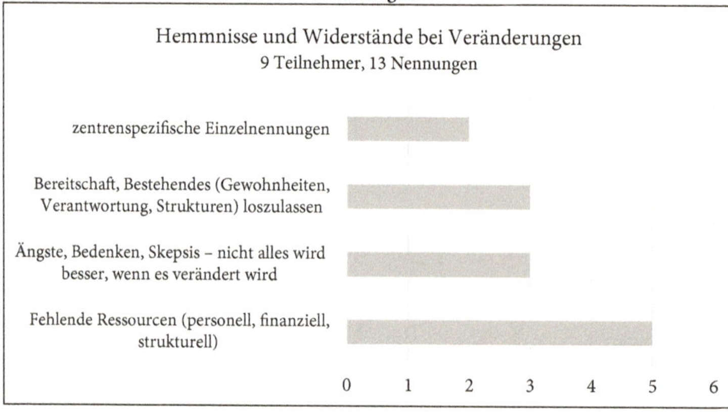

Abb. 30: Hemmnisse und Widerstände bei Veränderungen. Eigene Darstellung. (Befunde Phase 2, Ordner 2.1.1 Grafikauswertung 2017, Frage 47).

Die Abbildung zeigt, dass die bereits deutlich gewordenen strukturellen Engpässe (Finanzen und personelle Ressourcen) soziokultureller Zentren auch als größte Widerstände wahrgenommen werden, die eine grundsätzliche Bereitschaft der Akteure, sich zukunftsweisender als bisher auszurichten, hemmen. Dieser Befund veranschaulicht einmal mehr die Tragweite begrenzter Ressourcen: Veränderungsprozesse sind mit Zeitaufwand verbunden, erfordern zusätzliche Personalkapazitäten und Investitionen. Das Mantra des Beraters Walter Spruck «Keine Leute, keine Zeit, kein Geld»[200] scheint bei den untersuchten Zentren zuzutreffen. Diese Einschätzung bestätigt auch der Geschäftsführer der LAKS Hessen: „Soziokultur ist [...] weiterhin in weiten Teilen chronisch unterfinanziert. Und das äußert sich vorrangig als Personalproblem. Zu wenig Leute für sehr viele Aufgaben und Herausforderungen, die eher steigen als abnehmen. Insbesondere bei den vielen kleineren oder mittleren Einrichtungen bringt dies die Akteure regelmäßig an die Grenzen des Leist- und Zumutbaren" (Hesse 2017, S. 39).

Zur planvollen Steuerung von Betrieben stellt die Optimierung der Ressourcenbasis (Indikator XIV) ein sinnvolles Grundprinzip dar. Es gilt unter Experten als mehrheitsfähig, dass es Leitungsaufgabe ist, für die erforderlichen Mittel und Ressourcen zu sorgen, die langfristig für die Umsetzung der Ziele und Maßnahmen von Betrieben notwendig sind. Vor diesem Hintergrund ist das geäußerte Mantra des Kulturberaters nicht als Daumenschraube und gegeben, sondern mitunter auch als hausgemacht zu betrachten. Diese Perspektivänderung eröffnet den Blick für die Chancen, aus eigener Kraft heraus Engpässe in Lösungsmodelle zu transformieren. Die Auseinandersetzung mit Fragestellungen der OE und Betriebsführung sind ein Handlungsansatz, sich den eigenen GAPS lösungsorientiert zu stellen. Im Rahmen des zweitägigen Zukunftsworkshops sind die Geschäftsführer und Vorstände soziokultureller Zentren eingeladen, sich mit folgenden Fragen auseinanderzusetzen:

- **Was ist in Deinem Haus bereits heute nachhaltig?**
- **Welche nachhaltigen Entwicklungsziele sind für Deinen Betrieb wünschenswert?**
- **Welche Widerstände und Grenzen stehen einer Umsetzung Nachhaltiger Entwicklung im Weg?**

Ergänzt um Ergebnisse der zu Beginn von Phase 2 durchgeführten Online-Erhebung liegen mithilfe dieser Methode mehrere, einrichtungsbezogene Befunde vor. Es ist in einem weiterführenden Schritt spannend zu untersuchen, ob sich diese individuellen Betrachtungen in betriebsübergreifende Herausforderungen bündeln lassen. Fehlende Ressourcen (personell, finanziell, strukturell) zeichnen sich als gewichtige Befunde ab, die sich aus den Erfahrungen der Akteure und Betriebe speisen. Dies dürfte für die erhoffte Aussagekraft der Untersuchung enorm förderlich sein, basieren die Erkenntnisse doch auf realen Herausforderungen soziokultureller Zentren. Reflektiert, eingebettet in einen theoretischen

200 Vgl. Kapitel 6.6.

Kontext und zurückgespiegelt in die Praxis sollen sich, so die Annahme, gebrauchsfähige Handlungsansätze verfassen lassen, basierend auf realen Wünschen, Wirklichkeiten und Grenzen soziokultureller Zentren.

Die erhoffte Aufgeschlossenheit soziokultureller Akteure für sozial-gesellschaftliche Fragestellungen stellt einen weiteren Anknüpfungspunkt dar, der dem Mantra gegenübergestellt werden kann. Es könnte sein, dass soziokulturelle Zentren bereits Kontakte zu Gruppierungen und Aktivisten pflegen, die sich systemkritisch mit Fragen des Umweltschutzes oder alternativen Lebensformen befassen. Durch eine gezielte Ansprache und Einbindung dieser Gruppen könnten wertvolle Ressourcen und Mitstreiter gewonnen werden für bevorstehende Herausforderungen nachhaltiger Ausrichtung.

Ob es tatsächlich möglich ist, mithilfe externer Beratung und methodischer Expertise Prozessschritte erfolgreich anzustoßen, soll im folgenden Abschnitt anhand ausgewählter Beispiele erörtert werden. Im Rahmen des Zukunftsworkshops werden mithilfe der GAP-Methode zunächst Lücken in den Betriebssystemen der Zentren lokalisiert. In einem zweiten Schritt erfolgt die Aufforderung an die Vorstände und Geschäftsführer, vier Handlungsfelder mit besonders hoher Relevanz auszuwählen und mit Hilfe von vier Fragen zu bewerten: Ist das Schließen der Lücke machbar? Welche Priorität messe ich dieser Aufgabe bei? Bis wann möchte ich die Verbesserung umsetzen? Wer soll die Verantwortung für die Prozessgestaltung übernehmen? Das nachfolgende Schaubild zeigt die Folie, die von der wissenschaftlichen Leitung im Rahmen des Zukunftsworkshops präsentiert wird, um die methodische Vorgehensweise zu verdeutlichen. Die lösungsorientierten Bewertungsansätze stehen zwischen Ziel (z.B. substanziell gesicherte Finanzstruktur) und Wirklichkeit (z.B. finanzieller Engpass).

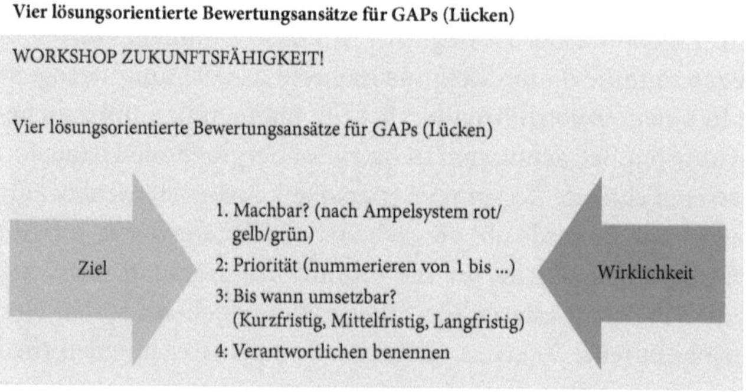

Abb. 31: Vier lösungsorientierte Bewertungsansätze für GAPs. Eigene Darstellung. (Befunde Phase 2, Ordner 2.3.4 Ergebnisprotokoll Tag 2, S. 6).

Konzeptionell ist die Ausgestaltung von Maßnahmen kein Bestandteil des Zukunftsworkshops (vgl. Kapitel 8.6). Die Teilnehmer sind eingeladen, aus den zentrenbezogenen Einzelbetrachtungen 4–5 wesentliche Anforderungen auszuwählen. Als Bewertungshilfe dienen die im Schaubild dargestellten vier Fragestellungen. Die Ergebnisse werden nicht mehr im Plenum präsentiert. Es erfolgt eine Einladung an die Zentren, ihre Auswahl nach dem Workshop im eigenen Hause mit dem Team zu diskutieren und die dann gefassten Vorhaben schriftlich festzuhalten. Gerhard Schulz empfiehlt, nachhaltige Entscheidungsprozesse nicht auf Anweisung des Geschäftsführers anzugehen, der zu seinem Mitarbeiter geht und sagt: „Das ist deine Aufgabe, die hast du bis dann und dann zu erledigen“ (Befunde Phase 2, Ordner 2.3.4 Ergebnisprotokoll Tag 2, S. 6). Er vertritt die Auffassung: „Ein Nachhaltigkeitsprozess in einer Organisation kann nicht vom Kopf aus gedacht, gelenkt und umgesetzt werden. Niemals!“ (ebenda). Leitungen sollten aber eine Vorstellung entwickeln, woran sie arbeiten möchten, wo sie Kraft und Energie hineinzugeben gedenken. Dies ist nicht unbedingt von Mitarbeitern aus einzelnen Abteilungen zu erwarten. Das ist die Aufgabe einer Geschäftsführung, eines Vorstands, den Überblick zu haben, sich selber ein Bild zu machen. Die GAP-Methode stellt ein hilfreiches Instrument dar, sich zu orientieren (vgl. ebenda, S. 7).

Als gut befunden wird der Vorschlag, die Ergebnisse des Workshops im Team vorzustellen oder auch die GAP-Methode im Team noch einmal anzuwenden, um noch weitere Aspekte aus dem Haus mitzunehmen und eben die Beteiligung nicht zu vergessen. Erbeten wird, die daraus resultierenden Ergebnisse als priorisierte Handlungsansätze unter Berücksichtigung der vier lösungsorientierten Bewertungsansätze festzuschreiben und den Teilnehmern des Zukunftsworkshops zurückzumelden. Die Rolle der Leitung scheint eine Schlüsselfunktion im soziokulturellen Betrieb zu spielen, die kapitelabschließend noch einmal kritisch beleuchtet werden soll. Zunächst aber stellt sich nach dem Zukunftsworkshop die Frage, ob die empfohlene Methodik, eigenständig in den Häusern weiterzuarbeiten, funktioniert. Als erfreuliches Zwischenergebnis kann festgehalten werden, dass immerhin sieben von neun Zentren dieser Einladung folgen und sich über den Workshop hinaus mit den Handlungsansätzen befassen.

Vor dem Hintergrund des drängenden Vorhabens aller Betriebe, Strukturoptimierungen einzuleiten, ist nicht verwunderlich, dass mehrere Zentren Handlungsansätze zu dieser Thematik rückmelden. Auszugsweise seien folgende Vorhaben angeführt:

Rückmeldung Zentrum 1-HF (Auszug)
„Externe Prioritäten
- nachhaltige finanzielle Absicherung und Aufstockung zwecks Teamentwicklung (s.u., beantragt für 2018)" (Befunde Phase 3, Ordner 3.1, 1-HF, S. 1).

Rückmeldung Zentrum 3-HF (Auszug):
„1. Priorität: Leitbild/Selbstverständnis bis Ende 2017
2. Priorität: Struktur intern (effizienteres Arbeiten) bis Ende 2017" (Befunde Phase 3, Ordner 3.1, 3-HF, S. 1).

Rückmeldung Zentrum 12-HF (Auszug):
„Wir haben im Team nach dem Workshop außer einer kurzen Berichterstattung bisher nur Zeit im Rahmen unserer Workshopreihe Achtsamkeit gefunden und zu folgenden Fragestellungen gearbeitet:
Was machen wir zukünftig anders?
Wie machen wir das?
Wer übernimmt die Verantwortung (Wächterfunktion)?

Drei von verschiedenen Punkten dieses Workshops habe ich für das Projekt Zukunftsfähigkeit ausgewählt:
- Zeitmanagement/Zeit/Arbeitseinheiten
- Organisationsentwicklung (Strukturen, Aufgabenbereiche …)
- Einrichten von Remindern/Meilensteinen

Für alle Punkte haben wir Verantwortliche festgelegt, die als Wächter im Betrieb die Aufgabe übernehmen, die Umsetzung zu initiieren und dauerhaft zu installieren.
Die drei genannten Punkte möchten wir mit externen Personen bearbeiten" (Befunde Phase 3, Ordner 3.1, 12-HF, S. 1).

Als ein GAP diagnostiziert die Vorsitzende des Zentrums 3 **neue Strukturen mit alten Wächtern** und führt bei der Ergebnispräsentation aus: „Wir haben zwar jetzt neue Strukturen, aber teilweise noch die alten Wächter. Und dadurch, dass es die alten Wächter sind, hört man auf die, dies hält uns von Veränderungen ab" (Befunde Phase 2, Ordner 2.3.4 Ergebnisprotokoll Tag 2, S. 5). Der Vorstandskollege ergänzt: „Diese alten Wächter sind nicht nur außerhalb von uns, sie befinden sich auch in mir und in dir" (ebenda).

Die Handlungspläne werden von den Zentren bis Mitte April 2017 verfasst. Wie aber stellt sich der Entwicklungsstand der Vorhaben nach sechs Monaten dar? Eine Nachfrage der wissenschaftlichen Leitung Mitte Oktober 2017, verbunden mit der Bitte um eine Rückmeldung zum Entwicklungsstand, ergibt folgenden Sachstand: Die z.T. unvollständigen Rückmeldungen der Zentren (zumeist fehlte die Benennung des Verantwortlichen) sind von der wissenschaftlichen

Leitung im Verlauf der Untersuchung in eine einheitliche Form gebracht worden. Dies soll die Übersichtlichkeit der Maßnahmen erhöhen und fehlende Angaben schneller ersichtlich machen. Berücksichtigung finden bei dieser Abfrage auch die Statusindikatoren zur Bewertung des Entwicklungsstandes.

Anhand von zwei Auszügen der Maßnahmenpläne soll die Entwicklung einzelner Vorhaben und Prozesse exemplarisch nachgezeichnet werden:

Tab. 30: Statusbericht Zentrum 3-PE: Leitbild und Programmausrichtung

Statusbericht Zentrum 3-PE: Leitbild und Programmausrichtung					
Priorität	**Ziel Wesentlich Realistisch**	**Was? Maßnahmen**	**Wer? Zuständigkeit**	**Bis Wann? Terminierung**	**Status**
1.	Leitbild/ Selbstverständnis	Unser erster Handlungsansatz ist die Entwicklung eines richtigen Leitbildes, darauffolgend im Anschluss die weiteren … Ausgangslage (Stand 4.4.17): kein Leitbild	Vorstand	Ab April 2017 bis Ende 2017	15.11.17 55
4.	Programmausrichtung gesamt	Ist ein langer Prozess.	GF V	Ab April 2017 bis Ende 2018/2019	15.11.17 **25**

Teilnehmer Nr. 3 meldet zu Beginn von Phase 2 im Erhebungsbogen zurück, dass der Betrieb über kein schriftliches Leitbild (Befunde Phase 2, Ordner 2.1, 3-E, S. 6) verfügt und formuliert nach der GAP-Analyse als Ziel: Der erste „Handlungsansatz ist die Entwicklung eines richtigen Leitbildes" (Befunde Phase 3, Ordner 3.1, 3-HF, S. 1) gemeinsam mit dem Team bis Ende 2017. Der Entwicklungsstatus wird von der Einrichtung nach sechs Monaten als «Erfahren» (Befund Phase 3, Ordner 3.2, 3-PE, S. 1) eingeschätzt.

Das Beispiel von Zentrum 3 zeigt, dass der Zukunftsworkshop im März 2017 die Vorstände des Hauses dazu angeregt hat, als ersten nachhaltigen Entwicklungsschritt das eigene Selbstverständnis in Form eines Leitbildes zu formulieren. Die aufgedeckte Lücke wird aktiv angegangen und als Maßnahme mit oberster Priorität im April 2017 schriftlich fixiert. Prozessunterstützend wirken kann bei der Suche nach leitenden Werten und Botschaften, die nach innen und außen kommuniziert werden, die Debatte in Kapitel 8.10.

Nach der Verständigung über die Leitmotive gemeinsam mit dem Team sieht die Betriebsführung dann vor, auch die Programmausrichtung zu justieren. Es ist folgerichtig, dieses Vorhaben bereits als Ziel zu formulieren und nachvollziehbar, weshalb sich diese Maßnahme noch im ersten Statusmodus befindet.

Deutlich wird an diesem ersten Beispiel, wie die verschiedenen Maßnahmen der Pilotstudie ineinandergreifen und zur Entwicklung des Zentrums beitragen. Handelt es sich hierbei um einen Einzelfall? Die Betrachtung eines weiteren Handlungsplans veranschaulicht, dass sich auch hier Entwicklungszusammenhänge abzeichnen:

Tab. 31: Statusbericht Zentrum 12-PE: OE

Statusbericht Zentrum 12-PE: OE					
Priorität	**Ziel Wesentlich Realistisch**	**Was? Maßnahmen**	**Wer? Zuständigkeit**	**Bis Wann? Terminierung**	**Status**
	Organisationsentwicklung	Strukturen, Aufgabenbereiche … Zunächst Leitung mit externen Personen bearbeiten. Seit Juli mit gesamten Team und kleineren Einheiten im Programm unternehmensWert: Mensch mit einer Unternehmensberaterin	Leitung Team Beraterin	im Mai 17 starten. 1. Meilenstein – erstes Setting mit Externen – ist Juli 2017. Beratungen im Team bis März 2018	04.04.17 20 15.11.17 40 Ziel März 18 80

Teilnehmer Nr. 12 formuliert zum Auftakt der Pilotstudie den Wunsch „Mehr Zeit für Wesentliches“ (Befund Phase 1, Ordner 1.1 12-A 2017, S. 1) haben zu wollen, im Erhebungsbogen als ein wesentliches Ziel die „Begrenzung der Selbstausbeutung“ (Befund Phase 2, Ordner 2.1 12-E 2017, S. 6), schreibt nach der GAP-Analyse als Maßnahme mit höchster Priorität „Zeitmanagement“ (Befunde Phase 3, Ordner 3.1, 12-HF, S. 1) im Handlungsplan fest und geht die Prozessentwicklung mit dem gesamten Team und kleineren Einheiten mit externer Unterstützung an (Befunde Phase 3, Ordner 3.2 2017, S. 1). Die Leitung führt aus: „Wir arbeiten seit Juli 2017 im Programm unternehmens*Wert*: Mensch mit einer Unternehmensberaterin. Diese Beratung ist bis März 2018 konzipiert. Wir arbeiten in verschiedenen Settings – als gesamtes Team und in kleineren Einheiten mit und ohne die Beraterin, mit Verantwortlichen für Zwischenergebnisse … Es ist auch thematisch ein sehr umfassender Prozess geworden und wir sind mittendrin" (ebenda).

Vergleicht man die geäußerten Wünsche der Teilnehmer zum Projektstart mit den Handlungsempfehlungen der Initialberatung oder den Lücken der GAP-Analyse und den daraus abgeleiteten Maßnahmen des Handlungsplans, so zeigt sich, dass Zentren durch die Teilnahme an der Pilotstudie fokussierter an dem arbeiten, was sie sich zunächst nur wünschten oder was als Engpass aufgedeckt wurde.

Weitere Beispiele lassen sich anführen:

- Teilnehmer Nr. 1 äußert zum Projektauftakt den Wunsch einer gelungenen Personalentwicklung und Übergabe an die nachfolgenden Generationen (Befund Phase 1, Ordner 1.1, 1-A, S. 1) und formuliert nach dem Zukunftsworkshop als Maßnahme mit externer Priorität eine für 2018 beantragte, nachhaltige finanzielle Absicherung und Aufstockung zwecks Teamentwicklung und mit interner Priorität die Einstellung einer zusätzlichen, jüngeren qualifizierten Fachkraft, die frischen Entwicklungs-Input und dem langjährigen Leiter Rückzugsmöglichkeiten in Aussicht stellt (Befunde Phase 3, Ordner 3.1, 1-HF, S. 1).
- Teilnehmer Nr. 4 erfasst im Erhebungsbogen in Phase 2 als wiederkehrende Engpässe „ständig und immer: finanziell und personell" (Befunde Phase 2, Ordner 2.1, 4-E, S. 8), fühlt sich nach dem Austausch im Rahmen des Zukunftsworkshops und durch den Einblick in die Strukturen anderer Betriebe ermutigt, sich auf beide GAPs verstärkt zu konzentrieren und formuliert als Handlungsansatz eine Fokussierung auf den Menschen und deren finanzielle Perspektive, um einen dauerhaften Bestand des Projektes zu gewährleisten (Befund Phase 3, Ordner 3.1, 4-HF, S. 1).
- Teilnehmer Nr. 10 weist im Erhebungsbogen bevorstehende, größere Sanierungen in einem Gebäude mit energetischer Ertüchtigung des Dachbereichs sowie eine Verbesserung der Heizsituation durch den Eigentümer der Stadt (Befund Phase 2, Ordner 2.1, 10-E, S. 5) aus und meldet nach Durchführung der Initialberatung zurück, dass er nun gewichtige Argumente an die Hand bekommen habe, um die Sanierungsmaßnahmen des untersuchten Gebäudes bei der Stadt anzuschieben.

Auf der Grundlage dieser Untersuchungsergebnisse kann für den Zukunftsworkshop in Anspruch genommen werden, dass die vorbereiteten Impulsvorträge, die Betriebsanalyse, der Erfahrungsaustausch sowie die Diskussion der Befunde neue Ansichten befördert haben. So resümiert die Vorstandsvorsitzende eines Zentrums zum Abschluss des Zukunftsworkshops, sie nehme einen dicken Rucksack mit, gefüllt mit Ideen, die sie bei den Vorstandskollegen, der Geschäftsführerin und den Mitgliedern im eigenen Zentrum einbringen wird (Befunde Phase 2, Ordner 2.3.4 Ergebnisprotokoll Tag 2, S. 29). Eine weitere Teilnehmerin äußert zum Abschluss, der Workshop wäre für sie zum rechten Zeitpunkt gekommen. Sie stehe gerade in einer extremen Umstrukturierungsphase zwischen hohem Anspruch und Leistbarkeit: „Mit den Impulsen der Workshopteilnehmer, den eigenen Karten und dem Protokoll wird sie sehr hilfreiche Schritte und Systematiken mitnehmen“ (ebenda, S. 30).

<u>Zusammenfassende Bewertung des Entwicklungsstandes</u>

Die Beispiele und Äußerungen in Kapitel 8.8 dienen als Belege, dass nachhaltige Entwicklungsprozesse mit klaren Methoden und kommunikativen Mitteln befördert werden können. Der Diskurs, das Hinterfragen überholter Standpunkte, die Auseinandersetzung mit Fragen zukünftiger Ausrichtung, die Aufbereitung fundierter Argumente, der Impuls von außen, die Einbindung in ein größeres Ganzes, die Einladung, aktiv mitzugestalten …: All diese Maßnahmen bilden einen Methodenkanon, der sich potenziert, überzeugende Argumente und Handlungsoptionen bietet, alte Wächter überwindet, enorme Gestaltungskraft entfalten kann und aktives Tun befördert.

Um Engpässe zu lösen, kann ein auf der Grundlage einer GAP-Analyse erstellter Handlungsplan – nach Priorität gewichtet, mit klarer Verantwortlichkeit – in einem selbst bestimmten Zeitfenster Veränderungsprozesse übersichtlich gestalten, strukturieren und befördern. Ein Indikator gibt Auskunft über den Statusstand (Indikator XIV). Hier vollziehen die Zentren eine schrittweise Entwicklung im Rahmen eines Wandels erster Ordnung (vgl. Indikator XVI). 40

40 % der Zentren greifen bei der Steuerung von Veränderungsprozessen nicht auf Erfahrungswerte zurück oder sind sich über die Nutzung erprobter Methoden bewusst. Die Methodenkompetenz könnte noch deutlich verbessert werden (Indikator XVIII). 40

60 % der Betriebe nutzen bereits Methoden zur Veränderung von Regeln, z.B. ein stufenweises Vorgehen mit dem PDCA-Zyklus (Indikator XVII) sowie Hilfestellungen wie Beratung und Coaching, (Indikator VI), um sich „ständig neu zu erfinden“ (Befunde Phase 2, Ordner 2.1.1 Grafikauswertung 2017, Frage 48). 60

Die aufgeschlossene Haltung, konzeptionell gestützt und partizipativ-führend, mit Entschlossenheit Veränderungsprozesse anzugehen bietet gute Chancen, Change-Prozesse erfolgreich zu führen (Indikator XIX). 90

Ohne die erforderlichen Ressourcen Zeit, Geld und Leute aber werden kaum kraftvolle und wirksame Fortschritte möglich sein. Der Status wird aufgrund der förderlichen Haltung als fortgeschritten erachtet, erst ausreichende Ressourcen aber werden die Zentren in nächsthöhere Entwicklungsstufen führen (Indikator XIV). 30

8.9 Soziale Verantwortung ist ein Anfang

Dieses Kapitel konzentriert sich primär auf den dritten Wirkungskreis[201], also auf die Stadt und Region. Zunächst werden die Bezugspunkte, die soziokulturelle Akteure in ihrem Umfeld pflegen, untersucht. In welchen Netzwerken und regionalen Strukturen bewegen sie sich (Indikator VII)? Gegenstand der Betrachtung ist zudem ein nach innen gerichteter Blick, denn sozial-gesellschaftliche Aspekte nachhaltiger Entwicklung haben auch innerbetriebliche Anforderungen, wie z.B. Arbeitsbedingungen, Arbeitnehmerrechte oder Chancengleichheit.[202] Ebenso kommt das Engagement für das Gemeinwohl in diesem Kapitel auf den Prüfstand.
Die folgende Abbildung zeigt, in welchem Einzugsbergeich die Zentren tätig sind:

201 Vgl. Kapitel 5.2.2.
202 Vgl. Kapitel 2.3 Wirkungsfeld Gesellschaft des Deutschen Nachhaltigkeitskodex.

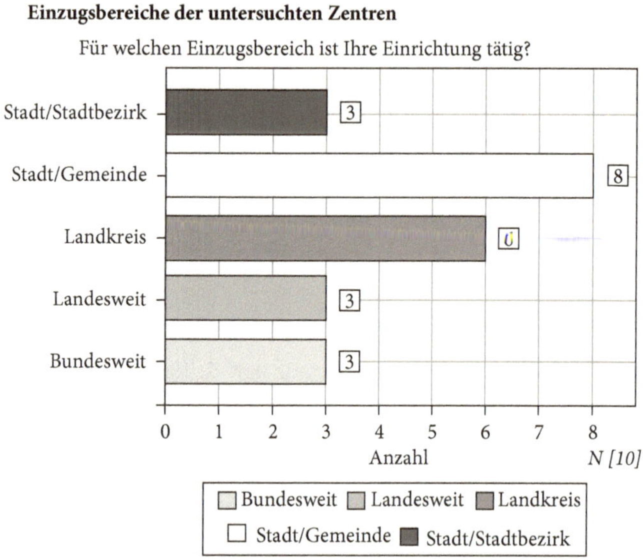

Abb. 32: Einzugsbereiche der untersuchten Zentren. Eigene Darstellung. (Befunde Phase 2, Ordner 2.3.4 Ergebnisprotokoll Tag 1, S. 6).

Acht von zehn Einrichtungen sind in mindestens vier lokalen und regionalen Netzwerken eingebunden. Die Mitwirkung umfasst folgende Handlungsfelder:

Kunst & Kultur	12	(33,33%)
Umwelt	6	(16,66%)
Gesellschaft	6	(16,66%)
Politik	5	(13,88%)
Wirtschaft und Stadtentwicklung	4	(11,11%)
Pädagogik	3	(8,33%)
(Mehrfachnennungen möglich!)	36	
geantwortet haben	8	

(Befunde Phase 2, Ordner 2.1.1 Grundauswertung 2017, Frage 13).

Als Vorteile, die durch die Vernetzung entstehen, erachten die Zentren den Austausch und einen Informationsgewinn (9 Nennungen), Synergien (7 Einzelnennungen), die Chance, gemeinsame Aktionen zu initiieren (5 Nennungen), eine Positionierung (4 Nennungen) sowie die Einbindung und Mitgestaltung von Entwicklung (3 Nennungen), z.B. von Prozessen der Stadtentwicklung (Befunde Phase 2, Ordner 2.1.1 Grafikauswertung 2017, Frage 14).

Ein differenzierter Blick auf die Vernetzung mit Unternehmen zeigt, das sechs von neun Zentren Kooperationen mit örtlichen und regionalen Unternehmen pflegen, sie erhalten von diesen zumeist Spenden oder haben Sponsoring-Vereinbarungen getroffen. Die Zusammenarbeit mit Firmen bezieht aber auch Veranstaltungskooperationen, Dienstleistungen oder eine Überlassung von Räumlichkeiten mit ein (ebenda, Frage 41). Der Einsatz strategischer Allianzen, wie z.B. Einkaufsgemeinschaften, wird nur von zwei Zentren bestätigt. Acht Betriebe nutzen dieses Instrument nicht, z.B. über strategisch angelegte Zusammenschlüsse Kosten einzusparen oder absatzfördernde Maßnahmen dauerhaft im Betrieb zu verankern (ebenda, Frage 42).

Bundesweit engagieren sich soziokulturelle Zentren für das Gemeinwohl. Dieses statistische Schlaglicht[203] bestätigen auch die folgenden zwei Befunde. Fast alle untersuchten Einrichtungen sind gemeinnützig anerkannt[204], sie richten ihr Wirken also darauf aus, die Allgemeinheit selbstlos zu fördern. Dies ist beispielsweise bei der Förderung von Wissenschaft und Forschung, Bildung und Erziehung oder Kunst und Kultur der Fall (vgl. Gabler Wirtschaftslexikon 2018).

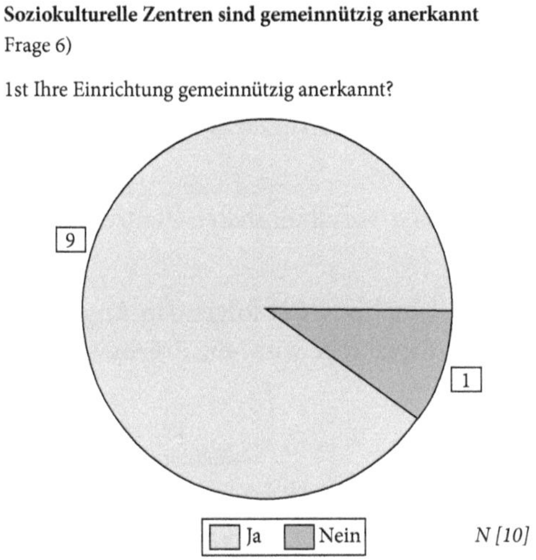

Abb. 33: Soziokulturelle Zentren sind gemeinnützig anerkannt. Eigene Darstellung. (vgl. Befunde Phase 2, Ordner 2.3.4 Ergebnisprotokoll Tag 1, S. 7).

203 Vgl. Kapitel 8.1 Schlaglichter.

204 Die Gemeinnützigkeit wird in Deutschland in § 52 Abgabenordnung (AO) definiert, die Anerkennung erfolgt durch das zuständige Finanzamt und beinhaltet steuerliche Vergünstigungen (vgl. Gabler Wirtschaftslexikon 2018).

Dass soziokulturelle Zentren heute ein fester Bestandteil der kulturellen Infrastruktur sind, wie es die Enquete-Kommission in ihrem Bericht bereits 2008 anerkennend feststellt[205], bestätigt der nachfolgende Befund eindrücklich. Alle untersuchten Betriebe gewährleisten eine kulturelle Infrastruktur und leisten zudem fast alle Beiträge zur Entwicklung der Stadt und Region. Hier wird das hohe sozialgesellschaftliche Engagement der Betreiber für den Erhalt eines kulturgeprägten Lebensraums deutlich, wie es Schmid in seinem Wirkungskreis-Modell fordert.[206]

Engagiert sich Ihr Zentrum für das Gemeinwesen?
(Mehrfachwahl möglich/dargestellt wird ein Ergebnisauszug: alle Nennungen 90 % und >)

Gewährleistung einer kulturellen Infrastruktur	10	(100,00%)
Beiträge zur Entwicklung der Stadt / Region	9	(90,00%)
Nennungen (Mehrfachwahl möglich!)	40	
geantwortet haben	10	
ohne Antwort	0	

(Befunde Phase 2, Ordner 2.3.4 Ergebnisprotokoll Tag 1, S. 11).

Sichtbar werden bei diesem Befund zwei typische Merkmale soziokultureller Zentren, die sich auch in den untersuchten Selbstdarstellungen der Zentren unter den Rubriken Konzept und Struktur widerspiegeln (vgl. Selbstdarstellung Befunde Phase 1, Ordner 1.2).

Weitere, typische Merkmale soziokultureller Zentren zeigt die nachfolgende Erhebung:

Bietet Ihr Haus eine oder mehrere der folgenden Angebote und Aktivitäten?
(Mehrfachwahl möglich/dargestellt wird ein Ergebnisauszug: alle Nennungen 80 % und >)

kulturelle Bildung	10	(100,00%)
Interkulturelle Angebote	9	(90,00%)
Freiraum zur persönlichen Entfaltung	9	(90,00%)
Nachwuchsförderung	8	(80,00%)
Ermöglichung von Teilhabe an der Gesellschaft	8	(80,00%)
Nennungen (Mehrfachwahl möglich!)	58	
geantwortet haben	10	
ohne Antwort	0	

(Befunde Phase 2, Ordner 2.3.4 Ergebnisprotokoll Tag 1, S. 12).

205 Vgl. Kapitel 6.1.

206 Vgl. Kapitel 5.2.2.

Hervorzuheben ist die 100 %-Quote der kulturellen Bildung, die das bundesweite Schlaglicht, dass fast 90 % der Einrichtungen Bildungsangebote zur kulturellen Teilhabe als ein prägnantes Element ihrer Praxis ansehen, noch übertrifft. Ebenso prägen interkulturelle Angebote das Profil der untersuchten Zentren, mit 90 % ein überdurchschnittlicher Wert. Gefragt wurde allerdings nur nach den Angeboten, nicht nach einem interkulturellen Schwerpunkt, den bundesweit 66 % der Zentren für sich ausweisen. Die Werte sind insofern nicht direkt vergleichbar, bleiben aber dennoch ein typisches Merkmal soziokultureller Zentren, ebenso wie die Zielsetzung, Menschen Freiraum zur persönlichen Entfaltung einzuräumen, was diese Häuser ebenso bundesweit kennzeichnet.[207]

Ein Blick auf die Nutzer und Zielgruppen der Zentren zeigt die große Bandbreite der Zentren. Zwei übergreifende Merkmale können ausgemacht werden: das Programmangebot richtet sich erstens an Kulturinteressierte aller Altersstufen (1–99). Zweitens handelt es sich um sehr heterogene Nutzergruppen (Befunde Phase 2, Ordner 2.1.1 Grafikauswertung 2017, Frage 19). Die Nutzervielfalt[208] ist ausgeprägt und variiert je nach inhaltlicher Programmausrichtung der Zentren.

Ein Zentrum fasst die Haltung des Hauses hinsichtlich ihrer Nutzer wie folgt zusammen: „Wir sind offen für alle, die zu uns kommen. Wer unsere (kulturellen) Ziele teilt, kommt zu uns“ (Befunde Phase 2, Ordner 2.1, S. 4).

Zu ergänzen ist eine deutliche Zielgruppen-Schwerpunktsetzung, da bundesweit 50 % der soziokulturellen Zentren und Initiativen mit Kindern und Jugendlichen arbeiten.[209]

Das sozial-gesellschaftliche Engagement der untersuchten Häuser spiegelt sich auch bei den freiwilligen Einsätzen und ehrenamtlichen Diensten wider. Hinsichtlich des freiwilligen Engagements kann festgehalten werden: Die untersuchten Zentren leisten im Durchschnitt je Haus 1.800 Ehrenamtsstunden pro Jahr. Dieser Mittelwert kann je Haus durchaus unterschiedlich ausfallen, die

---

207 Vgl. Kapitel 5.2.2.

208 Zur Verdeutlichung anbei einige Nennungen zur Veranschaulichung der Nutzergruppen: Theater-, Literatur-Liebhaber, Schulklassen, Kulturbegeisterte, Künstler, politisch Aktive, Menschen mit wenig Geld, Menschen mit Interesse an alternativen Lebensentwürfen, Stadtteilbewohner, Mittelschicht mit höherem und hohem Bildungsstand, Menschen aus eher „bildungsfernen“ Milieus, Kurgäste, Touristen, Menschen in besonderen Lebenssituationen (Drogenabhängige, Geflüchtete, Langzeitarbeitslose, von Demenz Betroffene u.a.) (vgl. Befunde Phase 2, Ordner 2.1.1 Grafikauswertung 2017, Frage 19).

209 Vgl. Kapitel 8.1 Schlaglichter.

Bandbreite reicht von einem Minimum von 250 Ehrenamtsstunden pro Jahr bis zum Maximalwert von 8.000 Ehrenamtsstunden, die pro Jahr geleistet werden (Befunde Phase 2, Ordner 2.1.1 Grafikauswertung 2017, Frage 22).

Ergänzt sei noch eine bemerkenswerte Quote, die von der LAG Soziokultur für die Zentren in NRW ausgewertet wurde: 36 % aller in den Zentren tätigen Menschen (1.220 Personen) sind ehrenamtliche oder freiwillige Helfer*innen (vgl. LAG Landesarbeitsgemeinschaft Soziokultureller Zentren NRW e.V. 2018, S. 17). Vereinfacht gesagt: jeder Dritte engagiert sich unentgeltlich in soziokulturellen Zentren in NRW.

Die Übernahme sozialer Verantwortung ist eine Kernkompetenz soziokultureller Zentren. In keinem anderen Wirkungsfeld nachhaltiger Entwicklung haben die Betriebe so vorbildliche Bewertungen aufzuweisen. Mitunter reicht das Engagement auch in weitere Handlungsfelder hinein, wie die nachfolgende Statistik zeigt:

Gibt es in Ihrer Einrichtung Personen oder Arbeitsgruppen, die sich mit dem Thema Klima- und Umweltschutz beschäftigen?

Ja	6 (60,00%)
Nein	4 (40,00%)
Summe	10
Ohne Antwort	0

(vgl. Befunde Phase 2, Ordner 2.3.4 Ergebnisprotokoll Tag 1, S. 10).

Als einen weiteren Kennzahlenvorschlag, der bisher auch kein Bestandteil der statistischen Erhebung der Bundesvereinigung ist, soll festgehalten werden:

Tab. 32: Kennzahl für soziokulturelle Zentren: Nachhaltigkeitsbeauftragte

Kennzahl für soziokulturelle Zentren: Nachhaltigkeitsbeauftragte		
Kennzahlen Prozesse	**Berechnung**	**Vergleichswert**
Nachhaltigkeitsbeauftragte	Anzahl Beauftragte im Zentrum	60 % der Zentren

Engagement für den Klima- und Umweltschutz sowie die Übernahme sozialer Verantwortung sind ein Anfang, auch wenn die Initiative längst nicht jeden erreicht. Lediglich 50 % der Bevölkerung partizipieren von öffentlich finanzierten Kulturangeboten. „Die Ergebnisse der Kulturforschung sind ernüchternd.

Das Verteilungsmuster der kulturellen Teilhabe hat sich offensichtlich in den letzten Jahrzehnten kaum verändert. Noch immer bleibt die Hälfte der Menschen von den öffentlich finanzierten Kulturangeboten ausgeschlossen und nur 5–10 % der Bevölkerung bilden den verlässlichen Kern der Vielnutzer, um den sich immer mehr Anbieter bemühen und für die immer mehr und immer exklusivere Angebote auf öffentliche Kosten zur Verfügung gestellt wurden" (Scheytt und Sievers 2010, S. 30).

Wie Kapitel 8.2 aufzeigt, hat die soziokulturelle Bewegung «Kultur für alle» bereits heute erheblichen Anteil daran, weniger kulturaffine Gesellschaftsschichten mit niederschwelligen Kulturangeboten zu erreichen. Der Bedarf, Teilhabemöglichkeiten strukturell auszubauen, ist gegeben. Der Bedarf, sich mit Fragen der kulturellen Identität einer Gemeinschaft auseinandersetzen, ebenso. Mit Blick auf die politischen Strömungen in Deutschland sind insbesondere demokratische Haltungen und Werte zunehmend gefragt, aber auch im Zusammenhang mit Zielsetzungen nachhaltiger Entwicklung sollten verstärkt Angebote der Kulturvermittlung geboten werden, die dem Gemeinwohl dienen, ökologische Mitverantwortung befördern und die Partizipation bisher nicht erreichter Gesellschaftsgruppen ermöglichen. Soziokulturelle Zentren können hier wertvolle Beiträge leisten, auf der Grundlage einer verbesserten öffentlichen Förderung und einem deutlichen Bekenntnis, diesen Mehrbedarf kulturpolitischer Basisarbeit und Grundversorgung auch mitgestalten zu wollen. Hier zeigen sich enormes Entwicklungspotential und enorme Herausforderungen zugleich.

Gefragt nach den wesentlichen Aufgaben und Herausforderungen, denen sich die Zentren in den kommenden fünf Jahren stellen wollen, ergeben sich folgende Befunde, die sich primär auf gesellschaftsrelevante und politische Themen konzentrieren:

Gesellschaft und Politik

➔ der politischen Richtung etwas entgegenzusetzen
➔ Auswirkungen einer „Welt aus den Fugen"
➔ Verändertes Kundenverhalten, Integration neuer Gruppen, wie z.B. Migranten.
➔ alternative Denk- und Lebensweisen möglich machen.
➔ „Weg frei machen" für neue Ideen, Überlegungen, Vorgehensweisen
(Befunde Phase 2, Ordner 2.3.4 Ergebnisprotokoll Tag 1, S. 13)

Ein Teilnehmer kommentiert die Auswahl wie folgt: „Wir greifen existenziell relevante Themen auf" (Befunde Phase 1, Ordner 1.2 12-S, S. 1). Ein weiterer Teilnehmer des Zukunftsworkshops ergänzt: „Wer sich Gedanken über die

Gesellschaft macht, wer sich fragt, wie wir leben wollen, wer […] mitgestalten möchte“ (Befunde Phase 1, Ordner 1.2, S. 4), der kenne das soziokulturelle Zentrum, es sei die einzige Kulturinstitution in der Stadt, wo sich unterschiedlichste Gruppierungen zu verschiedenen Themen treffen und austauschen. Ein dritter Akteur beansprucht, sein Haus sei „ein zentraler Treffpunkt für eine Vielzahl parteiunabhängiger politischer und kultureller Initiativen, Gruppen und Netzwerke, die hier alternative Konzepte für Gesellschaft, Politik und Kultur erarbeiten und nach „draußen“ tragen, um damit Antwort auf die Frage zu geben versuchen, „wie wir leben wollen“ (ebenda, S. 2).

Zuzugestehen ist, dass die Zentren dem Präfix «Sozio» mit diesen Erwartungshaltungen gerecht werden. Die Übernahme sozialer Verantwortung ist ein Anfang. Im Zusammenhang mit der Fragestellung zukunftsweisender Ausrichtung wäre anzuregen, den Weg vorzubereiten für alternative Denk- und Lebensweisen, die den Menschen und die Natur in den Mittelpunkt stellen, so wie es alternative Wirtschaftsmodelle anraten. Denn das eindeutige Bekenntnis, sich umwelt- und naturfreundlicher zu verhalten, fehlt als Nennung.

Möglicherweise sind diese neuen, zukunftsweisenden Formen einer Nachhaltigkeitskultur auch noch in der Soziokultur zu entdecken, zu erproben, auszuformen und zu verstetigen. Die VerANTWORTung liegt bei jedem Einzelnen: Es ist ein Aufbruch ohne Wiederkehr. Zunächst ist ein Bewusstsein für die Notwendigkeit des eigenen Handelns zu wecken, bevor weitere Fortschritte zu erwarten sind. Es braucht Überzeugungsarbeit und Vorreiter, die sich den Fragen nachhaltiger Ausrichtung auch in der Soziokultur stellen. In der Übernahme von Verantwortung werden Antworten auf die Fragen zukunftsweisender Betriebsmodelle zu finden sein.

Walter Sprucks Zauberwort in diesem Zusammenhang lautet «Befähigung» (Befunde Phase 2, Ordner 2.3.4 Ergebnisprotokoll Tag 2, S. 31). Mit externer Unterstützung Prozesse in Gang zu bringen, kann eine Möglichkeit sein, existenziell begründete Beiträge zur Sicherung der Lebensgrundlage anzustoßen. Aus den Zentren selber heraus Lösungsansätze zu entwickeln, sich selbst als Gruppe zu befähigen, kann ein Ansatz sein. Es sei ein „kreativer Prozess erforderlich, um gesellschaftliche Ziele wie Nachhaltigkeit in der lokalen Wirklichkeit umzusetzen. Diese Leistung kann nicht delegiert werden“ (Spruck 2017, S. 38), erläutert Spruck und plädiert dafür, mit Workshops und Projekten gemeinsame Entwicklungsprozesse zu befördern, Räume für den Erfahrungsaustausch zu schaffen, in dem Selbstbefähigung wachsen kann.

Für diese These spricht das Bekenntnis der Teilnehmer und Initiatoren des Workshops Zukunftsfähigkeit, eine Weiterführung des Projektes anzugehen. Soziokulturelle Akteure scheinen von einer nachhaltigen Leistungsbereitschaft gekennzeichnet zu sein, trotz chronischer Unterfinanzierung und unzureichender Personalressourcen. Workshop-Initiator Schulz ergänzt: „Wer sich jahrzehntelang trotz widrigster Umstände und niedrigster öffentlicher finanzieller Zuwendung behauptet, hat die Frage der Nachhaltigkeit schon beantwortet" (ebenda).

Eine Antwort auf die Frage, woran die Akteure eine Übernahme von Verantwortung letztlich festmachen, lässt sich nicht umfänglich klären. Konkret anstehende Sanierungsmaßnahmen im Betrieb, persönliches Interesse oder die Aussicht auf zusätzliche Fördermittel sind als Beweggründe zum Mitmachen zu nennen. Festgehalten werden kann, dass Zentren, die sich offen zeigen für Erwartungen der Gesellschaft, in der Regel innovationsfreudiger und erfolgreicher sind. Oft sind es diese Zentren, die bei der Entwicklung neuer Formen und Formate vorangehen (vgl. Rat für Nachhaltige Entwicklung und Bertelsmann Stiftung 2014, S. 37).

Der Frage nach den Positionslichtern, die es zur Orientierung und weiteren Reise hin zu den alternativen Denk- und Lebensweisen brauchen wird, stellt sich das anschließende Kapitel.

Abschließend untersucht werden in diesem Kapitel auch soziale Aspekte, an denen sich ein nachhaltig agierender Betrieb innerbetrieblich messen lassen sollte. Zu fragen ist, wie es in den Betrieben um die **Qualifizierung, Gesundheitsförderung und Vergütung der Mitarbeiter** steht. Die Rückmeldungen der Zentren können zu folgenden Aussagen zusammengefasst werden:

> 50 % der Betriebe bietet keine gesundheitsfördernden Maßnahmen.
> 60 % ermöglichen den Mitarbeitern regelmäßig Qualifizierungsmaßnahmen, immerhin 30 % dieser Qualifizierungen und Schulungen zielen auf eine Förderung des Umweltbewusstseins ab.
> (Befunde Phase 2, Ordner 2.1.1 Grafikauswertung 2017, Frage 15 und 18).

Bestandteil eines sozial verantwortungsbewusst handelnden Betriebes ist zudem eine angemessene Entlohnung der Beschäftigten. Die Vergütungsstruktur der untersuchten soziokulturellen Zentren liegt im Vergleich zur bundesweiten Statistik über dem Schnitt: 28 % (bundesweit 21 %) der Einrichtungen gaben an, dass sie die Tarifverträge der öffentlichen Hand (TVöD) anwenden (Befunde Phase 2, Ordner 2.1.1 Grafikauswertung 2017, Frage 17). Doch dieser Befund soll nicht beschönigen, dass über 70 % (80 % bundesweit) der hauptamtlich Beschäftigten untertariflich bezahlt werden.[210]

---

210 Vgl. Kapitel 8.1 Schlaglichter.

Der Entwicklungsstand auf einen Blick

Kapitel 8.9 zeigt die enorme Leistungskraft der Akteure und Zentren für die Gesellschaft, offenbart aber auch innerbetriebliche soziale Defizite. Sichtbar werden auch **Kernkompetenzen**, die soziokulturelle Zentren für sich beanspruchen und noch deutlicher als Förderberechtigung ins Feld führen können (vgl. Indikator X):

100 % der untersuchten Betriebe bieten kulturelle Bildungsangebote.
100 % der untersuchten Betriebe stellen sich gesellschaftlichen Herausforderungen.
100 % tragen zur Gewährleistung einer kulturellen Infrastruktur bei (Indikator XX).

90 % bieten Freiraum zur persönlichen Entfaltung.
90 % bieten interkulturelle Angebote. 90 % leisten Beiträge zur Entwicklung der Stadt und Region (Indikator XX).

80 % ermöglichen Teilhabe.
80 % leisten kulturelle Nachwuchsförderung (Bundesweit 50 %) Hohes Engagement für das Gemeinwohl: im Schnitt 1.800 Ehrenamtsstunden pro Jahr (Indikator XXI).

Acht von zehn Einrichtungen sind in mindestens vier lokalen und regionalen Netzwerken unterschiedlichster Handlungsfelder von Kunst über Gesellschaft bis Politik, Wirtschaft und Pädagogik eingebunden. Sie pflegen den Austausch und Informationsgewinn, streben Synergien und die Chance auf die Initiierung gemeinsamer Aktionen an, positionieren sich in Netzwerken und sind z.B. bei Prozessen der Stadtentwicklung eingebunden und Mitgestalter (Indikator VII).

60 % haben einen Klimaschutzbeauftragten (Indikator XXI). 60 % ermöglichen den Mitarbeitern regelmäßig Qualifizierung (Indikator VI).

50 % bieten keine gesundheitsfördernden Maßnahmen (Indikator XX).

Knapp 30 % vergüten nach TVöD (Indikator X).

8.10 Kurs auf Positionslichter

Die Ausgangsfragen dieses Kapitels sind: An welchen leitenden Werten orientieren sich soziokulturelle Akteure?[211] Hat das Leitbild der Bundesvereinigung

211 Vgl. 5.2.2.

Soziokultureller Zentren e.V. das Potential, als zukunftsweisender Leitstern zu dienen?

„Das Leitbild beschreibt die Aktivitäten zur Vertretung der soziokulturellen Interessen auf Bundesebene mit dem übergeordneten Ziel, nachhaltig die Rahmenbedingungen für eine vielfältige Kultur mit Teilhabechancen zu verbessern" (Bundesvereinigung Soziokultureller Zentren e.V. 2011).

Die aktuell gültige Fassung ist nach einem mehrmonatigen Diskurs auf Landes- und Zentralebene von der Bundesvereinigung Soziokultureller Zentren e.V. auf der Mitgliederversammlung im Oktober 2011 in Berlin einstimmig beschlossen worden.

Tab. 33: Leitbild Bundesvereinigung Soziokulturelle Zentren e.V. Eigene Darstellung

Das aktuelle Leitbild des Dachverbands soziokultureller Zentren aus dem Jahr 2011[a]
Was soll erreicht werden?
Soziokulturelle Zentren und Initiativen sind fester Bestandteil der Kulturlandschaft in Groß- und Kleinstädten wie auch in ländlichen Räumen.
Die Akteure werden auf Landes- und Bundesebene kulturpolitisch vertreten.
Sie leisten eine vielfältige und vielschichtige Kulturarbeit und ermöglichen einem breiten Bevölkerungsspektrum – unabhängig von Alter, Geschlecht und Herkunft – selbst kreativ zu werden, kulturelle Angebote zu organisieren und künstlerische Darbietungen unterschiedlicher Genre zu erleben.
Wir fördern vielfältiges bürgerschaftliches Engagement.
Womit soll es erreicht werden?
Wir bieten Strukturen und Erfahrungen.
Wir stellen Räume, Technik und Netzwerke für kulturelle Ausdrucksformen und Veranstaltungsformate zur Verfügung.
Wir bringen PartnerInnen aus unterschiedlichen Bereichen, z.B. Kultur, Soziales und Bildung, in Netzwerken zusammen, initiieren und realisieren Kooperationen.
Wozu soll es erreicht werden?
Wir ermöglichen unseren NutzerInnen, ihr kulturelles und soziales Potenzial zu entfalten und ihr Lebensumfeld nachhaltig mitzugestalten.
Bei uns stehen Profis und Laien auf der Bühne und können in Kursen, Workshops und künstlerischen Produktionen von- und miteinander lernen.

[a] Die Leitsätze des Leitbildes werden vom Verfasser drei Fragestellungen zugeordnet. Dies erfordert eine teilweise Satzteilung. Auf einzelne Bestandteile des Leitbildes, die nicht eindeutig zugeordnet werden können, wird in dieser Darstellung verzichtet. Das vollständige Leitbild, auf das diese Darstellung beruht, ist einsehbar unter http://www.soziokultur.de/bsz/node/568 [Stand: 27.05.2016].

Leitsätze eines Dachverbands markieren gemeinsame Werte und Ziele der Mitglieder. Sie können als Leitstern fungieren, allerdings mit begrenzter Haltwertzeit, denn bei einer Weltordnung, der eine enorme Dynamik und Veränderung immanent ist, ist die Ausrichtung beständig auf den Prüfstand zu stellen und zu justieren. Betriebe formulieren ihre Wege in langfristigen Strategien und Unternehmenszielen. Leitsätze sollten sich idealerweise aus diesen Stoßrichtungen ableiten und die Essenz der Reiseroute bündeln, was auf welchem Weg, mit welchen Mitteln und zu welchem Zweck erreicht werden soll. Der Zeithorizont eines langfristigen Plans beträgt mehr als fünf Jahre (vgl. Gabler Wirtschaftslexikon 2017b), demnach wäre es an der Zeit, das Leitbild aus dem Jahr 2011 erneut auf den Prüfstand zu stellen und auf aktuelle sowie zukünftige Herausforderungen auszurichten.

Handlungsbedarf zeigt sich im Hinblick auf die Anwendung von Leitbildern. Nur 30 % der befragten Zentren verfügen aktuell über ein schriftliches Leitbild.

Ergebnisse der Online-erhebung:
Zukunftsfähigkeit gestalten!

Frage 39) Gibt es in Ihrer Einrichtung ein schriftliches Leitbild? *N (10)*

Nein	7 (70,00%)
Ja	3 (30,00%)
Summe	10
ohne Antwort	0

(Befunde Phase 2, Ordner 2.3.4 Ergebnisprotokoll Tag 2, S. 24).

Dieser Befund stimmt bedenklich und führt zu der Fragestellung, an welchen Werten die Zentren sich orientieren? Die Pilotstudie «Zukunftsfähigkeit gestalten!» hat im Rahmen der Online-Erhebung Leitsätze der Zentren erfragt. Die nachfolgende Aufstellung berücksichtigt Antworten mit besonders hoher Relevanz > 90 %.

Tab. 34: Relevante Leitsätze der Online-Erhebung. Eigene Darstellung. (Befunde Phase 2, Ordner 2.3.4 Ergebnisprotokoll Tag 2, S. 23)

Relevante Leitsätze der Online-Erhebung[a]
Was soll erreicht werden?
• Gewährleistung einer kulturellen Infrastruktur mit inter-/kulturellen Bildungsangeboten
• Beiträge zur Entwicklung der Stadt/Region
• Gestaltungsspielraum
Womit soll es erreicht werden?
• Optimierung der personellen Ressourcen
• Finanzielle Sicherung
• Ressourcenschonendes Handeln (LED, Recyclingpapier, Wertstofftrennung, Mehrweg)
• Nachhaltigkeitsbeauftragten
Wozu soll es erreicht werden?
• Freiraum zur persönlichen Entfaltung

[a] Ergebnisse der Online-Erhebung (Vorgestellt an Workshoptag 1), den drei Leitfragen zugeordnet.

Durch den erweiterten Blickwinkel der Erhebung auf bisher noch nicht erfasste, relevante Wirkungsfelder (Strategie, Umwelt, Prozesse) wird bereits sichtbar, dass unter Aspekten der Zukunftsfähigkeit die Benennung von Nachhaltigkeitsbeauftragten oder ressourcenschonendes Handeln bei einer Leitbild-Überarbeitung zu berücksichtigen sind. Die Befunde sollen auch zur weiteren Profilbildung beitragen, die Wolfgang Schneider der Soziokultur in puncto Orientierungsmarken als eine von vier Standortbestimmungen[212] in das Logbuch schreibt. Er fragt: „Wo fängt Soziokultur an, wo hört sie auf?" (Schneider 2015, S. 22). Festzuhalten ist die Empfehlung, Leitbilder unter den Gesichtspunkten der Zukunftsfähigkeit zu erarbeiten bzw. zu überarbeiten.

212 Neben den Parametern Gestaltung des Generationswechsels, Interkultur und Partizipation.

Tab. 35: Kennzahl für soziokulturelle Zentren: zukunftsweisendes Leitbild

Kennzahl für soziokulturelle Zentren: zukunftsweisendes Leitbild		
Gesellschaft	**Berechnung**	**Vergleichswert**
Leitbild	Anzahl der Zentren, die ein schriftliches Leitbild haben	30 % der Studie Zukunftsfähigkeit
Leitbild mit zukunftsweisenden Positionen	Anzahl der Zentren, die ein schriftliches Leitbild mit nachhaltigen Positionen haben	0 % der Studie Zukunftsfähigkeit

Verstärkt wird die Empfehlung durch den Befund, dass sich aktuell nur sechs untersuchte Zentren mit pointierten Aussagen zur Haltung und zum Selbstverständnis des Betriebes positionieren.

Folgende Beispiele für Positionen sind von sechs Betrieben genannt worden:

- Kein Mensch ist illegal.
- Wir bringen Theater dorthin, wo es gebraucht wird.
- Wir sind Spezialisten in der Arbeit mit Menschen in besonderen Lebenssituationen.
- Kultur für Alle, Weltoffenheit, Inklusion.
- Gegen Diskriminierung, Sexismus, Rassismus, Antisemitismus und Homophobie.
  (Befunde Phase 2, Ordner 2.1.1 Grafikauswertung 2017, Frage 40).

Die Positionen weisen primär gesellschaftsrelevante Bezüge aus, in unterschiedlichster Ausprägung. Aspekte der Nachhaltigkeit werden nicht genannt. Ist das Thema Nachhaltigkeit kein Thema für soziokulturelle Zentren? Als ein Indiz für diese Hypothese kann die Fachtagung «Nachhaltigkeit in Kulturbetrieben – (k)ein Thema?!» angeführt werden. Die Planung, Konzeption und Durchführung der kostenfreien, kompetent besetzten Fachtagung[213] erfolgt im Rahmen der Pilotstudie «Zukunftsfähigkeit gestalten!» in Kooperation mit der EnergieAgentur.NRW. Der Zielgruppenverteiler der Fachtagung geht weit über das soziokulturelle Feld hinaus. Zusätzlich

213 Ihre Teilnahme an der Podiumsdiskussion hatten zugesagt: Michael Theben, Ministerium für Klimaschutz, Umwelt, Landwirtschaft, Natur- und Verbraucherschutz, Nordrhein-Westfalen, Lothar Schneider, Geschäftsführer EnergieAgentur.NRW, Bernd Hesse, Geschäftsführer LAKS Hessen, Heike Fliess, Ministerium für Wissenschaft und Kultur. Zudem waren Vorträge zur EU-Förderung im Kulturbereich, die Präsentation erster Befunde der Studie «Zukunftsfähigkeit gestalten!», eine Vorstellung des Green Club Index sowie Kurzpräsentationen aus der Praxis (z.B. nachhaltige Konzeption) vorgesehen (vgl. Befunde Phase 1, Ordner 1.0, Nachhaltigkeitsforum, S. 1).

zur Ausschreibung über die LAG NW und LAKS Hessen sind alle Städte und Kulturämter aus Nordrhein-Westfalen über die Tagung informiert und zur Teilnahme eingeladen. Mangels Teilnehmer und Interessenten wird die Fachtagung schließlich abgesagt.

Kann aus diesem Befund der Rückschluss erfolgen, dass so gesellschaftlich relevante Themen wie Umweltschutz und nachhaltige Entwicklung kaum eine Rolle in der soziokulturellen Szene spielen?

Eine Kontingenzanalyse der Publikationen rund um den Zukunftskongress Vorwärts und wohin! in NRW im März 2015 verstärkt den gewonnenen Eindruck, dass für diese Themen keine messbare Aufmerksamkeit bei soziokulturellen Akteuren auszumachen ist, nicht einmal im Rahmen eines Zukunftskongresses. Gerade dort, wo es um Fragen zukünftiger Ausrichtung geht, sollte anzunehmen sein, dass Begriffe wie «**Energieeffizienz**», «**Strategie**» und «**Nachhaltigkeit**» häufig Erwähnung finden.

In der Eröffnungsrede, sechs Inputreferaten, sieben Protokollen der Foren und dem abschließenden Thesenpapier wird der Begriff «Energieeffizienz» kein einziges Mal genannt. Der Begriff «Strategie»[214] findet drei Mal Erwähnung, der Begriff «Nachhaltigkeit»[215] ebenfalls nur drei Mal. Nicht nur die geringe Anzahl Nennungen lässt den Verdacht erhärten, dass die Bedeutung der Handlungsfelder Umweltschutz, nachhaltige Entwicklung und strategische Ausrichtung im Zusammenhang mit Fragen einer zukunftsfähigen Ausrichtung in der soziokulturellen Szene noch nicht erkannt wurde. Betrachtet man zudem den Kontext der Begriffsnutzung, so wird deutlich, dass Nachhaltigkeit auf einen bevorstehenden Generationswechsel und eine verbesserte Publikumsbindung reduziert

---

214 Erste Nennung „Strategien gegen Alltagsrassismus" (Zukunftskongress Soziokultur vorwärts und wohin! 2015b, S. 2) Im gleichen Zusammenhang wird darauf hingewiesen, dass es wichtig sei, konkrete Strategien zu erarbeiten (ebenda). Dritte Nennung: „Ein unreflektierter nichtaktualisierter Rückgriff auf theoretische (Adorno) und praktische (Kultur)Politikansätze aus den Gründungsjahren der Soziokultur führt zu falschen Schlussfolgerungen und Handlungsstrategien" (Hegemann, Lukas/Brackmann, J. 2015, S. 2).

215 Erste Nennung: „Nachhaltigkeit!? > Der Anfang ist gemacht, Diskussionen werden angeregt > Eine Staffelübergabe durch die etablierten Häuser muss stattfinden, sie müssen begleiten" (Zukunftskongress Soziokultur vorwärts und wohin! 2015a, S. 2). Die zweite Nennung erfolgt im Zusammenhang mit nachhaltiger Publikumsbindung mittels sozialer Medien (vgl. Zukunftskongress Soziokultur vorwärts und wohin! 2015c, S. 2). Die dritte Nennung erfolgt in Bezug auf Stadtentwicklung, die durch gesellschaftliche Tendenzen wie z.B. lokale Nachhaltigkeitsstrategien vor neuen Aufgaben stehe (vgl. Siewert 2015, S. 2).

wird. Auch das Potential strategischen Handelns wird in keiner Weise ausgeschöpft. Welche Hilfestellungen zu Fragen zukunftsweisender Ausrichtung kann ein solcher Kongress bieten? Was nützt der Hinweis auf eine kritische Einschätzung aktueller und zukünftiger gesellschaftlicher Entwicklungen in These acht, ohne diesen Herausforderungen mit konkreten Handlungsstrategien zu entgegnen (vgl. Hegemann, Lukas/Brackmann, J. 2015, S. 2)?

Als Ziel des Kongresses wird avisiert, eine Positionsbestimmung für die Zukunft vorzunehmen. Welche Positionen sollte Soziokultur besetzen? Was sind bereits neue Formen und Themen der Soziokultur? Als teilnehmender Beobachter des Kongresses kann sicherlich nur ein subjektiv gefärbter Eindruck gewonnen werden. Die stichwortartigen Notizen werden anschließend mit mehreren Protokollen der Werkstätten, Foren und dem Input-Referat von Norbert Sievers abgeglichen und auf wiederkehrende Themen hin untersucht.[216]

Folgende Begriffe werden wiederholt und übergreifend thematisiert:

- Offenheit und Gestaltungsfreiräume
- rausgehen aus dem Zentrum
- Know-how bereitstellen
- Kulturelle Teilhabe ermöglichen
- Gesellschaftsbezug
- Mut zur Meinung

Im Hinblick auf Themen mit nachhaltigem Bezug werden in der Werkstatt B3 benannt:

- Ein „Megatrend“ kommt auch in den Zentren vor: Vegan bzw. Ernährung (Gemeinsam kochen, ernährungspolitische Diskussion)
- Gebrauchtes wiederverwerten, erhalten, tauschen, reparieren (Werkstattformen Repair Café)
  (vgl. Befunde TWO1 2015, S. 1–5).

Die vorliegende Untersuchung spürt der Frage nach, inwiefern die genannten Positionen der Untersuchungsteilnehmer die Befunde des Zukunftskongresses widerspiegeln. Lassen sich hier zentrenübergreifende Themenfelder entdecken, die durch eine Übereinstimmung darauf schließen lassen, dass es sich bei den

216 Der Analyse liegen folgende Publikationen zugrunde: Input-Referat Norbert Sievers, Protokolle: Forum A1: Zwischen Adorno und Pro-Kopf Umsatz, Forum A3: Etabliert und das ist gut so, Werkstatt B1: Da misch ich mit – In und durch Soziokultur Teil haben, Werkstatt B3: Was kommt nach Poetry Slam.

Befunden um Positionen handelt, die Bestandteil eines inneren Zusammenhalts, einer gemeinsamen größeren Linie sein könnten? Es ist aufschlussreich festzustellen, dass eine eindeutige Zuordnung beider Positionsbestimmungen möglich ist:

- Offenheit und Gestaltungsfreiräume: Weltoffenheit.
- Rausgehen aus dem Zentrum: wir bringen Theater dorthin, wo es gebraucht wird.
- Know-how bereitstellen: wir sind Spezialisten.
- Kulturelle Teilhabe ermöglichen: Kultur für Alle.
- Gesellschaftsbezug: Arbeit mit Menschen in besonderen Lebenssituationen, Inklusion.
- Mut zur Meinung: Gegen Diskriminierung, Sexismus, Rassismus, Antisemitismus und Homophobie. Kein Mensch ist illegal.

Zukunftsrelevante Themenfelder wie ethischer Konsum (Vegane, gesunde Ernährung, …) oder ressourcenbewusstes Handeln (Tauschen, reparieren, wiederverwerten, …) werden bei den untersuchten Zentren allerdings nicht als Position markiert. Dies kann als Entwicklungsbedarf festgehalten werden.

Es stellt sich weiterführend die Frage, ob die vorgenannten Positionen möglichweise Bestandteile eines gemeinsamen Markenkernes soziokultureller Zentren sein können? Eine verbindende Markenklammer wirkt wie ein Kompass, berichtet Experte EX17, der sich auf Bundesebene dafür verantwortlich zeichnet, eine Markenchart für Jugendherbergen in Deutschland zu entwickeln. „Wenn man baut, wenn man umbaut, wenn man Facelifting macht, um diesen Markenkern, um diese Markenpersönlichkeit zu entwickeln. Das wirkt tatsächlich wie ein Kompass in der Orientierung“ (Befunde Experten EX17-LI 2014, S. 10).

Ein solcher Prozess ist arbeitsintensiv und braucht Zeit, strahlt aber spürbar nach Innen und sichtbar nach außen. EX17 rät: „Kommen Sie in die inhaltliche Arbeit und das ist hoch spannend. Also so eine Markenklammer hinzukriegen, mit einer guten Agentur, für Ihre 500 Einrichtungen, das kann 5–8 Jahre dauern. Aber wenn das erkannt wird und da kann man ja auch der Politik, den Geldgebern richtig deutlich machen, wofür stehen Sie eigentlich“ (ebenda).

Um den Wesenskern der Zentren noch tiefer zu ergründen, werden die Zentren in der vorliegenden Untersuchung gebeten, ein Alleinstellungsmerkmal der Einrichtung zu beschreiben.

Zehn soziokulturelle Akteure verfassen 48 Angebote, Ideen und Vorstellungen, was soziokulturelle Zentren sein wollen. Ein erster Versuch, die Befunde zu analysieren, will nicht gelingen. Erst mit etwas Abstand folgt der Gedanke, dass die Antworten an der Fragestellung vorbeigehen und das Geäußerte entweder

Methoden beschreibt, wie ein Haus zum besten Spielort Deutschlands wird[217] oder Wünsche und Prämissen beschrieben werden, was man sein will.[218] Die Fragestellung aber lautet zu beschreiben, welches Alleinstellungsmerkmal das Haus kennzeichnet, welches alleinige Merkmal mit dem Haus in Verbindung gebracht wird. Ein Alleinstellungsmerkmal fokussiert auf Wesentliches. Ein valides Prüfkriterium eines Alleinstellungsmerkmals ist, dass sowohl die Innenansicht als auch die äußere Wahrnehmung übereinstimmen. Allein diese eine Anforderung reicht aus, um die Nennungen zu filtern.

Ein zweites Anforderungskriterium für Alleinstellungsmerkmale ist, dass diese einer Überprüfbarkeit standhalten. Drittens sollte ein Alleinstellungsmerkmal dem Anspruch des Wortsinns gerecht werden, dem Attribut, in seinem Wirkungsfeld etwas für sich alleine zu beanspruchen, sich mit diesem Merkmal abzugrenzen, wahrheitsgemäß zu beschreiben, was im Kern der bunten Hülle zu erwarten ist. Merkmale dieser Art lösen ein Versprechen ein, sie erfüllen einen eigenen Auftrag, eine eindeutige Mission.

Die Antworten der Untersuchungsteilnehmer werden anhand der drei Anforderungskriterien (1. Innen- und Außensicht stimmen überein, 2. Überprüfbar, 3. Alleiniger Anspruch im Wirkungsfeld) untersucht. Es ist davon auszugehen, dass die folgenden Nennungen allen drei Kriterien standhalten dürften:

- Das Mehrsparten-Haus (fast-alle-Sparten-Haus) mitten in der Innenstadt.
- Wir sind Kulturdienstleister und Kulturgrundversorger in der Gemeinde.
- Wir sind mehrfach zum besten Club Deutschlands gewählt.
- In der Stadt sind wir die einzige Institution, die in ihren Arbeitsschwerpunkten künstlerisch/kulturelle Arbeit und soziale Arbeit mit allen Generationen verbindet.
- Wir bringen Theater dorthin, wo es gebraucht wird.
- Ganzjahreskultur im Festspielort.
(Befunde Phase 2, Ordner 2.1.1 Grundauswertung 2017, Frage 37).

---

217 Wir sind wissbegierig, wir machen Entwicklung zur Routine, wir legen Wert auf die Umsetzung von Wissen in Aktion, wir sind stets auf der Suche nach Schwachpunkten und Risiken, aber auch passenden Lösungs- und Entwicklungsansätzen, alle machen da mit! (vgl. Befunde Phase 2, Ordner 2.1.1 Grundauswertung 2017, Frage 37).

218 Z.B. inspirierend, progressiv, entwicklungsfähig, geschmacksbildend, nicht müde, sich ständig verändernd, die Herausbildung sozialer Fähigkeiten unterstützend, Scheinbedürfnisse entlarvend … (vgl. Befunde Phase 2, Ordner 2.1.1 Grundauswertung 2017, Frage 37).

Eine Antwort zu formulieren, wofür soziokulturelle Zentren im Kern stehen, wird nicht Bestandteil dieser Untersuchung sein. Die Untersuchungsbefunde dienen zunächst dem Erkenntnisgewinn, dass sich soziokulturelle Zentren sehr unterschiedlich nach außen darstellen, die Spannbreite reicht von «gar nicht» über «eher mit Wünschen als überprüfbaren Wirklichkeiten» bis zu «eindeutig drei Anforderungskriterien entsprechend». Festzuhalten ist zudem, dass nachhaltige Aspekte bei der Positionierung keinerlei Berücksichtigung finden.

Es ist also nicht selbstverständlich, dass sich Zentren mit Hilfe von Alleinstellungsmerkmalen und zentralen Botschaften eindeutig erkennbar darstellen. Wenn aber eine Einrichtung nicht klar benennen kann, wofür sie steht, wie sollen dann, den Blick nach innen gerichtet, Mitarbeiter in einem fokussierten gemeinsamen Sinn und Zweck handeln? Wenn innerbetrieblich keine klare Leitlinie kommuniziert und gepflegt wird, um wieviel schwerer ist es dann für Außenstehende, nachzuvollziehen, wofür ein Betrieb steht. Vor dem Hintergrund, dass die Zentren Forderungen an die Kulturpolitik und Verwaltung der Kommunen als auch an die Länder stellen, kann es nur förderlich sein, den Förderanspruch mit klaren Positionsbestimmungen und eindeutigen Leistungsbeschreibungen zu unterstreichen. Alleinstellungsmerkmale, die das eigene Angebot deutlich begründen und abgrenzen, können die Überzeugungskraft der Argumentation unterstützen.

Es kann eine zukunftsweisende Option darstellen, den gemeinsamen Wesenskern der Zentren herauszustellen, deutlicher zu machen, was die Betriebe wirklich ausmacht. Mit der Zielsetzung, sichtbarer als bisher sowohl nach innen als auch in Richtung Politik, Geldgeber und Nutzer zu strahlen. Solch ein Wesenskern würde die Alleinstellungsmerkmale der Zentren betonen und den Wirkungskreis markieren, den die Betriebe, zukunftsorientiert ausgerichtet, mitzugestalten gedenken. Ein solches Vorhaben kann nur Aufgabe der Bundesvereinigung und aller angeschlossenen Landesverbände sein, in enger Zusammenarbeit mit den soziokulturellen Akteuren, um die gemeinwohl-fördernde Pionierarbeit nach über 40 Jahren auf eine nächste Entwicklungsstufe zu heben. Aktuell bleibt zu befinden, dass Unschärfe als Merkmal soziokultureller Zentren wenig Einigkeit ausstrahlt und kaum Transformationskraft entfalten kann, um z.B. Dauerengpässe der Betriebe nachhaltig zu beheben. Die erforderliche „Profilschärfung“ (Befunde Phase 2, Ordner 2.3.4 Ergebnisprotokoll Tag 1, S. 13) wird immerhin von einem Zentrum als eine wesentliche Aufgabe und Herausforderung der kommenden fünf Jahre erkannt und benannt.

Es fällt auf, dass ein wesentlicher Engpass soziokultureller Zentren bei dem Zukunftskongress 2015 in Nordrhein-Westfalen keinerlei Erwähnung findet. Finanzielle Sorgen werden auf dem Kongress bewusst ausgeklammert. „Wir wollten nicht über Geld reden" (Befunde Experten LV15-LI, S. 6), beschreibt die Vorsitzende des Landesverbandes und erläutert, dass dieses Thema den Alltag soziokultureller Akteure sowie schon überlagern würde. Sie führt aus: „Das war totale Absicht. Wir haben gedacht, aus den eigenen Zentren, was wir so mitkriegen, diskutiert man ganz oft über Geld und auch bei den Tagungen geht es noch ganz oft darum. Wo gibt es noch Projektgelder? Wie ist ein Zentrum gerade aufgestellt? Welches Zentrum ist gerade in der Krise, welches gerade nicht, welches sichert sich gerade durch Gespräche mit der Stadt vertragsmäßig ab, dass es für zwei-drei Jahre Bestandsschutz hat?" (ebenda).

Eine mehrjährige Förderlaufzeit kann als fortschrittlicher Finanzstatus bezeichnet werden. 40 % der untersuchten Betriebe des «Projektes Zukunftsfähigkeit gestalten!» befinden sich allerdings mit ihren Forderungen nach einer mittelfristigen Finanzplanbarkeit noch weit entfernt von einer zukunftsfähigen Finanzpolitik (vgl. Kapitel 8.6). Vor dem Hintergrund nachhaltig unsicherer Finanzstrukturen hätten aus Sicht des Verfassers strategische Fragestellungen zur Verbesserung der Finanzsubstanz Bestandteil eines Zukunftskongresses sein müssen. Was nutzt eine Debatte über Inhalte, wenn die Betriebe nicht in der Lage sind, diese aus einer tragfähigen Basis heraus ausgestalten zu können und der stete Finanzengpass die inhaltliche Arbeit dauerhaft überlagert? So passt letztlich auch nicht ins Bild, dass bei den Ergebnis-Thesen doch wieder finanzielle Forderungen aufgeführt sind. In These acht (Entwurf Hegemann) wird zusammengefasst, dass soziokulturelle Zentren noch erfolgreicher wären, wenn die Finanzierung verlässlicher wäre und nicht ständig Kraft in den Kampf um wenigstens gleichbleibende Förderung gesteckt werden müsste. In These sieben (Entwurf Brackmann) wird als Forderung formuliert: Kommunen, Land und Bund sind daher dringend aufgefordert, die materiellen Rahmenbedingungen der Zentren so zu verbessern, dass sie ihre Aufgaben verlässlich und ohne permanenten Kampf um eine angemessene Finanzierung erfüllen können (vgl. Hegemann, Lukas/Brackmann, J. 2015, S. 1).

Diesen Forderungen ist inhaltlich nichts hinzuzufügen, doch welche Gründe berechtigen zum Förderanspruch? Ohne nachvollziehbare Handlungsstrategien, eindeutige Positionen und messbaren Mehrwert bleiben die Leistungen und Ziele unverständlich. Die dürftigen Erträge des Zukunftskongresses werden bei Verhandlungen kaum überzeugen. So bleiben zum Kongressabschluss vor allem Fragezeichen und unvollständige Antworten (vgl. Molck 2015, S. 6). Der Geschäftsführer des ZAKKs in Düsseldorf führt in seiner Nachbetrachtung des Kongresses aus: „Das klare Zukunftskonzept wurde zwar von vielen TeilnehmerInnen nachgefragt, aber niemand konnte es so recht benennen" (ebenda).

Aus Sicht relevanter Herausforderungen nachhaltiger Entwicklung kann im Zusammenhang mit dem Zukunftskongress zusammenfassend festgehalten werden:

➔ Nachhaltige Entwicklung und Soziokultur haben nur sehr geringe Berührungspunkte.
➔ Energie-Effizienz ist auf dem Zukunftskongress kein Thema.
➔ Die Begriffe Nachhaltigkeit und Strategie finden kaum und auf Kleinteile reduziert Erwähnung.
➔ In den neu entstehenden Werkstattformen wird ein nachhaltiges Prinzip (Suffizienz: weniger, langsamer, regionaler, selbstgemacht), eine erhaltende Haltung erkennbar.
➔ Der gesellschaftlich relevante Megatrend «Vegan und Ernährung» kommt auch in soziokulturellen Zentren an. (Strategische Stoßrichtung: Konsistenz bzw. «dasselbe in grün»)
➔ Der größte Engpass, die Dauerbaustelle mit dem größten Handlungsbedarf wird auf den Kongress ausgeklammert. Eine verpasste Chance, begründete Forderungen in gebündelter Kraft in die kulturpolitische Debatte einzubringen.

Soziokulturelle Zentren steuern strategielos in die Zukunft. Die ökonomische Misere beschäftigt die Mannschaft über die Maßen, es kostet Kraft, Zeit und nicht vorhandene Ressourcen, die dauerhaften Finanzlücken zu stopfen. Ohne eine verlässliche substanzielle Absicherung aber, ohne ein Standbein, bleibt das Spielbein halt- und wirkungslos. Die ökologische Zwischenbilanz des Zukunftskongresses stimmt bedenklich: Das Bewusstsein, als Landesverband eine ressourcenschonende, ökoeffiziente Betriebsführung zu befördern, ist nicht ansatzweise zu erkennen.

Es ist nicht aussichtslos, die aufgedeckten Lücken zu schließen. Die Voraussetzungen für eine Kurskorrektur sind sogar denkbar günstig, da eine wesentliche Stellschraubenfunktion in soziokulturellen Zentren gegeben ist: die Arbeitsplätze sind bei 90 % aller Betriebe von Gestaltungsspielraum gekennzeichnet.

Frage 16) Bitte ergänzen Sie: Die Arbeitsplätze in unserem Betrieb sind … (Mehrfachwahl möglich/dargestellt wird ein Ergebnisauszug: alle Nennungen 90 % und >)

Von Gestaltungsspielraum gekennzeichnet	9 (90,00%)
Nennungen (Mehrfachwahl möglich!)	44
geantwortet haben	10
ohne Antwort	0

(Befunde Phase 2, Ordner 2.3.4 Ergebnisprotokoll Tag 1, S. 11).

Dieses Merkmal ist nicht nur als Gelingensfaktor für die enorme Flexibilität der Zentren zu sehen, wie sie ein Geschäftsführer auch nach 40 Jahren soziokultureller Arbeit noch immer vorfindet: „Wir sind seit 40 Jahren sichtbar im kulturellen Leben unserer Stadt und trotzdem nicht müde, uns ständig wieder zu verändern und die veränderten Rahmenbedingungen in der Gesellschaft als Chance für neue Wege zu nutzen" (Befunde Phase 2, Ordner 2.1, 3-E, S. 6).

Die nicht selbstverständliche Chance, in seinem unmittelbaren beruflichen Wirkungsfeld gestaltend tätig zu sein, ist eine optimale Ausgangsposition, die eigene Gestaltungskraft auf zukunftsweisende Wege auszurichten. Wohin aber sollte die zukünftige Reise gehen? Um Antworten auf diese Frage ist die soziokulturelle Szene derzeit noch verlegen, von vereinzelten Insellösungen einmal abgesehen. Für die Strahlkraft eines Leuchtturms, der mit großer Verlässlichkeit ganze Flotten vor der Havarie bewahrt, aber braucht es kraftvolle Signale und Zeichen, die als Orientierungshilfen allen zur Verfügung stehen. Das Licht steht hier sinnbildlich für die Hoffnung, in der Weite des Horizonts Begrenzungspunkte zu markieren, die aus der Ferne sichtbar sind, auf die sich ein jeder ausrichten kann, so er denn beabsichtigt, sich auf den Weg zu machen. Experte Spruck ist davon überzeugt, dass insbesondere eine klare Positionierung Bewegung bringe (Befunde Experten B9-LI 2015, S. 7).

Erste aussagekräftige Orientierungspunkte sind im Rahmen des Zukunftsworkshops beleuchtet worden. Die Expertise langjährig erfahrener Führungskräfte soziokultureller Zentren, die sowohl in der Rolle des Geschäftsführers oder als Vorstand die Ausrichtung ihrer Betriebe maßgeblich mitgestalten, ist in ersten Leitsätzen gebündelt worden. Die verfassten Vorschläge basieren auf den vorgenommenen Positionsbestimmungen der einzelnen Zentren, die in Kleingruppen anschließend in sechs Kategorien gegliedert und schließlich in einem intensiven, diskursiven Prozess zu Überschriften zusammengefasst worden sind. Es kann bei diesem Prozess von einem gemeinschaftlichen Durchdringen des Feldes gesprochen werden. Die Formulierungsvorschläge haben die Qualität eines begründeten Zwischenertrages, der mit vereinten Kräften aus der Tiefe und Taufe gehoben worden ist.

Tab. 36: Leitsätze aus den Arbeitsgruppen. Eigene Darstellung. (Befunde Phase 2, Ordner 2.3.4 Ergebnisprotokoll Tag 2, S. 21–22)

Leitsätze aus den Arbeitsgruppen[a]
A) Finanzen
Wir wollen eine finanzielle Institutionelle Grundsicherung, finanzielle Stabilität und Planungssicherheit.
Wir wollen Gebäude und Infrastruktur mittel- und langfristig betreiben, um qualifiziertes, motiviertes Personal mittel- und langfristig beschäftigen zu können.
Kurzfristig: Mehr Zeit in die Beschaffung von Mitteln einzuplanen.
Langfristig: Einflussnahme, Austausch in gesellschaftlichen Gruppen, politischen Parteien, Institutionen und Entscheidungsträgern.
Wichtig: Rücklagen bilden.
B) Umwelt
Auch für die Umwelt gilt: Tue Gutes und sprich darüber!
C) Soziokultur und Gesellschaft
Wir wollen ein Ort der kulturellen Freiheit und Vielfalt sein, unsere Unabhängigkeit und die eigene Identität bewahren.
Die wollen wir durch die Vernetzung der Kulturschaffenden, politischen Akteure, Bildungseinrichtungen, Initiativen und Vereinen auf allen Ebenen erreichen.
Wir wollen das soziokulturelle Bewusstsein in der Gesellschaft stärken.
D) Generationswechsel
Generationenmix – Generationenmodell
Wir wollen den Gedanken der Soziokultur erhalten und müssen daher – unabhängig von den Inhalten – ein Generationenmodell herbeiführen.
Hierzu muss es ein Konzept zur Offenheit für diesen Generationenmix geben, mit der Phase des Ausprobierens. An Inhalten und der Zielsetzung darf sich etwas ändern.
E) Struktur (in fünf Untergruppen unterteilt):
E1 Veränderungen
Strukturelle Veränderung durch höhere Effizienz, bessere Kommunikation und Zeit für Reflexion.
E2 Organisation
Gesucht werden klare, selbstgesteuerte und gesicherte Personalstärken.
Eine transparente Organisation mittels optimierter Kommunikation fördert die Kooperation und die Einarbeitung neuer Mitarbeiter.
Um alte verkrustete Strukturen zu ändern, müssen alte Gewohnheiten durch neue Kompetenzen ersetzt werden.
E3 Arbeit
Personelle Unterbesetzung führt zu persönlicher Überlastung.
Die strukturelle Ordnung von Arbeitsbereichen fördert Transparenz.

(continued on next page)

Tab. 36: (continued)

Leitsätze aus den Arbeitsgruppen[a]
Fort- und Weiterbildung unterstützt kollektivistische Arbeitsstrukturen.
E4 Personal
Veränderung der Betriebsstruktur durch Fachpersonal und Klärung der Verantwortungsbereiche.
E5 Strategie
Strategische Entwicklungen
Für den Übergang vom Gründerbetrieb zum Dienstleistungsunternehmen braucht es größtmögliche Flexibilität und inhaltliche Fokussierung.

[a] Ergebnis Gruppenarbeit Workshoptag 2 Zukunftsfähigkeit 14.3.2017 Wiesbaden.

Die verfassten Leitsätze dienen als Arbeitsgrundlage, an der Positionierung soziokultureller Zentren weiterzuarbeiten. Wie bereits im Abschlussplenum des Workshops deutlich geworden ist, werden die Leitsätze den Teilnehmern als Orientierungshilfe dienen. Es ist davon auszugehen, dass Bestandteile der Aussagen in die Ausgestaltung zentrumsspezifischer, zukunftsweisender Zielsetzungen einfließen werden, wie beispielsweise bei Zentrum 3, welches zuvor noch kein Leitbild hatte, sich aber im Workshopverlauf als Handlungsziel gesetzt hat, mit dem Team Leitlinien für den Betrieb auszuarbeiten (Befunde Phase 3, Ordner 3.1, 3-HF). Ein weiterer Teilnehmer resümiert zum Abschluss des Zukunftsworkshops, er komme aus dem Workshop zurück und werde sich die Dinge im Zentrum noch einmal vollkommen anders anschauen. „Es gibt viel voneinander zu lernen, wir sollten uns möglichst mitnehmen lassen in die Perspektive des anderen und dann selbst wieder auf die eigene Zuständigkeit zurückblicken" (Befunde Phase 2, Ordner 2.3.4 Ergebnisprotokoll Tag 2, S. 29). Treffend entschlüsselt er die gewählte Methodik des Perspektivwechsels. Für die Geschäftsführerin eines Zentrums habe sich der Begriff Zukunftsfähigkeit sehr konkret gefüllt, sowohl für den Betrieb als auch für den Verbund. Kräfte zu bündeln, gemeinsam etwas zu bewegen, Leitlinien zu verfassen, Leitideen herauszubringen sei fast so etwas wie eine Geburtsstunde. Sie habe das Gefühl, bei etwas ganz Neuem dabei gewesen zu sein (Befunde Phase 2, Ordner 2.3.4 Ergebnisprotokoll Tag 2, S. 28). Diese Auffassung teilt auch Gerhard Schulz. Er resümiert: „Der Workshop war so etwas wie eine Geburtsstunde, die erfordert, dranzubleiben: Als Person, als Betriebe, als Workshop, insbesondere an dem Thema Kennzahlen" (ebenda, S. 30).

Alle in diesem Kapitel zusammengetragenen Befunde zum Leitbild, der Positionierung von Zentren, wiederkehrenden Themenschwerpunkten im Rahmen des Zukunftskongresses, Alleinstellungsmerkmalen oder ersten Leitsatzentwürfen zur Ausrichtung auf Zukunftsfähigkeit stehen als Arbeitsgrundlage für das Vorhaben in Teil D) zur Verfügung, Positionslichter zur Zukunftsfähigkeit soziokultureller Zentren zu formulieren.

Zum Abschluss dieses Kapitels erfolgt eine zusammenfassende Bewertung des Entwicklungsstandes.

Bei 90 % der befragten Zentren sind die Arbeitsplätze von Gestaltungs-
spielraum gekennzeichnet. Dies sind sehr gute Voraussetzungen, Ver- 90
änderungsprozesse aus eigener Kraft heraus anzustoßen (Indikator XX). Fokussiert auf zukunftsweisende Stoßrichtungen könnten die Zentren dieses Gestaltungsinstrument nutzen, nachhaltige Entwicklung in all ihren Facetten im Betrieb zu befördern (Indikator XIV).

Die Positionierung in Form klarer Leitsätze ist Grundlage und Vor- 30
aussetzung, nachhaltige Ziele für einen Betrieb oder eine Branche ableiten zu können. Ohne diese steuernde Vorgabe und Eingrenzung der Handlungsfelder kann keine Fokussierung nachhaltiger Entwicklung erfolgen. Die untersuchten Zentren vereint kein gemeinsamer Markenkern, vorhandende Alleinstellungsmerkmale werden von einzelnen Zentren kommuniziert. Die betriebsübergreifende, gemeinsame Positionierung soziokultureller Zentren bleibt aktuell unscharf (Indikator XIX).

Nur 30 % der Einrichtungen haben ein Leitbild (Indikator XIX). 30
Erste Leitsätze mit zukunftsweisender Ausrichtung liegen im Entwurf vor (Indikator XIX).

Es ist grundsätzlich zu begrüßen, dass auf Landesebene die Durch- 25
führung von Zukunftskongressen initiiert wird. Der Kongress in NRW weist nur sehr geringe Berührungspunkte zum Thema Nachhaltige Entwicklung auf. Relevante Themen wie Energieeffizienz und strategische Ausrichtung finden kaum oder keine Berücksichtigung. Der größte Engpass, die nachhaltige Unterfinanzierung, wird auf dem Kongress kategorisch ausgeklammert (Indikator IV). Mit zentrumsübergreifenden Handlungsstrategien unter Berücksichtigung zukunftsweisender Inhalte und Stoßrichtungen könnte die gewünschte Weiterentwicklung der Betriebe wesentlich kraftvoller vorangehen (Indikator XIV). Finanzielle Forderungen sollten auf gut begründete, überzeugende Argumente bauen (Indikator X).

Die Zentren greifen gesellschaftliche Trends wie Ernährung oder 25
Werkstattformen, die mit nachhaltiger Entwicklung im Zusammenhang stehen, auf. Hieraus können Bildungsangebote für eine Nachhaltigkeitskultur erwachsen und verstetigt werden (vgl. Indikator VIII).

8.11 Zusammenfassung Teil C) Entwicklungsstand Zukunftsfähigkeit soziokultureller Zentren

Ist Zukunftsfähigkeit (k)ein Thema für soziokulturelle Zentren?

Ausgehend von dieser Leitfrage zeichnet sich zum Kapitelabschluss von Teil C) folgender Entwicklungsstand zur Zukunftsfähigkeit soziokultureller Zentren ab. Anhand von fünf Wirkungsfeldern, 21 Indikatoren und hergeleiteten Fragestellungen ist untersucht worden, wie sich der Forschungsgegenstand diesen Fragen und Kriterien gegenüber verhält. Insgesamt beruht die Bewertung auf 83 Befunden.[219]

Als größte Desiderate lassen sich zusammenfassend festhalten:

- Soziokulturelle Zentren weisen weder im Forschungsfeld noch auf Bundesverbandsebene Bezüge zu rahmengebenden Zielorientierungen der Vereinten Nationen (17 SDG), zur Deutschen Nachhaltigkeitsstrategie, Agenda 2030 noch zu planetarischen Leitplanen aus (Indikatoren I, II und IV). Eine Ausnahme stellt der Kulturförderplan in Nordrhein-Westfalen dar, der nachhaltige Aspekte berücksichtigt.
- Kein untersuchter Betrieb verfasst aktuell einen Nachhaltigkeitsbericht oder nutzt die Übersichtlichkeit der Balanced Scorecard (Indikator XV).
- Als nachhaltig unsicher zu bewerten ist der Befund, dass kein befragter Betrieb in den kommenden fünf Jahren substanziell gesichert scheint (Indikator X).
- Auch die Kommunikation nachhaltiger Themen ist aktuell noch kaum Thema für soziokulturelle Zentren. Nur in wenigen Ausnahmen bringen die Zentren sich in den Selbstdarstellungen mit den Themen Nachhaltigkeit oder Umwelt in Verbindung (Indikator XI).

Dennoch scheint das Leitmotiv Nachhaltigkeit der Bundesregierung (Indikator IV) in jüngster Zeit im kulturpolitischen Feld an Bedeutung zu gewinnen, so hat der Deutsche Kulturrat für das Jahr 2018 Nachhaltigkeit zum Schwerpunktthema

219 Von den insgesamt 84 Befunden sind für 83 Befunde Bewertungen zum Entwicklungsstand vorgenommen worden. Zu dem Handlungsfeld Soziale Aspekte/Charity liegen keine Befunde vor, der Entwicklungsstand ist demzufolge auch nicht bewertbar gewesen. Dennoch ist der Aspekt aufgeführt, da sich bei der Analyse in Teil A) Kapitel 2.6 das Handlungsfeld als eins von neun Schwerpunkten herauskristallisiert hat. Alle Befunde von Teil C), auf die sich die nun folgende Zusammenfassung bezieht, sind noch einmal komprimiert aufgelistet und den fünf Wirkungsfeldern und 21 Indikatoren zugeordnet. (Befunde Phase 3, Ordner 3.4 Zusammenfassung)

benannt, auch die Bundesvereinigung Soziokultureller Zentren e.V. wird in dem Zeitraum 2018–2020 den Fokus auf die Entwicklung von Nachhaltigkeitskultur legen. Als fortgeschritten zu bewerten ist in diesem Kontext das BNE-Weltaktionsprogramm, welches vorsieht, BNE in den kommenden Jahren in allen Politikbereichen und sämtlichen Lern- und Lehrumgebungen dauerhaft strategisch zu verankern. Das Programm setzt insbesondere auf die Ansprache und Mobilisierung der Jugend sowie auf die Förderung nachhaltiger Entwicklung auf lokaler Ebene (Indikator VIII). Beide Handlungsansätze bieten aussichtsreiche Anknüpfungspunkte im Forschungsfeld. Als eine Stärke soziokultureller Akteure zeigt sich, dass diese in lokalen und regionalen Netzwerken und unterschiedlichsten Handlungsfeldern (von Gesellschaft über Politik bis Wirtschaft zu Pädagogik) mitwirken (Indikator VII). Zudem bieten 80 % der untersuchten Zentren kulturelle Nachwuchsförderung (Indikator XXI). Beides scheinen gute Voraussetzungen, perspektivisch an der Erprobung und Entwicklung von Angeboten zur Nachhaltigkeitskultur in verstärkter Kooperation mit BNE-Akteuren zu arbeiten, auch vor dem Hintergrund, dass soziokulturelle Zentren Trends wie ethischen Konsum oder Werkstattformen punktuell bereits aufgreifen. Praxisnahe Leitfäden und Handlungsempfehlungen zur Entwicklung von Nachhaltigkeitskultur liegen zum gegenwärtigen Zeitpunkt nicht vor (Indikator XII).

Kulturakteure und Kulturpolitik stehen im Hinblick auf die Ausformung nachhaltiger Infrastrukturen und einer Nachhaltigkeitskultur aktuell noch in den Anfängen, dies betrifft auch die zweijährlich durchgeführte statistische Erhebung der Bundesvereinigung Soziokultureller Zentren, die sich zur Zeit auf die Wirkungsfelder Gesellschaft und Finanzen konzentriert, hingegen aber Untersuchungslücken zu relevanten Feldern wie Umwelt, Prozessentwicklung und Strategie aufweist (Indikator V).

Auch wenn der Fonds Nachhaltigkeitskultur nicht explizit soziokulturelle Akteure fördert, kann dieser Etat doch in mehrfacher Hinsicht als zukunftsweisendes, förderwirksames Instrument für die Ausformung nachhaltigen Bewusstseins erachtet werden: Er bietet sowohl finanzielle Anreize (Indikator IX), steht beispielhaft für die bereitstehende Finanzkraft (Indikator X) und setzt auf die praxisnahe Transformation von Alltagskultur lokal vor Ort (Indikator XX).

Sehr deutlich zeigt sich bei der Untersuchung ein besonders dringlicher Engpass bei den befragten, soziokulturellen Zentren: Fast 20 % aller Befunde stehen im Zusammenhang mit der Justierung von Finanzstellschrauben (Indikator X). Die Finanzsituation ist nachhaltig unsicher, laut Selbsteinschätzung scheint kein einziger, untersuchter Betrieb in den kommenden fünf Jahren substanziell gesichert zu sein, und dies trotz einer überdurchschnittlich hohen Eigeneinnahmen-Quote von 67 %. Obschon der Kulturförderplan die Empfehlung der Enquete-Kommission umgesetzt und soziokulturelle Zentren im Handlungsfeld VI als eigenen Förderbereich identifiziert hat, auch wenn das Land Hessen gemeinsam mit der LAKS Hessen ein mehrjähriges Modellprojekt Soziokultur initiiert hat, so scheint der mittelbare Förderanteil der Gesamtaufwendungen der Länder für soziokulturelle Zentren bei 0,57 % (NRW) und 0,15 % (Hessen) deutlich zu gering. Zwei kulturpolitische Erwartungen richten die untersuchten Zentren an die Landesverbände und die Bundesvereinigung: Die Konzentration ressortübergreifender Lobbyarbeit auf Zuwendungen für Gebäude & Investitionen sowie das Einwerben von Personalkostenzuschüssen zur Gestaltung des Generationswandels. Aussichtsreich scheinen in Nordrhein-Westfalen auch Verhandlungen bei der Fortschreibung des Kulturförderplans, da das Kulturbudget des Landes in den kommenden Jahren noch erhöht wird und der Plan Förderbereiche beinhaltet, von denen auch soziokulturelle Zentren mittelbar partizipieren könnten.

Auf der Grundlage der in Teil A) ermittelten Empfehlung, nachhaltige Betriebsführung auf neun Handlungsfelder zu konzentrieren (Indikator XI), zeigt sich bei der Untersuchung der Betriebe ein sehr breitgefächertes Bild. Vorbildliches Handeln ist beim Abfall- und Wassermanagement sowie beim Einsatz von LED-Beleuchtung hervorzuheben. Zehn Energieeffizienzmaßnahmen bieten erstmals differenzierte und priorisierte Orientierungshilfen für soziokulturelle Zentren und beratende Energieagenturen unter Berücksichtigung eines erweiterten Kennzahlensystems, welches sowohl Berechnungsgrößen als auch Vergleichswerte beinhaltet.

Erhebliches Verbesserungspotential zeigt sich bei der Mobilität, insbesondere da eine Erreichbarkeit mit öffentlichen Verkehrsmitteln bei allen untersuchten Betrieben gegeben ist. Dem Anspruch, klimaneutrale Veranstaltungen unter Berücksichtigung von Klimaschutz-Kompensationen durchzuführen, stellt sich aktuell nur ein Zentrum.

Erste Erfahrungen nachhaltiger Betriebsführung und Kennwerte weisen die untersuchten Zentren in folgenden Bereichen auf:

- 60 % haben Nachhaltigkeitsbeauftragte.
- 60 % aller untersuchten Zentren beziehen Strom aus erneuerbaren Energien.
- 50 % berücksichtigen bei der Beschaffung Fair-Trade Produkte.
- 30 % beziehen Bio-Produkte.

Hinsichtlich der Anwendung von Kennzahlen (Indikator III) kommt die befragte soziokulturelle Szene bei dem Entwicklungsstand kaum über den Status erster Schritte hinaus. 50 % der untersuchten Zentren nutzen keine Kennzahlen, branchenspezifische Vergleichswerte sind unter zukunftsfähigen Gesichtspunkten unvollständig, es fehlen wesentliche Handlungsfelder, die noch zu erfassen wären. Bei den bisher genutzten Kennwerten fehlen Bezugspunkte zu übergeordneten Kennzahlensystemen, z.B. GRI. Perspektivisch dürften die Absichtserklärung des Kulturförderplans, zukünftig besonderen Wert auf die verstärkte Evaluation der Nachhaltigkeitsbemühungen zu legen und die in Hessen entwickelten Schlüssel-Indikatoren zur Fördermittelzuweisung von besonderem Interesse sein.

Erfahren zeigen sich die untersuchten Zentren bei der Annahme beratender und begleitender Expertise (Indikator VI), 60 % der Zentren nutzen bei Veränderungsvorhaben Beratungsangebote und Coaching, ebenfalls 60 % ermöglichen den Mitarbeitern regelmäßige Qualifizierungen.

Wunsch und Aufgeschlossenheit gegenüber Veränderungsprozessen sind in den untersuchten Betrieben gegeben. Alle Zentren streben innerhalb der kommenden fünf Jahre eine strategische Weiterentwicklung zum dynamischen Dienstleistungsunternehmen unter Wahrung der Betriebsethik (Indikator XIII) an. Aktuell haben jedoch nur 30 % der befragten Zentren ein Leitbild. Ohne die Festschreibung von Zielen und Werten scheint eine strategische Ausrichtung schwierig. Bei 90 % der Zentren bieten die Arbeitsplätze Gestaltungsspielraum und somit auch die Handlungsoption, nachhaltige Entwicklung in all ihren Facetten aus eigener Kraft im Betrieb anzustoßen und schrittweise zu befördern (Indikator XIV). Die aufgeschlossene Haltung, konzeptionell gestützt und partizipativ-führend Veränderungsprozesse anzugehen, bietet gute Chancen, Change-Prozesse erfolgreich zu gestalten (Indikator XIX).

Ohne die erforderlichen Ressourcen Zeit, Geld und Personal aber werden kaum kraftvolle und wirksame Fortschritte möglich sein (Indikator XIV). Unzureichende Personalressourcen, insbesondere auch zur Gestaltung des Generationswandels, sind ein typischer Engpass der Szene. Kulturpolitisches Entwicklungspotential bieten hier sowohl der Kulturförderplan in NRW als auch das Modellprojekt Soziokultur in Hessen. Eine aktuell sehr unscharf bleibende, betriebsübergreifende Positionierung der Zentren (Indikator XIX) schmälert die Außendarstellung der ausgezeichneten Leistungen für das Gemeinwohl jedoch enorm. GAP-Analysen (Indikator XIV) und Handlungspläne (Indikator XVI) können bei der schrittweisen Entwicklung (Indikator XVII) zukunftsfähiger Strukturen unterstützen. Da bisher lediglich 60 % der befragten Akteure rückmelden, dass sie bei der Gestaltung von Veränderungsprozessen methodisch gestützt vorgehen, zeigt sich der Schulungsbedarf, dass perspektivisch alle Akteure auf Erfahrungswerte zurückgreifen und sich bewährte Methoden bewusst zunutze machen (Indikator XVIII).

Die vorbildlichen Leistungen der untersuchten Zentren für das Gemeinwohl (Indikator XX) sollen abschließend noch einmal gebündelt dargestellt werden:

- 90 % bieten Freiraum zur persönlichen Entfaltung.
- 90 % bieten interkulturelle Angebote.
- 90 % leisten Beiträge zur Entwicklung der Stadt und Region.
- 100 % bieten kulturelle Bildungsangebote.
- 100 % der Zentren stellen sich gesellschaftlichen Herausforderungen.
- 100 % tragen zur Gewährleistung einer kulturellen Infrastruktur bei.
- Jeder Zentrum leistet im Schnitt 1.800 Ehrenamtsstunden pro Jahr

Der rechnerische Mittelwert aller 84 Bewertungsergebnisse ergibt zusammengefasst 38,5 %-Punkte. Dieser Entwicklungsstand geht über 38
den Status «Erste Schritte» hinaus. Zukunftsfähigkeit ist somit ein Thema für soziokulturelle Zentren, in der Bandbreite enormer Lücken und vorbildlicher Leistungen. Die offene Grundhaltung der Akteure und der Gestaltungsspielraum der Zentren bieten großes Potential zur Ausformung zukunftsfähiger Strukturen und zur Mitgestaltung von Nachhaltigkeitskultur. Das Schaubild zeigt, dass der höchste Entwicklungsbedarf der untersuchten Betriebe und Verbände im Wirkungsfeld Umwelt auszumachen ist, die besten Ergebnisse und Beiträge zur Zukunftsfähigkeit erzielen die Akteure in der Kategorie Gesellschaft.

Auswertung des Entwicklungsstands nach Kategorie

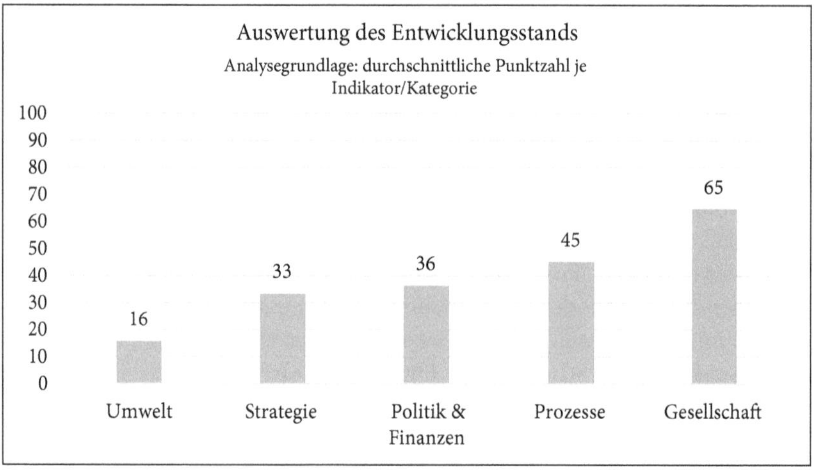

Abb. 34: Auswertung des Entwicklungsstands nach Kategorie. Eigene Darstellung. (Befunde Phase 3, Ordner 3.4 Zusammenfassung).

Teil D) Nachhaltigkeitskultur entwickeln – Praxis und Perspektiven soziokultureller Zentren

9 Starthilfen, Wegweiser und Positionslichter

In diesem Kapitel werden die Erkenntnisse der theoretischen Erörterung aus Teil A) und die praxisnahen Befunde der Feldforschung aus Teil C) zu Handlungsansätzen für Akteure, Verbände, Kommunen, Länder, die Bundesvereinigung, Politik und Partner zusammengefasst. Welche Schlüsse lassen sich aus den Untersuchungsergebnissen ziehen? Welche Vorschläge können formuliert werden, um zukunftsweisende Wege soziokultureller Zentren aufzuzeigen?

Deutlich zeigen sich im Forschungsfeld sowie auf Bundesebene Desiderate mit besonders hohem Handlungsbedarf. Dieses Kapitel beinhaltet Starthilfen, Wegweiser und Positionslichter, die zum Lückenschluss und zur Gestaltung zukunftsweisender Wege soziokultureller Zentren beitragen können, ausgehend von der Überzeugung, dass eine wissenschaftliche Untersuchung von Praxis Wissen schafft, welches für eine weitere Anwendung in der Praxis dienlich sein kann. Die Handlungsansätze richten sich einerseits an die Betriebe des Forschungsfeldes, erlauben aber durch die vorgenommene Kontextanalyse in jenen Fällen, wo bundesweite Lücken ausgemacht worden sind, eine Generalisierung und Ableitung bundesweiter Empfehlungen.

Die dargestellten Zielsetzungen werden exemplarisch mit Beispielen veranschaulicht, erheben aber nicht den Anspruch auf Vollständigkeit, allein schon aufgrund der Tatsache, da die Erträge aus der Erforschung eines begrenzten Praxisfeldes resultieren, welches sich auf fünf Wirkungsfelder und ein gutes Dutzend Betriebe aus lediglich zwei Bundesländern konzentriert.

9.1 Nachhaltigkeitskultur aktiv gestalten – neue Bildungsformate entdecken

Die Erörterung zur Nachhaltigkeitskultur[220] hat gezeigt, dass die Ausgestaltung von Formen der Nachhaltigkeitskultur noch am Anfang steht. Die Entwicklung alltagstauglicher, praxisnaher Lösungsmodelle stellt einen aussichtsreichen Handlungsansatz dar. Die dauerhafte Verankerung hochwertiger BNE-Bildungsformate in sämtlichen Lern- und Lehrumgebungen, so wie es das

220 Vgl. Kapitel 8.2.

Weltaktionsprogramm der UNESCO bezugnehmend auf SDG 4.7[221] anstrebt, einen weiteren. Diese als zukunftsweisend zu bezeichnende Stoßrichtung gilt es auch für die Soziokultur zu entdecken und aktiv zu gestalten, denn kulturelle Bildungsangebote sind ein Schwerpunkt soziokultureller Zentren.[222] Bei der Durchdringung und Kennzeichnung dieses Feldes wird es Kriterien brauchen, um zukunftsweisende Bildungsformate sichtbar zu machen. An dieser Fragestellung und Herausforderung arbeitet unter anderem das Partnernetzwerk BNE[223] in einer interdisziplinären Arbeitsgemeinschaft.

Kultur wird hier als Querschnittsaufgabe verstanden, Nachhaltigkeit gehe nicht ohne Kultur und Kunst, so Ernst Wagner, Geschäftsführer des UNESCO-Lehrstuhles für Kulturelle Bildung der FAU Erlangen-Nürnberg, im Rahmen einer BNE-Sitzung im Februar 2018 im Umweltbundesamt in Dessau. Es sei an der Zeit, Kunst und Kultur in diese Richtung weiterzuentwickeln, so Wagner weiter. Zur Identifizierung geeigneter Indikatoren und Wegweiser wählt das Netzwerk den Weg einer kriteriengeleiteten Auswertung und Diskussion konkreter Projekte. Die noch unveröffentlichten Ergebnisse der Arbeitsgruppe dürften einen handfesten Beitrag um die Bemühungen zur begrifflichen Bestimmung und Ausbildung einer Nachhaltigkeitskultur in Deutschland erwarten lassen. Es geht um

- Fragen der Stoffnutzung, Themen mit Naturbezug, regenerative und ressourcenschonende (cradle to cradle) Arbeitsweisen und ökologische Kunst, einer neuen Kultur des Umgangs und Verhaltens, ganzheitlicher und rücksichtsvoller als bisher.
- die Erfahrung, dass Lebenswelten gestaltbar und veränderbar sind – insbesondere auch Alltagskulturen wie Essen, Wohnen, Mobilität, Freizeit.

221 Vgl. SDG 4: Hochwertige Bildung, insbesondere SDG 4.7: BNE, nachhaltige Lebensweisen, Wertschätzung kultureller Vielfalt und des Beitrags der Kultur zu nachhaltiger Entwicklung.

222 Vgl. Kapitel 8.9.

223 Mitwirkende des BNE-Partnernetzwerkes sind insbesondere: Ernst Wagner (Geschäftsführer UNESCO-Lehrstuhl Kulturelle Bildung, FAU Erlangen-Nürnberg), Susanne Keuchel (Akademie Remscheid für Kulturelle Bildung e.V.), Karola Braun-Wanke (Forschungszentrum für Umweltpolitik, Freie Universität Berlin), Ralf Classen (Büro für Kultur- und Medienprojekte gGmbH), Klemens Gieles (selbstständiger Bauingenieur, ehemaliger Umweltbeauftragter), Erika Takano-Forck (Bundes-Elternvertreterin), Günter Klarner (Dipl. Pädagoge, Arbeitsgemeinschaft Natur- und Umweltbildung Bundesverband e.V. (ANU), Angela Merl (NRW, Theaterpädagogin Kinder- und Jugendtheater am Theater Bonn, Gründerin der Initiative young planet).

- um die bewusste Reflexion von Handlungsmustern und einer daraus resultierenden Chance, Bewusstsein und Verhalten zu verändern (Befund TW14 2018, S. 2).
- um die Sensibilisierung und Schärfung der Sinne, um emotionales Erleben von Nachhaltigkeit.

Es gehe für die Kunst, Kultur und Ästhetik schlichtweg darum, mit ihren Mitteln und Möglichkeiten zu nachhaltiger Lebensweise und Zukunftsfähigkeit beizutragen.

Festzustellen ist, dass kulturelle Bildungsangebote soziokultureller Zentren in der bundesweiten Arbeitsgemeinschaft nicht vertreten sind. Eine Mitwirkung in diesem Netzwerk kann ertragreich sein, soziokulturelle Zentren könnten einerseits von den Erfahrungswerten und Kriterien profitieren, zudem aber auch eigene Erfahrungen und Expertise einbringen. Um die Bildungsszene soziokultureller Zentren für das Thema Nachhaltigkeitskultur zu sensibilisieren und auch um zu entdecken, welche Bildungsformate möglicherweise schon in der Szene bestehen, können Praxisworkshops helfen, Nachhaltigkeitskultur vermittelnde Formen aufzuspüren. Anzuregen sind Kooperationsvorhaben mit Akteuren der Bildung für Nachhaltige Entwicklung, um gemeinsam und interdisziplinär neue Bildungsformate zu entwickeln und zu erproben. Die Workshop-Ergebnisse und Erfahrungen sollten über einen Feedbackbogen erfasst und in gebündelter Form präsentiert werden, z.B. als Leitfaden.

Als langfristige Zielsetzung könnten bewährte Vermittlungsformate zur Nachhaltigkeitskultur auch in der kulturellen Bildungslandschaft soziokultureller Zentren verankert werden, da dieser Handlungsansatz die Chance birgt, aus eigener Kraft heraus Beiträge zur Zukunftsfähigkeit einzubringen.

9.2 Anschluss durch branchenspezifischen Bericht zur Zukunftsfähigkeit

Für die Darstellung betrieblicher Entwicklung bedarf es aussagekräftiger Indikatoren. Diese sollten nicht nur eine Steuerung der Finanzen ermöglichen, sondern auch weitere Wirkungsbereiche nachhaltiger Betriebsführung im Blick haben. Die Ermittlung von Indikatoren, um eine nachhaltige Arbeitsweise der soziokulturellen Szene abbilden zu können, ist eine bundesweit zu lösende Aufgabe. In diesem Zusammenhang ist als Lücke ausgemacht worden, dass weder im Forschungsfeld noch auf Bundesverbandsebene Bezüge zu rahmengebenden Zielorientierungen der Vereinten Nationen (17 SDG), zur Deutschen Nachhaltigkeitsstrategie, Agenda 2030 noch zu planetarischen Leitplanen ausgewiesen

(Indikatoren I, II und IV) werden. Hinzukommt, dass aktuell kein untersuchter Betrieb einen Nachhaltigkeitsbericht verfasst oder die Übersichtlichkeit der Balanced Scorecard (Indikator XV) zur Steuerung von Betriebsabläufen nutzt. Welche Schlüsse lassen sich nun aus diesen Befunden ziehen?

Anzeichen der Basis, sich strategischer als bisher auszurichten, sind mit der vorliegenden Untersuchung deutlich geworden. Auch die Bereitschaft zur Veränderung wird signalisiert und als Stärke ausgemacht. Dies sind gute Voraussetzungen, sich zentrumsübergreifend über strategisch gestützte Stoßrichtungen zu verständigen, die den Anforderungen einer Zukunftsfähigkeit gerecht werden. 21 Indikatoren und Kriterien stehen als Starthilfe bereit, sich innerhalb von zunächst fünf relevanten Wirkungsfeldern auf einen gemeinsamen Weg zu begeben.

Es kann als Ergebnis der vorliegenden Untersuchung betrachtet werden, dass eine Weiterentwicklung soziokultureller Zentren hin zu einer zukunftsweisenden Betriebsführung Schritt für Schritt möglich scheint. Die vorgestellten Elemente Initialberatung, GAP-Analyse, Entwicklung von Leitsätzen, die Identifizierung relevanter Handlungsfelder und Kennzahlen, eine Auseinandersetzung mit Fragen der Führung und Beteiligung, die Erörterung von Strategietypen mit Zukunftspotential, die Anwendung einer Bewertungsmethode zur Darstellung des Entwicklungsstands oder auch die Herleitung von Bezugspunkten zu rahmengebenden Systemen: All diese Methoden und Handlungsansätze sind Grundbausteine, um ein Nachhaltigkeitsberichtsystem in soziokulturellen Betrieben aufzubauen.

Noch aber sind die Organisationsstrukturen soziokultureller Zentren nur bedingt als zukunftsfähig zu betrachten, noch sind auf Bundesebene keine klare Vision, keine durchschlagende Strategie in Sichtweite. Selbst nach über 40 Jahren Neuer Kulturpolitik ist es der soziokulturellen Szene noch immer nicht gelungen, zentrumsübergreifende Kriterien und Qualitätsmerkmale miteinander abzustimmen. Strukturentwicklung braucht einen strategisch angelegten Plan, um sich systematisch entfalten zu können. Umso wertvoller ist der Impuls der Bundesvereinigung, in den kommenden drei Jahren den Fokus auf die Entwicklung von Nachhaltigkeitskultur zu richten. Es wird einen branchenspezifischen Zuschnitt des Selbstverständnisses von Nachhaltigkeitskultur brauchen, eine Verdeutlichung der Bezugspunkte unter Berücksichtigung der Leistungsmerkmale, Möglichkeiten und Grenzen der Szene.

Die hierzu erforderlichen Kriterien sollten in einem partizipativen Prozess gemeinsam mit Akteuren der Szene entwickelt werden. Neue Systematiken braucht es hingegen nicht. Es dürfte mehr als ausreichend und aussichtsreich sein, bestehende und bewährte Systeme auf die spezifischen Anforderungen soziokultureller Zentren zu übertragen.

Eine wesentliche Aufgabe auf Verbandsebene wird sein, das Bewusstsein in der soziokulturellen Szene für das Thema Zukunftsfähigkeit zu stärken, ausgehend von einem klaren Handlungsrahmen, der eine **Anschlussfähigkeit** für möglichst alle Zentren gewährleistet. Um eine solche Anschlussfähigkeit an globale Zielsysteme zu ermöglichen bietet sich an, die Nachhaltigkeitsaktivitäten der soziokulturellen Szene anhand der Leitlinien und bereits bestehenden Handlungsempfehlungen des DNK auszurichten und diesen branchenspezifisch weiterentwickeln. Es ist als ein großer Pluspunkt des DNK anzusehen, dass dieser die Flexibilität einer branchenspezifischen Ausgestaltung birgt.[224]

Eine solche Berichtsform sollte auch Bezugspunkte zu den 17 SDG der Vereinten Nationen, zur DNS und der Agenda 2030 herleiten und ausweisen.[225]

Nachfolgend wird ein Grundgerüst skizziert, welches diese Rahmungen vorsieht. Ausgehend von fünf relevanten Wirkungsfeldern werden exemplarisch Kriterien benannt, strategische Stoßrichtungen und Entwicklungsziele formuliert und um Kennzahlen, Berechnungsgrößen und Vergleichswerte ergänzt, die in Teil C) ermittelt worden sind. In der Spalte Bezugspunkte werden zutreffende Kennzahlen der Global Reporting Initiative (GRI), Kriterien des DNK, Anknüpfungspunkte zu entsprechenden SDG sowie Indikatoren der Gemeinwohl-Matrix ausgewiesen.

---

224 Wie beispielsweise der 2013 vorgenommene DNK-Zuschnitt des Sparkassenverbandes zeigt: Der Kriterienkatalog zur Nachhaltigkeitsberichterstattung der Sparkassen beinhaltet 60 Indikatoren, um insbesondere das gesellschaftliche Engagement und den öffentlichen Auftrag transparent zu machen.
Die Systematik orientiert sich an den Leitsätzen des Deutschen Nachhaltigkeitskodex sowie an den branchenspezifischen Berichtsleitlinien der Global Reporting Initiative (vgl. Sparkassen-Finanzgruppe kooperiert als erste Kreditinstitutsgruppe mit dem Rat für Nachhaltige Entwicklung 2013). Ein weiteres Beispiel ist die aktuell noch im Entwicklungsprozess befindende Übertragung des DNK auf spezifische Begebenheiten von Hochschulen (vgl. Hochschulspezifischer Nachhaltigkeitskodex 2018). „Seit Ende 2016 wird die Beta-Version von insgesamt zwölf Pilothochschulen im Rahmen des BMBF-finanzierten Hochschulprojekts HOCH-N getestet“ (vgl. ebenda).

225 Auch wenn die Agenda 2030, die DNS und der DNK aktuell noch keine planetarischen Leitplanken berücksichtigen, sollten die dort formulierten Zielsetzungen bei der Entwicklung eines branchenspezifischen Kodex perspektivisch nicht ausgeklammert bleiben. In dem hier vorgelegten Grundgerüst sind allerdings noch keine Bezugspunkte ausgewiesen.

Tab. 37: Grundgerüst Z 21. Eigene Darstellung

Grundgerüst Z 21 (Zukunftsfähigkeit 21)					
Politik & Finanzen Kriterien	**Strategische Ausrichtung Wesentlich Zukunftsfähig**	**Ziel Realistisch umsetzbar**	**Berechnung**	**Vergleichswert**	**Bezugspunkt**
1.1 Anteil öffentliche Förderung Kapitel 8.4	Gemeinwohl	Ausweisung und mehrjährige, substanzielle Sicherung des Finanzbedarfs, um gemeinwohldienliche Angebote verlässlich leisten zu können	%-Anteil an Gesamteinnahmen eines Geschäftsjahres	36 % bundesweit	Kernkennzahl GRI 1: öffentliche Finanzzuflüsse DNK Kriterium 19 (Branche Hochschule) GWÖ Matrix E1
1.2 Investitionsbudget Kapitel 8.6	Investitionen in Zukunftsfähigkeit (Mitteleinsatz)	Investitionen in energetische Optimierung der Infrastruktur	%-Anteil Investitionen an den Gesamtausgaben eines Geschäftsjahres	1 % (Minimum) bis zu 15 % (Maximum). Der Mittelwert beträgt 6,5 %.	Kernkennzahl GRI GWÖ Matrix B3
N.N Rücklage Kapitel 8.6	Substanzsicherung (Mitteleinsatz)	Rücklagenbildung	%-Anteil Rücklagen an den Gesamtausgaben eines Geschäftsjahres	Mittelwert 9,15 %	

Strategie Kriterien	**Strategische Ausrichtung Wesentlich Zukunftsfähig**	**Ziel Realistisch umsetzbar**	**Berechnung**	**Vergleichswert**	**Bezugspunkt**
2.1 ABC Analysen GAP Analyse Kapitel 8.7	Strategische Analyse	Wesentliche Lücken erfassen	Anzahl der Zentren, die eine Analyse innerhalb der letzten fünf Jahre durchgeführt haben		DNK Kriterium 1 DNK Kriterium 2

Strategie Kriterien	**Strategische Ausrichtung Wesentlich Zukunftsfähig**	**Ziel Realistisch umsetzbar**	**Berechnung**	**Vergleichs-wert**	**Bezugspunkt**
2.2 Ziele nachhaltiger Entwicklung erfassen und möglichst in Nachhaltigkeitsbericht bündeln Kapitel 8.7	Maßnahmen zum Klimaschutz	SDG 13.2: Klimaschutzmaßnahmen in die nationalen Politiken, Strategien und Planungen einbeziehen Branchenspezifische Indikatoren nachhaltiger Entwicklung lokalisieren Eindeutige, messbare, überprüfbare Ziele ermitteln, beschreiben und möglichst in Nachhaltigkeitsbericht bündeln	Anzahl der Zentren, die einen Nachhaltigkeitsbericht erstellen	0 % der Zentren erstellen einen Nachhaltigkeitsbericht Studie Zfg	SDG 13/13.2 DNK Kriterium 3 GWÖ Matrix A3

Umwelt Kriterien	**Strategische Ausrichtung Wesentlich Zukunftsfähig**	**Ziel Realistisch umsetzbar**	**Berechnung**	**Vergleichswert**	**Bezugspunkt**
3.1 Energieverbrauchszahlen Kapitel 8.5	Effizienz	Jährliche Erfassung Vergleichsbetrachtung der Verbräuche Klimarelevante Emissionen erfassen SDG 7.2: Steigerungsrate der Energieeffizienz verdoppeln SDG 11.6: Umweltbelastungen pro Kopf senken	Heizöl (in l) Strom (in mwh)	Wärmebedarf: 150 kWh/m² im Jahr Strombedarf: 75 kWh/m² im Jahr	Kernkennzahl GRI DNK Kriterium 11 GWÖ Matrix E3 SDG 7.2 SDG 11.6

Umwelt Kriterien	**Strategische Ausrichtung Wesentlich Zukunftsfähig**	**Ziel Realistisch umsetzbar**	**Berechnung**	**Vergleichswert**	**Bezugspunkt**
3.2 Energiebezug Kapitel 8.2	Zentren schonen Ressourcen und nutzen möglichst erneuerbare Energieträger	Ausschließlich 100 % Ökostrom aus erneuerbaren Energiequellen nutzen Reduktion ökologischer Auswirkungen SDG 7.1: Anteil erneuerbarer Energie deutlich erhöhen	%-Anteil der Zentren mit Strombezug aus erneuerbarer Energie	%-Anteil der Zentren, die Ökostrom beziehen 60 % der Zentren Studie Zfg	SDG 7.1 Indikator XI DNK Kriterium 13 GWÖ Matrix E3
3.3 Abfallvermeidung Kapitel 8.2	Suffizienz	Abfallaufkommen durch Vermeidung, Verminderung, Wiederverwertung und Wiederverwendung deutlich verringern	Anzahl der Zentren, die eine Wertstoff-Trennung vornehmen	90 % der Zentren Studie Zfg nehmen eine Wertstoff-Trennung vor	SDG 12.5

Gesellschaft Kriterien	**Strategische Ausrichtung Wesentlich Zukunftsfähig**	**Ziel Realistisch umsetzbar**	**Berechnung**	**Vergleichswert**	**Bezugspunkt**
4.1 Bildungsangebote Nachhaltigkeitskultur Kapitel 8.2	Umweltbewusstsein schulen, kulturelle Nachwuchsförderung	Förderung des ökologischen Verhaltens der Mitarbeitenden Beiträge der Kultur zu nachhaltiger Entwicklung Kulturelle Kunst-, Bildungs- und Kreativangebote für junge Leute, Praktika, Ausbildung, Duale Studiengänge mit Bildungsinhalt Nachhaltig Leben	%-Anteil der Angebote für junge Menschen mit BNE-Bildungsinhalt		SDG 4 und 4.7 DNK Kriterium 16 GWÖ Matrix C3 Indikator VIII

Gesellschaft Kriterien	**Strategische Ausrichtung Wesentlich Zukunftsfähig**	**Ziel Realistisch umsetzbar**	**Berechnung**	**Vergleichs-wert**	**Bezugs-punkt**
4.2 Beschaffung Kapitel 8.5	Relevanz dasselbe in grün	Verantwortungs-voller Konsum, insbesondere 12.1: nachhaltige Konsum- und Produktionsmuster Bewusste Kaufentscheidungen als Verbraucher: Umwelt schonen durch kurze Wege: Einkauf lokaler oder regionaler Produkte: Bio, regional, Fair Trade	Anteil biologischer Lebensmittel am Gesamtle-bensmit-teleinkauf (in Euro) Anteil regionaler Lieferanten am Gesamtle-bensmit-teleinkauf (in Euro)	50 % Fair-Trade Studie Zfg www. beschaffung-info.de	Kernkenn-zahl GRI DNK Kriterium 11 GWÖ Matrix A1 SDG 12 Indikator XI
4.3 Aktivitäten für das Gemeinwesen Kapitel 8.9	Gemeinwohl	Aktivitäten für das Gemeinwesen Bildung wirksamer Partnerschaften	Anzahl der Zentren, die z.B. folgende Angebote bieten: Kulturelle Bildung, interkulturelle Angebote, Teilhabe, Nachwuchs-förderung Netzwerk-arbeit	100 % bieten kulturelle Bildungs-angebote, 90 % bieten interkulturelle Angebote, 80 % leisten Nachwuchs-förderung (Studie Zfg). Acht von zehn Zentren sind in mindestens vier lokalen/ regionalen Netzwerken aktiv (Studie Zfg)	Kernkenn-zahl GRI DNK Kriterium 18 GWÖ Matrix E2 SDG 17
4.4 Leitbild mit nachhaltigen Positionen Kapitel 8.10	Grundbausteine einer zukunftsfähigen Strategie	Beschreibung der Mission, die Entwicklung einer Vision und die Formulierung eines Leitbildes	Anzahl der Zentren mit schriftlichem Leitbild, das nachhaltige Positionen beinhaltet	0 % der Studie Zfg	DNK Kriterium 20

Prozesse Kriterien	**Strategische Ausrichtung Wesentlich Zukunftsfähig**	**Ziel Realistisch umsetzbar**	**Berechnung**	**Vergleichswert**	**Bezugspunkt**
5.1 Nachhaltigkeitsbeauftragte Kapitel 8.9	Verantwortung	In den kommenden zwei Jahren bundesweit die Anzahl der Zentren erheben, die Nachhaltigkeitsbeauftragte haben	Anzahl Beauftragte im Zentrum	60 % Studie Zukunftsfähigkeit	DNK Kriterium 5
5.2 Offenlegung von Regeln und Prozessen Kapitel 8.8	Ausrichtung strategisch planen und gestalten Entwicklungskompetenzen stärken	Stufenweises Vorgehen bei der Prozessentwicklung nutzen, z.B. mit dem PDCA-Zyklus. Typische Merkmale wie expliziten Einstieg (1.), Wandel in mehreren Phasen (2.), Widerstand (3.) und Veränderungen konsolidieren und in der Kultur verankern (4.) kennen und berücksichtigen[a]. Anwendung von Methoden zur Veränderung von Regeln	Anzahl der Zentren, die Methode kennen/ nutzen. Anzahl der Zentren, die den PDCA-Zyklus anwenden	60 % der Betriebe nutzen Methoden, u.a. PDCA-Zyklus (Studie Zfg)	DNK Kriterium 6

[a] Vgl. Kapitel 4.2.

Die hier vorgenommene Verknüpfung nachhaltiger Aktivitäten mit Bezugspunkten sowohl zum DNK als auch zu SDGs der Vereinten Nationen ist neu. Die Flexibilität der Balanced Scorecard Methode, im Rahmen definierter Perspektiven (hier Wirkungsfelder) eine individuelle Ausgestaltung strategischer Stoßrichtungen und Zielsetzungen vornehmen zu können, findet in dem Grundgerüst ebenfalls Berücksichtigung. Diese Form wird den vielfältig ausgeprägten Strukturen und Organisationsweisen soziokultureller Arbeit gerecht und lässt dennoch eine gemeinsame Rahmung zu. Ein Zuschnitt auf zentrumsspezifische Anforderungen und Leistungsmöglichkeiten wäre mit diesem Modell theoretisch möglich.

Das skizzierte Grundgerüst Z 21 erhebt keinen Anspruch auf Vollständigkeit, die Abbildung soll einerseits generierte Befunde der Untersuchung abschließend bündeln, die Bezugspunkte und Zusammenhänge exemplarisch veranschaulichen und eine mögliche Rahmung sichtbar machen. Ein erster Auswahlkatalog möglicher Indikatoren und Messgrößen ist mit dieser Untersuchung somit vorgelegt. Aus der Fülle der Optionen sollten nun in einem nächsten Schritt gemeinsamen mit Akteuren der Szene die passenden Kriterien zur Zukunftsfähigkeit soziokultureller Zentren aus dem DNK-Katalog ausgewählt und ggf. um branchenspezifische Kriterien ergänzt werden. Es könnte sich als sinnvoll erweisen, diesen Kriterienkatalog nach Priorität zu gewichten, so wäre beispielsweise eine Systemdifferenzierung nach Kernkennzahlen und Zusatzset denkbar. Kernkennzahlen könnten sich auf Grund ihrer besonders hohen Relevanz an alle Zentren richten, Zusatzset-Kriterien würden den individuellen Ausgestaltungsformen der Zentren gerecht und ließen eigene Schwerpunktlegungen zu.

Welche Kernkennzahlen tatsächlich auf alle soziokulturelle Zentren zutreffen, gilt es noch auszuloten. Hier zeichnet sich ein spannender und spannungsgeladener Prozess ab, mit offenem Ausgang und Perspektive, denn eine Verständigung über verbindende, relevante Kernthemen könnte Orientierungswerte einer gesamten Szene markieren, zu einer Optimierung der bundesweiten Positionierung beitragen und die Haltung der Szene zu Fragen zukünftiger Ausrichtung deutlich sichtbarer gestalten.

Eine Einigung auf gemeinsame Kriterien ist möglich, so stellen beispielsweise die Indikatoren 1.1 «Anteil öffentlicher Förderung» und 2.2 «Ziele nachhaltiger Entwicklung erfassen und möglichst in Nachhaltigkeitsbericht bündeln» relevante Kennwerte für alle Zentren dar. Branchenspezifische Indikatoren zur Zukunftsfähigkeit ermöglichen Anschlussfähigkeit, und diese wird zunehmend erforderlich. Die im Kulturförderplan in NRW bereits ausgewiesene Zielplanung, zukünftig einen verstärkten Fokus auf die Evaluation der Nachhaltigkeitsbemühungen zu legen[226], wird im fortschreitenden Agenda-Entwicklungsprozess bundesweite Relevanz erhalten, denn eine öffentliche Förderung an den Nachweis nachhaltiger Kennzahlen zu koppeln – wie in England – unterstützt das Vorhaben nachhaltiger Betriebsamkeit, wenn auch mit (möglicherweise notwendigem) Handlungsdruck. Dies geschieht aus einer bereits gewonnenen Erkenntnis: Auf Lösungswege in der Region zu setzen ist ein aussichtsreicher Weg für die Ausprägung betrieblichen Nachhaltigkeitsmanagements.

226 Vgl. Kapitel 8.3

9.3 Prozessentwicklung anstoßen mit bundesweiten Zukunftsworkshops

Die vorliegende Untersuchung hat veranschaulicht, dass die Prozessgestaltung einen wesentlichen Faktor bei der Betriebsentwicklung ausmacht. Es gilt sowohl die Erfolgsfaktoren als auch die Hindernisse, die häufig zum Scheitern von Veränderungsprozessen führen, im Blick zu haben. Mangelnde Methodenkompetenz als auch fehlende, externe Beratung können Ursachen für das Misslingen von Prozessen sein, wo hingegen Realitätssinn eine erfolgreiche Umsetzung befördern kann.[227]

Genau hier setzt der folgende Vorschlag an. Soziokulturelle Akteure sollten begleitend dabei unterstützt werden, Prozesse nachhaltiger Entwicklung anzugehen. Der Handlungsansatz zielt auf die Lokalisierung der Hindernisse und Entwicklungspotentiale im alltäglichen Betrieb, im unmittelbaren Wirkungsradius, in der Realität vor Ort. Indikator XI der vorliegenden Untersuchung weist insgesamt neun Handlungsfelder aus (Mobilität, Ort und Unterkunft, Energieverbrauch und Beleuchtung, Beschaffung von Produkten und Dienstleistungen, Bewirtung, Abfall- und Wassermanagement, Kommunikation, Soziale Aspekte/Charity, Klimaschutz Kompensation), um eine ressourcenschonende und umweltfreundliche Betriebsführung zu befördern. Die Relevanz der Handlungsfelder zeigt sich auch bei den Bezugspunkten zu den SDG der Vereinten Nationen. Hier lassen sich gleich mehrere Anknüpfungspunkte ausmachen.[228]

Die lokalisierten Felder erleichtern soziokulturellen Akteuren den Einstieg, beispielsweise durch die nun vorliegenden zehn branchenspezifischen Energieeffizienzmaßnahmen.[229] Erstmals bereitstehende Vergleichswerte lassen zudem eine bessere Einschätzung des Entwicklungsstands zu.

Um die Aussichten auf eine erfolgreiche Gestaltung von Veränderungsprozessen zu erhöhen, wird empfohlen, die Wirkungskraft durch die Bündelung

---

227 Vgl. Indikatoren XVIII und XIX.

228 Z.B. SDG 7.1: Anteil erneuerbarer Energie deutlich erhöhen, 7.2: Steigerungsrate der Energieeffizienz verdoppeln, SDG 11.6: Umweltbelastungen pro Kopf senken, SDG 12: Verantwortungsvoller Konsum, insbesondere 12.1: nachhaltige Konsum- und Produktionsmuster, SDG 12.5: Abfallaufkommen durch Vermeidung, Verminderung, Wiederverwertung und Wiederverwendung deutlich verringern.

229 Vgl. Kapitel 8.5.

mehrerer Indikatoren und Erfahrungswerte zu optimieren. Bestandteil der Prozessentwicklung sollte einerseits eine unterstützende, externe Beratung (Indikator VI) sein. Zur klaren Strukturierung der Entwicklungsprozesse stehen mit der GAP-Analyse und der Ausarbeitung eines Handlungsplans zudem zwei bewährte Methoden zur Anwendung bereit.

Den Handlungsplan zeichnet die Übersichtlichkeit aus, jede einzelne Maßnahme wird konkretisiert, die analysierten Ergebnisse und Handlungsansätze werden gebündelt. Ziel ist, mithilfe des Handlungsplans für jede Maßnahme die wesentlichen Bedingungen zu erfassen, die zur Umsetzung erforderlich und im Blick zu behalten sind. Er dient als Grundlage zur Umsetzung und eigenständigen Weiterführung angestrebter Optimierungsprozesse. Der nachfolgende Handlungsplan veranschaulicht anhand von fünf Beispielen die Anwendung exemplarisch. Die dargestellten Maßnahmen stellen gleichzeitig Empfehlungen für soziokulturelle Zentren dar, die sich aus den Befunden der Untersuchung ergeben haben und das Potential aufweisen, aus eigener Kraft heraus Beiträge zur Nachhaltigkeitskultur zu gestalten. In dem Handlungsplan berücksichtigt sind insbesondere Empfehlungen der Statusstufe erste Schritte (0–25 %). Nicht mehr Bestandteil der Arbeit, aber grundsätzlich möglich, ist die Ausarbeitung von Verbesserungsvorschlägen für weitere Entwicklungsstufen.

Folgende Maßnahmen zur Gestaltung zukunftsweisender Wege soziokultureller Zentren können aus der Untersuchung abgeleitet und in einem Handlungsplan zusammenfasst werden:

Tab. 38: Handlungsplan mit Beispielen: Aus eigener Kraft heraus entwickeln. Eigene Darstellung

Handlungsplan mit Beispielen: Aus eigener Kraft heraus entwickeln					
Ziel Realistisch, umsetzbar, nach Priorität gewichtet	**Was? Maßnahmen**	**Wie? Voraussetzung**	**Wer? Zuständigkeit**	**Wann? Terminierung**	**Stand**
Umwelt **3.1 Energieverbrauch** (Priorität 1)	Teilnahme an Angebot Prozessentwicklung: Workshop Zukunftsfähigkeit Unter anderem Blick auf die drei Handlungsfelder LED, Heizung und Lüftung	Kennzahlen-Systematik nutzen, um Energieverbräuche regelmäßig zu überprüfen und durch eine konsequentes Ausschalten nicht benötigter Verbraucher Ressourcen schonen.	Hausmeister Facility-Manager Haustechniker	Januar – Dezember 2019	**10**
Umwelt **3.4 Mobilität** (Priorität 2)	Anreize zur Nutzung umweltfreundlicher Verkehrsmittel schaffen Nutzung öffentlicher Verkehrsmittel aktiv bewerben	Kombi-Tickets, die den Eintrittskreis für die Veranstaltung mit einer Fahrkarte für den ÖPNV verknüpfen und Sonderangebote schaffen Anreize, z.B. Kombiticket Hamburg (HVV) oder Kombiticket Berlin (BVG)	Geschäftsführer von Zentren auf lokaler oder regionaler Ebene Nachhaltigkeits-beauftragte der BV auf Bundesebene mit Deutscher Bahn	Januar – Dezember 2019	**20**
Gesellschaft **4.2 Beschaffung** (Priorität 3)	Einkaufsvolumen lokaler oder regionaler Produkte um 10 % erhöhen	Strategische Allianzen mit Anbietern aus der Region treffen. Kooperation gegenseitig sichtbar machen	Nachhaltigkeits-beauftragte	Mai 2018 – Dezember 2018	**30**

(continued on next page)

Tab. 38: (continued)

Handlungsplan mit Beispielen: Aus eigener Kraft heraus entwickeln					
Umwelt **4.2 Klimaschutz**	Klimaschutz Kompensation, die bestehende regionale Vernetzung nutzen, um mit Bio-Produzenten aus der Region gemeinsame Aktionen zu initiieren: Qualität des Angebotes durch den Bezug von Bio-Produkten aus der Region verbessern, durch gegenseitige Bewerbung voneinander profitieren	Selbstversuch: Erprobung der Chancen und Grenzen bei der Durchführung klimaneutraler Veranstaltungen		Januar – Dezember 2019	**10**
Gesellschaft **4.4 Kommunikation & Vernetzung** (Priorität 4)	Leitbild um Zielsetzungen von Zukunftsfähigkeit erweitern Vernetzung durch Förderpartnerschaften verstetigen	Leitbilddebatte Kommunikationsstrategie entwickeln, um Besucher über die Maßnahmen zur Zukunftsfähigkeit zu kommunizieren Potentielle Förderpartner auswählen	Team	Ab 2019	**10**

Die Untersuchung zeigt: Insbesondere bei der Betriebsführung (Indikator XI) besteht noch enormes Entwicklungspotential, aus eigener Kraft heraus die Potentiale zur Gestaltung von Nachhaltigkeitskultur auszuschöpfen. Der zur Verfügung stehende Gestaltungsspielraum und Wille, sich zu einem dynamischen Kulturdienstleister mit Betriebsethik zu entwickeln, sind aussichtsreiche Ausgangsvoraussetzungen. Um Prozesse möglichst erfolgreich zu gestalten, sind die Akteure gut beraten, typische Engpässe und Stolpersteine zu lokalisieren, um dann mit fokussierter Kraft die Behebung derselben methodisch gestützt z.B. mit dem PDCA-Zyklus (Indikator XVII) Schritt für Schritt anzugehen (Indikator XIV).

Bundesweite, regionale «Zukunftsworkshops» wären für die Prozessentwicklung anregend. Als Grundlage kann das erprobte Format dieser Untersuchung dienen.[230] Zentrumsspezifisch werden zunächst die Lücken identifiziert, anschließend erste Maßnahmen abgeleitet, die dann im Zentrum gemeinsam mit dem Team noch einmal bewertet, ggf. ergänzt und schließlich nach Priorität gewichtet und mit Verantwortlichkeiten belegt werden. Anhand selbst gewählter Zeitvorlaufplanungen ist im weiteren Umsetzungsprozess eine eigenständige Bewertung des Entwicklungsstandes möglich. Eine Zusammenfassung und Auswertung bundesweit erhobener Befunde wird die Aussagekraft bisher generierter Kennwerte aus lediglich zwei Bundesländern perspektivisch deutlich erhöhen, eine Veröffentlichung der Untersuchungsergebnisse in komprimierter Form, z.B. als Leitfaden, ist sinnvoll, denn eine praxisnahe, anschaulich bebilderte Darstellung von Erfahrungen soziokultureller Zentren auf ihrem Weg der Zukunftsfähigkeit kann der Szene wertvolle Anregungen und Orientierungshilfen bieten.

Folgende Starthilfeformel lässt sich zusammenfassend mit auf den Weg geben:[231]

1. **Auf die Zukunft** und Gegenwart soziokultureller Praxis zu schauen
   Zwei Fragen richten den Blick auf das Heute und die Ziele von Morgen: Was ist in dem Betrieb bereits heute schon nachhaltig? Welche nachhaltigen Entwicklungsziele sind für den Betrieb wünschenswert? Die Lücken, die sich aus der betriebsspezifischen Analyse erschließen, sind die Handlungsanforderungen, die für die zukunftsfähige Ausrichtung der Betriebe wegweisend sind.
2. **Fertig** machen und vorbereiten
   Sich auf den Weg vorzubereiten bedeutet, eine Auswahl von 4–5 Handlungsansätzen zu treffen, diese zu priorisieren, die Umsetzung zeitlich festzulegen und schließlich einen Verantwortlichen zu benennen.

230 Vgl. Kapitel 7.6.

231 Die Handlungsansätze sind von dem Verfasser in dem Verbandsmagazin SOZIOkultur Nr. 108 veröffentlicht worden (vgl. Müller-Espey 2017, S. 37).

3. **Los**gehen
   Ein wesentliches Ziel des Zukunftsworkshops in Wiesbaden ist gewesen, zukunftsweisende Wege in den Zentren anzustoßen. 7 von 9 Zentren haben den Impuls aufgegriffen und werden, mit ihren Handlungsansätzen im Gepäck, losgehen.

9.4 Zukünftige Wege beleuchten: Positionslichter soziokultureller Zentren 2030

Die Kommunikation nachhaltiger Themen ist aktuell noch kaum Thema für soziokulturelle Zentren. Nur in wenigen Ausnahmen bringen die untersuchten Zentren sich in den Selbstdarstellungen mit den Themen Nachhaltigkeit oder Umwelt in Verbindung. Bei den untersuchten Leitbildern finden Fragen nachhaltiger Ausrichtung keine Beachtung. Hinzu kommt, dass bei 70 % der untersuchten Zentren schriftliche Leitbilder in Gänze fehlen.

Erste Leitsätze zur Zukunftsfähigkeit sind im Rahmen des Zukunftsworkshops von Vorständen und Geschäftsführern soziokultureller Zentren formuliert worden. Diese können als Arbeitsgrundlage dienen, um zu länderübergreifenden Orientierungspunkten zu reifen, die der Szene aktuell noch fehlen. Die Notwendigkeit zeigt sich in mehrfacher Hinsicht:

- Zentren ohne klare, langfristige Ziele und Leitbilder trudeln kurs- und kopflos in die Zukunft,
- Zentren mit Finanzleck stopfen kräfteraubend Löcher und drohen zu kentern,
- Zentren ohne leitende(n) Steuermann/frau laufen Gefahr, vom Kurs abzukommen.

Für Betriebe wäre es keinesfalls schädlich, sich Fragen zukünftiger Ausrichtung zu stellen. Schädlich wäre nur, den Kurs «weiter wie bisher» zu fahren. Empfohlen werden ein vorausschauendes Ausloten zukünftiger Wege und Grenzbereiche sowie die vereinte Festlegung der zukünftigen Reiseroute. Es ist als Aufgabe der Bundesebene zu betrachten, gemeinsam mit den Landesverbänden die Kursrichtung Zukunftsfähigkeit zu beleuchten und mit Positionslichtern[232] weithin sichtbar zu machen.

232 Der Begriff Positionslichter findet insbesondere beim Segeln Anwendung, die Grundausstattung besteht aus einem roten Licht für die Backbordseite, einem grünen Licht für die Steuerbordseite und einem weißen Licht für das Heck. Segelschiffe unter Motor haben zusätzlich noch ein weißes Toplicht zu führen.
Die Leuchtwinkel der Lichter ergeben addiert eine 360°-Sichtbarkeit, können also von überall aus gesehen werden! (vgl. Radulescu, Alin/Uerpmann, Sebastian).

Die Ergebnisse dieser Untersuchung sollen als Arbeitshilfe dienen. Alle Befunde sind in dem nachfolgenden Thesenpapier noch einmal gebündelt zusammengefasst worden.

Tab. 39: Positionslichter Zukunftsfähigkeit soziokultureller Zentren 2030. Eigene Darstellung[a]

Positionslichter Zukunftsfähigkeit soziokultureller Zentren 2030

Positionslichter
Zukunftsfähigkeit soziokultureller Zentren 2030

Was soll erreicht werden?

Soziokulturelle Zentren, Netzwerke und Initiativen sind fester Bestandteil der Kulturlandschaft in Groß- und Kleinstädten wie auch in ländlichen Räumen.

Wir wollen uns vom Gründerbetrieb zum dynamischen Dienstleistungsunternehmen unter Wahrung der Betriebsethik entwickeln und die Strukturen nachhaltig optimieren.[b] Wir wollen Beiträge zur lokalen und regionalen nachhaltigen Entwicklung von Städten und Gemeinden leisten (SDG 11), Gebäude und Infrastruktur mittel- und langfristig betreiben sowie qualifiziertes, motiviertes Personal mittel- und langfristig beschäftigen.

Die Akteure werden auf Landes- und Bundesebene kulturpolitisch vertreten und mit öffentlichen Mitteln substanziell gefördert. Wir wollen eine institutionelle Grundsicherung, finanzielle Stabilität und Planungssicherheit.

Wir gewährleisten eine vielfältige Kulturarbeit vor Ort und ermöglichen einem breiten Bevölkerungsspektrum – unabhängig von Alter, Geschlecht und Herkunft – selbst kreativ zu werden, kulturelle Angebote zu organisieren und künstlerische Darbietungen unterschiedlicher Genre und Formate zu erleben. Wir bringen Kultur dorthin, wo sie gebraucht wird und arbeiten mit Menschen in besonderen Lebenssituationen (SDG 4).

Ausgerichtet auf das Leitmotiv Nachhaltigkeit der Bundesregierung und die Zielsetzungen der Deutschen Nachhaltigkeitsstrategie (DNS) prägen drei Schwerpunkte die Entwicklung bis zum Jahr 2030:

1. Kulturelle Nachwuchsförderung (SDG 4)
2. Entwicklung, Erprobung und Verstetigung von Nachhaltigkeitskultur (SDG. 4.7)
3. Anerkennung und Einbeziehung des nationalen Leitmotivs Nachhaltigkeit der Bundesregierung, Bezugnahme zu wesentlichen SDG im unmittelbaren Wirkungsfeld soziokultureller Zentren und strategische sowie ressortübergreifende Planung und Abstimmung von Beiträgen und Maßnahmen zum Klimaschutz (SDG 13.2).

Wir wollen ein Ort der kulturellen Freiheit und Vielfalt bleiben, unsere Unabhängigkeit und eigene Identität bewahren, experimentell und interdisziplinär arbeiten können und den Generationswechsel konzeptionell gestützt als Generationenmix bewältigen.

Womit soll es erreicht werden?

Wir bieten Offenheit, Gestaltungsspielraum, effiziente Strukturen und Erfahrungen.

Tab. 39: (continued)

Positionslichter Zukunftsfähigkeit soziokultureller Zentren 2030
Wir handeln umweltbewusst, ressourcenschonend[c] und möchten das Abfallaufkommen durch Vermeidung, Verminderung, Wiederverwertung und Wiederverwendung deutlich verringern (SDG 12.5). Wir achten auf Energieeffizienz, (SDG 7.2), benennen Nachhaltigkeitsbeauftragte in unseren Einrichtungen und nutzen möglichst erneuerbare Energieträger (SDG 7.1), stellen Technik, Netzwerke und möglichst energetisch sanierte Räume zur Verfügung.
Wir verfassen einen branchenspezifischen Nachhaltigkeitsbericht, schreiben diesen zweijährlich fort und kommunizieren unser Engagement für Nachhaltigkeit gegenüber unseren Nutzergruppen und Partnern.
Wir arbeiten mit PartnerInnen aus unterschiedlichen Bereichen, z.B. Kultur, Bildung für nachhaltige Entwicklung, Umwelt, Soziales, Bildung, Politik und Wirtschaft in lokalen und regionalen Netzwerken zusammen, initiieren und realisieren Kooperationen (SDG 17.7).
Wir verwenden bevorzugt regionale Produkte und legen Wert auf verantwortungsvollen Konsum (SDG 12), achten auf kurze Transportwege und berücksichtigen die Nutzung öffentlicher Verkehrsmittel.
Zentren legen Wert auf eine gute Mitarbeiterführung, Aus- und Weiterbildungsmöglichkeiten, eine angemessene Bezahlung und ein gutes Betriebsklima.
Wozu soll es erreicht werden?
Wir fördern bürgerschaftliches Engagement, Teilhabe und ethischen Konsum.
Wir ermöglichen unseren NutzerInnen, ihr kulturelles und soziales Potenzial zu entfalten und ihr Lebensumfeld nachhaltig mitzugestalten.
Bei uns stehen Profis und Laien auf der Bühne, die in Kursen, Workshops und künstlerischen Produktionen von- und miteinander lernen.
Soziokultur setzt sich künstlerisch mit Fragen gesellschaftliches Leben auseinander und sucht Antworten auf die Frage, wie wir leben wollen, ohne nachfolgende Generationen einzuschränken oder zu gefährden. Wir möchten zur Achtsamkeit von Mensch und Natur anregen, das soziokulturelle Bewusstsein in der Gesellschaft (besser: Gemeinwohl oder Nachhaltigkeitskultur) stärken und pflegen den Mut zur Meinung.[d]

[a] Den formulierten Leitsätzen des Arbeitspapiers Positionslichter Zukunftsfähigkeit soziokultureller Zentren 2030 liegen zugrunde:

- Leitbild des Dachverbands aus dem Jahr 2011
- Positionsbestimmungen des Zukunftskongresses aus dem Jahr 2015
- Ergebnisse der Online-Erhebung «Zukunftsfähigkeit gestalten!», Antworten mit besonders hoher Relevanz > 90 % aus dem Jahr 2017
- Leitsätze und Positionsbestimmungen einzelner Zentren zur Frage nach Alleinstellungsmerkmalen aus dem Jahr 2017

(*continued on next page*)

Tab. 39: (continued)

Positionslichter Zukunftsfähigkeit soziokultureller Zentren 2030
– Leitsätze aus den Arbeitsgruppen des Workshops «Zukunftsfähigkeit gestalten!» aus dem Jahr 2017 – Ergebnisse der Lückenanalyse im Rahmen der vorliegenden Untersuchung 2018 – Grundsätze für nachhaltige Handwerksbetriebe (vgl. Fabrik der Zukunft, S. 38) – Die Positionslichter weisen Bezugspunkte zu den SDG der Vereinten Nationen und zur Deutschen Nachhaltigkeitsstrategie aus.
[b] Leitsätze zur Strukturoptimierung: Mehr Zeit in die Beschaffung von Mitteln einzuplanen; Rücklagen bilden; Auch für die Umwelt gilt: Tue Gutes und sprich darüber! Strukturelle Veränderung durch höhere Effizienz; Bessere Kommunikation und Zeit für Reflexion; Klare, selbstgesteuerte und gesicherte Personalstärken, um persönliche Überlastung durch personelle Unterbesetzung zu vermeiden; Alte Gewohnheiten durch neue Kompetenzen ersetzen; Transparenz durch strukturelle Ordnung von Arbeitsbereichen; Veränderung der Betriebsstruktur durch Fachpersonal und Klärung der Verantwortungsbereiche; größtmögliche Flexibilität und inhaltliche Fokussierung.
[c] Z.B. tauschen, reparieren, wiederverwerten, etc.
[d] Z.B. gegen Diskriminierung, Sexismus, Rassismus, Antisemitismus und Homophobie. Kein Mensch ist illegal.

Die verdichteten und als Positionslichter gebündelten Befunde dienen als Thesenpapier und Ausgangslage, im Verlauf der kommenden zwei Jahre das Leitbild soziokultureller Zentren unter dem besonderen Augenmerk der Zukunftsfähigkeit kritisch zu überprüfen und fortzuschreiben. Im Unterschied zum bisherigen Leitbild beschreiben die formulierten Positionslichter 2030 nicht nur bestehende Merkmale soziokultureller Zentren, sie weisen auch in die Zukunft gerichtete Zielsetzungen aus. Diese strategischen Stoßrichtungen bieten Orientierungspunkte, auf die sich die Szene auf die zukünftigen Möglichkeiten hin entwerfen kann (vgl. Weischedel 1975, S. 306).

Empfohlen wird, mit rahmengebenden Positionierungen, klaren Zielsetzungen und bezugnehmenden Botschaften die Kommunikationsweise soziokultureller Zentren zu schärfen und die Verhandlungspositionen der Zentren zu stärken. Eine Möglichkeit wäre, mit externer Unterstützung (Indikator VI) einen mehrjährigen Prozess der Marken-Chart-Entwicklung einzuleiten.

Förderlich wäre die Konzeption und Umsetzung einer länderübergreifenden Kommunikationsstrategie, um die Beiträge der Zentren zur Entwicklung einer Nachhaltigkeitskultur öffentlichkeitswirksam zu kommunizieren. Anzustreben wäre die Ansprache von Menschen, die bisher möglicherweise nur geringe

Berührungspunkte mit Zielsetzungen nachhaltiger Entwicklung haben. Die öffentlichkeitswirksame Vorbildfunktion soziokultureller Zentrum sollte in diesem Zusammenhang nicht unterschätzt werden. Die gesellschaftliche Nähe kann im Wirkungskreis, im direkten Besucherumfeld der Zentren, anregend ausstrahlen.

Das nun vorgelegte Thesenpapier dient als Impuls für den Diskurs. Eine sicherlich kontroverse Debatte auf Akteurs- und Verbandsebene ist zu erwarten, aufbrausender Gegenwind inklusive. Es wird all diese Kräfte brauchen, um eine mehrheitsfähige Positions- und Kursbestimmung vornehmen zu können, denn auch Gegenwind kann für die Bewegung förderlich sein, wenn die Segel klug ausgerichtet sind und gemeinsame Ziele nicht aus dem Blick geraten.

Tragfähige Strukturen, die Markierung eindeutiger Leistungsmerkmale sowie eine strategische Ausrichtung unter besonderen Anforderungen der Zukunftsfähigkeit stellen gewichtige Herausforderungen und zugleich gemeinsame Zielsetzungen dar. Nahe gelegt wird die Verständigung über eine zukunftsgewandte, langfristige Entwicklungsperspektive, ausgerichtet auf einen Zeithorizont von zehn Jahren, idealerweise gekoppelt an die Laufzeit der Agenda 2030. Es braucht Positionslichter und Anhaltspunkte in der soziokulturellen Szene für den Aufbruch zu neuen Ufern. Einmal auf Kurs, kann eine solche Bewegung vermutlich ordentlich Fahrt aufnehmen.

9.5 Vernetzung mit starken Partnern und Weggefährten

Ein wesentlicher Handlungsansatz, um Transformationsprozesse in soziokulturellen Zentren gelingend zu gestalten, ist die Netzwerkentwicklung. Mehrere aussichtsreiche Anknüpfungspunkte zu Kooperationspartnern haben sich im Verlauf der Untersuchung herauskristallisiert. Deutlich geworden ist, dass der Weg zur Zukunftsfähigkeit nicht allein aus eigener Kraft heraus zu bewältigen ist. Um aber die Potentiale der Zentren heben zu können[233], braucht es starke Partner und Weggefährten, um mit vereinten Kräften ein Bewusstsein für Nachhaltigkeitskultur bei den soziokulturellen Akteuren, bei den Besuchern, in der Gesellschaft zu verankern.

Empfohlen wird die Gründung eines Fachbeirates, der die Steuerung und Durchführung nächster, strategischer Schritte durchdenkt und die Potentiale, Positionen und Perspektiven soziokultureller Zentren zur Mitgestaltung von Nachhaltigkeitskultur kompetent auf Bundesebene vertritt. Zielführend wäre beispielsweise eine Strategietagung auf Bundesebene mit Vertretern des Rates für Nachhaltige Entwicklung und der Deutschen Nachhaltigkeitsstrategie mit

233 Die in Kapitel 9.4 als Positionslichter 2030 gebündelt dargestellt sind.

der Absicht, gemeinsame strategische Wege sowie eine möglichst langfristige Kooperation und Zusammenarbeit bis 2030 und darüber hinaus auszuloten.

Soziokulturelle Zentren arbeiten spartenübergreifend, sie sind demzufolge nicht allein dem kulturpolitischen Ressort zuordbar. Je nach spezifischer Ausrichtung und Schwerpunktlegung der Angebotsstruktur sollten die Zentren ihre Leistungsmerkmale und Beiträge für das Gemeinwohl, die Stadtentwicklung oder die kulturelle Bildung deutlich markieren, die Erfahrungen aus der bereits praktizierten Netzwerkarbeit nutzen und die erforderlichen Ressourcen einfordern, die es zur Gewährleistung der Gemeinwohl-Dienstleistungen braucht. Dauerengpässe und teilweise prekäre strukturelle Rahmenbedingungen sind keine aussichtsreichen Voraussetzungen für Veränderungen: Ohne die erforderlichen Personalkapazitäten und eine verlässliche, finanzielle institutionelle Grundabsicherung wird sich die Absichtserklärung der untersuchten Zentren einer strategischen Weiterentwicklung zum dynamischen Dienstleistungsunternehmen, unter Wahrung der Betriebsethik[234], in den kommenden Jahren kaum realisieren lassen.

Für ressort- und spartenübergreifend agierende Zentren ist die Beschränkung auf das Politikfeld Kultur zu einseitig. Erforderlich ist ein geweiteter Blick, auch auf der politischen Entscheidungsebene. Die Koordination und Steuerung komplexer, kulturpolitischer Prozesse unter Berücksichtigung gesellschaftlicher, ökologischer, ökonomischer und politischer Herausforderungen steht in engem Zusammenhang mit **Cultural Governance**. Dieser Begriff kann verstanden werden als „Kontinuum eines kooperativen Engagements und gemeinsamen Interessen von Staat, Wirtschaft und Zivilgesellschaft“ (Knoblich, Tobias J./ Scheytt, Oliver 2009, S. 1). Das relativ junge Konzept setzt auf Verantwortungsteilung, Kooperation sowie Verantwortungspartnerschaft (vgl. ebenda). Deutlich werden hier die Bezugspunkte zu dem in Kapitel 1.3 erläuterten Modell der Gemeinwohlökonomie sichtbar. Beide Konzepte setzen auf Kooperation und partnerschaftliche Zusammenarbeit. Auch der Konzeptbestandteil, auf die Übernahme von Verantwortung zu setzen, stellt unter dem Gesichtspunkt der Zukunftsfähigkeit (vgl. Indikator XXI) einen aussichtsreichen Ansatz dar. Ebenso ist ein politikfeldübergreifendes Agieren (vgl. Indikator V) ganz im Sinne der Nachhaltigkeitsstrategien des Bundes und der Länder.[235] Das Cultural Governance Konzept weist demnach mehrere Handlungsansätze auf, eine kulturelle Infrastruktur unter Aspekten der Zukunftsfähigkeit ressortübergreifend

234 Vgl. Kapitel 8.7.

235 Vgl. Kapitel 2.1 und 2.4.

zu gestalten. Neben den bisher bereits genannten, potentiellen Partnern[236] dürften auch nachfolgend skizzierte Felder für soziokulturelle Zentren unter dem Gesichtspunkt der Zukunftsfähigkeit von Interesse sein:

Stadtentwicklung und lokale Nachhaltigkeitsstrategien

Auf die Bezugspunkte «Stadtentwicklung und lokale Nachhaltigkeitsstrategien» weist Jörg Siewert in seinem Input-Beitrag zum Zukunftskongress 2015 im zakk hin: „Der Begriff Stadtentwicklung wird als aktiver Planungs- und Veränderungsprozess verstanden. [...] Es geht um Steuerungsprozesse, die insbesondere auch allgemeine gesellschaftliche, wirtschaftliche, kulturelle und ökologische Trends beinhalten. Stadtentwicklung verlangt eine interdisziplinäre, integrierte und zukunftsorientierte Herangehensweise. Sie steht durch gesellschaftliche Tendenzen wie z. B. dem demographischen Wandel, lokale Nachhaltigkeitsstrategien sowie durch eine neue Beteiligungskultur vor neuen Aufgaben" (Siewert 2015, S. 1). Soziokulturelle Zentren, die sich bei der Stadtentwicklung einbringen, ist zu raten, ihren Mehrwert als Ort der Begegnung und Teilhabe mit Gestaltungsspielraum in der Quartiersarbeit herausstellen. Es ist anzunehmen, dass die Zahl der Kommunen, die im Sinne von SDG 11[237] Nachhaltigkeitsstrategien formulieren, im weiteren Agenda 2030-Prozess zunehmen werden. Kommunen sind bereits die Hauptförderer soziokultureller Zentren. Diese bereits bestehenden Partnerschaften auszubauen[238], um nachhaltige Ziele zu erreichen, stellt sich für beide Partner gewinnbringend dar. Gemeinsame Bezugspunkte und Zielsetzungen dürften in dem Positionspapier 2030 soziokultureller Zentren deutlich geworden sein.

Kreativwirtschaft

Das Potential soziokultureller Zentren hat ein weiteres Politikfeld, das hessische Wirtschaftsministerium, erkannt. In Bericht fünf der Kultur- und Kreativwirtschaft Hessen wird beispielsweise Marburg als ausgeprägter Standort der Soziokultur beworben: „Die Universitätsstadt Marburg mit rund 26.000 Studierenden ist ein ausgeprägter Standort der Soziokultur und ein interessanter Kino- und Filmstandort. In Marburg existieren drei soziokulturelle Zentren: die Waggonhalle Marburg

---

236 Deutsche Nachhaltigkeitsstrategie, Rat für Nachhaltige Entwicklung, Universitäten, Fonds und Stiftungen sowie auch das BNE-Weltaktionsprogramm (vgl. Kapitel 9.1).

237 SDG 11: Nachhaltige Städte und Gemeinden.

238 Gemäß SDG 17: Partnerschaften, um die Ziele zu erreichen, insbesondere 17.17: Bildung wirksamer Partnerschaften.

am Hauptbahnhof, das KFZ (Kommunikations- und Freizeitzentrum Marburg), das demnächst in den umgebauten Stadthallenkomplex umziehen wird und das g-Werk mit dem Café Trauma und dem Theater German stage service. Alle drei Zentren werden von der Stadt finanziell gefördert" (Hessisches Ministerium für Wirtschaft, Energie, Verkehr und Landesentwicklung 2015, S. 141). Wenngleich kritisch anzumerken ist, dass ein bundesweit über Hessen hinausstrahlendes soziokulturelles Zentrum wie der Schlachthof Wiesbaden in diesem Bericht keine Erwähnung findet, kann das Bekenntnis des Wirtschaftsministeriums zur Soziokultur als positiver Anknüpfungspunkt und Türöffner für eine Intensivierung der ressortübergreifenden Zusammenarbeit bewertet werden.

Bildung und Gesundheit

Die LAG NW formuliert als eine Schlussfolgerung der länderspezifischen Statistikanalyse der bundesweiten Mitgliederbefragung 2017: „Soziokulturelle Zentren in NRW sollten zusätzlich auch aus dem Bildungs- und Gesundheitsbereich finanziell unterstützt werden" (LAG Landesarbeitsgemeinschaft Soziokultureller Zentren NRW e.V. 2018, S. 27). Empfohlen wird eine Überprüfung, welche Förderprogramme z.B. zur Gesundheitsprävention oder Bildungsarbeit zur Finanzierung der politikfeldübergreifenden Leistungen soziokultureller Zentren erschlossen werden können.

Nachhaltigkeitsstrategien der Länder am Beispiel Hessen

Ein potentieller Partner für soziokulturelle Zentren in Deutschland könnten auch die Nachhaltigkeitsstrategien der Länder sein. Das Beispiel der Nachhaltigkeitsstrategie Hessen zeigt, dass die Akteure des Umweltministeriums den soziokulturellen Zentren, trotz der vergleichsweise kurzen Zeit des Bestehens[239] bei der Prozessgestaltung, Finanzkraft und strategischen Ausrichtung von Inhalten und Zielen weit voraus sind.[240] Welche Bezugspunkte nachhaltiger Entwicklung sich auf Landesebene ausmachen lassen, veranschaulichen die folgenden Beispiele:

Anknüpfungspunkt 1: Teilnahme am Hessischen Tag der Nachhaltigkeit
Bereits zum fünften Mal wird im Herbst 2018 im Rahmen der Nachhaltigkeitsstrategie Hessen im gesamten Bundesland das Thema Nachhaltigkeit „in all ihren Facetten erleb- und greifbar" (Hessisches Ministerium für Umwelt, Klimaschutz,

239 Die Beschlussfassung der Umsetzung einer Nachhaltigkeitsstrategie Hessen erfolgt im Jahr 2008, vgl. Kapitel 2.4.

240 Vgl. Kapitel 2.4.

Landwirtschaft und Verbraucherschutz (HMUKLV) 2017b). Von einer Teilnahme von Verbandsmitgliedern der LAKS Hessen könnten sowohl die Zentren, die Initiatoren des Tags der Nachhaltigkeit als auch die Menschen in Hessen profitieren: Die Veranstalter gewinnen gut vernetzte, kreative Kunst- und Kulturorte in ganz Hessen für ihre landesweite Initiative, die Zentren setzen sich durch die Mitwirkung mit den Schnittstellen von Nachhaltigkeit & Kultur inhaltlich auseinander. Zudem könnten Besucher und Zielgruppen für das Thema Nachhaltigkeit an Orten sensibilisiert werden, die bisher noch nicht von der Nachhaltigkeitskampagne erreicht worden sind. Die Anregung der Zusammenarbeit ist nicht auf die Einmaligkeit im Herbst 2018 beschränkt[241], sondern auch als Chance einer zukünftigen Kräftebündelung mit Verstetigungspotential zu betrachten.

Anknüpfungspunkt 2: Zielvereinbarung Nachhaltige Beschaffung
Der Steuerungskreis «Nachhaltiger Konsum», dem Akteure aus Wirtschaft, Gesellschaft, Wissenschaft und Verwaltung angehören, hat sich zum Ziel gesetzt, „die Implementierung einer nachhaltigen Beschaffung bzw. eines nachhaltigen Einkaufs weiter voranzutreiben" (Hessisches Ministerium für Umwelt, Klimaschutz, Landwirtschaft und Verbraucherschutz (HMUKLV) 2017b). Angestrebt wird, 100 Unternehmen, Kommunen und öffentliche und private Institutionen dafür zu gewinnen, „Nachhaltigkeitskriterien stärker in ihre Beschaffung bzw. in ihren Einkauf zu integrieren und dieses Engagement mit der Unterzeichnung einer konkreten Zielvereinbarung auch öffentlich sichtbar und nachvollziehbar zu machen" (ebenda). Dieses Vorhaben belegt, wie das Thema «Beschaffung» das Umfeld von Betrieben – insbesondere auch von KMU und NPO – zunehmend durchdringt. Und dies aus gutem Grund, denn die Bezugspunkte sind eindeutig gegeben, auch bei soziokulturellen Zentren.[242] Durch eine Teilnahme an dem

241 Die Bearbeitung dieses Kapitels erfolgte im April 2017. Die in diesem Zeitraum entwickelten Anknüpfungspunkte sind der LAKS Hessen Ende April 2017 als Vorschläge eingereicht und in Abstimmung mit dem Umweltministerium im Herbst 2017 von dem Netzwerk Nachhaltigkeit in Kunst und Kultur e.V. (2N2K) mit zwei Förderantragen beim Fonds Nachhaltigkeitskultur zum Schwerpunkt Esskultur unter dem Projekttitel „Gesund, nachhaltig und bezahlbar! Gastronomische Strategien für soziokulturelle Zentren in Hessen" und beim Fonds Soziokultur unter dem Titel »Selbstversuch: Soziokulturelle Zentren veranstalten klimaneutral« Antrags-Nr.: 2018 E048 konkretisiert worden. Eine Förderung über den Fonds Nachhaltigkeitskultur konnte nicht erwirkt werden. Der Antrag beim Fonds Soziokultur wurde daraufhin zurückgezogen, da die erforderliche Eigenbeteiligung von 50 % nicht aufgebracht werden konnte.

242 Vgl. Kapitel 8.5.

Programm könnten die Zentren ihre Beschaffungspraxis optimieren. Durch die Unterzeichnung einer Zielvereinbarung würde das nachhaltige Engagement zudem an Verbindlichkeit gewinnen, drittens könnte das Engagement der Zentren öffentlichkeitswirksam kommuniziert werden und zum Nachahmen anregen.

Anknüpfungspunkt 3: Entwicklung gemeinsamer Projekte mit Modellcharakter
„Im Gegensatz zu einem Großteil der anderen Länderstrategien existiert für die Nachhaltigkeitsstrategie Hessen kein in sich geschlossenes Strategiedokument, sondern der Prozess gestaltet sich in erster Linie über Projekte“ (Studie der Bertelsmann-Stiftung 2014, S. 79). Es kann als Stärke der Strategie ausgelegt werden, dass sich die Strategieentwicklung in Hessen den Gestaltungsfreiraum nimmt, über zunächst zeitlich begrenzte Projekte neue Handlungsfelder zu erschließen, Ansätze zu erproben und Prozessentwicklungen auszuwerten – verbunden mit der konzeptionellen Zielsetzung, gewonnene Erfahrungen und gute Praxis nachhaltig zu verstetigen. Der nachhaltige Entwicklungsprozess in Hessen ist nicht als «closed shop» zu verstehen, wie die bereits dargestellte Weiterentwicklung des Indikatorensystems sowie die Anpassung an die Zielsetzungen der DNS zeigen.[243] Denkbar wäre, gemeinsame Projekte z.B. zur Entwicklung von Nachhaltigkeitskultur zu initiieren. Im Expertengespräch äußert die Geschäftsführung des hessischen Umweltministeriums die Offenheit, viel stärker zusammenarbeiten zu wollen, über gemeinsame Veranstaltungen eine Verbindung herzustellen, „in der Wahrnehmung ein bisschen mehr zusammenzurutschen“ (Befund EX16 2017, S. 4–5).

Anknüpfungspunkt 4: Nachhaltigkeitskonferenz mit Vertretung der Soziokultur besetzen
Ein erster strategischer Handlungsansatz wäre, die Nachhaltigkeitskonferenz mit einem Fürsprecher der Soziokultur zu besetzen, da die Kulturszene dort bislang überhaupt nicht vertreten ist, empfiehlt die Expertin (ebenda, S. 9)

9.6 Zusammenfassung Teil D) und weitere Empfehlungen für Politik, Partner, Verbände

Fünf Handlungsansätze mit bundesweiter Relevanz und hohem Transformationspotential können als Ergebnis dieser Untersuchung festgehalten werden. Die in Kapitel 9.1–9.5 ausgeführten Erkenntnisse richten sich primär an die Bundesvereinigung Soziokultureller Zentren e.V. Sie werden im Folgenden noch

243 Vgl. Kapitel 2.4.

einmal zusammengefasst und anschließend um weiterführende Empfehlungen für Politik, Partner und Verbände ergänzt.

Fünf Handlungsansätze für die Bundesvereinigung Soziokulturelle Zentren e.V. (Zusammenfassung der Kapitel 9.1 bis 9.5)

1) **Programmentwicklung: Neue Bildungsformate zur Nachhaltigkeitskultur entdecken und entwickeln**
   - o Mitarbeit im Partnernetzwerk BNE (Indikator VII), (Kapitel 9.1).
   - o Praxisworkshops zur Entwicklung von Nachhaltigkeitskultur initiieren (Indikator VIII), (Kapitel 9.1).
2) **Branchenspezifische Indikatoren und Berichte gestalten**
   - o Kennzahlengestützten, branchenspezifischen Kriterienkatalog der Zukunftsfähigkeit für soziokulturelle Zentren entwickeln (Indikator III), auf der Basis des DNK (Indikator V) unter Berücksichtigung des Grundgerüsts Z 21 (Indikator XV), (Kapitel 9.2).
   - o Statistische Erhebung um Indikatoren mit nachhaltiger Aussagekraft erweitern, da relevante Fragen zukunftsfähiger Ausrichtung bisher nicht erfasst werden, z.B. Energiebezug, Spendenmittel, Investitionsbudget, Rücklagen (Indikator III), (Kapitel 9.2).
3) **Prozessentwicklung in den Zentren anstoßen, Befähigung befördern**
   - o Bundesweite Prozessentwicklung mit regionalen «Zukunftsworkshops» anstoßen (Indikator VI), (Kapitel 9.3).
   - o Erkenntnisse bündeln, Erfahrungen teilen. Nachzeichnen und Aufzeigen von Fortschritten hin zur Zukunftsfähigkeit mit dem Ziel, Praxiswissen für weitere Einrichtungen in Form von Leitfäden nutzbar zu machen (Indikator XII), (Kapitel 9.3).
4) **Kommunikationsentwicklung: Ausrichtung auf zukunftsweisende Positionslichter**
   - o Positionslichter 2030 bestimmen mit Ausrichtung auf zukunftsfähige Stoßrichtungen, gemeinsam Orientierungspunkte entwickeln. Als Arbeitsgrundlage dienen die zusammengefassten Befunde dieser Untersuchung. Leitsatzdebatte um Aspekte nachhaltiger Ausrichtung erweitern, bundesweite Zielsetzungen der DNS und SDG bei Weiterentwicklung als Bezugspunkte ausweisen (Indikator II), (Kapitel 9.4).
   - o Länderübergreifende Kommunikationsstrategien entwickeln, z.B. in Kooperation mit der DNS eine Klimaschutz-Kampagne «Mitmachen» auf Landes- oder Bundesebene initiieren: Soziokulturelle Zentren beziehen Grünstrom. Zielsetzung, innerhalb von einem definierten Zeitraum den %-Anteil der Betriebe, die auf den Bezug von Strom aus erneuerbaren

Energiequellen umstellen, um XX % zu erhöhen. Denkbar wäre, auch Rahmenverträge mit führenden Ökostromanbietern auf Bundesebene zu verhandeln.
Anknüpfend an die DNS-Kampagne «Mitmachen» können auch weitere gemeinsame Entwicklungsziele angestrebt und öffentlichkeitswirksam kommuniziert werden, z.B. Steigerung des Bezugs von Fair-Trade oder regionaler Produkte innerhalb eines bestimmten Zeitraums um XX % (Indikator XI), (Kapitel 9.4).

- o Zum Ausloten der Kernkompetenzen und Botschaften wäre langfristig die Entwicklung einer Marken-Chart für soziokulturelle Zentren empfehlenswert (Indikator XIX), (Kapitel 9.4).

5) **Netzwerkentwicklung: Strategische Bündnisse mit starken Partnern knüpfen**

- o Gründung eines Fachbeirates zur strategischen Planung und Steuerung des gesetzten Schwerpunktes «Nachhaltigkeitskultur entwickeln» (Indikator VI), (Kapitel 9.5).
- o Initiierung einer Strategietagung auf Bundesebene mit Vertretern des Rates für Nachhaltige Entwicklung, der Deutschen Nachhaltigkeitsstrategie und weiteren potentiellen Förder- und Netzwerkpartnern, um gemeinsame, strategische Schritte und möglichst langfristige Kooperationen auszuloten (Indikator XIV),
(Kapitel 9.5).

Politikfeldübergreifende Handlungsansätze für Bund, Länder, Kommunen, Partner und Verbände

Ausgehend von den identifizierten fünf Schwerpunkten lassen sich zur Entwicklung von Nachhaltigkeitskultur und zur Zukunftsfähigkeit soziokultureller Zentren Handlungsansätze für Bund, Länder, Kommunen, Partner und Verbände formulieren, denn es wird Fürsprecher, Mitstreiter und Ressourcen brauchen, um eine Kultur der Nachhaltigkeit in den Schaltzentralen der individuellen Wirkungskreise zu verankern.

Auf einen kulturpolitischen Zuschnitt wird bewusst verzichtet, die Empfehlungen sind politikfeldübergreifend angelegt. Diese Vorgehensweise scheint den Querschnittsaufgaben Nachhaltigkeit und Kultur eher gerecht zu werden, insbesondere vor dem Hintergrund, dass sich eine ressortübergreifende Finanzierung soziokultureller Zentren in der gegenwärtigen, kulturpolitischen Förderpraxis nicht strukturell widerspiegelt.

Mehrere Engpässe kennzeichnen die Situation der untersuchten soziokulturellen Zentren: Die finanzielle Situation ist nachhaltig unsicher, kein Betrieb scheint in den kommenden fünf Jahren substanziell gesichert zu sein. Es fehlt an erforderlichen Personalressourcen, auch zur Gestaltung des Generationswandels. Investive Mittel zur energetischen Sanierung der Betriebe und Optimierung der Ausstattung sind notwendig, um zukunftsfähiger als bisher aufgestellt zu sein. Diese Engpässe hemmen die Entwicklung der Zentren und Entfaltung der Potentiale maßgeblich.

Mit vereinten Kräften an der Ausprägung einer Nachhaltigkeitskultur zu arbeiten, kann ein aussichtsreicher Handlungsansatz sein. Die dargestellte Befundlage bestärkt den Eindruck, dass ein Zusammenwirken längst überfällig ist. Politische Entscheidungsträger täten gut daran, die Ausrichtung der kulturellen Infrastruktur unter nachhaltig wirkenden Gesichtspunkten strategisch und strukturell anzugehen, denn derzeit ist die Kulturpolitik in Deutschland nicht zukunftsweisend aufgestellt. Das Leitmotiv «Nachhaltigkeit» der Bundesrepublik Deutschland und die Beschlussfassung der Deutschen Nachhaltigkeitsstrategie stellen eine gesetzliche Rahmung dar, die auch für kulturpolitische Entscheidungsträger ideale Anknüpfungspunkte bietet.

Kulturfördergesetze, Förderpläne, eine aktivierende Kulturpolitik und auch das Cultural Governance-Konzept eint zwar, dass diese hilfreiche Instrumente zur Planung und Steuerung kulturpolitischer Entwicklungsprozesse darstellen. Die Methoden aber weisen keine eindeutig erkennbare, nachhaltige Rahmung auf. Sie können losgelöst von planetarischen Leitplanken Anwendung finden. Es wäre zeitgemäß und folgerichtig, eine konsequente Rücksichtnahme auf Natur und Mensch in das Zentrum zukünftigen kulturpolitischen Handelns zu stellen und der bisher gelebten Kulturautonomie Grenzen aufzuzeigen, analog der in Kapitel 1.3 aufgezeigten alternativen Modellen zukünftiger Wirtschaftsweise.[244] Die zukunftsweisende Chance von Cultural Governance, Kulturförderplänen, Kulturgesetzen und einer aktivierenden Kulturpolitik liegt darin, perspektivisch einen nachhaltig wirkenden Orientierungsrahmen zu berücksichtigen (Indikatoren I und II).

Wann, wenn nicht jetzt ist die Zeit gekommen, nach über 40 Jahren soziokultureller Überzeugungsarbeit die Strukturen der Zentren so zu gestalten, dass der gesellschaftliche Wert soziokultureller Arbeit nicht nur wertgeschätzt, sondern auch substanziell gesichert und zukunftsweisend aufgestellt wird? Die Forderung

---

244 Die in dieser Arbeit angeführten Modelle sind: ökologisch-soziale Marktwirtschaft, Ökologische Ökonomie, Gemeinwohlökonomie.

der Bundesvereinigung Soziokultureller Zentren e.V., dass die Betriebe mehr öffentliche Unterstützung benötigen als bisher, wird mit der vorliegenden Studie einmal mehr bekräftigt. Die Engpässe der Betriebe zeigen sich deutlich, aber auch die Perspektiven. Zukunftsweisende Wege soziokultureller Zentren sind gestaltbar, insbesondere mit einem Blick, der über das kulturpolitische Ressort hinausgeht und die Potentiale im Zusammenhang mit der Entwicklung alltagsnaher Nachhaltigkeitskultur sichtbarer macht als bisher. Soziokulturelle Zentren leisten bereits gesellschaftlich unverzichtbare Arbeit. Durch eine Stärkung soziokultureller Zentren können aber nicht nur wertvolle Beiträge für das Gemeinwohl gesichert werden, eine verbesserte Förderung eröffnet zudem die bundesweite Perspektive, leistungsstarke Partner für die gesellschaftliche Verankerung des bundespolitischen Leitbilds «Nachhaltigkeit» zu gewinnen. Nachfolgend werden erste Vorschläge entworfen, wie Bund, Länder, Kommunen, Partner und Verbände die Realisierung der fünf Handlungsansätze ermöglichen können. Die Handlungsansätze sind politikfeldübergreifend ausgerichtet, setzen auf eine langfristige, strategische Weiterentwicklung soziokultureller Infrastruktur in Deutschland und haben nicht den Anspruch auf Vollständigkeit. Es geht vielmehr darum exemplarisch aufzuzeigen, welche Förderpartner und Programme hilfreich sein könnten.

Politikfeldübergreifende Handlungsansätze zur Entwicklung von Nachhaltigkeitskultur und zur Zukunftsfähigkeit soziokultureller Zentren

Zu 1) Programmentwicklung: Neue Bildungsformate zur Nachhaltigkeitskultur entdecken und entwickeln

Soziokulturelle Akteure verfügen über das kreative Potential, eine Nachhaltigkeitskultur langfristig aktiv mitzugestalten. Die Gewährleistung kreativer Gestaltungsfreiräume und Entfaltungsmöglichkeiten zukünftiger Generationen sind wesentliche Bausteine nachhaltiger Entwicklung und ganz im Sinne des Leitbilds Nachhaltigkeit der Bundesregierung. Folgende Maßnahmen können diesen Prozess unterstützen:

- Das neue Förderprogramm zur Entwicklung, Erprobung und Verstetigung von Nachhaltigkeitskultur, den Fonds Nachhaltigkeitskultur, nicht nur auf drei Jahre befristet ausloben, sondern langfristig mit Mitteln ausstatten, in der Laufzeit idealerweise gekoppelt an die Agenda 2030 (Indikator X).
- Durch Investitionen in die Infrastruktur und Ausstattung soziokultureller Zentren Gestaltungsfreiräume strukturell anlegen und dauerhaft

ermöglichen. Für die Umsetzung dieser Empfehlung braucht es Förderpartner, entsprechend erfolgt an dieser Stelle ein Verweis auf Punkt 5).

Zu 2) Branchenspezifische Indikatoren und Berichte gestalten

- Kooperation mit dem RNE, Abteilung Deutscher Nachhaltigkeitskodex (DNK), zur Entwicklung eines branchenspezifischen Nachhaltigkeitskodex für soziokulturelle Zentren in Deutschland unter Berücksichtigung bereits vorliegender Erfahrungswerte, beispielsweise des hochschulspezifischen Nachhaltigkeitskodex (Indikatoren V und VI).
- Implementierung des Kodex zunächst in drei Bundesländern, wissenschaftlich begleitet im Rahmen einer Studie, gefördert vom Bundesministerium für Bildung und Forschung (Indikator VI). Erfahrungswerte in einem Leitfaden bündeln, um weiteren Bundesländern die Einführung des Kodex zu erleichtern (Indikator XII).

Zu 3) Prozessentwicklung in den Zentren anstoßen, Befähigung befördern

- Bundesweite Durchführung von Initial-/Potential-/Prozessberatungen für soziokulturelle Zentren ermöglichen (Indikator VI), unter Berücksichtigung bereits bestehender Förderprogramme der Wirtschafts- und Umweltministerien[245].

245 Bundesweit stehen Förderprogramme für Energieberatungen zur Verfügung, wie beispielsweise das Projekt Stromsparteam in Frankfurt, Initialberatungen der EnergieAgentur.NRW oder der national tätige Green Club Index. Die Beratungen finden in den Betrieben vor Ort statt, Einsparpotentiale werden ermittelt und auf den Kulturbetrieb zugeschnittene Handlungsempfehlungen entworfen. Auf dieser fachlich fundierten Grundlage können die Betriebe dann Verbesserungsmaßnahmen einleiten. Externe Fachberatungen stellen einen wirkungsvollen Impuls dar, auf der Grundlage einer Betriebsanalyse zielführende Schritte für eine Optimierung der Gebäude und des Nutzerverhaltens einzuleiten. Beispielhaft sei an dieser Stelle das Investitionsprogramm für Kultureinrichtungen des Energiereferats in Frankfurt genannt (vgl. Kapitel 6.4). Sicherlich ist es löblich, solche Programme auf kommunaler Ebene zu realisieren, die Optimierung der kulturellen Infrastruktur stellt aber eher eine Aufgabe der Landeskulturpolitik dar. Ein bundesweit bestehendes Förderinstrument, welches seit Oktober 2012 für KMU zur Verfügung steht, ist das Programm *unternehmensWert: Mensch*. Anzuregen wäre, ob dieses Modellprogramm, dass beispielsweise bei der Gesundheitsförderung oder Personalentwicklung unterstützt, weitere Beratungsmodule zur nachhaltigen Prozessentwicklung ergänzend hinzunehmen könnte. Die Erstberatung ist kostenlos. Die darauf folgende Fachberatung kann bis zu 80 Prozent bezuschusst werden (vgl. Förderprogramm unternehmensWert: Mensch).

- Auf Grundlage der Handlungsempfehlungen der Initialberatungen Investitionsmittel zur schrittweisen Sanierung der Infrastruktur (Gebäude und Ausstattung) bereitstellen, z.B. im größeren Rahmen einer EU-Strukturförderung auf Länder- oder Bundesebene einwerben (Indikatoren X und XI)[246].

Zu 4) Kommunikationsentwicklung: Ausrichtung auf zukunftsweisende Positionslichter

Durch eine gezielte Ansprache und Sensibilisierung wird perspektivisch das Nachhaltigkeitsverständnis von bundesweit 12 Millionen Besuchern soziokultureller Zentren geprägt.

- Fördermittel zur Entwicklung und Umsetzung von Kommunikationsmaßnahmen, verortet im Alltag der Zentren vor Ort, z.B. über eine Förderung des Fonds Nachhaltigkeitskultur, Förderprogramme der Deutschen Nachhaltigkeitsstrategie, im Rahmen eines Verbundprojektes mit den regionalen Netzstellen Nachhaltigkeitsstrategien (RENN) oder der Deutschen Bundestiftung Umwelt (DBU) (Indikatoren XI und XIX).

Zu 5) Netzwerkentwicklung: Strategische Bündnisse mit starken Partnern knüpfen

Unzureichende Ressourcen schmälern die Leistungskraft soziokultureller Zentren und das Bekenntnis, nachhaltig wirkenden Wandel aktiv anzugehen.

- Grundsicherung der Betriebe durch eine institutionelle, mehrjährig geltende, anteilige Förderzuwendung in Form einer Festbetragsfinanzierung, die bedarfsorientiert sowohl für Programmarbeit, Betriebs- und Personalkosten oder auch Qualifizierungs-/Entwicklungsmaßnahmen eingesetzt werden kann, idealerweise durch Co-Finanzierungen der Länder und Kommunen (Indikator XIV).
- Förderprogramme zur Unterstützung des Generationswandels und Optimierung der personellen Ressourcenbasis gemäß Empfehlung der Enquete-Kommission in Kooperation mit dem Bundesarbeitsministerium (Indikator XIV).

Bestandteil der vorgenommenen Untersuchung ist eine länderspezifische Erörterung der kulturpolitischen Rahmenbedingungen.[247] Ausgehend von den dort ermittelten Befunden lassen sich kapitelabschließend folgende Handlungsansätze für die Länder Hessen und Nordrhein-Westfalen ableiten:

246 So wie dies bereits in Niedersachsen erwirkt wurde.
247 Vgl. Kapitel 8.3.

Politische Handlungsansätze für Hessen

- Auswertung des Modellprojektes Soziokultur unter Hervorhebung der Vorteile mit dem Ziel einer Fortsetzung um mindestens weitere fünf Jahre, verbunden mit einer Budgeterhöhung zur Strukturförderung und Stabilisierung der soziokulturellen Szene in Hessen, denn der mittelbare Förderanteil der Gesamtaufwendungen der Länder für soziokulturelle Zentren mit 0,15 % ist deutlich zu gering (Indikator X).
- Mitarbeit an dem Masterplan Kultur in Hessen mit der Zielsetzung, die soziokulturelle Szene als eigenes Handlungsfeld zu legitimieren (Indikator XIV).
- Vernetzung mit der Nachhaltigkeitsstrategie Hessen, insbesondere in den drei Handlungsfeldern:
  - Kommunikation
  - Beschaffung
  - Interdisziplinäre Projektzusammenarbeit, z.B. Konzeption, Entwicklung, Erprobung und Auswertung neuer Formate und Kooperationen der kulturellen Bildung & Bildung für nachhaltige Entwicklung zur Ausformung einer Nachhaltigkeitskultur (Indikator VIII).
- Anknüpfend an die bereits ausgewiesenen Standortvorteile der soziokulturellen Szene in Städten (Beispiel Marburg als ausgeprägter Standort der Soziokultur) die Wirkungskreise der Zentren erweitern und Vernetzung mit weiteren Politikfeldern und Ministerien intensivieren, insbesondere zum Wirtschaftsministerium und der Kultur- und Kreativwirtschaft (Indikator VII).
- Zur Bewältigung anfallender, zusätzlicher Aufgaben und zur Stärkung der Lobby-Arbeit wird vorgeschlagen, die kulturpolitische Interessenvertretung der Zentren auf Landesebene auszubauen (Indikator XIV).

Politische Handlungsansätze für Nordrhein-Westfalen

Die mittelbaren Zuwendungen für die soziokulturelle Szene in Höhe von 0,57 % des Gesamt-Kulturetats in NRW sind im Vergleich zu anderen Kultursparten noch ausbaufähig (Indikator X).

- Aussichtsreich scheint eine verstärkte Fokussierung der spartenübergreifen agierenden soziokulturellen Szene auf das Kulturförderplan-Handlungsfeld IV Förderung der kulturellen Bildung. Dieser Etat umfasst 24 Millionen und bietet das Potential, aus bisher indirekten Bezügen mittelbare zu erwirken, insbesondere auch vor dem Hintergrund, dass die Landesregierung kulturelle Bildung als Förderschwerpunkt ausweist und perspektivisch eher ausbauen als kürzen wird.

Bereits geleistete Programmschwerpunkte der Zentren (100 % der untersuchten Zentren bieten kulturelle Bildungsangebote, 50 % aller Angebote zielen auf eine kulturelle Basisarbeit für Kinder und Jugendliche ab) als förderberechtigende Argumente deutlicher hervorheben und vertreten (Indikatoren VIII und XX).

- Soziokulturelle Zentren sollten bei der Fortschreibung des Kulturförderplans ihre gemeinwohldienlichen Leistungspotentiale noch deutlicher ausweisen und eine Zuwendungsberechtigung in weiteren unmittelbaren Handlungsfeldern anstreben, insbesondere unter nachhaltigen Gesichtspunkten. Hier bieten sowohl Handlungsfeld 3.7 Kultur und gesellschaftlicher Wandel sowie VII.2 Interkulturelle Kunst- und Kulturarbeit Anknüpfungspunkte mit erheblichem Entwicklungspotential (Indikator XX).
- Der Kulturförderplan empfiehlt eine interdisziplinäre Arbeitsweise, um sich großen gesellschaftlichen Herausforderungen wie z.B. dem Klimawandel zu stellen, und stellt eine Förderung entsprechender Vorhaben in Aussicht. Für soziokulturelle Zentren bietet sich hier die Chance, solche zukunftsweisenden Projekte mit zu entwickeln, an der Förderung zu partizipieren und perspektivisch eine Förderberechtigung durch eine namentliche Nennung in Handlungsfeld 3.7 zu verstetigen (Indikatoren VII, XIV und XX).
- Die Landesregierung kündigt im Kulturförderplan als eine wesentliche kulturpolitische Nachhaltigkeitsmaßnahme an, zukünftig besonderen Wert auf eine verstärkte Evaluation der Nachhaltigkeitsbemühungen zu legen. Soziokulturelle Zentren sollten frühzeitig in den Aufbau einer Nachhaltigkeitsberichterstattung investieren (Indikator III).
- Zur Bewältigung anfallender, zusätzlicher Aufgaben und zur Stärkung der Lobby-Arbeit wird vorgeschlagen, die kulturpolitische Interessenvertretung der Zentren auf Landesebene auszubauen (Indikator XIV).
- Langfristig ist zu empfehlen, mittelbare Zuwendungen als mehrjährige, strukturelle Grundförderung zu gewähren (Indikator X).

10 Das Ende des Anfangs

Zum Ende der Arbeit gilt es zu überprüfen, ob zu den einleitend genannten Fragestellungen Antworten gegeben werden können, welche Erkenntnisse aus den Forschungsbefunden zu ziehen sind, ob die zu Beginn der Studie erfragten Erwartungen der Teilnehmer erfüllt werden konnten, welche Fragen offen bleiben und ob sich weiterführende Perspektiven abzeichnen.

Ausgehend von der zentralen Forschungsfrage «Wie können zukunftsweisende Wege soziokultureller Zentren gestaltet werden?» ist die vorliegende Untersuchung auf vier Fragestellungen zurückzuführen:

1. Welche Indikatoren können zur Gestaltung von Zukunftsfähigkeit herangezogen werden?
2. Wie verhält sich der Untersuchungsgegenstand soziokulturelle Zentren zu den ermittelten Prüfkriterien?
3. Lassen sich Erkenntnisse und Handlungsansätze ableiten, die eine Zukunftsfähigkeit soziokultureller Zentren befördern können?
4. Welche zukunftsweisenden Wege können aus eigener Kraft heraus gestaltet werden?

Zur Beantwortung der Ausgangsfrage, ob Zukunftsfähigkeit gestaltbar sei, sind in Teil A) der Untersuchung 21 Indikatoren[248] in fünf Wirkungsfeldern[249] ausgemacht worden, die im Zeitalter des Anthropozäns als Anhaltspunkte dienen können, in eigenen Wirkungskreisen Beiträge zur Zukunftsfähigkeit zu leisten. Die Prüfkriterien und Kategorien erlauben eine zielgenauere Untersuchung der Zukunftsfähigkeit soziokultureller Zentren. Die Indikatoren beanspruchen keine Vollständigkeit und haben sich als eingrenzendes Prüfraster zur Beantwortung von Frage zwei als hilfreich erwiesen. Sowohl wesentliche Lücken, Leistungsmerkmale als auch Entwicklungspotentiale sind ermittelt worden und zum Abschluss von Kapitel C) zusammengefasst.

248 Eine übersichtliche Aufstellung aller 21 Kriterien bietet die Zusammenfassung zum Abschluss von Teil A).

249 Politik & Finanzen, Strategie, Prozesse, Umwelt, Gesellschaft.

Ausgehend von diesen Erkenntnissen können zur Beantwortung der Fragen drei und vier fünf generalisierte Entwicklungsziele mit bundesweiter Relevanz und hohem Transformationspotential aufgezeigt werden:

1) Mitgestaltung neuer Bildungsformate zur Nachhaltigkeitskultur.
2) Branchenspezifische Indikatoren und Berichtsform entwickeln.
3) Prozessentwicklung in den Zentren anstoßen.
4) Ausrichtung auf zukunftsweisende Positionslichter.
5) Knüpfen strategischer Netzwerke.[250]

Bestandteil der Handlungsansätze sind einerseits zukunftsweisende Entwicklungsschritte, die aus eigener Kraft angegangen werden können, sowohl bei der Mitgestaltung von Nachhaltigkeitskultur als auch bei der Betriebsführung im Rahmen der identifizierten neun Handlungsfelder Mobilität, Ort und Unterkunft, Energieverbrauch und Beleuchtung, Beschaffung von Produkten und Dienstleistungen, Bewirtung, Abfall- und Wassermanagement, Kommunikation, Soziale Aspekte/Charity sowie Klimaschutz Kompensation (Indikator XI).

Deutlich gezeigt hat sich andererseits, dass die Gestaltung von Zukunftsfähigkeit starke Partnerschaften braucht und eine strategische Vorgehensweise förderlich ist. Die Handlungsansätze berücksichtigen die primären Wünsche der Untersuchungsteilnehmer nach finanzieller Sicherheit, Personalentwicklung sowie besserer, personeller Ressourcen[251] und fordern politische Entscheidungsträger auf, die notwendigen Stellschrauben zur Behebung der Engpässe und Optimierung der Ressourcenbasis aus der Perspektive von Zukunftsfähigkeit mit vereinter, ressortübergreifender Kraft zu justieren. Eine konsequente Ausrichtung und Orientierung am Leitprinzip der Nachhaltigkeit kann dazu beitragen, Zukunftsfähigkeit im kulturpolitischen Feld zu entwickeln und zur derzeit noch nicht gegebenen Anschlussfähigkeit befähigen.

Der Kulturförderplan in Nordrhein-Westfalen bietet diesbezüglich Anknüpfungspunkte mit Entwicklungspotential, auch für die soziokulturelle Szene. Es ist als Erfolg für die Szene in Nordrhein-Westfalen zu bewerten, dass die Empfehlung der Enquete-Kommission an die Länder und Kommunen, soziokulturelle Zentren als eigenständigen Förderbereich in der Kulturpolitik zu identifizieren, zu institutionalisieren und weiterzuentwickeln[252] mit der Berücksichtigung im Kulturfördergesetz §11 (2) und der Zuweisung eines eigenen Handlungsfeldes

250 Die fünf Handlungsansätze werden in Teil D) der Untersuchung näher erläutert.
251 Vgl. Kapitel 8.
252 Vgl. Kapitel 8.1

VI Förderung der freien Szene und der Soziokultur im Kulturförderplan umgesetzt ist. Dennoch partizipieren die soziokulturellen Betriebe weder in Nordrhein-Westfalen noch in Hessen von dem Bestreben der Länder, nachhaltige Strukturen aufzubauen: Die mittelbaren Zuwendungen für soziokulturelle Zentren sind in beiden Ländern nach über 40 Jahren soziokultureller Pionierarbeit deutlich zu gering. Perspektivisch folgerichtig wäre, soziokulturelle Zentren als Leistungserbringer für das gesellschaftliche Gemeinwohl in die Nachhaltigkeitsstrategien der Städte, Länder und des Bundes zu implementieren.

Die Forschungsfrage, ob sich gemeinsame Ansätze und Schnittstellen soziokultureller Zentren im Zusammenhang mit nachhaltiger Entwicklung ausmachen lassen, ist mit dem Grundgerüst Z 21 belegt. Der Modellentwurf führt in der vorgelegten Form über einen niederschwelligen Ansatz hinaus und stellt erste Handlungsansätze für eine zukunftsfähige Ausrichtung der Zentren zur Anwendung bereit. Konkret, praxisnah, messbar. Das Grundgerüst bietet die Perspektive, zu einem branchenspezifischen System weiterentwickelt zu werden.

Im Vergleich zu den bereits konzeptionell ausgeformten Strukturen der Kirchen und dem Format «Zukunft einkaufen» aber zeigen sich deutliche Lücken im soziokulturellen Feld. Für soziokulturelle Akteure gibt es zum Thema Nachhaltigkeitskultur aktuell weder eine Homepage, keinen Newsletter und auch keine regelmäßigen Publikationen z.B. zur gezielten Ansprache und Sensibilisierung von Besuchern. Es gibt keine Impulsveranstaltungen, Qualifizierungs- und Fortbildungsangebote, noch eine Anlaufstelle zur Beratung oder Koordination gemeinsamer, öffentlichkeitswirksamer Aktionen. Die Möglichkeiten, die ein zentraler Einkaufsverbund bietet, um z.B. Rahmenverträge zu verhandeln, werden nicht genutzt. Auch ein Label oder Gütesiegel fehlen.[253] Es wird vorgeschlagen, bei der Entwicklung von Nachhaltigkeitskultur perspektivisch entsprechende Strukturen in Erwägung zu ziehen.

Im Forschungsdesign vorgesehen worden ist, die Erwartungen der Studienteilnehmer an das Projekt «Zukunftsfähigkeit gestalten!» zum Auftakt der Pilotstudie zu erfragen. Zudem wurden die Teilnehmer gebeten, vor dem Untersuchungsbeginn eine Einschätzung zu geben, wann die Studienteilnahme für den Betrieb als Erfolg zu bewerten wäre.[254] Ob die Studie den genannten Anforderungen entsprechen konnte, soll zum Abschluss der Arbeit nun resümiert werden.

---

253 Vgl. 5.2.3.

254 Vgl. Kapitel 8.

Als eine Erwartung mit höchster Priorität sind fachliche Impulse benannt worden. Die Handlungsansätze in Teil D) stellen ebensolche dar. Erste Auszüge der Untersuchungsergebnisse sind der Bundesvereinigung Soziokultureller Zentren e.V. im Herbst 2017 vorgestellt worden (Befund EX18 2017b). Dieser Impuls hat dazu beigetragen, dass Vorstand und Geschäftsführung der Bundesvereinigung auf der Mitgliederversammlung in Erlangen im November 2017 beschlossen haben, die Entwicklung von Nachhaltigkeitskultur als Schwerpunktthema der folgenden drei Jahre zu setzen (Befund EX18 2017a). Der Anerkennung und Akzeptanz von Nachhaltigkeitsthemen in der soziokulturellen Szene wird mit dieser Entscheidung Rechnung getragen, so wie es als ein weiteres Erfolgskriterium formuliert worden ist. Die Willensbekundung auf Bundesebene ist allerdings nur als erster Schritt zu verstehen. Messen lassen müssen sich Erfolge an konkreten Taten, die sich erst in den kommenden drei Jahren zeigen werden.

Von den Teilnehmern erhofft worden sind Vorschläge für konkrete Einsparpotentiale.[255] Zentrumsspezifisch erfolgte im Rahmen der Pilotstudie die Durchführung von Initialberatungen zu dem Themenschwerpunkt Energieeffizienz. Insgesamt siebzig Handlungsempfehlungen[256] sind formuliert, mit Beratungsbefunden anderer Untersuchungen verglichen und erstmals zu branchenspezifischen, zehn Energieeffizienzmaßnahmen zusammengefasst worden. Diese stehen den Zentren nun zur Verfügung, um Maßnahmen zur energetischen Sanierung mit Einsparpotential umzusetzen.

Als Erwartung mit hoher Priorität sind fundierte Argumentationshilfen zur Sensibilisierung der Szene, der politisch Verantwortlichen und der Gesellschaft geäußert worden. Die nun vorliegenden Protokolle und Empfehlungen der externen Fachberatungen, unter anderem durchgeführt von Fachingenieuren der Energieagentur.NRW, stellen belastbare Argumente gegenüber Gebäudeinhabern oder kulturpolitischen Entscheidungsträgern dar, in die Optimierung der Gebäude und Infrastruktur zu investieren.

Hinsichtlich der gesellschaftlichen Sensibilisierung setzt sich die Untersuchung mit dem Wirkungsfeld Gesellschaft[257] und einer Entwicklung von Nachhaltigkeitskultur auseinander. Die Erörterungen regen an, Verantwortung im eigenen Wirkungskreis zu übernehmen, Beiträge zur Zukunftsfähigkeit einzubringen und Leistungsmerkmale soziokultureller Zentren für das Gemeinwohl deutlicher herauszustellen als bisher. Diese bislang noch unveröffentlichten

255 Als Erfolgskriterium sind konkrete Lösungsmöglichkeiten zur energetischen Optimierung und dauerhaften Reduzierung der Betriebskosten geäußert worden.

256 Vgl. Kapitel 8.5.

257 Vgl. Kapitel 5.

Erörterungen werden mit Abschluss des Promotionsvorhabens und der anschließend vorgesehenen Publikation auch den Teilnehmern der Pilotstudie zur Verfügung gestellt.

Der Hoffnung auf Austausch über gemeinsame Erkenntnisse ist insbesondere mit dem Workshop Zukunftsfähigkeit entsprochen worden, in dessen Rahmen erste Befunde der Online-Erhebung eingebracht worden sind und die Geschäftsführer und Vorstände tiefergehende Einblicke in aktuellen Entwicklungsstände der teilnehmenden Zentren erhalten haben. Teil C) beinhaltet weitere, zentrumsübergreifende Erkenntnisse, so werden beispielsweise typische Stolpersteine und Wegmarken zukunftsweisender Entwicklungsschritte veranschaulicht. Es ist hilf- und lehrreich, Gründe des Gelingens und Scheiterns von Veränderungsprozessen zu kennen. Auch diese Analysen werden die Teilnehmer zum Abschluss der Untersuchung erhalten.

Der Weg vom Wissen über die Erkenntnis bis zur Implementierung aber ist weit, so zielt ein dritter Erfolgsfaktor nicht ohne Grund auf die Befähigung ab, soziokulturelle Zentren auf dem Weg zur Zukunftsfähigkeit zu stärken, zu motivieren, das Durchhaltevermögen zu stützen und Entwicklungsmöglichkeiten aufzuzeigen.

Den Anforderungen der Studienteilnehmer entsprochen haben sollten in diesem Zusammenhang die im Zukunftsworkshop gebotenen fachlichen Impulse und erarbeiteten Handlungspläne[258], durch die erste Maßnahmen konkretisiert und Entwicklungsfortschritte angestoßen werden konnten. Als Erfolg zu bewerten ist das Ergebnis, dass sieben der neun teilnehmenden Zentren im Anschluss an den Zukunftsworkshop Handlungsfelder, priorisierte Maßnahmen und Entwicklungsmöglichkeiten formuliert haben.[259] Immerhin drei Betriebe haben nach sechs Monaten auf Nachfrage Prozessfortschritte und eine Weiterarbeit an den vorgenommenen Maßnahmen rückgemeldet.[260]

Die vorgenommene Untersuchung sah vor, Prozessverläufe nachzuzeichnen, um zusammenhängende Veränderungen innerhalb der drei Phasen der Pilotstudie ausmachen zu können. Aus den Ergebnissen lässt sich die Erkenntnis gewinnen, dass das Bündel GAP-Analyse und Handlungsplan einfache und wirkungsvolle Instrumente darstellen, Hindernisse und Entwicklungspotentiale aufzudecken und bei der Auflösung von Widerständen und Engpässen

---

258 Vgl. Kapitel 8.8.

259 Vgl. Zusammenfassung Teil B) Übersicht Erhebungsbefunde und Chiffre-Systematik, Phase 3.1.

260 Vgl. Zusammenfassung Teil B) Übersicht Erhebungsbefunde und Chiffre-Systematik, Phase 3.2.

unterstützend wirken. Deutlich wird auch, dass die Methoden keine Pauschalrezepte verordnen, sondern auf die individuellen Bedürfnisse der Betriebe zugeschnittene Handlungsmöglichkeiten eröffnen. Die Pilotstudie zeigt, dass Kurskorrekturen (Wandel erster Ordnung) auch in soziokulturellen Zentren möglich sind. Ein stufenweises Vorgehen mit dem PDCA-Zyklus ist zu empfehlen.

Im Rückblick ist festzustellen, dass die Aussicht auf den Erhalt einer Auszeichnung mit dem Green Club Label keine gravierende Rolle gespielt hat. Akuter Zeitmangel mag als eine Erklärung dafür dienen, dass es mehrere Anläufe brauchte, um die Auszeichnungen von Studienteilnehmern vorzunehmen. Zwei Auszeichnungen erfolgten im Rahmen der c/o pop in Köln (Befund Phase 3, Ordner 3.3 Green Club Index Auszeichnung 2017b), vier weitere erfolgten, nachdem zunächst organisierte Übergaben im Rahmen von zwei LAG-Sitzungen in Wuppertal und Krefeld nicht möglich waren (Befund Phase 3, Ordner 3.3 Green Club Index Auszeichnung 2017a), schließlich in den Betrieben vor Ort.[261] Gründe dafür, dass die hessischen Zentren nicht mit dem Green Club Label ausgezeichnet worden sind, sind mitunter daran festzumachen, dass die empfohlenen Optimierungsmaßnahmen nicht als ausreichend anerkannt worden sind. Förderlich für die Auszeichnung der Zentren aus Nordrhein-Westfalen dürfte hingegen gewesen sein, dass die Beratungen anerkannte Experten der EnergieAgentur.NRW durchgeführt haben. Dass im Zusammenhang mit der Studie immerhin sechs soziokulturelle Zenten mit dem Green Club Label ausgezeichnet worden sind, ist als (Teil-)Erfolg zu bewerten.

Ebenfalls den begrenzten Ressourcen geschuldet sein dürfte die Tatsache, dass die Teilnehmer der Pilotstudie die kostenfreien Workshops des Green Club Labels[262] nicht wahrgenommen haben. Sicherlich wäre die Teilnahme für eine Auszeichnung förderlich gewesen. Als ein möglicher Hindernisgrund ist einzuräumen, dass die Workshops ausschließlich in Nordrhein-Westfalen durchgeführt worden sind und der Aufwand für hessische Teilnehmer ungleich höher gewesen ist (Befunde Phase 1, Order 1.4 2016). Ebenfalls auf nicht ausreichendes Interesse gestoßen ist die Fachtagung «Nachhaltigkeit – (k)ein Thema für die

261 Bei der Vorstellung des Angebotes der EnergieAgentur.NRW in Wuppertal im Rahmen einer LAG-Tagung konnte eine weitere Einrichtung für die Durchführung einer Initialberatung gewonnen und schließlich auch ausgezeichnet werden. Zu diesem Zeitpunkt sind die Auswertungen der 70 Handlungsempfehlungen schon abgeschlossen gewesen (vgl. Kapitel 8.5), die Befunde dieses Betriebes finden bei der vorliegenden Untersuchung keine weitere Berücksichtigung.

262 Vgl. Kapitel 7.4.

Kultur?!», die zum Abschluss von Phase 1 der Pilotstudie in Kooperation mit der EnergieAgentur.NRW angeboten und schließlich abgesagt worden ist. In diesem Rahmen sollten erste Untersuchungsergebnisse des Pilotprojektes sowie das Energieeffizienz-Projekt Green Club Index vorgestellt werden. Eingeladen gewesen ist zudem eine Referentin des Ministeriums für Wissenschaft und Kultur aus Niedersachsen, die eine dort realisierte EU-Förderung im Kulturbereich vorstellen sollte (Befund Phase 1, Ordner 1.5 Fachtagung in Wetter (abgesagt) 2016). Offensichtlich ist das Thema Nachhaltigkeit in vielen Kulturbetrieben tatsächlich noch kein Thema, anders ist das mangelnde Interesse der landesweit beworbenen Veranstaltung kaum zu erklären. Dass selbst die Teilnehmer der Pilotstudie sich nicht angemeldet haben, ist vermutlich nicht als Desinteresse, sondern einmal mehr als Ressourcenmangel zu deuten. Der Mangel an Ressourcen zieht sich wie ein roter Faden durch die Forschungsstudie. Es kann als eine Lehre aus der Untersuchung gezogen werden, bei Projektvorhaben in der soziokulturellen Szene möglichst auch Mittel zu berücksichtigen, die Zentren überhaupt erst in die Lage versetzen, zusätzliche Aufgaben zu meistern.

Bei fast vierzig Thesen und Fragestellungen, die sich im Verlauf der Erörterung in Teil A) herausgebildet haben, ist es naheliegend, dass offene Fragen zum Ende der Arbeit zurückbleiben.

Unbeantwortet bleibt, wann der RNE bzw. die Länder, Regionen und Kommunen auch NPO-Organisationen zu einer nachhaltigen Betriebsführung anhalten werden.[263]

Weiterhin zu beobachten sein wird, ob eine Selbstbindung der Länder und Kommunen für nachhaltige Entwicklung insbesondere bei den Stellschrauben Beschaffung und Subventionspolitik den Kurswechsel in Richtung Nachhaltigkeit in den kommenden Jahren befördern wird.[264]

Nicht beantwortet werden konnte die Frage, ob soziokulturelle Zentren bei der Angebotsgestaltung Leitfäden, Checklisten und Arbeitsblätter mit nachhaltigem Wert nutzen.[265]

Offen bleibt auch, welche soziokulturellen Unternehmensmodelle sich in den kommenden Jahren ausprägen werden, um durch die bevorstehenden Herausforderungen zu navigieren.[266]

Ergebnisoffen ist, ob es gelingen kann, eine verbandsübergreifende Nachhaltigkeitsstrategie für soziokulturelle Zentren zu entwickeln und ob diese von

263 Vgl. Kapitel 2.2.
264 Vgl. Kapitel 2.2.
265 Vgl. Kapitel 2.6.
266 Vgl. Kapitel 4.4.

den Akteuren mehrheitlich mitgetragen und schließlich auch umgesetzt wird. In diesem Zusammenhang anzuregen wäre, bei der Positionsbestimmung auf Bundesebene auch einen vergleichenden Blick auf den Kriterienkatalog des Landesverbands Sachsen zu werfen.[267]

Zum heutigen Zeitpunkt unbeantwortet bleibt, ob soziokulturelle Zentren ihr Potential, relevante Beiträge (erster und zweiter Ordnung) zur gesellschaftlichen Transformation und Gestaltung von Zukunftsfähigkeit einbringen werden.[268]

Unbeantwortet bleiben wird auch, ob das gewählte, gegenstandsbezogene Forschungsdesign, die ermittelten Wirkungsfelder, Indikatoren und Prüfkriterien auf weitere Forschungsfelder und Untersuchungsgegenstände (Museen, Theater, NPO, KMU) übertragbar sind.

Ein abschließender Ausblick eröffnet die Perspektive einer weiterführenden Anwendung und Fortschreibung der vorgestellten Methoden und Instrumente in der soziokulturellen Praxis. Die fünf Handlungsansätze und Ergebnisse der vorliegenden Untersuchung bilden den Schwerpunkt des Projektantrags «Nachhaltigkeitskultur entwickeln – Praxis und Perspektiven soziokultureller Zentren», mit dem sich die Universität Hildesheim gemeinsam mit dem Projektpartner Bundesvereinigung Soziokultureller Zentren e.V. im Oktober 2017 beim RNE um eine Förderung beworben hat.

Die Arbeitsgruppe des Rates für Nachhaltige Entwicklung zur Zustimmung von Förderungen durch den Fonds Nachhaltigkeitskultur hat sich im März 2018 einstimmig zur Förderung des Projektes[269] ausgesprochen und erkennt das Transformationspotential soziokultureller Zentren an, mit der Ausprägung einer Nachhaltigkeitskultur im Alltag, im lokalen und regionalen Wirkungskreis der Menschen vor Ort, auch die Entwicklung von Zukunftsfähigkeit zu unterstützen. Diese Förderung ermöglicht die Umsetzung weiterführender Prozessschritte.

Also auf zu neuen Ufern, den Positionslichtern 2030 entgegen, die ermittelten Starthilfen und Wegweiser im Gepäck …

267 Vgl. Kapitel 6.2.
268 Vgl. Kapitel 4.2.
269 Vertragsnummer: 81224901.

Abbildungsverzeichnis

Tabellenverzeichnis

Literaturverzeichnis

»älter – bunter – weniger« Die demografische Herausforderung an die Kultur (2006). 1. Aufl. Bielefeld: transcript Verlag (Schriften zum Kultur- und Museumsmanagement). Online verfügbar unter http://dx.doi.org/10.14361/9783839405055.

Aachener Stiftung Kathy Beys (Hg.) (2015a): Schlagwort Hessen: Sustainable Balanced Scorecard. In: Lexikon für Nachhaltigkeit. Online verfügbar unter https://www.nachhaltigkeit.info/artikel/sustainable_balanced_scorecard_976.htm, zuletzt aktualisiert am 06.02.2015, zuletzt geprüft am 10.06.2018.

Aachener Stiftung Kathy Beys (Hg.) (2015b): Schlagwort "Sustainability Balanced Scorecard". In: Lexikon der Nachhaltigkeit. Online verfügbar unter https://www.nachhaltigkeit.info/artikel/sustainability_balanced_scorecard_1562.htm, zuletzt aktualisiert am 18.11.2015.

Allmann, Uwe (1998): Unternehmensführung in Kulturbetrieben. Uwe: Innovatives Theatermanagement--Ersch. im Dt. Universitätsverl. u.d.T.: Allmann. Hagen: FernUniversität – Gesamthochschule- (KulturManagement).

amanu the virtual office (Hg.) (2014): amanu Standard für die Transkription von Interviews und Gesprächsmitschnitten. Online verfügbar unter https://www.amanu.de/Transkriptionsregeln, zuletzt geprüft am 12.07.2016.

Bachmann, Günther (2018): Nachhaltigkeitskultur. Eine Waffe gegen die falsche Normalität. In: Politik & Kultur. Zeitung des Deutschen Kulturrates (Nr. 1/2018). Regensburg: ConBrio Verlagsgesellschaft, S. 20.

Barthélémy, Andrea (2017): Eine Warnung an die Menschheit. In: *WeltN24*, 14.11.2017 (Rubrik Wissenschaft/Umweltschutz). Online verfügbar unter https://www.welt.de/wissenschaft/article170588444/Eine-Warnung-an-die-Menschheit.html, zuletzt geprüft am 18.11.2017.

Bauer, Robert (2016): Kontinuierliche Verbesserung als Managementtechnik. 5.1.4 Der PDCA-Zyklus. Unter Mitarbeit von Karer Consulting. Haßmersheim. Online verfügbar unter http://www.robert-bauer.eu/kvp.php, zuletzt geprüft am 25.07.2016.

Baumast, Annett (2012a): newsletter kultur & nachhaltigkeit. Nachhaltigkeit von Kulturprojekten – wenn die Verpackung zum Inhalt passt (Nr. 07). Online verfügbar unter http://www.kultur-und-nachhaltigkeit.ch, zuletzt geprüft am 12.04.2017.

Baumast, Annett (2012b): newsletter kultur & nachhaltigkeit. Nachhaltigkeitsberichterstattung in Kulturbetrieben (Nr. 05). Online verfügbar unter http://kultur-und-nachhaltigkeit.ch/wp-content/uploads/2014/04/newsletter-kultur-nachhaltigkeit_Nr.-05_20120718.pdf, zuletzt geprüft am 19.11.2017.

Baumast, Annett; Pape, Jens (Hg.) (2013): Betriebliches Nachhaltigkeitsmanagement. 19 Tabellen. Stuttgart: Ulmer (UTB, 3676). Online verfügbar unter http://www.utb-studi-e-book.de/9783838536767.

Befund EX16 (2017): Experteninterview EX-16. Wiesbaden. Unveröffentlichte Anlage der Dissertation Zukunftsfähigkeit gestalten, Hildesheim 2018.

Befund EX18 (2017a): Gesprächsvermerk Bundesvereinigung ist mit an Bord. Unveröffentlichte Anlage der Dissertation Zukunftsfähigkeit gestalten, Hildesheim 2018.

Befund EX18 (2017b): Perspektivenabstimmung mit Bundesvereinigung. Unveröffentlichte Anlage der Dissertation Zukunftsfähigkeit gestalten, Hildesheim 2018.

Befund Phase 1, Ordner 1.0 (2016): Pilotprojekt Zukunftsfähigkeit gestalten Teilnahmebestätigung Muster. Unveröffentlichte Anlage der Dissertation Zukunftsfähigkeit gestalten, Hildesheim 2018.

Befund Phase 1, Ordner 1.1 12-A (2017): Rückmeldungen NRW Fragebogen Auftakt 12-A. Unveröffentlichte Anlage der Dissertation Zukunftsfähigkeit gestalten, Hildesheim 2018.

Befund Phase 1, Ordner 1.1, 1-A: 1-Auftakt. Unveröffentlichte Anlage der Dissertation Zukunftsfähigkeit gestalten, Hildesheim 2018.

Befund Phase 1, Ordner 1.5 (2016): Programmheft Klimawoche. Unveröffentlichte Anlage der Dissertation Zukunftsfähigkeit gestalten, Hildesheim 2018.

Befund Phase 1, Ordner 1.5 Fachtagung in Wetter (abgesagt) (2016): Programm 1. Nachhaltigkeitsforum Wetter. Wetter. Unveröffentlichte Anlage der Dissertation Zukunftsfähigkeit gestalten, Hildesheim 2018.

Befund Phase 2, Ordner 2.1 12-E (2017): Erhebungsbogen 12-E.Unveröffentlichte Anlage der Dissertation Zukunftsfähigkeit gestalten, Hildesheim 2018.

Befund Phase 2, Ordner 2.1, 10-E: 10-Erhebungsbogen. Unveröffentlichte Anlage der Dissertation Zukunftsfähigkeit gestalten, Hildesheim 2018.

Befund Phase 3, Ordner 3.1, 4-HF: 4-Handlungsfelder. Unveröffentlichte Anlage der Dissertation Zukunftsfähigkeit gestalten, Hildesheim 2018.

Befund Phase 3, Ordner 3.2, 3-PE: 3-PE. Unveröffentlichte Anlage der Dissertation Zukunftsfähigkeit gestalten, Hildesheim 2018.

Befund Phase 3, Ordner 3.3 Green Club Index Auszeichnung (2017a): Abstimmung Prämierung Green Club Index. Unveröffentlichte Anlage der Dissertation Zukunftsfähigkeit gestalten, Hildesheim 2018.

Befund Phase 3, Ordner 3.3 Green Club Index Auszeichnung (2017b): Klimanetzwerken auf Kölsch – Green Club Auszeichnung für Alte Feuerwache und Lichtburg. Unveröffentlichte Anlage der Dissertation Zukunftsfähigkeit gestalten, Hildesheim 2018.

Befund TW04 Expertenvortrag Leinfelder, Reinhold (2016): Willkommen im Anthropozän. Zukunftskonzepte vermitteln. Osnabrück. Unveröffentlichte Anlage der Dissertation Zukunftsfähigkeit gestalten, Hildesheim 2018.

Befund TW04 Expertenvortrag Paulini, Inge (2016): Planetarische Leitplanken als Kompass für eine zukunftsfähige Entwicklung. Unter Mitarbeit von Deutsche Bundesstiftung Umwelt (DBU). Wissenschaftlicher Beitrat der Bundesregierung Globale Umweltveränderungen (WBGU). Osnabrück. Online verfügbar unter https://www.dbu.de/123artikel36474_537.html, zuletzt aktualisiert am 2016, zuletzt geprüft am 05.06.2017.

Befund TW05 Expertenvortrag (2016): Vissmann Woche der Umwelt. Berlin. Unveröffentlichte Anlage der Dissertation Zukunftsfähigkeit gestalten, Hildesheim 2018.

Befund TW06, Expertenvortrag (2016): Präsentation 2. Workshop, Michael Müller, Domicil & Stadtgarten, GCI Workshop 2016. Köln. Unveröffentlichte Anlage der Dissertation Zukunftsfähigkeit gestalten, Hildesheim 2018.

Befund TW10 Öko-Institut e.V. (2016): Klimafreundliche Kühlgeräte: Wunsch und Wirklichkeit. Unveröffentlichte Anlage der Dissertation Zukunftsfähigkeit gestalten, Hildesheim 2018.

Befund TW13 (2017): Bundesvereinigung Soziokultureller Zentren e.V. Protokoll der 2. Mitgliederversammlung 2017. Erlangen. C Unveröffentlichte Anlage der Dissertation Zukunftsfähigkeit gestalten, Hildesheim 2018.

Befund TW14 (2018): BNE-Sitzung 21.2.2018 Notizen. C Unveröffentlichte Anlage der Dissertation Zukunftsfähigkeit gestalten, Hildesheim 2018.

Befund TW15, Budget LAG NW 2018 (2018): Budget LAG Soziokultur NW 2018. Unveröffentlichte Anlage der Dissertation Zukunftsfähigkeit gestalten, Hildesheim 2018.

Befunde Experten, B9-LI (2015): B9-LI. Leitfadengestütztes Interview. Telefoninterview. Unveröffentlichte Anlage der Dissertation Zukunftsfähigkeit gestalten, Hildesheim 2018

Befunde Experten, EX17-LI (2014): EX17-LI. Unveröffentlichte Anlage der Dissertation Zukunftsfähigkeit gestalten, Hildesheim 2018.

Befunde Experten 2-LI: 2-LI. Unveröffentlichte Anlage der Dissertation Zukunftsfähigkeit gestalten, Hildesheim 2018.

Befunde Experten B9 (2015): Anfrage per Mail an W. Spruck zur Teilnahme an Effizienzprogramm, Gesprächsnotizen Telefonat und Treffen. Wetter, 04.05.2015. E-Mail, telefonisch und persönlich. Unveröffentlichte Anlage der Dissertation Zukunftsfähigkeit gestalten, Hildesheim 2018.

Befunde Experten LV15-LI: LV15-LI. Düsseldorf. Unveröffentlichte Anlage der Dissertation Zukunftsfähigkeit gestalten, Hildesheim 2018.

Befunde Ordner Experten (2016): Standards für die Transkription von Interviews und Gesprächsmitschnitten. Wetter. Unveröffentlichte Anlage der Dissertation Zukunftsfähigkeit gestalten, Hildesheim 2018

Befunde Phase 1, Ordner 1.4 (2016): Datenblatt GCI. Unveröffentlichte Anlage der Dissertation Zukunftsfähigkeit gestalten, Hildesheim 2018.

Befunde Phase 1, Ordner 1.0 (2016): Pilotprojekt Zukunftsfähigkeit gestalten! gestartet. Statusbericht für TN. Unveröffentlichte Anlage der Dissertation Zukunftsfähigkeit gestalten, Hildesheim 2018.

Befunde Phase 1, Ordner 1.0, Nachhaltigkeitsforum: Nachhaltigkeitsforum. Unveröffentlichte Anlage der Dissertation Zukunftsfähigkeit gestalten, Hildesheim 2018.

Befunde Phase 1, Ordner 1.1 (2016): Fragebogen Auftakt 1.1 A Blankomuster. Wetter. Unveröffentlichte Anlage der Dissertation Zukunftsfähigkeit gestalten, Hildesheim 2018.

Befunde Phase 1, Ordner 1.1 Auswertung: Online-Fragebogen zum Projektstart. Unveröffentlichte Anlage der Dissertation Zukunftsfähigkeit gestalten, Hildesheim 2018.

Befunde Phase 1, Ordner 1.2: 11-S. Unveröffentlichte Anlage der Dissertation Zukunftsfähigkeit gestalten, Hildesheim 2018.

Befunde Phase 1, Ordner 1.2: 15-S. Unveröffentlichte Anlage der Dissertation Zukunftsfähigkeit gestalten, Hildesheim 2018.

Befunde Phase 1, Ordner 1.2: Selbstdarstellung. Unveröffentlichte Anlage der Dissertation Zukunftsfähigkeit gestalten, Hildesheim 2018.

Befunde Phase 1, Ordner 1.2 12-S: 12-S. Unveröffentlichte Anlage der Dissertation Zukunftsfähigkeit gestalten, Hildesheim 2018.

Befunde Phase 1, Ordner 1.3: Handlungsempfehlungen Initialberatung. Unveröffentlichte Anlage der Dissertation Zukunftsfähigkeit gestalten, Hildesheim 2018.

Befunde Phase 1, Ordner 1.3 (2016): Muster Erhebungsbogen sonstige Gebäude 1.3. Unveröffentlichte Anlage der Dissertation Zukunftsfähigkeit gestalten, Hildesheim 2018.

Befunde Phase 1, Ordner 1.3 Datei 10-I (2016): Bericht zur Initialberatung. Wuppertal. Unveröffentlichte Anlage der Dissertation Zukunftsfähigkeit gestalten, Hildesheim 2018.

Befunde Phase 2, Ordner 2.1: 2-E. Wiesbaden. Unveröffentlichte Anlage der Dissertation Zukunftsfähigkeit gestalten, Hildesheim 2018.

Befunde Phase 2, Ordner 2.1 (2016): Erhebungsbogen Zukunftsfähigkeit gestalten! Blankomuster 2.1. Wetter. Unveröffentlichte Anlage der Dissertation Zukunftsfähigkeit gestalten, Hildesheim 2018.

Befunde Phase 2, Ordner 2.1 (2017): 6-E. Unveröffentlichte Anlage der Dissertation Zukunftsfähigkeit gestalten, Hildesheim 2018.

Befunde Phase 2, Ordner 2.1, 3-E: 3-E. Wiesbaden. Unveröffentlichte Anlage der Dissertation Zukunftsfähigkeit gestalten, Hildesheim 2018.

Befunde Phase 2, Ordner 2.1, 4-E: 4-Erhebungsbogen. Unveröffentlichte Anlage der Dissertation Zukunftsfähigkeit gestalten, Hildesheim 2018.

Befunde Phase 2, Ordner 2.1.1 Grafikauswertung (2017): Grafikauswertung Erhebung Zukunftsfähigkeit. Wiesbaden. Unveröffentlichte Anlage der Dissertation Zukunftsfähigkeit gestalten, Hildesheim 2018.

Befunde Phase 2, Ordner 2.1.1 Grundauswertung (2017): Grundauswertung Erhebungsbogenzg. Wiesbaden. Unveröffentlichte Anlage der Dissertation Zukunftsfähigkeit gestalten, Hildesheim 2018.

Befunde Phase 2, Ordner 2.3.2 (2017): Workshop Zukunftsfähigkeit. PP-Präsentation. Wiesbaden. Unveröffentlichte Anlage der Dissertation Zukunftsfähigkeit gestalten, Hildesheim 2018.

Befunde Phase 2, Ordner 2.3.4 Ergebnisprotokoll Tag 1: Ergebnisprotokoll Zukunftsworkshop Tag 1 am 13.03.017. Wiesbaden. Unveröffentlichte Anlage der Dissertation Zukunftsfähigkeit gestalten, Hildesheim 2018.

Befunde Phase 2, Ordner 2.3.4 Ergebnisprotokoll Tag 2: Ergebnisprotokoll Zukunftsworkshop Tag 2 am 14.03.2017. Wiesbaden. Unveröffentlichte Anlage der Dissertation Zukunftsfähigkeit gestalten, Hildesheim 2018.

Befunde Phase 3, Ordner 3.1, 12-HF: 12-Handlungsfelder. Unveröffentlichte Anlage der Dissertation Zukunftsfähigkeit gestalten, Hildesheim 2018.

Befunde Phase 3, Ordner 3.1, 1-HF: 1-Handlungsfelder. Unveröffentlichte Anlage der Dissertation Zukunftsfähigkeit gestalten, Hildesheim 2018.

Befunde Phase 3, Ordner 3.1, 3-HF: 3-Handlungsfelder. Unveröffentlichte Anlage der Dissertation Zukunftsfähigkeit gestalten, Hildesheim 2018.

Befunde Phase 3, Ordner 3.2 (2017): 12-PE. Unveröffentlichte Anlage der Dissertation Zukunftsfähigkeit gestalten, Hildesheim 2018.

Befunde Phase 3, Ordner 3.2 Prozessentwicklung: 6-PE. Unveröffentlichte Anlage der Dissertation Zukunftsfähigkeit gestalten, Hildesheim 2018.

Befunde Phase 3, Ordner 3.4 Zusammenfassung: Zusammenfassung Befunde Teil C. Unveröffentlichte Anlage der Dissertation Zukunftsfähigkeit gestalten, Hildesheim 2018.

Befunde TW12 Vortrag Felber, Christian (21.05.2017): Erntest Du noch oder säst Du schon? Gut für's Gemeinwohl. Wetter. Unveröffentlichte Anlage der Dissertation Zukunftsfähigkeit gestalten, Hildesheim 2018.

Befunde TWO1, Exzerpt Zukunftskongress (2015): Exzerpt Zukunftskongress Soziokultur vorwärts und wohin. Unveröffentlichte Anlage der Dissertation Zukunftsfähigkeit gestalten, Hildesheim 2018.

Befunde, Phase 1, Ordner 1.2: Selbstdarstellung 3-S. Unveröffentlichte Anlage der Dissertation Zukunftsfähigkeit gestalten, Hildesheim 2018.

Behörde für Stadtentwicklung und Umwelt Hamburg (Hg.) (2011): Events: Das Gleiche in Grün. Online verfügbar unter www.umwelthauptstadt.hamburg.de, zuletzt geprüft am 16.04.2017.

Blumenreich, Ulrike (2017): Vielfalt aus Prinzip: Soziokultur in Deutschland. Hintergrundbericht. Hg. v. KM Kulturmanagement Network. Weimar. Online verfügbar unter https://kulturmanagement.net/beitraege/prm/39/v__d/ni__3161/kind__0/index.html, zuletzt geprüft am 28.10.2017.

Bohnsack (2007): Transkriptionsrichtlinien TiQ. Online verfügbar unter https://www.audiotranskription.de/audiotranskription/upload/Bohnsack1.pdf, zuletzt geprüft am 12.07.2016.

Brot für die Welt (2017): Dein Ökologischer Fussabdruck. Hg. v. Evangelisches Werk für Diakonie und Entwicklung e.V. Online verfügbar unter http://www.fussabdruck.de/kontakt/, zuletzt geprüft am 04.06.2017.

Bundesministerium für Umwelt, Naturschutz, Bau und Reaktorsicherheit (2007): Klimaschutzplan 2050. Klimaschutzpolitische Grundsätze und Ziele der Bundesregierung. In Zusammenarbeit mit der Deutschen UNESCO-Kommission. Hg. v. BMUD. Online verfügbar unter www.bmub.bund.de/fileadmin/Daten_BMU/Download_PDF/Klimaschutz/klimaschutzplan_2050_entwurf_bf.pdf, zuletzt geprüft am Stand: 11.04.1017.

Bundesministerium für Umwelt, Naturschutz, Bau und Reaktorsicherheit (Hg.) (2015): Leitfaden für die nachhaltige Organisation von Veranstaltungen. Online verfügbar unter http://www.umweltbundesamt.de/sites/default/files/medien/376/publikationen/leitfaden_fuer_die_nachhaltige_organisation_von_veranstaltungen.pdf, zuletzt geprüft am 15.04.2017.

Bundesministerium für wirtschaftliche Zusammenarbeit und Entwicklung (2015a): Agenda 2030. Kernbotschaften. Berlin. Online verfügbar unter http://www.bmz.de/de/ministerium/ziele/2030_agenda/kernbotschaften/index.html, zuletzt geprüft am 15.02.2017.

Bundesministerium für wirtschaftliche Zusammenarbeit und Entwicklung (2015b): Der neue Zukunftsvertrag für die Welt. Die 2030 Agenda für nachhaltige Entwicklung. Stand September 2015. Bonn. Online verfügbar unter https://www.bmz.de/de/mediathek/publikationen/reihen/infobroschueren_flyer/infobroschueren/Materialie270_zukunftsvertrag.pdf, zuletzt geprüft am 17.02.2017.

Bundesministerium für wirtschaftliche Zusammenarbeit und Entwicklung (Hg.) (2017): Die Agenda 2030 für nachhaltige Entwicklung. Online verfügbar unter http://www.bmz.de/de/ministerium/ziele/2030_agenda/index.html, zuletzt geprüft am 29.09.2017.

Bundesvereinigung Soziokultureller Zentren (Hg.) (2016): Definition soziokulturelles Zentrum. Online verfügbar unter www.soziokultur.de/bsz/node/80, zuletzt geprüft am 17.05.2016.

Bundesvereinigung Soziokultureller Zentren (Hg.) (2018): LAG Soziokultureller Zentren Nordrhein-Westfalen e.V. Online verfügbar unter http://www.soziokultur.de/bsz/node/112, zuletzt geprüft am 20.01.2018.

Bundesvereinigung Soziokultureller Zentren e.V. (Hg.) (2011): Leitbild. Online verfügbar unter http://www.soziokultur.de/bsz/node/568, zuletzt geprüft am 27.05.2016.

Bundesvereinigung Soziokultureller Zentren e.V. (2017): Ganz genau! Soziokulturelle Zentren in Zahlen 2017. Statistischer Bericht der Bundesvereinigung Soziokultureller Zentren e.V. Berlin.

Bundeszentrale für politische Bildung (Hg.) (2014): Nachhaltigkeit. *Aus Politik und Zeitgeschichte* 64. Jahrgang. (31-32/2014). Bonn.

Conen, Michaela (2015): Strategisches Management in Museen. Mit Change Management und Balanced Scorecard aktiv gestalten. Bielefeld: transcript Verlag (Schriften zum Kultur- und Museumsmanagement). Online verfügbar unter http://www.degruyter.com/doi/book/10.14361/9783839428436.

Crutzen, Paul J. (2016): Die Geologie der Menschheit. In: *Politik & Kultur. Zeitung des Deutschen Kulturrates* (3/2016), S. 21, zuletzt geprüft am 27.07.2016.

Der neue Zukunftsvertrag für die Welt. Die 2030 Agenda für nachhaltige Entwicklung (2015). STAND September 2015. Bonn: Bundesministerium für wirtschaftliche Zusammenarbeit und Entwicklung.

Deutsche Enzyklopädie: Holozän. Hg. v. Enzyklo. Online verfügbar unter http://www.enzyklo.de/Begriff/HOLOZ%C3%84N, zuletzt geprüft am 05.06.2017.

Deutsche UNESCO-Kommission (Hg.) (2016): Die kulturelle Dimension der Nachhaltigkeit stärken! Stellungnahme der Deutschen UNESCO-Kommission zum Regierungsentwurf der Deutschen Nachhaltigkeitsstrategie vom 31. Mai 2016. Online verfügbar unter https://www.unesco.de/fileadmin/medien/Dokumente/NachhaltigkeitsstrategieDUKKommentar2016.pdf, zuletzt geprüft am 10.03.2018.

Deutsche UNESCO-Kommission (Hg.) (2018a): Bildungsagenda 2030. Online verfügbar unter https://www.unesco.de/bildung/bildung-2030.html, zuletzt geprüft am 16.03.2018.

Deutsche UNESCO-Kommission (Hg.) (2018b): Das Weltaktionsprogramm Bildung für nachhaltige Entwicklung. Prioritäre Handlungsfelder. Online verfügbar unter http://www.bne-portal.de/de/bundesweit/weltaktionsprogramm-deutschland, zuletzt geprüft am 16.03.2018.

Deutsche UNESCO-Kommission e. V. (DUK) (Hg.) (2014): Nachhaltige Entwicklung auf kommunaler Ebene durch Bildung voranbringen! Online verfügbar unter http://www.bne-portal.de/sites/default/files/downloads/publikationen/DUK%20-%20Nachhaltige%20Entwicklung%20auf%20kommunaler%20Ebene.pdf, zuletzt geprüft am 11.04.2017.

Deutscher Bundestag (2008): Kultur in Deutschland. Schlussbericht der Enquete-Kommission des Deutschen Bundestages. 1. Aufl. Regensburg. Online verfügbar unter http://dip21.bundestag.de/dip21/btd/16/070/1607000.pdf, zuletzt geprüft am 28.10.2017.

Deutsches Jugendherbergswerk (Hg.) (2014): Deutsche Nachhaltigkeitspreis: Zweiter Platz für die Jugendherbergen im Nordwesten. Online verfügbar unter http://www.jugendherberge.de/Infoservice/Pressemitteilungen/Presslist/PressDetail.aspx?id=%7Bac9f5b41-7ed1-4823-8770-3edcec02dc16%7D, zuletzt geprüft am 11.04.2017.

Die Bundesregierung (Hg.) (2002): Perspektiven für Deutschland. Unsere Strategie für eine nachhaltige Entwicklung. Online verfügbar unter http://www.bundesregierung.de/Content/DE/_Anlagen/Nachhaltigkeit-wiederhergestellt/perspektiven-fuer-deutschland-langfassung.pdf?__blob=publicationFile, zuletzt geprüft am 21.04.2017.

Die Bundesregierung (Hg.) (2016): Deutsche Nachhaltigkeitsstrategie. Online verfügbar unter www.deutsche-nachhaltigkeitsstrategie.de, zuletzt geprüft am 20.04.2017.

Diekmann, Andreas (2017): Empirische Sozialforschung. Grundlagen, Methoden, Anwendungen. 11. Aufl. Hamburg: Rowohlt Verlag.

DJH Landesverband Unterweser-Ems e.V. (Hg.) (2014): Nachhaltigkeitsbericht Deutsches Jugendherbergswerk Landesverband Unterweser-Ems e.V., Februar 2014. Erlebnis Nachhaltigkeit. Online verfügbar unter https://www.heiterbisstuermisch.de/uwe/sitecore/nachhaltigkeit/Nachhaltigkeitsbericht_der_Jugendherbergen_im_Nordwesten.pdf, zuletzt geprüft am 11.04.2017.

Doppler, Klaus/Lauterburg, Christoph (2005): Change Management. Den Unternehmenswandel gestalten. Campus. ISBN 978-3-593-37808-4.

Duden (Hg.) (2016): Bedeutung: Fähigkeit. Online verfügbar unter http://www.duden.de/rechtschreibung/faehigkeit, zuletzt geprüft am 12.02.2016.

Duden (Hg.) (2018): Bedeutung des Adjektives: zukunftsfähig. Online verfügbar unter http://www.duden.de/rechtschreibung/zukunftsfaehig, zuletzt geprüft am 09.06.2018.

Edmüller, Andreas/Wilhelm, Thomas (2012): Argumentieren. Tascheguide, Best of-Edition. München: Haufe.

EE Music (Hg.) (2017): EE Music: Trainingshandbuch Energieeffizienz für kleine und mittelgroße Clubs und Veranstaltungsorte. Online verfügbar unter http://ee-music.eu/guides, zuletzt geprüft am 15.04.2017.

EnergieAgentur.NRW (Hg.) (2014): Klimaneutrale Veranstaltungen – ein Ratgeber. Unter Mitarbeit von Michael Müller. Online verfügbar unter http://www.energieagentur.nrw/klimaschutz/klimaneutralitaet/klimaneutrale-veranstaltungen, zuletzt geprüft am 16.04.2017.

Fabrik der Zukunft (Hg.): Pro Wissen: Nachhaltigkeit. Wie Handwerksbetriebe und Regionen erfolgreich Wissen teilen. Ein Praxisleitfaden. Im Auftrag des Bundesministeriums für Verkehr, Innovation und Technologie durch die Forschungsförderungsgesellschaft. Online verfügbar unter https://nachhaltigwirtschaften.at/resources/fdz_pdf/leitfaden_pro_wissen_nachhaltigkeit.pdf, zuletzt geprüft am 16.04.2017.

Felber, Christian (2014): Gemeinwohlökonomie. Aktualisierte und erweiterte Neuausgabe. Wien: Deuticke im Paul Zsolnay Verlag.

Fink, Tobias/Götzky, Doreen (2013): In die Zukunft mit Kultur! Kulturentwicklungskonzept für das Peiner Land, Institut für Kulturpolitik. Hg. v. Institut für Kulturpolitik. Stiftung Universität Hildesheim.

Flick, Uwe (2014): Qualitative Sozialforschung. Eine Einführung. Originalausgabe, vollständig überarbeitete und erweiterte Neuausgabe, 6. Auflage. Reinbek bei Hamburg: rowohlts enzyklopädie im Rowohlt Taschenbuch Verlag (Rororo Rowohlts Enzyklopädie, 55694).

Föhl, Patrick S.; Glogner-Pilz, Patrick; Lutz, Markus; Pröbstle, Yvonne (Hg.) (2011): Nachhaltige Entwicklung in Kulturmanagement und Kulturpolitik. Ausgewählte Grundlagen und strategische Perspektiven. 1. Aufl. Wiesbaden: VS Verl. für Sozialwiss. Online verfügbar unter http://www.socialnet.de/rezensionen/isbn.php?isbn=978-3-531-17353-5.

Förderprogramm unternehmensWert: Mensch. Online verfügbar unter http://www.unternehmens-wert-mensch.de, zuletzt geprüft am 25.06.2018.

Freimann, Jürgen (Hg.) (2006): Die Sustainable Balanced Scorecard – Ein Managementinstrument für zukunftsorientierte Unternehmen. In: Klemisch,

Herbert/Potter, Philipp: Instrumente nachhaltigen Wirtschaftens in der Unternehmenspraxis. Düsseldorf: Hans-Böckler-Stiftung (2006).

Fresner, J./Engelhardt, G./Wolf, P. (2006): Sustainability Balanced Scorecard im Nachhaltigkeitsbereich (ÖKOPROFIT). Unter Mitarbeit von Nussbäumer, R./Grabher, A./Kumpf, A. Bundesministerium für Verkehr, Innovation und Technologie. Wien. Online verfügbar unter http://download.nachhaltigwirtschaften.at/fdz_pdf/endbericht_0628_sbsc21.pdf, zuletzt geprüft am 15.05.2016.

Friedag, Herwig R.; Schmidt, Walter (2004): My balanced scorecard. Das Praxishandbuch für Ihre individuelle Lösung. 3., vollst. überarb. und erw. Aufl. Freiburg i. Br., Berlin, München i.e. Planegg, Zürich: Haufe-Mediengruppe.

Gabler Wirtschaftslexikon (Hg.): Stichwort: Struktur. Online verfügbar unter http://wirtschaftslexikon.gabler.de/Archiv/13314/struktur-v14.html, zuletzt geprüft am 09.05.2017.

Gabler Wirtschaftslexikon (2014): Stichwort: Infrastrukturpolitik. Hg. v. Springer Gabler Verlag. Online verfügbar unter http://wirtschaftslexikon.gabler.de/Archiv/57325/infrastrukturpolitik-v7.html, zuletzt geprüft am 10.10.2014.

Gabler Wirtschaftslexikon (2016a): Balanced Scorecard. Gabler Wirtschaftslexikon, Stichwort: Balanced Scorecard. Unter Mitarbeit von Jürgen Weber. Hg. v. online im Internet: Online verfügbar unter http://wirtschaftslexikon.gabler.de/Archiv/1856/balanced-scorecard-v7.html, zuletzt geprüft am 19.07.2016.

Gabler Wirtschaftslexikon (2016b): Stichwort: Prozess. Unter Mitarbeit von Werner Krommes. Hg. v. Springer Gabler Verlag. Online verfügbar unter http://wirtschaftslexikon.gabler.de/Archiv/12416/prozess-v12.html, zuletzt geprüft am 25.07.2016.

Gabler Wirtschaftslexikon (2016c): Stichwort: Strategie. Unter Mitarbeit von Günter Müller-Stewens. Hg. v. Springer Gabler Verlag. Online verfügbar unter http://wirtschaftslexikon.gabler.de/Archiv/3172/strategie-v11.html, zuletzt geprüft am 17.07.2016.

Gabler Wirtschaftslexikon (2017a): Stichwort: Fähigkeit. Hg. v. Springer Gabler Verlag. Gabler Wirtschaftslexikon. Online verfügbar unter http://wirtschaftslexikon.gabler.de/Archiv/86564/faehigkeit-v8.html, zuletzt geprüft am 19.09.2017.

Gabler Wirtschaftslexikon (2017b): Stichwort: Fristigkeit. Hg. v. Springer Gabler Verlag. Online verfügbar unter http://wirtschaftslexikon.gabler.de/Archiv/1588/fristigkeit-v7.html, zuletzt geprüft am 30.10.2017.

Gabler Wirtschaftslexikon (2018): Stichwort: gemeinnützige Zwecke. Hg. v. Springer Gabler Verlag. Online verfügbar unter https://wirtschaftslexikon.

gabler.de/definition/gemeinnuetzige-zwecke-35982/version-259452, zuletzt aktualisiert am 19.02.2018, zuletzt geprüft am 29.03.2018.

Gadamer, Hans-Georg (2010): Wahrheit und Methode. Grundzüge einer philosophischen Hermeneutik. 7. Aufl. Tübingen: Mohr Siebeck.

Glaser, Hermann; Stahl, Karl H. (1983): Bürgerrecht Kultur. Aktualisierte u. erw. Neuausg. Frankfurt/M: Ullstein (Ullstein-Bücher Ullstein-Sachbuch, 34133).

Gleich, Roland (2012): Balanced Scorecard. Best-Practice-Lösungen für die strategische Unternehmenssteuerung. 1. Auflage. Freiburg: Haufe, zuletzt geprüft am 24.07.2016.

Goehler, Adrienne (2012): Konzeptgedanken zur Errichtung eines Fonds Ästhetik und Nachhaltigkeit. Hg. v. Heinrich Böll Stiftung. Berlin (978-3-86928-074-5). Online verfügbar unter https://www.boell.de/de/content/konzeptgedanken-zur-errichtung-eines-fonds-aesthetik-und-nachhaltigkeit, zuletzt geprüft am 26.06.2017.

Grober, Ulrich (Hg.) (2016): Der leise Atem der Zukunft – Vom Aufstieg nachhaltiger Werte in Zeiten der Krise. In: Zukunftsfähiges Deutschland. Wann, wenn nicht jetzt? politische ökologie 148. München: Oekom.

Haderlapp, Thomas/Trattnigg, Rita (2010): Nachhaltige Entwicklung als kulturelles Projekt und große Erzählung. In: Oliver Parodi, Gerhard Banse und Axel Schaffer (Hg.): Wechselspiele: Kultur und Nachhaltigkeit. Annäherungen an ein Spannungsfeld. Berlin: ed. sigma (Global zukunftsfähige Entwicklung – Nachhaltigkeitsforschung in der Helmholtz-Gemeinschaft, 15), S. 347–361.

Hasselbach, Dieter: Muss die öffentliche Hand Kreative fördern? In: Kulturpolitische Mitteilungen, II/2014, Nr. 145, S. 42–45.

Hauff, Michael von (2017): Mit ökonomischem Blick auf die Nachhaltigkeitsstrategie. In: Gerd Michaelsen (Hg.): Die Deutsche Nachhaltigkeitsstrategie. Wegweiser für eine Politik der Nachhaltigkeit. Wiesbaden: Hessische Landeszentrale für politische Bildung (HLZ), S. 71–82.

Hegemann, Lukas/Brackmann, J. (2015): Entwurf: Zehn Thesen vom Kongress am 5. und 6. März im zakk. Hg. v. LAG Soziokultur NW. Online verfügbar unter http://www.zukunftskongresssoziokultur.de, zuletzt geprüft am 16.06.2018.

Heinicke, Julius (2017): Verstrickungen zwischen Alltag und Kunst: (Inter)kulturelles Potenzial oder Beschränkung ästhetischer Freiheit? Hg. v. De Gruyter (Band 26, Heft 2). Online verfügbar unter https://doi.org/10.1515/para-2017-0019, zuletzt geprüft am 15.06.2018.

Hesse, Bernd (2014): Aufbruchstimmung. Soziokulturförderung Hessen 2.0. In: *Soziokultur* 4/2014 (Kompass N), S. 34.

Hesse, Bernd (2016a): Empfehlungsschreiben LAKS Modellprojekt Zukunftsfähigkeit. Projektantrag Fonds Soziokultur. verfasst am 13.01.2016. Kassel. CD-ROM Ordner Manuskripte.

Hesse, Bernd (2016b): Modellprojekt Soziokultur. Zukunftweisendes Politprojekt im Land Hessen gestartet. In: *Soziokultur* 2/2016 (104), S. 30–31.

Hesse, Bernd (2017): Nachhaltigkeit durch Kulturpolitik? In: Bundesvereinigung Soziokultureller Zentren e.V. (Hg.): SOZIOkultur. change. 27. Jahrgang Soziokultur Nr. 108. Berlin (3-2017), S. 39.

Hessisches Ministerium für Umwelt, Klimaschutz, Landwirtschaft und Verbraucherschutz (HMUKLV) (Hg.) (2017a): Nachhaltigkeitsstrategie Hessen. Lernen und Handeln für unsere Zukunft. Online verfügbar unter https://www.hessen-nachhaltig.de/de/der-hessische-prozess-im-ueberblick.html, zuletzt geprüft am 19.04.2017.

Hessisches Ministerium für Umwelt, Klimaschutz, Landwirtschaft und Verbraucherschutz (HMUKLV) (Hg.) (2017b): Nachhaltigkeitsstrategie Hessen. Lernen und Handeln für unsere Zukunft. Aktivitäten und Projekte. Online verfügbar unter http://www.hessen-nachhaltig.de, zuletzt geprüft am 21.04.2017.

Hessisches Ministerium für Wirtschaft, Energie, Verkehr und Landesentwicklung (Hg.) (2015): Fünf. 5. Hessischer Kultur- und Kreativwirtschaftsbericht. Online verfügbar unter www.wirtschaft.hessen.de, zuletzt geprüft am 21.01.2018.

Hessisches Statistisches Landesamt (Hg.) (2016): Nachhaltigkeitsstrategie Hessen Ziele und Indikatoren. Fortschrittsbericht 2016. Online verfügbar unter https://www.hessen-nachhaltig.de/de/publikationen_downloads.html, zuletzt geprüft am 19.04.2017.

Higgs, Malcolm; Rowland, Deborah (2005): All changes great and small: Exploring approaching to change and its leadership. 5. Aufl.: Journal of Change Management, Seite 121–151.

Hochschulspezifischer Nachhaltigkeitskodex (2018). Online verfügbar unter https://www.deutscher-nachhaltigkeitskodex.de/de/dnk/hochschul-dnk.html, zuletzt geprüft am 21.04.2018.

Hoering, Uwe (2009): Wegmarken für einen Kurswechsel. Eine Zusammenfassung der Studie „Zukunftsfähiges Deutschland in einer globalisierten Welt" des Wuppertal Instituts für Klima, Umwelt, Energie. Bonn: EED Öffentlichkeitsreferat.

Hoffmann, Hilmar (1981): Kultur für alle. Perspektiven u. Modelle. Erw. u. aktualisierte Ausg. Frankfurt am Main: Fischer-Taschenbuch-Verlag (Fischer-Taschenbücher, 3036).

Höhne, Jörg (2010): Verfahren zur Anonymisierung von Einzeldaten. Zugl.: Tübingen, Univ., Diss., 2009. Wiesbaden: Statistisches Bundesamt (Statistik und Wissenschaft, 16). Online verfügbar unter https://www-ec.destatis.de/csp/shop/sfg/bpm.html.cms.cBroker.cls?cmspath=struktur,vollanzeige.csp&ID = 1026173.

Holzbaur, Ulrich/Abele, Kerstin (Hg.) (2016): Nachhaltige Events: Nachhaltiger Erfolg durch Verantwortung. Ein Leitfaden für Veranstalter, die auf eine positive Wirkung ihrer Veranstaltung im Sinne der Nachhaltigen Entwicklung Wert legen. Aalener Lokale Agenda 21. Online verfügbar unter https://opus-htw-aalen.bsz-bw.de/frontdoor/index/index/docId/217, zuletzt geprüft am 16.04.2017.

Hörning, Karl H. (2010): Kultur und Nachhaltigkeit im Netz alltäglicher Lebenspraktiken. In: Oliver Parodi, Gerhard Banse und Axel Schaffer (Hg.): Wechselspiele: Kultur und Nachhaltigkeit. Annäherungen an ein Spannungsfeld. Berlin: ed. sigma (Global zukunftsfähige Entwicklung – Nachhaltigkeitsforschung in der Helmholtz-Gemeinschaft, 15), S. 333–345.

IGG Malzfabrik mbH (Hg.) (2015a): Green gide. Leitfaden zum nachhaltigen Event. Online verfügbar unter http://www.malzfabrik.de/de/nachhaltigkeit/handbuch, zuletzt geprüft am 02.01.2017.

IGG Malzfabrik mbH (Hg.) (2015b): Green steps. Leitfaden zum nachhaltigen Event. Online verfügbar unter http://www.malzfabrik.de/de/nachhaltigkeit/handbuch., zuletzt geprüft am 19.01.2017.

Imai, Masaaki (1993): Kaizen. Der Schlüssel zum Erfolg der Japaner im Wettbewerb. Berlin, Frankfurt/M.: Ullstein (Ullstein-Bücher Management).

Institut für Kirche und Gesellschaft der EKvW (Hg.) (2013): Zukunft einkaufen wirkt! Aus der Praxis für die Praxis. Gute Beispiele von ‚Zukunft einkaufen'. Online verfügbar unter http://www.zukunft-einkaufen.de/fileadmin/ZE%20II/ZE%20Publikationen/ZE_Best_Practice_Neuauflage_2013.pdf, zuletzt geprüft am 13.04.2017.

Joerges, Annika (2016): Nordrhein-Westfalen wollte geheim halten, in welche Firmen das Land seine Geldanlagen steckt. Online verfügbar unter https://correctiv.org/aktuelles/klimawandel/devestment/2016/07/29/nordrhein-westfalen-wollte-geheim-halten-in-welche-firmen-das-land-seine-geldanlagen-steckt, zuletzt geprüft am 25.03.2019.

Kaplan, Robert S.; Norton, David P. (1997): Balanced scorecard. Strategien erfolgreich umsetzen. Stuttgart: Schäffer-Poeschel (Handelsblatt-Reihe). Online verfügbar unter http://www.gbv.de/dms/faz-rez/F19980615INGEN--100.pdf.

Kaplan, Robert S./Norton, David P. (2015): Management mit System In: Harvard-Klassiker Strategie. Wichtige Beiträge, die jeder Manager kennen sollte.

Hamburg: Manager-Magazin-Verl.-Ges (Harvard-Business-Manager Edition, 2015,1).

Keuchel, Susanne (2018): Gesellschaftliche Transformation. Chancen einer Allianz zwischen Bildung für nachhaltige Entwicklung und kultureller Bildung. In: Politik & Kultur. Zeitung des Deutschen Kulturrates (Nr. 1/2018). Regensburg: ConBrio Verlagsgesellschaft, S. 24.

Klein, Armin (2007): Der exzellente Kulturbetrieb. 1. Aufl. Wiesbaden: VS, Verl. für Sozialwiss.

Klein, Armin (2011): Der exzellente Kulturbetrieb. 3. Aufl. Wiesbaden: VS Verlag für Sozialwissenschaften.

Klemisch, Herbert/Potter, Philip (Hg.) (2006): Instrumente nachhaltigen Wirtschaftens in der Unternehmenspraxis. 1. Aufl. Düsseldorf: Hans-Böckler-Stiftung (Edition der Hans-Böckler-Stiftung, 157).

Klumaier, Margit (1999): Aspekte eines wirtschaftlichen Theatermanagements. Universität Graz, Graz. Online verfügbar unter http://docplayer.org/14582241-Aspekte-eines-wirtschaftlichen-theatermanagements.html, zuletzt geprüft am 27.07.2016.

Knoblauch, H. (2006): Transkription. In: Bohnsack, R./Marotzki, W./Meuser, M. (Hg.): Hauptbegriffe Qualitativer Sozialforschung.: Opladen & Farmington Hills, S. 160.

Knoblich, Tobias J. (2016a): Herausforderungen des gesellschaftlichen Wandels für die Kulturpolitik. In: LAGS Niedersachsen, LAG Soziokultur Thüringen, LAKS Baden-Württemberg, Institut für Kulturpolitik der Kulturpolitischen Gesellschaft (Hg.): Kann Spuren von Kunst enthalten! Projektdokumentation. Unter Mitarbeit von Ulrike Blumenreich. Bonn, S. 58–64. Online verfügbar unter http://kannspurenvonkunstenthalten.de/wp-content/uploads/manual-upload/KSE_Broschuere_Web.pdf, zuletzt geprüft am 23.03.2018.

Knoblich, Tobias J. (2016b): Thesen für die Disputation. Soziokultur. Kulturpolitik als kulturelle Demokratie. Programmformeln und Praxisformen. Universität Hildesheim. Kulturwissenschaften.

Knoblich, Tobias J./Scheytt, Oliver (2009): Zur Begründung von Cultural Governance. Hg. v. Bundeszentrale für politische Bildung. Online verfügbar unter http://www.bpb.de/apuz/32190/zur-begruendung-von-cultural-governance?p=all, zuletzt geprüft am 02.02.2017.

Knubben, Thomas/Schneidewind, Petra (2007): Zukunft für Musikschulen. Herausforderungen und Perspektiven der Zukunftssicherung öffentlicher Musikschulen. Bielefeld: Transcript.

Knüsel, Pius (2015): Morsches Elfenbein, lahme Utopien. Online verfügbar unter http://soziokultur-niedersachsen.de/artikel/items/morsches-elfenbein-lahme-utopien.html, zuletzt geprüft am 26.10.2017.

Kostka, Claudia (2016): Der kontinuierliche Verbesserungsprozess (KVP). In: QZ-online.de, Portal für Qualitätsmanagement. Hg. v. Hanser Verlag. München. Online verfügbar unter https://www.qz-online.de/qualitaets-management/qm-basics/massnahmen/kaizen_kvp/artikel/der-kontinuierliche-verbesserungsprozess-kvp-858453.html, zuletzt geprüft am 25.07.2016.

Kotter, John P. (2015): Leading Change. Wie Sie Ihr Unternehmen in acht Schritten erfolgreich verändern. Aus dem Amerikanischen übersetzt von Werner Seidenschwanz. 3. Auflage. München: Verlag Franz Vahlen.

Krainer, Larissa (2010): Auf dem Weg zu einer Kultur nachhaltiger Entscheidungen. In: Oliver Parodi, Gerhard Banse und Axel Schaffer (Hg.): Wechselspiele: Kultur und Nachhaltigkeit. Annäherungen an ein Spannungsfeld. Berlin: ed. sigma (Global zukunftsfähige Entwicklung – Nachhaltigkeitsforschung in der Helmholtz-Gemeinschaft, 15), S. 79–96.

Kreikebaum, Hartmut (1993): Strategische Unternehmensplanung. 5., überarb. Aufl. Stuttgart, Berlin, Köln: Kohlhammer.

Krüger, Wilfried (2006): Excellence in Change. Wege zur strategischen Erneuerung. 3. Auflage, Gabler Verlag, Wiesbaden, Abbildung Fünf Phasen des Change Managements, S. 67.

Kuckartz, Udo (2016): Qualitative Inhaltsanalyse. Methoden, Praxis, Computerunterstützung. 3. Aufl. Weinheim: Beltz.

Kühl, Stefan (2015): Entzauberung der lernenden Organisation. Warum die Hoffnung auf die «guten» Regeln des Wandels weitgehend vergeblich sind. In: *Organisationsentwicklung: Zeitschrift für Unternehmensentwicklung und Change Management* (1), S. 44–51.

Kulczynski, Anja (2014): Balanced Scorecard. Der Praxisleitfaden für kleine Nonprofit Organisationen. Würzburg, Hochschule für Angewandte Wissenschaften Wuerzburg-Schweinfurt, Bachelorarbeit. Würzburg: Hochschule für Angewandte Wissenschaften Würzburg-Schweinfurt.

Kulturpolitische Gesellschaft (Hg.) (2012): Grundsatzprogramm der Kulturpolitischen Gesellschaft. Online verfügbar unter https://www.kupoge.de/dok/programm_kupoge.pdf, zuletzt geprüft am 19.03.2019.

Kulturpolitische Gesellschaft (Hg.) (2013): Newsletter 151. Online verfügbar unter http://www.kupoge.de/newsletter/anlagen/151/jb2013_einleitung.pdf S. 2, zuletzt geprüft am 20.01.2018.

Kulturstiftung des Bundes (Hg.) (2012): Über Lebenskunst. Leitfaden. Nachhaltig produzieren im Kulturbereich. Online verfügbar unter www.ueber-lebenskunst.org, zuletzt geprüft am 12.04.2017.

LAG 21 NRW (Hg.) (2015): Klimawandel in Regionen zukunftsfähig gestalten. Dokumentation Szenarien- und Leitbildworkshop. Online verfügbar unter http://www.lag21.de/files/default/pdf/Themen/Forschung/Dokumentation_Szenarien-_und_Leitbildworkshop_dynaklim.pdf, zuletzt geprüft am 29.07.2017.

LAG Landesarbeitsgemeinschaft Soziokultureller Zentren NRW e.V. (Hg.) (2018): Soziokulturelle Zentren in Nordrhein-Westfalen 2018. Vielspartenhäuser mit Popular- und Nischenangeboten auf dem Weg der Digitalisierung. Ergänzende Analyse der Mitgliederbefragung 2017 und Schlussfolgerungen für die Praxis. Unter Mitarbeit von Ebert, Ralf/Gnad, Friedrich/van Ooy, Uwe.

LAG Soziokultur NW (Hg.) (2016): Kurzbeschreibung und Mitgliederanzahl. Online verfügbar unter www.soziokultur.de/bsz/node/112, zuletzt geprüft am 13.05.2016.

LAGS Niedersachsen, LAG Soziokultur Thüringen, LAKS Baden-Württemberg, Institut für Kulturpolitik der Kulturpolitischen Gesellschaft (Hg.) (2016): Kann Spuren von Kunst enthalten! Projektdokumentation. Unter Mitarbeit von Ulrike Blumenreich. Bonn. Online verfügbar unter http://kannspurenvonkunstenthalten.de/wp-content/uploads/manual-upload/KSE_Broschuere_Web.pdf, zuletzt geprüft am 23.03.2018.

LAGS Soziokultur Niedersachsen (2018): Förderung durch die LAGS. Förderung von soziokulturellen Projekten und Strukturen. Hannover. Online verfügbar unter http://soziokultur-niedersachsen.de/Foerderung_durch_die_LAGS.html, zuletzt geprüft am 07.03.2018.

LAKS Hessen e.V. (Hg.) (2016): Kurzbeschreibung und Mitgliederanzahl. Online verfügbar unter www.soziokultur.de/bsz/node/86, zuletzt geprüft am 13.05.2016.

Landesverband Soziokultur Sachsen (2013): Soziokultur in Sachsen -2013-. Kriterienkatalog Soziokultur Bestandsaufnahme Soziokultureller Zentren. Dresden. Online verfügbar unter http://www.soziokultur-sachsen.de/phocadownload/soziokultur_in_sachsen_2013_kriterienkatalog_bestandsaufnahme.pdf, zuletzt geprüft am 17.02.2017.

Langenscheidt Online-Wörterbuch (2018): Deutsch-Englisch-Übersetzung für: sustainability. Hg. v. Langenscheidt. Online verfügbar unter https://de.langenscheidt.com/deutsch-englisch/search?term=sustainability&q_cat=%2Fdeutsch-englisch%2F, zuletzt geprüft am 09.06.2018.

Leggewie, Claus/Welzer, Harald: (2009): Das Ende der Welt, wie wir sie kannten. Klima, Zukunft und die Chancen der Demokratie: S. Fischer.

Lexikon der Nachhaltigkeit (2017a): Brundtland Bericht, 1987. Hg. v. Industrie- und Handelskammer Nürnberg für Mittelfranken. Online verfügbar unter https://www.nachhaltigkeit.info/artikel/brundtland_report_563.htm, zuletzt geprüft am 29.09.2017.

Lexikon der Nachhaltigkeit (2017b): Nachhaltigkeit. Hg. v. Fachbereich Weiterbildung und der IHK Akademie Mittelfranken. Online verfügbar unter https://www.nachhaltigkeit.info/artikel/nachhaltigkeit_1398.htm, zuletzt geprüft am 29.09.2017.

Linde, Christian (2009): Kommunen verspekulieren Steuergeld. Um Schulden abzubauen, haben sich zahlreiche Gemeinden in NRW auf riskante. Hg. v. Tageszeitung: junge Welt. Online verfügbar unter http://www.meinepolitik.de/steuerge.pdf, zuletzt geprüft am 21.04.2017.

Loccumer Kolloquium (Hg.) (2017): Kulturimmobilien – die Kathedralen des 21. Jahrhunderts? Online verfügbar unter http://www.loccum.de/programm/p1706.html, zuletzt geprüft am 08.02.2017.

Mayring, Philipp (1993): Qualitative Inhaltsanalyse. Grundlagen und Techniken. 4. erweiterte Auflage. Weinheim: Deutscher Studienverlag.

Meadows, Dennis L. (2000): Die Grenzen des Wachstums. Bericht des Club of Rome zur Lage der Menschheit. 17. Aufl. Stuttgart: Dt. Verl.-Anst.

Meilensteine der Nachhaltigkeitspolitik. Weiterentwicklung der nationalen Nachhaltigkeitsstrategie (2014). Stand November 2014. Berlin: Presse- und Informationsamt der Bundesregierung. Online verfügbar unter http://www.bundesregierung.de/Content/DE/_Anlagen/2015/02/2015-02-03-meilensteine-der-nachhaltigkeitspolitik.pdf?__blob=publicationFile, zuletzt geprüft am 17.02.2017.

Mergel, Thomas (2012): Krisen verstehen. Historische und kulturwissenschaftliche Annäherungen. Frankfurt/New York: Campus. Online verfügbar unter https://books.google.de/books?id=yr13Vb19yc8C&printsec=frontcover&dq=krisen+verstehen+Thomas+Mergel&hl=de&sa=X&redir_esc=y#v=onepage&q=krisen%20verstehen%20Thomas%20Mergel&f=false, zuletzt geprüft am 05.06.2017.

Meyer, Laurin (2017): Soziale Ungleichheit. Der Wohlstand wächst – die Ungleichheit auch. In: *Der Tagesspiegel* 2017, 28.08.2017. Online verfügbar unter http://www.tagesspiegel.de/wirtschaft/soziale-ungleichheit-der-wohlstand-waechst-die-ungleichheit-auch/20250512.html, zuletzt geprüft am 13.01.2018.

Ministerium für Familie, Kinder, Jugend, Kultur und Sport des Landes Nordrhein-Westfalen (Hg.) (2015): Kulturfördergesetz NRW. Gesetz zur Förderung und Entwicklung der Kultur, der Kunst und der kulturellen Bildung in Nordrhein-Westfalen. Online verfügbar unter https://www.mkffi.nrw/

sites/default/files/asset/document/kulturfoerdergesetz_kfg_web.pdf, zuletzt geprüft am 28.01.2018.

Ministerium für Familie, Kinder, Jugend, Kultur und Sport des Landes Nordrhein-Westfalen (Hg.) (2016): Kulturförderplan 2016–2018. Online verfügbar unter https://www.mkffi.nrw/sites/default/files/asset/document/17-0042_mfkjks_broschure_kulturforderplan_2016-2018_web.pdf, zuletzt geprüft am 28.01.2018.

Ministerium für Klimaschutz, Umwelt, Landwirtschaft, Natur- und Verbraucherschutz des Landes Nordrhein-Westfalen (Hg.) (2016): Landesstrategie Bildung für nachhaltige Entwicklung – Zukunft Lernen NRW (2016 – 2020). Online verfügbar unter http://www.weiterbildung-nachhaltig.de/files/landesstrategie-bne_nrw_2016-2020.pdf, zuletzt geprüft am 11.04.2017.

Ministerium für Kultur und Wissenschaft (Hg.) (2017): Steigerung des Kulturetats auf 224 Millionen. Online verfügbar unter https://www.land.nrw/de/pressemitteilung/ministerin-pfeiffer-poensgen-starkes-signal-fuer-die-kultur-nordrhein-westfalen, zuletzt geprüft am 24.03.2018.

Ministerium für Schule und Weiterbildung des Landes Nordrhein-Westfalen (Hg.) (2008): Richtlinien und Lehrpläne für die Grundschule in Nordrhein-Westfalen (2012). Online verfügbar unter https://www.schulentwicklung.nrw.de/lehrplaene/upload/klp_gs/LP_GS_2008.pdf, zuletzt geprüft am 10.06.1018.

Molck, Jochen (2015): Update Soziokultur. Thema Zukunft mit vielen Fragezeichen. In: Kulturpolitische Gesellschaft (Hg.): Kulturpolitische Mitteilungen. Kultur.Macht.Einheit? II/2015 (149), S. 6.

Müller, Marcus (2015): Unterstützungsbrief der EnergieAgentur.NRW Lichtburg Wetter. für Projektantrag bei der DBU. Verfasst am 17.12.2015. Dortmund. CD-ROM Ordner Manuskripte.

Müller, Michael/Niebert, Kai (2017): Verantwortung im Anthropozän. Wird die Neuauflage der Nachhaltigkeitsstrategie unserer Verantwortung für ein Leben innerhalb der planetaren Grenzen gerecht? In: Gerd Michaelsen (Hg.): Die Deutsche Nachhaltigkeitsstrategie. Wegweiser für eine Politik der Nachhaltigkeit. Wiesbaden: Hessische Landeszentrale für politische Bildung (HLZ), S. 55–70.

Müller-Espey, Christian (2017): Auf die Zukunft! Fertig! Los! Die soziokulturellen Zentren stellen sich den Fragen der Nachhaltigkeit von Kultureinrichtungen. In: Bundesvereinigung Soziokultureller Zentren e.V. (Hg.): SOZIOkultur. change. 27. Jahrgang Soziokultur Nr. 108. Berlin (3-2017), S. 37, zuletzt geprüft am 21.04.2018.

Müller-Stewens, Günter (2016): Strategische Planung. Hg. v. Springer Gabler Verlag (Herausgeber), Gabler Wirtschaftslexikon, Stichwort: Strategische Planung, online im Internet: Online verfügbar unter http://wirtschaftslexikon.

gabler.de/Archiv/7949/strategische-planung-v8.html, zuletzt geprüft am 17.07.1016.

Niebert, Kai (2016): Umweltpolitik für die Menschenzeit. In: *Politik & Kultur. Zeitung des Deutschen Kulturrates* (3/16), S. 23, zuletzt geprüft am 27.07.2016.

Nohl, Michael (2006): Interview und dokumentarische Methode. Anleitungen für die Forschungspraxis. 1. Auflage. Hamburg: Springer VS.

Oberhuber, Nadine (2014): Reich und Reich vermehrt sich gern. In: *Die Zeit*, 2014. Online verfügbar unter http://www.zeit.de/wirtschaft/2014-12/ungleichheit-thomas-piketty-armut-reichtum, zuletzt geprüft am 27.05.2016.

oekom e.V. – Verein für ökologische Kommunikation (2017): Zukunftsfähiges Deutschland. Wann, wenn nicht jetzt? Mitherausgegeben vom Wissenschaftlichen Beirat des BUND. München: Oekom.

Picht, Georg (1992): Zukunft und Utopie. Vorlesungen und Schriften. In: Eisenbart, Constanze/Picht, Georg: (Hg.): Zukunft und Utopie. Mit einer Einf. von Enno Rudolph. Stuttgart: Klett-Cotta.

Pons (Hg.) (2018): Deutsch-Englisch-Übersetzung für: sustainability. Online verfügbar unter https://de.pons.com/übersetzung?q=sustainability&l=deen&in=ac_en&lf=de, zuletzt geprüft am 09.06.2018.

Popakademie Baden-Württemberg (Hg.) (2017): Green Touring Guide. Ein Leitfaden für Musiker, Künstler- und Tourmanager, Veranstalter, Venues und Bookingagenturen. Unter Mitarbeit von in Kooperation mit Green Music Initiative c/o Thema1 GmbH. Online verfügbar unter http://www.popakademie.de/greentouringleitfaden, zuletzt geprüft am 16.04.2017.

Popper, Karl Raimund (2017): Unsere Einstellung zur Zukunft. Online verfügbar unter http://www.zitate.de/autor/Popper%2C+Karl+Raimund, zuletzt geprüft am 10.12.2017.

Porter, Michael E.: In: Harvard-Klassiker Strategie. Wichtige Beiträge, die jeder Manager kennen sollte, 2015/1.

Porter, Michael E. (2018): The essence of strategy. Hg. v. Brainyquote. Online verfügbar unter https://www.brainyquote.com/quotes/michael_porter_379016, zuletzt geprüft am 10.06.2018.

Prahalad, C.K./Hamel, Gary (2015): Nur Kernkompetenzen sichern das Überleben. In: Harvard-Klassiker Strategie. Wichtige Beiträge, die jeder Manager kennen sollte. Hamburg: Manager-Magazin-Verl.-Ges (Harvard-Business-Manager Edition, 2015,1).

Przyborski, Aglaja und Monika Wohlrab-Sahr (2014): Qualitative Sozialforschung. Ein Arbeitsbuch. 4. Aufl. München: Oldenbourg.

Pudelko, Thomas (2006): Forschungsmethoden in der Sozialen Arbeit. Transkription. ASFH. Berlin. Online verfügbar unter http://www.ash-berlin.eu/hsl/freedocs/238/transkription.pdf, zuletzt geprüft am 12.07.2016.

Pufé, Iris (2014): Was ist Nachhaltigkeit? Dimensionen und Chancen. In: Bundeszentrale für politische Bildung (Hg.): Nachhaltigkeit. Aus Politik und Zeitgeschichte 64. Jahrgang. (31–32/2014). Bonn, S. 15–21.

Radulescu, Alin/Uerpmann, Sebastian (Hg.): POSITIONSLICHTER. Online verfügbar unter http://www.segeln-wissen.de/segelwissen/seezeichen/positionslichter.html, zuletzt geprüft am 15.06.2018.

Rat für Nachhaltige Entwicklung (Hg.) (2014): Mehr Nachhaltigkeitspolitik! Stellungnahme des Nachhaltigkeitsrates zum Bericht über Nachhaltigkeitsindikatoren 2014. Online verfügbar unter https://www.nachhaltigkeitsrat.de/uploads/media/RNE_Stellungnahme_Mehr_Nachhaltigkeitspolitik_texte_Nr_46_Oktober_2014_01.pdf, zuletzt geprüft am 10.06.2017.

Rat für Nachhaltige Entwicklung (2017a): Fonds Nachhaltigkeitskultur. Online verfügbar unter www.nachhaltigkeitsrat.de/fonds, zuletzt geprüft am 21.01.2018.

Rat für Nachhaltige Entwicklung (Hg.) (2017b): Projekt Nachhaltigkeit. Eine Auszeichnung des Nachhaltigkeitsrates. Online verfügbar unter http://www.tatenfuermorgen.de, zuletzt geprüft am 22.04.2017d.

Rat für Nachhaltige Entwicklung (Hg.) (2017c): Was ist Nachhaltigkeit? Online verfügbar unter http://www.nachhaltigkeitsrat.de/nachhaltigkeit/, zuletzt geprüft am 02.09.2017.

Rat für Nachhaltige Entwicklung; Bertelsmann Stiftung (2014): Leitfaden zum Deutschen Nachhaltigkeitskodex. Orientierungshilfe für mittelständische Unternehmen. Unter Mitarbeit von Sabine Braun und Heike Leitschuh. Publikation. Berlin: GIZ.

Regionale Netzstellen Nachhaltigkeitsstrategien (RENN.west) (Hg.): RENN.west stellt sich vor. Landesarbeitsgemeinschaft Agenda 21 NRW (LAG 21) e. V. Online verfügbar unter http://www.renn-netzwerk.de/west/netzwerk/, zuletzt geprüft am 04.06.1017.

Rydzy, Edda; Griefahn, Monika (2014): Natürlich wachsen. Erkundungen über Mensch, Natur und Wachstum aus kulturpolitischem Anlass. Wiesbaden: Springer VS. Online verfügbar unter http://dx.doi.org/10.1007/978-3-658-02850-3.

Schaltegger, Stefan; Dyllick, Thomas (Hg.) (2002): Nachhaltig managen mit der Balanced Scorecard. Konzept und Fallstudien. 1. Aufl. Wiesbaden: Gabler. Online verfügbar unter http://fox.leuphana.de/portal/de/publications/nachhaltig-managen-mit-der-balanced-scorecard(cd2a838b-4d3a-483b-b16d-5c89b23cac8e).html.

Scheel, Walter(1971): Ziele und Aufgaben der auswärtigen Kulturpolitik. In: Bulletin des Presse- und Informationsamtes Nr. 10, 1971, S. 86.

Scherm, Ewald/Pietsch, Gotthard (2005): Organisation. Theorie, Gestaltung, Wandel. 1. Aufl. München: Vahlen, F (WiSo-Kurzlehrbücher/Reihe Betriebswirtschaft).

Scheytt, Oliver (2008): Aktivierender Kulturstaat. In: Kulturpolitische Mitteilungen, Nr. 122, III/2008, zuletzt geprüft am 16.06.2018.

Scheytt, Oliver/Sievers, Norbert (2010): Kultur für alle! Der Kommentar. In: *Kulturpolitische Mitteilungen* Nr. 130 III/2010, S. 30–31. Online verfügbar unter http://www.kupoge.de/kumi/pdf/kumi130/kumi130_30-31.pdf, zuletzt geprüft am 27.05.2016.

Schmid, Wilhelm (2000): Ökologische Lebenskunst. Was jeder Einzelne für das Leben auf dem Planeten tun kann. Orig.-Ausg., 1. Aufl. Frankfurt am Main: Suhrkamp (Suhrkamp-Taschenbuch, 4034).

Schmid, Wilhelm (2015): Schönes Leben? Einführung in die Lebenskunst. 1. Aufl. Berlin: Suhrkamp Verlag.

Schneider, Wolfgang (2014): Stellungnahme zum Antrag auf Aufnahme als Doktorand von Christian Müller-Espey. verfasst am 16.10.2014. Hildesheim. CD-ROM Ordner Manuskripte.

Schneider, Wolfgang (2015): Mehr Partizipation, Interkulturalität als Prinzip und die Gestaltung des Generationswechsels. In: *Handbuch Soziokultur mit Projekten in Niedersachsen, Heft 1* 2015, S. 21–24.

Schreyögg, Georg; Noss, Christian (1995): Organisatorischer Wandel. Von der Organisationsentwicklung zur lernenden Organisation. In: *Die Betriebswirtschaft: DBW*. Online verfügbar unter https://www.uni-hildesheim.de/qm/processmanagement/download.php?fileID=2177, zuletzt geprüft am 19.03.2019.

Schule der Zukunft – Bildung für Nachhaltigkeit, Landeskoordination Natur- und Umweltschutz-Akademie NRW (NUA) (Hg.) (2016): Schule der Zukunft. Bildung für Nachhaltigkeit 2016–2020. Online verfügbar unter http://www.schule-der-zukunft.nrw.de/fileadmin/user_upload/Schule-der-Zukunft/Infos-Kampagne/NUA_Leitfaden_24-Seiter_scr_020216.pdf, zuletzt geprüft am 11.04.2017.

Schulz, Gerhard (2017): Soziokulturell nachhaltig handeln. In: Bundesvereinigung Soziokultureller Zentren e.V. (Hg.): SOZIOkultur. change. 27. Jahrgang Soziokultur Nr. 108. Berlin (3-2017), S. 38.

Schwärzler, Marianne (2015): Implementierung einer sustainability balanced scorecard in einer Non-Profit Organisation Graz, Univ., Masterarbeit., 2015.

Online verfügbar unter http://unipub.uni-graz.at/obvugrhs/content/titleinfo/814807?lang=de, zuletzt geprüft am 31.03.2019.

Seeger, Christopher: Keine Angst vor dem Umbau. In: Harvard Business Manager. Sonderheft Change Management. Wie agilen Unternehmen der Neustart gelingt, Sonderheft 2016, S. 3.

Seidl, David/van Aaken, Dominik: Strategische Unternehmensführung. Zentrum für organisationstheoretische Grundlagenforschung. München (3. Foliensatz). Online verfügbar unter http://www.zfog.bwl.uni-muenchen.de/files/ss07/fuehrung/folien3.pdf, zuletzt geprüft am 19.07.2016.

Siebert, David (2011): Die Balanced Scorecard. Entwicklungstendenzen im deutschsprachigen Raum. Hamburg: Diplomica-Verl. (Internationale und interkulturelle Projekte erfolgreich umsetzen, 6).

Sievers, Rainer (2015): Zwischen Adorno und Pro-Kopf-Umsatz. In: *Dokumentation zum Kongress der LAG Soziokultureller Zentren NRW am 5./6. März 2015 im zakk/Düsseldorf*, S. 8–13. Online verfügbar unter http://inhalt.soziokultur-nrw.de/_seiten/Zukunftskongress2015.pdf, zuletzt geprüft am 19.03.2019.

Siewert, H.-Jörg (2015): Input: Das.Ist.Unser.Haus! Die Rolle von Soziokultur und Freiräume in der Stadtentwicklung. Zukunftskongress Soziokultur vorwärts und wohin! Hg. v. LAG Soziokultur NW.

Soziokulturelle Zentren in Zahlen. Statistischer Bericht (2011–2013). Berlin: Bundesvereinigung Soziokultureller Zentren.

Sparkassen-Finanzgruppe kooperiert als erste Kreditinstitutsgruppe mit dem Rat für Nachhaltige Entwicklung (2013). Online verfügbar unter https://www.deutscher-nachhaltigkeitskodex.de/de/aktuelles/aktuelles/nachricht/artikel/sparkassen-finanzgruppe-kooperiert-als-erste-kreditinstitutsgruppe-mit-dem-rat-fuer-nachhaltige-entwicklung.html, zuletzt geprüft am 21.04.2018.

Spruck, Walter (2016): Energieeffizienz in Soziokulturellen Zentren. – jetzt starten! Institut für Nachhaltigkeit in Kultur und Tourismus. Florstadt. Online verfügbar unter www.kultur-und-nachhaltigkeit.de, zuletzt geprüft am 23.07.2017.

Spruck, Walter (2017): Selbstbefähigung. In: *Soziokultur*, 2017 (03/2017).

Stadt Darmstadt (Hg.). Darmstadt weiterdenken – Masterplan 2030+. Online verfügbar unter https://www.darmstadt.de/?6207, zuletzt geprüft am 04.06.2017.

Stahmer, Carsten (2010): Kulturelle Nachhaltigkeit – vom magischen Dreieck zum magischen Viereck? In: Oliver Parodi, Gerhard Banse und Axel Schaffer (Hg.): Wechselspiele: Kultur und Nachhaltigkeit. Annäherungen an ein Spannungsfeld. Berlin: ed. sigma (Global zukunftsfähige Entwicklung – Nachhaltigkeitsforschung in der Helmholtz-Gemeinschaft, 15), S. 59–74.

Statistische Ämter des Bundes und der Länder (Hg.): Kulturfinanzbericht 2016 (ISBN: 978-3-8246-1054-9). Online verfügbar unter https://www.destatis.de/DE/Publikationen/Thematisch/BildungForschungKultur/Kultur/Kulturfinanzbericht1023002169004.pdf?__blob=publicationFile, zuletzt geprüft am 13.01.2018.

Statistisches Bundesamt (Hg.) (2016): Nachhaltige Entwicklung in Deutschland. Indikatorenbericht 2016 (02300001-16900-1). Online verfügbar unter https://www.destatis.de/DE/Publikationen/Thematisch/UmweltoekonomischeGesamtrechnungen/Umweltindikatoren/IndikatorenPDF_0230001.pdf?__blob=publicationFile, zuletzt geprüft am 21.04.2017.

Statz, Albert (2017): Die Deutsche Nachhaltigkeitsstrategie. Ein Schritt in die richtige Richtung. In: *Zukunftsfähiges Deutschland* 2017 (politische ökologie 148), S. 36–41.

Steyrer, Johannes; Heupl, Wilfried (2011): Do's and Don'ts im Change Management. Navigationshilfen aus der Perspektive von Führungskräften. In: *Organisationsentwicklung: Zeitschrift für Unternehmensentwicklung und Change Management* 30 (1), S. 77–83.

Stiftung Deutscher Nachhaltigkeitspreis (Hg.) (2016): Deutschlands nachhaltigste Kleinstädte und Gemeinden 2016. Gemeinde Alheim (Sieger). Online verfügbar unter https://www.nachhaltigkeitspreis.de/category/preistraeger/006_staedte-gemeinden/#intern, zuletzt geprüft am 04.06.2017.

Stiftung Deutscher Nachhaltigkeitspreis (Hg.) (2017): Deutscher Nachhaltigkeitspreis. Online verfügbar unter https://www.nachhaltigkeitspreis.de, zuletzt geprüft am 22.04.2017.

Stromsparteam (2016): Gutes Klima für kleine Theater. Stadt hilft Bühnen beim Energiesparen/Umweltdezernentin Rosemarie Heilig stellt im Papageno Musiktheater eine neue Förderrichtlinie vor. Hg. v. Stadt Frankfurt, Energiereferat – die kommunale Klimaschutzagentur. Frankfurt am Main. Online verfügbar unter http://www.frankfurt-spart-strom.de/blog/2016/05/gutes-klima-fuer-kleine-theater/, zuletzt geprüft am 15.05.2016.

Studie der Bertelsmann-Stiftung (Hg.) (2014): Nachhaltigkeitsstrategien erfolgreich entwickeln. Strategien für eine nachhaltige Zukunft in Deutschland, Europa und der Welt. Online verfügbar unter https://www.bertelsmann-stiftung.de/fileadmin/files/BSt/Publikationen/GrauePublikationen/Studie_Nachhaltigkeitsstrategien_erfolgreich_entwickeln-de_NW.pdf, zuletzt geprüft am 19.04.2017.

Ted Rogers School of Hospitality and Tourism Management at Ryerson University in Toronto, Canada (Hg.) (2015): a guide to greenfestivals. Online verfügbar unter http://greenfestivals.ca/, zuletzt geprüft am 16.04.2017.

Thüringer Ministerium für Bildung, Wissenschaft und Kultur (Hg.) (2012): Kulturkonzept des Freistaats Thüringen. Online verfügbar unter https://www.thueringen.de/imperia/md/content/tmbwk/kulturportal/kulturkonzept-thueringen.pdf, zuletzt geprüft am 23.03.2018.

Transcript-Verlag (Hg.) (2017): Die Kulturimmobilie. Online verfügbar unter http://www.transcript-verlag.de/978-3-8376-2981-1/die-kulturimmobilie, zuletzt aktualisiert am 08.02.2017.

Uekötter, Frank (2014): Ein Haus auf schwankendem Boden: Überlegungen zur Begriffsgeschichte der Nachhaltigkeit. In: Bundeszentrale für politische Bildung (Hg.): Nachhaltigkeit. Aus Politik und Zeitgeschichte 64. Jahrgang. (31–32/2014). Bonn, S. 9–15.

Umweltbundesamt (2017): Schwerpunkte 2017. Landwirtschaft Innenraumluft Klimaschutz. Dessau-Roßlau. Online verfügbar unter www.umweltbundesamt.de/publikationen/schwerpunkte-2017.

Umweltgutachterausschuss (UGA) (Hg.): Wer hat schon EMAS? Online verfügbar unter http://www.emas.de/teilnahme/wer-hat-schon-emas/, zuletzt geprüft am 16.04.2017.

Verein zur Förderung der Gemeinwohl-Ökonomie (Hg.) (2017): Gemeinwohl-Matrix Version 5.0. Online verfügbar unter https://www.ecogood.org/de/gemeinwohl-bilanz/gemeinwohl-matrix/, zuletzt geprüft am 19.09.2017.

Vereinte Nationen, Generalversammlung (2015): Transformation unserer Welt: die Agenda 2030 für nachhaltige Entwicklung 2015 (15-15900 (G)). Online verfügbar unter http://www.un.org/depts/german/gv-70/a70-l1.pdf, zuletzt geprüft am 15.02.2017.

Vorstand der Kulturpolitischen Gesellschaft e.V. (Hg.) (III/2017): Kulturpolitische Mitteilungen 158. 3000. Aufl. Bonn: Kulturpolitische Gesellschaft e.V.

Wallner & Schauer – Die Zukunftsberater/Denkstatt Umweltberatung und –Management (Hg.) (2003): Methodensammlung. In 7 Schritten zum Nachhaltigkeitsbericht. Online verfügbar unter http://www.fabrikderzukunft.at/fdz_pdf/leitfaden_, zuletzt geprüft am 29.07.2017.

Was zählt!? Soziokulturelle Zentren in Zahlen. Statistischer Bericht der Bundesvereinigung Soziokultureller Zentren e.V. (2015). Berlin: Bundesvereinigung Soziokultureller Zentren. Online verfügbar unter http://www.soziokultur.de/bsz/sites/default/files/file/flipviewer/Statistik_2015/flipviewerxpress.html, zuletzt geprüft am 27.05.2016.

WAZ NewMedia GmbH & Co. KG (Hg.) (2011): „Alptraum" am Dortmunder U geht weiter. Online verfügbar unter http://www.derwesten.de/staedte/dortmund/alptraum-am-dortmunder-u-geht-weiter-id6125364.html, zuletzt geprüft am 30.07.2013.

Weidemann, Anja; Paschen, Michael (2002): Personalentwicklung. Potenziale ausbauen – Erfolge steigern – Ergebnisse messen. 2. Aufl. Freiburg (Breisgau), Berlin, München i.e. Planegg, Zürich: Haufe-Mediengruppe.

Weischedel, Wilhelm (1975): Die philosophische Hintertreppe. Die großen Philosophen in Alltag und Denken. 43. Auflage 2016. München: Nymphenburger Verlagshandlung.

Welge, Martin K.; Al-Laham, Andreas (2008): Strategisches Management. Grundlagen – Prozess – Implementierung. 5., vollst. überarb. Aufl. Wiesbaden: Gabler (Gabler-Lehrbuch).

Westermann, Georg (2006): Grundlagen des Business Process Reengineering. In: Modelle des Change Managements. Studienbrief SB 207-1010, Hamburg. Institut für Kultur- und Medienmanagement.

Wild, Jürgen (1982): Grundlagen der Unternehmensplanung. 4. Aufl. Opladen.

Wissenschaftlicher Beitrat der Bundesregierung Globale Umweltveränderungen (WBGU) (Hg.) (2011): Welt im Wandel: Gesellschaftsvertrag für eine Große Transformation. Online verfügbar unter https://www.nachhaltigkeit.info/artikel/wbgu_welt_im_wandel_2011_1645.htm, zuletzt geprüft am 05.06.2017.

Witt, Jürgen; Witt, Thomas (2001): Der kontinuierliche Verbesserungsprozess. (KVP); Konzept – System – Maßnahmen; mit Tabellen. Heidelberg: Sauer (Arbeitshefte Führungspsychologie, Bd. 42).

Wöhrle, Armin (2001): Organisationswandel als Kulturwandel. In: Modelle des Change Managements. Studienbrief, SB 207-1010, Hamburg. Institut für Kultur- und Medienmanagement.

Zimmermann, Olaf (2016): Künstlerische Arbeit lebt auch von der Verschwendung. Vortrag von Olaf Zimmermann zum Thüringer Kulturgesetz am 15.11.2016 im Landtag in Erfurt. Hg. v. Deutscher Kulturrat. Erfurt. Online verfügbar unter https://www.kulturrat.de/themen/textezurkulturpolitik/texte-kommentare/kuenstlerische-arbeit-lebt-auch-von-der-verschwendung-vortrag-von-olaf-zimmermann-zum-thueringer-kulturgesetz-am-15-11-2016-im-landtag-in-erfurt/?print=print, zuletzt geprüft am 23.03.2018.

Zimmermann, Olaf (2018a): Die Perspektive wechseln. Zur kulturellen Dimension der Nachhaltigkeitsdebatte. In: Politik & Kultur. Zeitung des Deutschen Kulturrates (Nr. 1/2018). Regensburg: ConBrio Verlagsgesellschaft, S. 17.

Zimmermann, Olaf (2018b): Kulturpolitisches Alphabet. Buchstabe N. Hg. v. Deutscher Kulturrat. Online verfügbar unter www.kulturrat.de/themen/kulturpolitisches-alphabet/n/, zuletzt aktualisiert am 15.08.2015, zuletzt geprüft am 10.03.2018.

Zimmermann, Olaf (2018c): Nachhaltigkeit wird kulturpolitisches Schwerpunktthema 2018. Wie nachhaltig ist der Kulturbereich? – Berichte aus Industriedesign, Modedesign, Architektur, Stadtplanung, Games, Bibliotheken u. v. m. Hg. v. Deutscher Kulturrat. Berlin. Online verfügbar unter www.kulturrat.de, zuletzt geprüft am 21.01.2018.

Zukunftskongress Soziokultur vorwärts und wohin! (2015a): Protokoll zum Forum A3 Etabliert – und das ist gut so?! Soziokultur von der Bewegung zur Institution – mit und ohne Marsch. Hg. v. LAG Soziokultur NW. Online verfügbar unter http://www.zukunftskongresssoziokultur.de/Dokumentation-5-3/, zuletzt geprüft am 16.06.2018.

Zukunftskongress Soziokultur vorwärts und wohin! (2015b): Protokoll zur Werkstatt B2 Soziokultur ist weiß und weiß es viel (besser) – Der Interkulturbegriff muss sich ändern. Hg. v. LAG Soziokultur NW. Online verfügbar unter http://www.zukunftskongresssoziokultur.de/Dokumentation-6-3/, zuletzt geprüft am 16.06.2018.

Zukunftskongress Soziokultur vorwärts und wohin! (2015c): Protokoll zur Werkstatt B4 Wo die jungen Menschen wohnen – Soziale Medien für die Soziokultur. Die neuen Kulturangebote gibt es schon. Hg. v. LAG Soziokultur NW. Online verfügbar unter http://www.zukunftskongresssoziokultur.de/Dokumentation-6-3/, zuletzt geprüft am 16.06.2018.

Studien zur Kulturpolitik
Cultural Policy

Herausgegeben von / Edited by Prof. Dr. Wolfgang Schneider

Band 1 Robert Peise: Ein Kulturinstitut für Europa. Untersuchungen zur Institutionalisierung kultureller Zusammenarbeit. 2003.

Band 2 Angela Koch: Kommunale Kulturorganisation in den USA. Strukturen, Handlungsmuster, Interdependenzen. 2005.

Band 3 Sabine Dorscheid: Staatliche Kunstförderung in den Niederlanden nach 1945. Kulturpolitik versus Kunstautonomie. 2005.

Band 4 Dirk Meyer-Bosse: Geld-Geber. Die Bedeutung von Sparkassen für die Kulturförderung in Deutschland. 2005.

Band 5 Kai Reichel-Heldt: Filmfestivals in Deutschland. Zwischen kulturpolitischen Idealen und wirtschaftspolitischen Realitäten. 2007.

Band 6 Annette Wostrak: Kooperative Kulturpolitik. Strategien für ein Netzwerk zwischen Kultur und Politik in Berlin. 2008.

Band 7 Frank Sommer: Kulturpolitik als Bewährungsprobe für den deutschen Föderalismus. 2008.

Band 8 Sandra Soltau: Freie Musikszene – Perspektiven für ein innovatives Konzertwesen? 2010.

Band 9 Reiner Küppers: Künstlerinnen und Künstler zwischen kreativer Freiheit und sozialer Sicherheit. Ein Diskurs zur Kulturpolitik in Zeiten europäischer Integration. 2010.

Band 10 Anne-Kathrin Bräu: Corporate Citizenship in Regensburg. Unternehmenskommunikation als Kulturpolitik. 2011.

Band 11 Dieter Kramer: Von der Freizeitplanung zur Kulturpolitik. Eine Bilanzierung von Gewinnen und Verlusten. 2011.

Band 12 Joerg Schumacher: Das Ende der kulturellen Doppelrepräsentation. Die Auswärtige Kulturpolitik der Bundesrepublik Deutschland und der DDR am Beispiel ihrer Kulturinstitute 1989/90. 2011.

Band 13 Azadeh Sharifi: Theater für Alle? Partizipation von Postmigranten am Beispiel der Bühnen der Stadt Köln. 2011.

Band 14 Usa Beer: Zwischen Avantgarde und Auftrag. Bildende KünstlerInnen und ihre Kompetenzen als gesellschaftliches Potenzial. 2012.

Band 15 Jan Büchel: Fernsehen für Europa. Transnationale mediale Öffentlichkeit als kulturpolitischer Auftrag der EU. 2013.

Band 16 Wolfgang Schneider / Daniel Gad (eds.): Good Governance for Cultural Policy. An African-European Research about Arts and Development. 2014.

Band 17 Claudia Burkhard: Kulturpolitik als Strukturpolitik? Konzepte und Strategien deutscher und italienischer Kulturpolitik im Vergleich. 2015.

Band 18 Annika Holland: Kulturpolitik für kulturelle Vielfalt. Rezeption und Implementierung der UNESCO-Konvention zum Schutz und zur Förderung der Vielfalt kultureller Ausdrucksformen in Deutschland. 2016.

Band 19 Saskia Helene Jeanne Weiss: Europäischer Minderheitenschutz am nationalen Beispiel der Regionalsprachen in Frankreich. 2017.

Band 20 Christian Müller-Espey: Zukunftsfähigkeit gestalten. Untersuchung nachhaltiger Strukturen soziokultureller Zentren. 2019.

www.peterlang.com

www.ingramcontent.com/pod-product-compliance
Ingram Content Group UK Ltd.
Pitfield, Milton Keynes, MK11 3LW, UK
UKHW041827290926
8980IPUK00002B/111